新工科·食品科学与工程类融合创新型系列教材

现代食品分析新技术

聂少平　陈　奕　主编

科 学 出 版 社

北 京

内 容 简 介

食品分析是食品科学不可缺少的组成部分,本书围绕现代食品分析新技术进行介绍,重点讲述了光谱检测技术、核磁共振波谱技术、生物检测新技术、生物传感器技术、电子鼻和电子舌技术、液相色谱 - 质谱联用技术、气相色谱 - 质谱联用技术、毛细管电泳技术及成像检测技术等现代分析技术的基础理论和相关应用成果;同时介绍了食品样品采集与预处理的要求和方法,以及化学计量学在现代食品分析中的应用。

本书可作为高等学校的食品科学与工程、食品质量与安全、食品营养与检验等专业的教材,也可供食品质量控制、食品监督检验等行业领域的科研人员和专业技术工作者参考阅读。

图书在版编目(CIP)数据

现代食品分析新技术 / 聂少平,陈奕主编. —北京:科学出版社,2024.3
新工科·食品科学与工程类融合创新型系列教材
ISBN 978-7-03-078185-7

Ⅰ. ①现…　Ⅱ. ①聂…　②陈…　Ⅲ. ①食品分析 - 高等学校 - 教材
Ⅳ. ① TS207.3

中国国家版本馆 CIP 数据核字(2024)第 055589 号

责任编辑:席　慧　林梦阳 / 责任校对:严　娜
责任印制:赵　博 / 书籍设计:金舵手世纪

科学出版社 出版
北京东黄城根北街16号
邮政编码:100717
http://www.sciencep.com
北京天宇星印刷厂印刷
科学出版社发行　各地新华书店经销
*
2024年3月第 一 版　开本:787×1092　1/16
2024年10月第二次印刷　印张:17 1/4
字数:410 000
定价:69.80元
(如有印装质量问题,我社负责调换)

《现代食品分析新技术》编写人员名单

主　　编　聂少平　陈　奕

副 主 编　（按姓氏拼音排序）

　　　　　成军虎　李　跑　李国梁　陆柏益

　　　　　石吉勇　田师一　张　昊　张良晓

编　　者　（按姓氏拼音排序）

　　　　　陈　奕（南昌大学）

　　　　　成军虎（华南理工大学）

　　　　　龚　频（陕西科技大学）

　　　　　季圣阳（浙江大学）

　　　　　李　跑（湖南农业大学）

　　　　　李国梁（陕西科技大学）

　　　　　林远东（华南理工大学）

　　　　　陆柏益（浙江大学）

　　　　　马　骥（华南理工大学）

　　　　　毛岳忠（浙江工商大学）

　　　　　聂少平（南昌大学）

　　　　　石吉勇（江苏大学）

　　　　　史一恒（陕西科技大学）

　　　　　孙　悦（江苏大学）

　　　　　孙婵骏（江苏大学）

　　　　　田师一（浙江工商大学）

　　　　　徐宝成（河南科技大学）

　　　　　徐秦峰（陕西科技大学）

　　　　　杨瑞楠（河南工业大学）

　　　　　张　昊（中国农业大学）

　　　　　张良晓（中国农业科学院油料作物研究所）

　　2023年2月教育部等五部门关于印发《普通高等教育学科专业设置调整优化改革方案》的通知中指出，主动适应产业发展趋势，主动服务制造强国战略，围绕"新的工科专业，工科专业的新要求，交叉融合再出新"，深化新工科建设，加快学科专业结构调整。推动现有工科交叉复合、工科与其他学科交叉融合、应用理科向工科延伸，形成新兴交叉学科专业，培育新的工科领域。

　　食品产业的发展关系国民经济产业的转型升级，深化新工科建设对食品科学与工程类专业的发展提出了新的要求。面对新工科的新背景、新理念、新内容、新要求，需要我们积极探讨食品科学与工程学科的新增长点，在教育理念、培养要求、教育途径等方面进行改革创新，优化食品类专业课程体系建设，带动食品类专业教育创新发展，培养多元化创新型人才，引领食品行业的发展方向。在这样的大背景下，"新工科·食品科学与工程类融合创新型系列教材"应运而生。本系列教材由科学出版社组织，大连工业大学、江南大学、中国农业大学、南昌大学、南京农业大学、浙江大学、东北农业大学、华南农业大学、华南理工大学等多所高校共同参与编写，旨在以物联网、人工智能、大数据等为突破口，扶强培新，进一步凝练学科领域新方向，以育人为初心，构建科教产深度融合的特色人才培养模式。

　　本系列教材的编写理念突出将现有的食品科学与工程、生物工程、生物技术、大数据、储运物流、市场营销等学科专业向食品营养、安全和生命科学聚集，实现由传统定性的生物营养研究向精准定量、特定人群营养膳食拓展，由传统的食品加工向食品营养与功能食品拓展，由传统的食品加工装备向人工智能制造装备技术拓展。

　　本系列教材的出版充分体现了工科优势高校要对工程科技创新和产业创新发挥主体作用，综合性高校要对催生新技术和孕育新产业发挥引领作用的特色，推进产教融合、科教融合和双创融合，推动学科交叉融合和跨界整合，培育新的交叉学科增长点，对深化新工科建设，培养复合型、综合型的人才，进一步推动中国食品学科的发展具有重要意义。

中国工程院院士

2023年9月

前　言

现代食品分析新技术是研究和评定食品品质及其变化的一门学科，其依据物理、化学、生物化学的一些基本理论，运用各种现代分析技术，对食品原料、辅助材料、半成品及成品的质量进行检验，以保证生产质量优良的产品。同时，现代食品分析技术的发展为食品科学的发展和食品加工业的进步起了突出的作用，对改善食品品质、开发食品新资源、革新食品生产工艺、改进食品包装和贮运技术等具有重要的意义。"现代食品分析新技术"也是全国高等学校食品科学与工程类专业的专业核心课程和必修课程。

近年来，各种新型的仪器和分析方法不断涌现，为食品科学研究提供了强有力的工具，食品分析技术取得了显著的进展。目前食品分析技术日益趋向于高技术化、系列化、速测化，以色谱、质谱和光谱技术与生物技术为代表的现代检测技术和手段也越来越多地应用于食品分析，不仅缩短了检测时间，减少了人为误差，而且大大提高了食品分析与检测的灵敏度和准确度。

本书系统全面地介绍了食品分析经典和前沿技术的概况。首先介绍了食品分析的需求、重点关注领域及发展方向等；然后分别介绍了光谱检测技术、核磁共振波谱技术、生物检测技术、生物传感器技术、电子鼻和电子舌技术、液相色谱-质谱联用技术、气相色谱-质谱联用技术、毛细管电泳技术、成像检测技术等现代分析技术的基础理论和相关应用成果；最后从单变量到多变量分析逐一推进，概括介绍了化学计量学在现代食品分析中的应用。区别于分析化学、食品化学、仪器分析等课程参考书及现有食品分析技术相关书籍，本书在讲授基本理论和方法的同时，侧重于现代食品新技术和新方法的介绍和运用，尤其关注目前国内外应用的前沿技术及研究热点，所讲述的方法新颖、技术先进、实用性强，让读者从中获得更多信息和思路，十分贴近目前食品行业的实际要求。

本书由南昌大学食品学院、南昌大学食品科学与资源挖掘全国重点实验室聂少平教授和陈奕教授主编，南昌大学、中国农业大学、浙江大学、华南理工大学、湖南农业大学等11所高等院校及科研院所中长期从事食品分析教学与科研工作的一线教师和研究者共同编写。各章节编写分工如下：第一章，聂少平、陈奕；第二章，张昊；第三章，石吉勇、孙婵骏、孙悦；第四章，陈奕；第五章，陆柏益、季圣阳；第六章，李国梁、史一恒；第七章，田师一、毛岳忠；第八章，徐宝成、张良晓；第九章，杨瑞楠、张良晓；第十章，徐秦峰、龚频；第十一章，成军虎、马骥、林远东；第十二章，李跑。

本书的编写得到了中国工程院院士谢明勇教授的大力支持和殷切指导，同时也得到了科学出版社的鼎力支持和帮助，在此表示衷心的感谢！本书编写过程中参阅了一部分教材和文献资料，在此谨向有关作者表示感谢；也特别感谢参与本书编写的老师和参与辅助工作的学生们。本书不仅可供高等院校食品科学与工程类各专业教学使用，也可供相关领域的科研人员和专业技术工作者参考阅读。

由于编者学识水平有限，书中可能存在疏漏与不妥之处，敬请广大读者批评指正，编者不胜感谢！

编　者
2024年3月

目　录

教学课件索取单

凡使用本书作为教材的主讲教师，可获赠教学课件一份。欢迎通过以下两种方式之一与我们联系。

1. 关注微信公众号"科学EDU"索取教学课件

关注→"教学服务"→"课件申请"

2. 填写教学课件索取单，拍照发送至联系人邮箱

科学EDU

姓名：		职称：	职务：
学校：		院系：	
电话：		QQ：	
电子邮箱（重要）：			
所授课程1：			学生数：
课程对象：□研究生 □本科（＿＿年级）□其他＿＿＿＿			授课专业：
所授课程2：			学生数：
课程对象：□研究生 □本科（＿＿年级）□其他＿＿＿＿			授课专业：

使用教材名称/作者/出版社：

最新食品专业
教材目录

联系人：林梦阳　　咨询电话：010-64030233　　回执邮箱：linmengyang@mail.sciencep.com

▌第一章 绪 论

食品分析的任务是运用物理、化学、生物化学等学科的基本理论及各种科学技术，对食品工业生产中的物料（原料、辅料、半成品、成品、副产品等）的主要成分及其含量和有关工艺参数进行检测。其主要作用：①控制和管理生产；②保证和监督食品的质量；③为科研与开发提供可靠的依据。因此无论是食品工业、政府机构，还是高校或科研院所开展的有关食品科学和技术的研究或检测工作，如新产品开发、食品质量控制与监管等，都离不开各种食品分析技术。从原料生产、加工，到最终产品的整个过程中，所有食品都需要通过分析其各种特性（如化学成分组成、微生物含量、物理性质、感官特性等），作为其质量管理的一部分。食品分析作为食品科学和食品加工业中一个不可缺少的组成部分，为食品科学的发展和食品加工业的进步起了突出的作用。

在现代社会，随着消费者对食品营养和安全需求的增加，国家和国际法规的不断完善，以及食品工业的迅速发展，对食品分析技术提出了许多新的挑战。未来的食品分析绝不会是现在传统意义上的只测定食品中的水分、灰分、酸度、总蛋白质和纤维素等一些常规指标。随着越来越多的食物新资源、食品新产品的开发，还有食品组分与营养、感官等方面的理论研究的逐步深入，有必要建立新的食品分析方法对现有检测组分进行进一步的快速测定，同时需要建立更多的新方法和新技术对新发现的食品资源及其营养成分进行分析和测定，以供消费者和营养师了解和参考。可以说，在人们对食品质量的要求不断提高的年代，对食品组分的分析再多也不会过分，因为同时它也是一种对消费者负责任的表现。因此，我们认为食品分析将成为未来分析领域的前沿。

然而，日常摄入的食物中营养成分种类繁多并且结构复杂多变，甚至一些成分相对含量稀少，仅达到ppm①甚至ppb②级，而且食品分析时，组分与组分间干扰严重，因此对分析检测技术是一个极大的挑战。在实际检测工作中，往往需要根据不同分析对象的性质和分析的目的选择不同的分析方法。例如，根据营养标签和质量控制这两个不同的目的，选择的薯片中盐含量的测定方法就会不同。因此为特定的应用选择合适的分析方法和技术，还需要对各种方法技术有良好的了解，同时方法的速度、精度、准确性、鲁棒性、特异性和灵敏度通常是选择方法时考虑的关键因素。

第一节 未来食品分析的需求

未来，消费者对食品的需求、国家和国际法规的需要，以及政府和食品企业对食品质量的管理需要决定了对食品成分和产品进行分析的必要性。

一、消费者对食品营养和安全需求的增加

消费者在食品购买方面有很多选择，所以他们对购买的食品要求也越来越高。他们希望购

---

① ppm. 百万分之一。
② ppb. 亿分之一。

买的食品既安全又营养，而且还能提供高质量和高满意度的消费体验。消费者的这些需求推动了产品声明的显著增长，并带来了对食品分析的需求增加。例如，消费者驱动的"无过敏蛋白"声明导致了对原材料/成分和成品检测的需求增加。许多消费者还对饮食（包括功能性食品）与健康之间的关系很感兴趣，想了解这些食品在提供基本营养以外的其他健康益处。消费者的这种消费趋势和需求增加了对食品分析的需求，并在分析技术方面提出了一些独特的挑战。

二、政府法规、国际标准和政策

食品企业要想在国内和国际市场上销售安全、高质量的食品，就必须越来越重视政府法规和指南，以及国际标准和政策。食品科学家必须了解这些与食品安全和质量相关的法规、指导方针和政策，必须知道它们对食品分析的影响。与食品成分相关的政府法规包括营养标签、产品声明、产品标准、质量监测和分级，以及真实性鉴定。随着食品和配料掺假所带来的利益驱动，越来越多的食品出现了掺假现象，食品真实性鉴定对食品行业来说是一个有挑战的工作。众所周知，检测食物中的非目标化合物并确定其身份本身就是一项挑战，它需要强大、灵敏、快速、先进的分析技术作为支撑。另外，当法律明文规定某些化合物的限量为零时，该化合物的检测技术也受到挑战。

三、食品企业产品质量管理的需求

（一）原料到最终产品

为了具有足够的市场竞争力，食品企业生产的食品必须满足消费者的需求，遵守政府法规，并符合公司的质量标准。无论是新的或现有的食品或配料，食品企业的关键问题是如何保证食品安全性和食品的质量。食品企业对产品质量的管理越来越重视，从原料开始，一直延伸到消费者食用的最终产品，在整个食品供应链都必须应用食品分析技术对质量进行检测，以达到预期的最终产品质量。

在某些情况下，食品的成本或价格与其需要检测的主要成分直接挂钩。例如，在乳制品领域，散装生奶的乳脂含量决定了牛奶生产商为该牛奶产品生产支付的成本。面粉的蛋白质含量决定了面粉的价格和在食品中的应用。这些例子说明了食品分析检测结果准确的重要性。为了在产品和工艺开发中进行准确的食品分析，我们首先必须了解清楚所采用的食品分析方法的操作原理和功能。同时还需要对分析结果进行严格和正确的评估，以确定是否需要重新调整产品配方，或者是否需要对工艺部分进行修改。

（二）食品种类的多样性

现如今，食品的种类越来越丰富，食品添加剂的类型也变得更多，少数食品加工企业为了获得更多的利润，会在食品中添加过量的添加剂，从而影响食品的安全性。另外，食品原材料本身也有可能存在质量问题，食用会影响人体健康。例如，为了获得更多的利益，不少商家会引进并使用生产周期相对较短、价格比较低的农作物与食品原料。很多种植户在农作物生长过程中，会使用大量的农药及化肥。养殖户会在喂养牲畜的过程中，使用激素或兽药，以此缩短牲畜的生长周期，增大其体型，获取更多的利润。食品生产企业所采购的食品原料包括这些农作物及牲畜，在根本上造成了食品安全问题，食用后可能会对人体健康造成严重的影响。针对这种情况，相关企业要加大对食品的检测力度，引进先进的检测技术手段，针对不同类型的食品采用不同的检测方式，确保食品检测工作质量。在选择检测技术时，应该考虑到实际情况，通过对食品的有效检测，提高食品的安全性。例如，过程控制样品的检测通常需要通过快速检测技术进行在线监测，而营养标签上有关营养价值信息的检测通常需要使用耗时较长的国家标准或国际标准方法进行检测。

（三）食品企业对供应商的依赖

食品行业日益激烈的竞争导致越来越多的企业将原料质量的责任推给了供应商。或者说，企业越来越依赖供应商提供高质量且安全的原材料和包装材料。许多公司都会选择合适的供应商，它们依赖这些供应商对原料/成分进行检测以确保其合格。在食品工业中，原料/成分的数据来源有各种各样的形式，主要有以下三种常见形式。

（1）技术/产品资料表：这是供应商销售人员在销售原料时使用的资料；一般会给出最大值、最小值和（或）值的范围，以及分析方法。

（2）企业标准或规格：这一般来自公司内部文件或内部要求［最小值、最大值和（或）目标值］，并将这些与特定的分析方法联系起来；大部分数据来自技术/产品资料表；需要给出相应的分析证书。

（3）验证报告（certificate of analysis，COA）：包括该商品需达标的成分/原料/配料的相关分析测试结果；需要给出实际值和分析方法。

其中企业标准或规格、COA对于特定食品的生产是非常重要的。例如，选用错误规格的淀粉，特定的食品就可能生产不出来，或者不能获得期望的成品质量属性。如果COA表明特定批次的燕麦颗粒尺寸"不符合规格"，那么最终的燕麦棒可能没有期望的性能，这可能会导致消费者投诉的增加。制定原料的规格通常是产品开发人员的责任，但是一旦出现与原料规格有关的问题时，往往是加工生产人员和质量控制人员处理这些问题。因此公司必须有适当的方法来保持对COA的控制并对它们及时采取措施。只有仔细控制原料/材料的质量，在加工和最终产品中需要的测试才会更少。

第二节　食品分析关注的重要领域

食品科学中分析方法和技术的发展、应用与消费者对食品成分和所吃食品安全的关注度是同步的。食品分析的首要目标一直以来都是确保食品安全。为了实现这一目标，食品分析人员必须面对社会发展过程中日益复杂的挑战。例如，面对全球范围的食品流动性即食品和相关原材料在世界范围内的流动，如何识别或检测食品污染；食品生产、加工、制备和食用过程中营养成分、有毒污染物的分析；食品掺假和伪劣产品的识别；如何建立可靠的食品可追溯技术确保食品安全；如何对食品微量营养成分进行测定和表征等。因此，确保食品的安全、质量和可追溯性从来没有像今天这样复杂和必要。

一、食品营养品质的分析

食物中含有丰富的营养素，如水、蛋白质、脂类、碳水化合物、无机盐、维生素、膳食纤维等。食品营养品质的分析是食品分析的经常性项目和主要内容。食品营养成分的摄入是否合理直接关系人体的健康，但是没有一种天然的食物能供给人体所需的全部营养。因此，必须对各种食物进行营养成分分析，根据食物中各种营养成分的含量，以营养学的观点来评价食品的营养价值，以便做到合理营养。此外，在食品工业生产中，对工艺配方的确定、工艺合理性的鉴定、生产过程的控制及成品质量的监测等都离不开营养成分分析。食品中主要的营养成分分析包括常见的七大营养素，以及食品营养标签所需要的所有项目的检测。按照食品标签法规要求，所有食品标签上都应注明该食品的主要配料、营养要素和热量。对于保健食品和功能食品，还须有特殊成分的含量及介绍。

另外值得一提的是，这些营养素在人体内的功能不是单一的，它们经过消化道，一部分可被人体直接吸收，一部分与肠道内的微生物作用产生新的物质被人体利用，还有的会直接排出体外。在研究食品与人体营养、健康等的关系时，这些营养成分变化的多样性和复杂性也对食品分析技术手段提出了更高的要求。

二、食品中污染物的分析

食品污染物是指食品在从生产（包括农作物种植、动物饲养和兽医用药）、加工、包装、贮存、运输、销售，直至食用等过程中产生的或由环境污染带入的、非有意加入的有毒有害物质，包括化学性、物理性和生物性的污染物。主要的食品污染物包括细菌、病毒、寄生虫、真菌、生物毒素、杀虫剂、抗生素、农兽药残留和有毒重金属等。除了以上常见的污染物外，目前食品中微塑料的污染也受到了广泛关注。食品从原料到生产加工后经过包装供人类直接使用或摆放在货架上售卖的过程中均可能带来微塑料污染（胡佳玲等，2021）。但从目前的研究来看，有关食品中微塑料溯源分析的相关研究较为匮乏，应着重开展对食品中微塑料的管控的研究。

随着国内外食品安全标准越来越严格，对食品污染物检测方法提出了更高的要求，尤其是在高通量高灵敏度方面，虽然常见的检测方法如高效液相色谱法、质谱分析法、原子光谱法等也能实现高灵敏度的检测，但是这些方法的前处理过程复杂、对设备要求较高且检测时间长；而且一些食品污染物如重金属、真菌毒素等还具有蓄积毒性，会导致疾病的发生，因此高灵敏度的检测方法是检测污染物浓度水平和开展膳食暴露评估的重要工具。

三、食品的真实性和溯源分析

伴随着市场经济的发展，消费者对食品的需求越来越多样化，对食品的感官质量和内在品质越来越重视，而在经济利益的驱动下，出现了大量的食品欺诈类问题，如食品品牌、产地、成分等假冒、伪造、以次充好等。食品真伪鉴别的目的是对食品真实性进行判别，因此食品真伪鉴别技术在食品安全领域变得越来越重要。目前与食品真实性分析相关的挑战主要包括地理来源识别、品种掺假鉴别、物种掺假鉴别、成分组成比例的确定、饲养方式和转基因生物的检测、标签错误标识和非法添加的检测等。食品的真实性还包括生产工艺、产品成分、新鲜度和品牌等的真实性。目前食品真实性研究主要涉及3个方面：食品真伪鉴别、食品溯源、非法添加物的检测。随着食品造假技术的发展，采用常规手段越来越难以检测食品的真实性，亟须有针对性的鉴别手段（徐毅等，2021）。

食品溯源是对食品生产、加工、运输、贮藏、销售等各关键环节信息加以有效管理，可以增强食品生产加工、销售过程中的透明度，提高消费者放心程度，也是为了预防和减少食品从源头到消费者这个过程中食品安全问题的出现，一旦发现问题即可迅速追溯至源头。溯源体系的技术手段分为信息溯源技术和检测溯源技术，信息溯源技术负责采集食品的全过程信息，有助于实现过程监管；检测溯源技术是分析食品的特征性成分，有助于实现溯源信息的准确性，二者实现互补，能够提升溯源体系的有效性和降低溯源成本，便于溯源体系在食品上的推广应用。

食品真伪鉴别和溯源检测技术主要有基于蛋白质的方法、基于DNA的方法、近红外光谱法、稳定同位素质谱技术等，其中，组学技术是近年来新兴的一类重要的食品鉴别和溯源检测技术。

第三节　现代食品分析方法概述

食品分析与检验的方法有感官检验法、物理检验法、基础化学分析法、仪器分析法、生物化学分析法、食品组学技术等。

一、感官检验法

感官检验法是通过人的感觉器官对食品的色、香、味、形、口感等质量特征，以及人们自身对食品的嗜好倾向作出评价，再运用统计学原理对评价结果进行统计分析而得出结论的分析检验方法。一般食品感官检验的主要内容和方法有视觉检验、嗅觉检验、味觉检验、听觉检验和触觉检验。人类最原始的食品检验方法就是感官检验，并利用其辨别食品的好坏。食品感官检验发展到今天，既可以单独作为食品检验的一种方法，也可以结合其他检验方法一起对食品品质进行检验。感官检验简便易行、直观实用，具有理化检验和微生物检验方法所不可替代的功能。它也是食品消费、食品生产和质量控制过程中不可缺少的一种简便的检验方法。

二、物理检验法

物理检验法是根据食品的物理参数与食品组成成分及其含量之间的关系，通过测定食品的物理量了解食品的组成成分、含量和食品品质的检测方法。物理检验法快速、准确，是食品工业生产中常用的检测方法。食品物理检验的一种方法是直接测定某些食品质量指标的物理量，并以此来判断食品的品质，如测定罐头的真空度，饮料中的固体颗粒度，面包的比体积，冰淇淋的膨胀率，液体的透明度、黏度和浊度等。食品物理检验的另一种方法是测定食品的某些物理量参数，如密度、相对密度、折光率、比旋光度等，并通过其与食品的组成和含量之间的关系，间接检测食品的组成和含量。

三、基础化学分析法

基础化学分析法是以食品组成成分的化学性质为基础的分析方法，包括定性分析和定量分析两部分，是食品分析与检验中基础的方法。许多样品的预处理和检测都是采用化学方法，而仪器分析的原理大多数也是建立在基础化学分析的基础上的。因此，在仪器分析高度发展的今天，基础化学分析法仍然是食品理化检验中最基本的、最重要的分析方法。基础化学分析法适用于食品的常量分析，主要包括质量分析法和容量分析法。质量分析法是通过称量食品某种成分的质量，来确定食品的组成和含量的方法，食品中水分、灰分、脂肪、纤维素等成分的测定采用质量分析法；容量分析法也叫滴定分析法，包括酸碱滴定法、氧化还原滴定法、配位滴定法和沉淀滴定法，食品中酸度、蛋白质、脂肪酸价、过氧化值等的测定采用容量分析法。此外，所有食品分析与检验样品的预处理方法都是采用化学方法来完成的。

四、仪器分析法

随着科学技术的进步，食品行业开发出许多自动化程度和精度都很高的安全检测仪器，这不仅缩短了检测时间，减少了人为误差，而且大大提高了食品安全检测的灵敏度和准确度。我国在食品分析及安全检测理论研究和实际应用方面取得了迅速发展，检测日益趋向于高技术化、系列化、速测化，以色谱、质谱和光谱技术与生物技术为代表的现代检测技术和手段也已越来越多地应用于食品分析及安全检测中。

（一）色谱-质谱联用技术

常规的色谱分析技术［如气相色谱法（gas chromatography，GC）、高效液相色谱法（high performance liquid chromatography，HPLC）和质谱法（mass spectrometry，MS）等方法］已经广泛地应用于食品分析。色谱是一种快速、高效的分离技术，但不能对分离出的每个组分进行鉴定。质谱是一种重要的定性鉴定和结构分析的方法，是一种高灵敏度、高效的定性分析工具，在从小分子（如咖啡因，194Da）到大的复杂生物分子（如免疫球蛋白，144 000Da）的鉴定、定性、验证和定量方面已经成为不可或缺的技术，但没有分离能力，不能直接分析混合物。色谱-质谱联用技术，将二者结合起来，把质谱仪作为色谱仪的检测器来发挥二者的优点，具有色谱的高分辨率和质谱的高灵敏度，能够有效解决传统方法在痕量测定等方面存在的问题。这些优势使得色谱-质谱联用技术在面对复杂的生物分析挑战时，如食品中的农药筛选、环境污染物的微量分析、天然产物的表征或食源性细菌的快速鉴定时，已经成为"必备"技术。目前应用较多的色谱-质谱联用技术主要包括气相色谱-质谱联用（GC-MS）、液相色谱-质谱联用（LC-MS）和毛细管电色谱-质谱联用（CEC-MS）等。

为了进一步解决复杂样品的分离分析问题，现在还出现了多维色谱-质谱联用技术，多维色谱是基于两种或两种以上不同分离机制方法的优化和组合，采用同种色谱、不同选择性色谱柱串联［包括二维气相色谱（GC-GC）、二维高效液相色谱（HPLC-HPLC）、二维超临界流体色谱（SFC-SFC）等］，或不同类型色谱分离串联［包括高效液相-气相二维色谱（HPLC-GC）、高效液相-超临界流体二维色谱（HPLC-SFC）、高效液相-毛细管区带电泳二维色谱（HPLC-CZE）等］，从而实现复杂样品的分离。与常规的单柱分离相比，多维色谱具有更高的选择性、更大的峰容量和更好的分辨率。目前较成熟的技术是全二维气相色谱（comprehensive two-dimensional gas chromatography，GC×GC），是20世纪90年代初出现的新方法。目前各大仪器公司基本实现了GC×GC仪器的商品化。目前正在发展中的多维分离技术还有LC×LC、LC×CE、CE×CE、LC×GC等。

（二）光谱技术

光谱技术是利用物质发射、吸收电磁辐射，以及物质与电磁辐射的相互作用而建立起来的一种方法，通过辐射能与物质组成和结构之间的内在联系及表现形式，以光谱测量为基础形成的方法。光谱技术是一种无损的快速检测技术，分析成本低。其中，拉曼光谱、红外光谱、核磁共振波谱、近红外光谱及荧光光谱等在食品安全检测中应用较为广泛。

除了以上传统的光谱技术外，现在还出现了图像光谱测量或光谱成像技术，它集光谱和成像技术于一体，将光谱分辨能力和图形分辨能力相结合，通过增加光谱通道数来提高测量精度，造就了空间维度上的面光谱分析，获得食品颜色和结构上的三维数据信息，能够更加全面准确地检测其化学成分，评判品质优劣。在食品检测中，常用的光谱成像技术包括高光谱成像、拉曼光谱成像和近红外光谱成像。

（三）电子传感技术

电子传感技术是指利用不同物质在不同电化学反应中所获得的不同信号对其进行分析的一类技术，常用的电子传感技术包括电子眼、电子鼻、电子舌、电子耳及电子皮肤等。相对于传统的电化学分析技术而言，该类技术是一类仿生分析技术，模仿人的感官系统，对人体所接触物质的感受进行数字化表征并进行多变量数据分析，可同时采用多种电极对样品的颜色、气味、味道、触觉等性质进行全面的反映，从而对样品的真伪优劣、加工工艺、地域属性等特点进行整体分析，尤其适合食品及农产品的分析。

（四）多源数据融合技术

多源数据融合技术，是指对来自多种分析仪器的信号进行多级别、多方面、多层次的处理，在一定准则下加以分析、综合，产生新的有意义的信息，弥补单一来源分析信号信息量不足的缺点，进而完成所需的决策和评估任务而进行的信息处理技术。数据融合方法可分为高、中、低3个水平。高水平数据融合对不同数据矩阵分别分析，得到结果后将结果进行融合，属于决策水平的融合方法。中水平和低水平数据融合属于变量水平的融合方法。其中低水平数据融合（low-level data fusion，LLDF）将原始数据矩阵进行组合，属于像素级的融合方法。中水平数据融合（mid-level data fusion，MLDF）将不同来源的数据矩阵分别进行合适的预处理，以便减弱不同非目标因素的影响，再将经预处理后的数据矩阵进行组合。充分利用各仪器的优势，通过对不同产地、不同品种及真伪样品的信号采集，采用多源数据融合技术分别建立产地识别、种属识别和真伪识别模型，可实现食品的快速鉴定。近年来，多源数据融合技术得到了不断发展，其中化学计量学方法更是发展迅速，很多算法被开发成软件，大大简化了分析的过程。

五、生物化学分析法

在食品分析检测过程中，生物化学分析法具有较强专一性，能够对食品特殊组分立体差异和微小结构进行准确区分，无须过多样品、测定成本较低、效率高，可以明确产品组成。生物化学分析法包括酶分析法、免疫学分析法、生物芯片技术和生物传感器。

（一）酶分析法

酶分析法是利用酶作为生物催化剂，进行定性或定量分析的方法，它具有高效和专一的特征。在食品分析与检验中，酶分析法用于复杂的食品样品检验，该法具有抗干扰能力强、简便、快速、灵敏等优点，可用于食品中维生素及有机磷农药的快速检验。

（二）免疫学分析法

免疫学分析法是利用抗原-抗体特异性结合反应进行检测的分析方法，常用的有酶联免疫吸附测定（enzyme-linked immunosorbent assay，ELISA）、胶体金免疫层析（colloidal gold immunochromatography assay，CGIA）、化学发光免疫分析（chemiluminescent immunoassay，CLIA）等。

化学发光免疫分析方法是化学发光与免疫学相结合的方法，利用化学发光的酶、纳米颗粒等物质对抗体或抗原进行标记，与待测抗原或者抗体反应后，再利用分离游离态化学发光物质的方法，使得加入化学发光系统中的其他相关物产生化学发光，然后进行抗原或抗体的定量或定性检测，解决了经典免疫分析法中灵敏度低的问题（王春琼等，2021）。

此外，还有一种在化学发光免疫分析方法的基础上结合磁性分离技术的新兴分析方法，已成功应用于管式化学发光免疫及电化学发光免疫等检测项目，即磁微粒化学发光免疫分析方法，该方法充分利用了磁性分离技术的快速、易自动化性。

（三）生物芯片技术

生物芯片作为20世纪90年代初发展起来的一种新兴技术，集成了分子生物技术、微加工技术、免疫学、化学、物理、计算机等多项学科技术，在玻璃片和硅片等载体材料上，以大规模阵列的形式排布不同的生物分子（寡核苷酸、互补DNA、基因组DNA、多肽、抗原、抗体等），形成可与目的靶分子互相作用、并行反应的固相表面。将芯片与靶分子进行化学反应，其反应结果用同位素法、化学发光法或酶标法显示，然后用精密的扫描仪或电荷耦合器件（CCD）摄像技术记录。通过计算机软件分析，综合成可读的生物信息，达到对基因、抗原和活体细胞等进行分析和检测的目的。目前常见的生物芯片主要分为三大类：基因芯片、蛋白质芯片和微流控芯片，在食品安全检测方面具有一定的应用前景（李月娟等，2012）。

生物芯片技术在食品分析中可以实现对连续化、集成化、微型化及信息化样品的分析，其具有的这些特点使生物芯片技术在食品卫生检验、食品营养机理的分子阐述、食品毒性研究，以及转基因食品的检测等多个食品分析领域中得到广泛应用。目前，DNA芯片技术已经用于转基因食品的检测，以激光诱导荧光检测-毛细管电泳分离为核心的微流控芯片技术也将在食品理化检验中逐步得到应用。生物芯片技术将会大大缩短分析时间和减少试剂用量，成为低消耗、低污染、低成本的绿色检验方法。

（四）生物传感器

生物传感器是一类对生物物质敏感并将其浓度转换为电信号进行检测的仪器，以生物活性单元（包括酶、抗体、抗原、微生物、细胞、组织、核酸等）或固定化的生物成分作为生物敏感材料，并采用适当的理化换能器（如氧电极、光敏管、场效应管、压电晶体等）及信号放大装置，构成一套具有接收器和转换器功能的分析工具或系统。

从20世纪60年代首先提出生物传感器的设想开始，生物传感器的发展已有40多年的历史。目前主要以免疫传感器为代表的第三代生物传感器，将免疫分析技术与生物传感技术相结合，是一种基于抗原-抗体特异性结合原理的生物传感器，具有特异性好、灵敏度高、检测速度快等特点。其中，电化学酶免疫传感器具有无放射性污染、试剂便宜且稳定、检测设备相对简单、使用方便、构制酶电极方法灵活等优点，在毒素检测、致病菌检测和农药残留等食品安全领域方面应用非常广泛（李月娟等，2012）。

六、食品组学技术

食品组学技术是最近几十年发展起来的新技术，主要采用基因组学、蛋白质组学、代谢组学、转录组学、脂质组学、糖组学、微量元素组学等技术平台对不同层次食品进行系统研究。其主要依托高通量、高分辨率、高精度的分析仪器，得到的数据量巨大，需要借助化学计量学对数据进行分析处理，包括主成分分析（principal component analysis，PCA）、判别分析（discriminant analysis，DA）、偏最小二乘判别分析（partial least squares-discriminant analysis，PLS-DA）等方法。组学分析涵盖食品及营养相关的各个研究领域，为打破食品领域安全性、营养性、功能性等方面的研究瓶颈提供了解决方案。一方面，食品组学可以实现食品危险因子的非靶向筛查、多元危害物快速识别与检测、智能化监管、实时追溯，阐明食源性致病菌的应激适应反应，有助于形成高标准食品安全监测体系，保障食品安全；另一方面，食品组学可以从基因层面解释不同个体对特定膳食组成的反应，从营养学角度解释食品成分对健康有益或有害的分子和细胞机制，确定食品活性成分作用的关键通路，分析肠道菌群的整体作用及功能，明确慢性疾病发生前到发生时的特征基因和分子生物标记物，在保障食品营养与人类健康方面起着关键性作用（杨莉等，2022）。

第四节　现代食品分析发展方向

科学技术的发展、生产需求的增长和人民生活水平的提高，对食品分析方法提出了更高的要求。目前食品分析检测采用的各种分离、分析技术和方法也得到了不断完善和更新，许多高灵敏度、高分辨率的分析仪器已经越来越多地应用于食品分析检验中。目前，在保证检测结果的精密度和准确度的前提下，食品分析与检测正朝着高灵敏度、快速、自动化的方向发展。

一、高灵敏度检测方法

目前发达国家对食品污染物的限量越来越低，这对高毒性污染物的检测方法灵敏度提出了更高的要求。例如，对二噁英及其类似物，检测方法灵敏度的要求达到超痕量水平（$10^{-15}\sim 10^{-12}$），而且从二噁英检测样品中提取出来的多种化合物成分中，共存干扰成分的含量往往高出二噁英类几个数量级，因此二噁英定量测量必须要求高灵敏性和高选择性，这就需要用高分辨率质谱分析和稳定性同位素稀释技术等严格质量控制手段。由于色谱-质谱联用技术结合稳定性同位素稀释技术具有灵敏、特异、可靠的特点，其不仅用于二噁英及多氯联苯等超痕量分析，在酱油中氯丙醇的痕量检测方面已成为欧盟唯一认可的方法。近年来，多种仪器联用技术已经用于食品中微量甚至痕量有机污染物及多种有害元素等的同时检测，如动物性食品中多氯联苯、油炸食品中的多环芳烃和丙烯酰胺等的检测。

二、快速检测方法

在实验室检测过程中，传统方法不仅耗时，且费用高昂，而快速检测技术具有便捷性和准确性高的特点，能够快速、有效地检测出食品中是否存在不符合标准要求的问题，从而针对问题食品做出妥善处理。国际上特别是美国、欧盟等发达国家和地区通行的做法是，按一定的规范对受检产品取样进行快速检测。这种快速筛选的方法，一般是在非实验室的条件下在现场对样品进行筛检。如果检测结果为阳性，受检食品就不允许上市。快速检测方法有以下几个方面的特点：第一，灵敏度高，可达到十亿万分之一，甚至更低；第二，方法的特异性高、假阳性相对降低；第三，适用范围较宽，可测定各类食品；第四，检测的费用低。在农药残留、兽药残留和生物素快速筛检的试剂盒方面，国外已有不少产品。针对快速检测结果异常的样品，当需要确切知道所检测项目的存在和定量结果时，再进一步通过实验室检测方式进行进一步的确证和定量分析，大大缩小了食品样品实验室检测的范围，并且使实验室检测更具有针对性，提升了食品安全检测的总体效率。

三、自动化、智能化检测设备

随着计算机技术的发展和普及，分析仪器自动化、智能化也成为食品理化检测的重要发展方向之一。自动化和智能化的分析仪器可以进行检验程序的设计、优化和控制，实验数据的采集和处理，使检验工作大大简化，并能处理大量的例行检验样品。例如，蛋白质自动分析仪等可以在线进行食品样品的消化和测定。采用近红外自动测定仪测定食品营养成分时，样品无须进行预处理，直接进样，通过计算机系统即可迅速给出食品中蛋白质、氨基酸、脂肪、碳水化合物、水分等成分的含量。

未来分析仪器也趋向于一体化，即形成一个从取样开始，包括预浓集、分离、测定、数据处理等工序一体化的系统。近年来发展起来的多学科交叉技术——微全分析系统（miniaturized total analysis system，μ-TAS）可以实现采样后的预处理、进样、分离、分析检测等复杂耗时的分析过程整体微型化、高通量和自动化。过去需要在实验室中花费大量样品、试剂和长时间才能完成的分析检测，现在在几平方厘米的芯片上仅用微升或纳升级的样品和试剂，以很短的时间（数十秒或数分钟）即可完成大量的检测工作。

四、新颖的样品前处理手段

样品处理方法的不断优化升级也是如今食品分析发展的方向之一。食品通常属于多类物质共同组成的混合物，作为检测目标的成分通常在全部检测物质中所占的比重很小，以往样品制备涉及的工艺有有机溶剂萃取、柱层析等，集中表现出制备时耗较长、实验投入巨大、误差过大等问题。如今随着技术的升级，超临界萃取技术、微波辅助萃取技术、固相萃取技术、固相微萃取技术、顶空技术、流动注射分析法和磁分离技术等许多新颖的技术也被应用于食品分析的样品前处理中。同时为了适用于不同介质样品的分析，一些国家（如美国食品和药品监督管理局等）将农药残留分析的主要步骤（包括样品的采集、制备、提取、纯化、浓缩、分析、确证等）采用的不同方法建立不同的模块，根据样品及分析要求的不同，组合成不同的处理分析流程，从而建立了一个多残留检测选择检索程序的前处理技术平台，使复杂的技术流程简化而又有分析质量保证。

可以预见，随着科学技术的不断发展，现代食品分析技术日趋先进和现代化，从事食品分析的人员需要熟悉各种食品分析技术，根据被检测食品的性状及物理化学性质采用不同的分析技术进行分析。本书就现代食品分析常用的新型分析技术展开介绍，包括光谱、核磁共振波谱、色谱-质谱联用技术、分子生物技术和生物传感器技术等。

全书思维导图

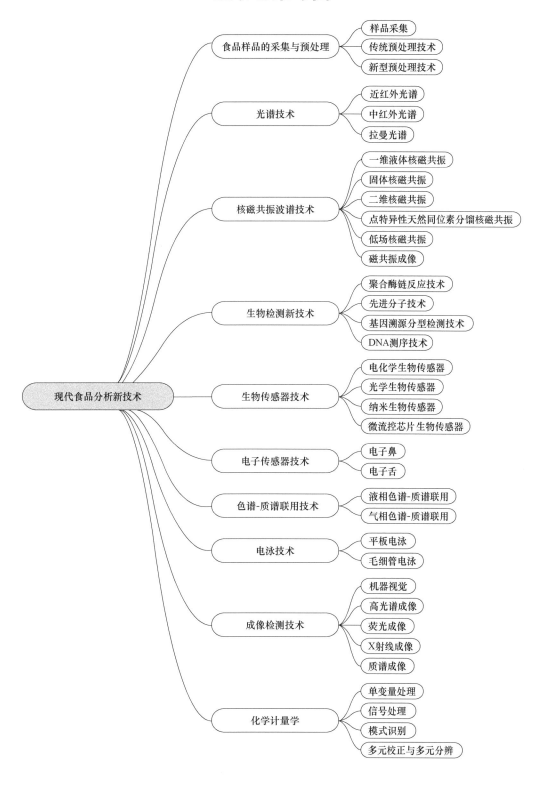

思 考 题

1. 试举例说明食品分析对食品加工性能和食品质量保障的重要性。
2. 现代食品分析关注的重要领域有哪些？
3. 以一种现代食品分析技术为例，说明其技术原理、应用范围及优缺点。
4. 你认为未来食品分析主要面临哪些挑战？

参 考 文 献

胡佳玲，张天龙，陈杰，等. 2021. 微塑料在食品中的来源及其检测技术研究进展. 分析测试学报，40（11）：1672-1680.

李月娟，吴霞明，王君，等. 2012. 食品分析及安全检测关键技术研究. 中国酿造，31（12）：13-17.

王春琼，张燕，李苓，等. 2021. 化学发光免疫分析技术及其在农药残留检测中的应用进展. 化学分析计量，30（5）：96-99.

徐毅，钟鹏，赵岗，等. 2021. 食品真实性鉴别技术研究进展. 河南工业大学学报（自然科学版），42（3）：108-119.

杨莉，李洪军，吴涵，等. 2022. 食品组学在食品质量、安全和加工中的研究进展. 食品与发酵工业，49（10）：314-322.

第二章　食品样品的采集与预处理

　　食品分析时通常无法对所有被检食品进行检测，因此，需要抽取有代表性的一部分作为分析用样品；此外，食品的成分复杂，当以选定的方法对其中某种成分进行分析时，其他组分常会产生干扰而影响被测组分的正确分析。因此必须采取相应的措施排除其他组分的干扰。有些样品在食品中的含量极低，有时会由于所选方法的灵敏度不够而难以检出，这种情形下往往需对样品中的相应组分进行浓缩，以满足分析方法的要求。食品样品的采集与预处理就是解决上述问题的手段。本章介绍了食品样品采集及多种食品样品预处理技术，重点讲述了样品采集的原则、过程、方法、要求和注意事项；样品预处理的目的与原则、样品预处理传统技术与新技术。

本章思维导图

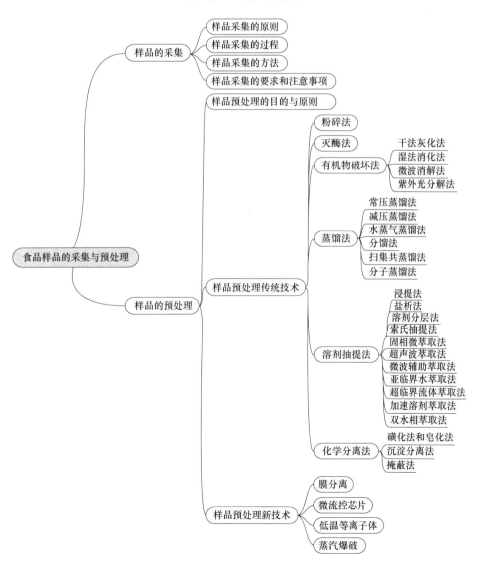

第一节 样品的采集

食品分析对象数量多、成分复杂且来源广泛，检测又大多具有破坏性，所以无法对所有被检食品进行检测，因此，食品检测的第一步就是从大量的分析对象中抽取有代表性的一部分作为分析用样品，称为样品的采集，简称采样。采样是一个困难且需要谨慎操作的过程，要确保从大量的被检测物料中采集到能代表整批被测物质量的少量样品。如果采得的样品不足以代表全部物料的组成成分，那么无论后续的检验工作如何精密、准确，其检验结果也将毫无价值，因此正确采样是食品分析过程中重要的环节之一。在采样中必须严格遵守规则，掌握适当方法，并防止在采样过程中造成某种成分的损失或外来成分的污染。

一、样品采集的原则

正确采样必须遵循的原则有以下6条。

（1）代表性原则：采集的样品必须具有代表性，能反映全部被检食品的组成、质量与卫生状况。

（2）典型性原则：采样方法要与分析目的一致，要根据分析的目的采集到能充分证明这一目的的典型样品。

（3）真实性原则：采样及样品制备过程中应设法保持原有的理化指标，避免待测组分（如水分、气味、挥发性酸等）发生化学变化，同时防止带入杂质使待测组分被污染。

（4）实时性原则：因为很多被测组分的含量及性质会随着时间的推移发生变化，故为了得到正确的结论就必须尽快送检。

（5）适量性原则：采样数量因实验项目和目的而定，一般每份样本不少于检验需要量的3倍，以供检验、复检和留样。另外，采样的处理过程尽可能简单易行，所用样品处理装置尺寸应当与处理的样品量相适应。

（6）程序性原则：采样、送检、留样和出具报告均按规定的程序进行，各阶段都要有完整的手续，责任分明。

二、样品采集的过程

要从一大批被测样品中抽取能代表整批物品质量的样品，必须遵从一定的采样步骤，采样一般分为三步，依次为获得检样、获得原始样品和获得平均样品。

1）检样 从待检的组（批）或货（批）中所抽取的样品称为检样。检样的抽样方法和数量应按该产品标准中检验规则所规定的执行。

2）原始样品 将多份检样混合得到的样品称为原始样品。原始样品必须能代表该批样品的品质，其数量根据受检物质的特点、数量和检验要求而定。

3）平均样品 将原始样品按照规定方法（如四分法）混合，均匀地分出一部分，称为平均样品。平均样品要分成三份，一份是用于待检项目检测的检验样品；一份是当对检验结果有争议或分歧时用作检测样品的复检样品；一份是备查使用的保留样品，保留样品一般要保留一个月以备需要时复查，保留期限从检验报告单签发日起计算，但易腐败变质的食品一般不作保留。

三、样品采集的方法

样品的采集一般包括随机取样和代表性取样两种方法。

随机取样是指不带主观框架地、均衡地、不加选择地从全部产品的各个部分取样。在取样过程中要保证所有物料中的每一个单位产品（为检验需要而划分的产品最小的基本单位）都有被抽取的机会，即保证所有物料各个部分被抽到的可能性均等，具有随机、不加选择性的特点。

代表性取样是用系统抽样法进行采样，根据样品随空间（位置）、时间变化的规律，采集能代表其相应部分的组成和质量的样品。例如，按不同生产日期取样、在流水线上按一定的时间间隔取样、按组批取样、按分析目的取样等，在食品生产过程中广泛应用。

对于不均匀样品，仅用随机取样是不够的，必须结合代表性取样。只有从有代表性的各个部分分别取样，才能保证样品的代表性。具体的取样方法应根据具体情况和要求，按照相关的技术标准或者操作规程所规定的方法进行。

1）粮食、油料类散粒状物品的采样　对于粮食、油料类物品，一般参照《粮食、油料检验　扦样、分样法》（GB/T 5491—1985）所规定的方法执行。常用方法有四分法和自动分样器。自动分样器可对粮食、油料样品进行分样与混样，具有准确度较高、使用方便、混样均匀、分样误差小等特点。对样品进行分样后，分别包装送检。

GB/T 5491—1985

2）液体样品及半固体样品的采样　液体样品在采样前必须充分混合，一般情况下使用混合器混合。如果样品量少，可用两容器相互转移的方法来混合。采样一般用长形采样器采集，用虹吸法分层取样，然后装入小瓶混匀即可。

3）肉类、水产品的采样　肉类、水产品应按分析项目要求采用不同的采样方法。其方法主要有两种：一种是针对不同的部分进行分别采样，另一种是先将分析对象混合后再采样。通常情况下，采样方法主要取决于分析目的和分析对象。

4）水果、蔬菜的采样　首先随机采集若干个单独个体，然后按照一定的方法对所采集的个体进行处理。体积较小的随机取若干个整体，切碎混匀，缩分到所需数量。体积较大的则采取纵剖缩分的原则，即按照成熟程度及个体大小的组成比例，选取若干个体，对每个个体按生长轴纵剖后取样，切碎混匀，缩分到所需数量。对于体积蓬松的叶菜类由多个包装分别抽取一定数量，混合后捣碎、混匀、分取、缩减到所需数量。

5）罐头类食品的采样　罐头类食品通常都采取随机采样，采样数量为检测对象数量的平方根。生产线采样时，可按生产班次取样，取样数为1/3000，尾数超过1000罐者增取1罐，但每班次每个品种取样基数不得少于3罐。另外也按杀菌锅取样，每锅检取1罐，但每批每个品种不得少于3罐。

四、样品采集的要求和注意事项

GB/T 5009.1—2003

为保证采样的公正性和严肃性，确保分析数据的可靠，国家标准《食品卫生检验方法　理化部分　总则》（GB/T 5009.1—2003）对采样过程提出以下要求。

（1）采样应注意样品的生产日期、批号、代表性和均匀性（掺伪食品和食物中毒样品除外）。采集的数量应能反映该食品的卫生质量和满足检验项目对样品量的需要，一式三份，供检验、复验、备查或仲裁用，一般散装样品每份不少于0.5kg。

（2）采样容器根据检验项目，选用硬质玻璃瓶或聚乙烯制品。容器不能是新的污染源，容器壁不能吸附待测组分或与待测组分发生反应。用于微生物检验样品的容器要经过灭菌。

（3）液体、半流体食品如植物油、鲜乳、酒或其他饮料，如用大桶或大罐盛装者，应先充分混匀后再采样。样品应分别盛放在三个干净的容器中，检查液体是否均一、有无杂质和异味，然后将这些液体搅拌混合均匀，进行理化指标的检测。

（4）粮食及固体食品应在每批食品上、中、下三层中的不同部位分别采取部分样品，混合后按四分法对角取样，再进行几次混合，最后取有代表性样品进行检测。

（5）肉类、水产等食品应按分析项目要求分别采取不同部位的样品或混合后采样。

（6）罐头、瓶装食品或其他小包装食品，根据批号随机取样，同一批号取样件数，250g以上的包装不得少于6个，250g以下的包装不得少于10个。

（7）掺伪食品和食品中毒的样品采集，要具有典型性。

（8）一般样品在检验结束后，应保留1个月，以备需要时复检。易变质食品不予保留，保存时应加封并尽量保持原状。检验取样一般皆指取可食部分。

（9）感官性质极不相同的样品，切不可混在一起，应分开包装，并注明性质。感官不合格产品不必进行理化检验，直接判为不合格产品。

第二节　样品的预处理

一、样品预处理的目的与原则

在食品分析中，由于食品或食品原料种类繁多、组成复杂，而且各组分（如糖类、脂肪、蛋白质、维生素等）之间往往又以复杂的结合形式或络合形式存在。在分析食品中某种组分时，其他组分的存在常对分析测定带来干扰。因此，为了保证分析工作顺利进行并获得准确的分析结果，就需要在正式分析测定之前，对样品进行适当的预处理，使被测组分同其他组分分离或者除去其他的干扰物质。此外，有些被测组分由于浓度太低或含量太少（如污染物、农药、兽药、黄曲霉毒素等），直接测定有困难，这就需要在测定前将被测组分进行富集或浓缩，以获得可靠的测定结果，这些过程称作样品的预处理。

样品的预处理方法取决于被测食品的类型、特点，被测物质的组成、理化性质，以及被测项目的需要等。样品预处理的原则有以下几点。

（1）消除干扰因素。由于食品本身所含的某些成分常常会对其他成分的分析测定产生干扰，因此在分析测定之前必须进行样品预处理，消除干扰测定结果的一些组分。

（2）完整保留被测组分。样品在预处理过程中，既要排除干扰因素，又要尽量完整地保留被测组分。

（3）使被测组分浓缩，以获得可靠的分析结果。通过预处理一方面排除干扰组分，另一方面应能使被测定物质达到浓缩，从而使测定能得到理想结果。

（4）调整被测样品的pH、离子强度等，使其满足检测的要求。

二、样品预处理传统技术

（一）粉碎法

在食品分析中，样品尺寸对食品分析的结果有很大的影响。在很多情况下，对样品进行分析前会考虑样品的尺寸是否符合分析的要求，如果不符合，就要对样品进行处理，常用的处理手段是粉碎。

根据样品含水量的高低，可以将样品分为干样品和湿样品两类。对于干样品，常用到的仪器设备有研钵、粉碎机和球磨机。研钵主要用于小量的样品的研磨。粉碎机是目前最常见的自动样品粉碎装置，与研钵相比更加方便，缺点是粉碎后的样品颗粒尺寸不均匀，差别大。对于一些研磨精度要求比较高的样品，可以考虑使用球磨机。为了防止在粉碎过程中导致样品被污染，影响分析结果，所使用工具中与样品接触的部分应全部采用耐磨无污染的材料，如玻璃、陶瓷、玛瑙、不锈钢等。湿样品粉碎的设备可以有很多选择，常见的有绞肉机。此外，组织磨碎机主要用于小样软物质的粉碎；对于大多数的悬浮液和糊状食品样品的粉碎，可选用韦林氏搅切器。

（二）灭酶法

在样品的预处理过程中，如果要分析检测的样品中含有糖、自由和结合脂肪、蛋白质等成分时，就要考虑酶的作用，必须采用一定的手段处理酶使其失活，从而保证分析结果的稳定性和准确性。一般来说，酶的活性受温度变化的影响比较大，一般常用的灭酶手段是加热，或者利用低温使某些酶的活性受到抑制而不影响测定。对样品进行灭酶处理时应该尽可能使用较低的温度和较短的时间，以避免对食品中其他组分的影响。

（三）有机物破坏法

有机物破坏法主要用于食品或食品原料中无机元素或金属离子的测定，测定前要通过高温氧化等条件破坏有机结合体，使被测元素以简单无机化合物的形式残留下来，再进行测定。常用的有干法灰化法、湿法消化法、微波消解法和紫外光分解法。

1. 干法灰化法　　干法灰化法又称灼烧法。将样品放入坩埚中，先在电炉上低温加热，使其中的有机物脱水、炭化，再置高温炉（一般为500～600℃）中灼烧，有机物灼烧后可彻底分解逸散，直至残灰变为白色或浅灰色，所得残渣即为无机成分。将残灰经溶剂溶解、定容后可直接用于测定。此法基本不加或加入很少的试剂，空白值低；灰分体积很小，因而可处理较多的样品，可富集被测组分；有机物分解彻底，操作简单。但是干法灰化法所需时间长，因温度高易造成易挥发元素（如Hg、As、Se等）的损失，坩埚对被测组分有吸留作用，使测定结果和回收率降低。

2. 湿法消化法　　湿法消化法是在强酸和强氧化剂条件下加热消煮，使样品中的有机物质完全氧化分解，呈气态逸出，金属元素和无机盐留在溶液中。湿法消化法的有机物分解速度快，所需时间短。由于加热温度低，可减少金属挥发逸散的损失而且容器吸留无机元素的量也比干法灰化法少。但在消化过程中会产生大量有害气体，试剂用量大，空白值偏高。

3. 微波消解法　　微波消解法是一种高压条件下微波辅助加热的湿法消化方法，将样品放入耐酸碱腐蚀的聚四氟乙烯高压密封罐中，加入氧化剂后，在微波消解仪中利用微波能量对样品加热消解。其特点是物料瞬时高温、消解快速彻底、氧化剂用量少。一些高温易挥发逸散的样品可采用微波消解法处理，食品安全国家标准已将微波消解法作为样品预处理的标准方法。

4. 紫外光分解法　　紫外光分解法是利用紫外光消解样品中的有机物从而测定其中无机

离子的氧化分解法。紫外光由高压汞灯提供，在（85±5）℃的温度下进行光解。为了加速有机物的降解，在光解过程中通常加入过氧化氢。光解时间可根据样品的类型和有机物的量而改变。其特点是试剂用量少、污染小、空白值低、回收率低，可用于测定样品中铜、锌、镉、磷酸根、硫酸根等物质。

（四）蒸馏法

蒸馏法是利用被测物质中各组分挥发性的不同来进行分离的方法。可以用于除去干扰组分，也可用于被测组分的抽提。根据样品中待测成分性质的不同，蒸馏法可分为常压蒸馏法、减压蒸馏法、水蒸气蒸馏法、分馏法、扫集共蒸馏法、分子蒸馏法等。

1. 常压蒸馏法　　当被蒸馏的物质受热不易分解或沸点不太高时，可在常压下进行蒸馏。常压蒸馏法的加热方法可根据被蒸馏物质的沸点和性质来确定。如果被蒸馏物质沸点低于90℃，可用水浴加热；如果超过90℃，则可改为油浴、沙浴、盐浴或石棉浴等方式进行加热；当被蒸馏物质的沸点高于150℃时，可用空气冷凝管代替冷水冷凝器。在加热蒸馏前，应在蒸馏瓶中加入少量沸石或其他类似物，以防止液体暴沸，并使沸腾保持平稳。

2. 减压蒸馏法　　有很多化合物特别是天然提取物在高温条件下极易分解，因此需降低蒸馏温度，最常用的方法就是减压蒸馏。该方法的基本原理是借助减压装置降低蒸馏系统内的压力以降低液体的沸点，防止被测组分发生分解。

3. 水蒸气蒸馏法　　水蒸气蒸馏法是将水蒸气通入不溶于水的有机物中或使有机物与水经过共沸而将有机物蒸馏出的方法。水蒸气蒸馏法只适用于具有挥发性的，能随水蒸气蒸馏而不被破坏，且在100℃左右需要一定蒸气压的样品。此方法可用于某些被测组分加热到沸点时可能发生分解的样品，也可用于某些被测组分沸点较高，直接加热蒸馏时因受热不均匀而引发局部炭化的样品。

4. 分馏法　　分馏是蒸馏的一种，是将液体混合物在一个设备内同时进行多次部分气化和部分冷凝，将液体混合物分离为各组分的蒸馏过程。这种蒸馏方法用于可以互溶且沸点相差很小的两种或两种以上组分混合液体。

5. 扫集共蒸馏法　　该法是美国分析化学家协会（AOAC）农药分析手册中用于挥发性有机磷农药分离、净化的方法。该法需在专门的装置中进行操作。该法净化速度快，只需30～40min。此外，该方法节省试剂，是一种很有前途的净化方法。

6. 分子蒸馏法　　分子蒸馏（molecular distillation，MD）又称短程蒸馏，是近年来新兴并广泛应用的一种在高真空条件下进行高效分离纯化的技术。MD靠不同物质分子运动平均自由程的差别实现分离。当液体混合物沿加热板流动并被加热，轻、重分子会逸出液面而进入气相，由于轻、重分子的自由程不同，不同物质的分子从液面逸出后移动距离不同，若能恰当地设置一块冷凝板，则轻分子到达冷凝板时被冷凝排出，而重分子不能到达冷凝板并沿混合液排出，从而达到分离不同物质的目的（左青等，2022）。MD技术对于热敏性物料及易氧化物料的分离具有很大的优势。

（五）溶剂抽提法

在任意溶剂中，不同的物质具有不同的溶解度。利用混合物中被测组分与干扰物质在同一溶剂中具有不同的溶解度，将被测组分与其他组分完全分离或部分分离的方法称为溶剂抽提法，也称萃取法或提取法。此法既可从样品中抽取被测物质，也可除去干扰物质，是常用的食品样品预处理方法。根据样品的组成及被测组分性质的不同，常有以下方法。

1. 浸提法　　浸提法是用适当溶剂浸泡固体样品，将可溶性溶质浸提出来的方法，亦称为浸泡法。浸提法所采用的提取剂应既能大量溶解被提取的物质，又要不破坏被提取物质的性质。一般来说，浸提时溶剂的选择应符合相似相溶的原则。实际应用时应根据被测组分的极性强弱来选择合适的提取剂。

2. 盐析法　　向溶液中加入某一盐类物质，使溶质在原溶剂中的溶解度大大降低，从而从溶液中沉淀出来，这个方法叫作盐析法。在进行盐析工作时，应合理选择溶液中所要加入的物质，以保证其不会破坏溶液中所要析出的物质，否则达不到盐析提取的目的。此外，要注意选择适当的盐析条件，如溶液的pH、温度等。盐析沉淀后，根据溶剂和析出物质的性质和实验要求，选择适当的分离方法，如过滤、离心、分离和蒸发等。

3. 溶剂分层法　　溶剂分层法是利用待测组分在两种互不相溶（或微溶）的溶剂中溶解度或分配系数的不同，使待测组分从一种溶剂中转移到另外一种溶剂中的方法。要从溶液中提取某一组分时，所选用的溶剂必须与溶液中原溶剂互不相溶，而且能大量溶解被提取的溶质（或者与提取组分互溶），且对杂质有较小的溶解度，即被测组分在萃取剂中有较大的分配系数，而杂质只有较小的分配系数。经萃取后，被测组分进入萃取溶剂中，即与留在原溶剂中的杂质分离开。此法操作简便，对被测组分的浓缩倍数高。

4. 索氏抽提法　　索氏抽提法是从固体物质中萃取被测组分的一种方法。该法在样品的前处理中应用较多。索氏提取器由提取瓶、提取管、冷凝器三部分组成，见图2-1。提取管两侧分别有虹吸管和连接管，各部分连接处要严密不能漏气。该方法提取效率高，被测组分提取完全，回收率高；但操作比较烦琐，耗时较长。

图2-1　索氏提取器

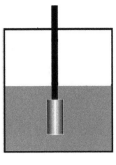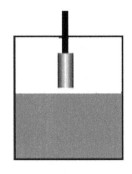

直接固相微萃取　　　　　　　顶空固相微萃取

图2-2　两种固相微萃取模式

（引自宝贵荣等，2015）

5. 固相微萃取法　　固相微萃取（solid phase micro-extraction，SPME）是在固相萃取的基础上发展起来的一种新的萃取分离技术。这一方法集萃取、浓缩、解吸、进样于一体，保留了固相萃取优点的同时，排除了固相萃取需要柱填充物及使用有机溶剂进行解吸的缺点（傅若农，2015）。

SPME技术与固相萃取的原理相似，主要存在两种模式（图2-2），一种是直接固相微萃取（direct-SPME，DISPME），该方法将涂有高分子固相液膜的石英纤维直接插入样品溶液或气样中，对目标分析物进行萃取。经过一定时间达到分配平衡，即可取出进行色谱分析。另一种称为顶空固相微萃取（head space-SPME，HSSPME），是将石英纤维停放在样品溶液上方进行顶空萃取，不与样品基体接触，避免了基体干扰，同时大大提高了分析速度。分析物的扩散速度在气相中比在液相中高4个数量级，通过搅拌，加快了分析物由液相向气相扩散的速度，可快速达到平衡（曾丹丹等，2009）。HSSPME适用于气体、液体或固体样本中挥发性、半挥发性分析组分。

固相微萃取受涂层、萃取温度、萃取时间、搅拌、盐效应和溶液pH等因素影响。涂层的厚度对分析物的吸附量和平衡时间都有影响。涂层越厚，吸附量越大，越有利于扩大线性范围，并能提高灵敏度，但是达到平衡需要更长的时间（谈金辉等，2005）。

6. 超声波萃取法　　超声波萃取（ultrasound extraction，UE），又称超声提取，其原理是利用超声波辐射产生的强烈空化效应、机械振动、扰动效应、高的加速度，以及乳化、扩散、击碎和搅拌等多种作用，增加物质分子运动的频率和速度及溶剂的穿透力，从而加快目标成分进入溶剂的速度，实现快速、高效提取。

超声提取技术广泛用于医药、食品、油脂、化工等各个领域，与传统的水煮、醇沉工艺相比，超声提取技术能增加所提取成分的提取率，缩短提取时间，且提取物中有效成分含量高。

7. 微波辅助萃取法　　微波辅助萃取（microwave-assisted extraction，MAE）又称微波辅助提取，是利用微波能进行物质提取的一种新发展起来的技术。在微波场中，不同物质的介电常数不同，各种物质吸收微波能的能力不同，其产生的热能及传递给周围环境的热能也不同，这种差异使得提取体系中的某些组分或基体物质的某些区域被选择性加热，从而使被提取物质从基体或体系中分离出来，进入介电常数小、微波吸收能力差的萃取溶剂中。

MAE技术既可适用于工业中大规模提取原料中的某些成分，也可以少量制取样品，该技术与传统提取方法相比较，无须进行干燥等预处理，工艺简单，且加热效率高，升温快速均匀，节约能源；还能避免长时间高温引起目标物质分解，特别适于处理对热敏感的组分。

8. 亚临界水萃取法　　"亚临界水"是指压力和（或）温度在其临界值之下的附近区域的液态水（图2-3）。亚临界水萃取遵循"相似相溶"规则，通过改变温度可以使水的极性在较大范围内变化，使其能在一个较宽范围的基质中对中等极性乃至非极性的有机物具有良好的溶解性。极性化合物可以在"较低"的温度下被水有效提取，而极性较小的物质需要较高的温度才能达到良好的提取效率。因此，分析物的极性越小，所需温度越高；更大、更复杂的分子需要更高的温度（Cheng et al.，2021）。

亚临界水萃取技术使用水作为萃取介质，作为一种绿色溶剂，水无毒、不可燃，不产生温室气体和废物节能环保，环境友好。此外，亚临界水萃取设备简单，价格较低，是一种很有前途的工程方法，它为从天然产物中提取各种生物活性化合物提供了一种环境友好的技术。

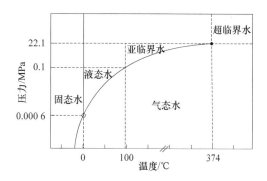

图2-3　水在不同温度和压力下的物理状态
（引自 Zhang et al.，2020）

9. 超临界流体萃取法　　超临界流体萃取（supercritical fluid extraction，SFE）是利用处于临界压力和临界温度以上的流体具有特异性增加的溶解能力而发展起来的分离技术。环境友好的SFE技术具有适合于提取天然热敏性物质、流程简单、操作方便等特点，是一种国际上兴起的先进分离技术，近年来也被应用于食品样品的预处理。

超临界流体指其温度、压力处在临界点以上状态的流体。当物质处于超临界状态时，成为性质介于液体和气体之间的单一相态，具有和液体相近的密度，黏度虽高于气体但明显低于液体，扩散系数为液体的10～100倍，因而具有很好的传质、传热和渗透性能，对许多物质有很强的溶解和萃取能力，具有良好的溶剂特性，可作为溶剂进行萃取或分离单体。

SFE分离过程就是利用超临界流体的溶解能力与其密度的关系，即利用压力和温度对超临界流体溶解能力的影响而进行的。在临界压力以上，将溶质溶解于超临界流体中，然后降低流体溶液的压力或升高流体溶液的温度，使溶解于超临界流体中的溶质因其密度下降、溶解度降低而析出，从而达到分离目的。图2-4描述了SFE的典型流程。首先，气瓶中的液化CO_2进入高压泵。随后，高压泵将液态CO_2压缩至所需压力，并将其加热至萃取温度。随后可向CO_2中添加一定量的共溶剂，以增强其溶剂化性质。超临界CO_2随后进入萃取釜，提取其中的样品。萃取开始后，含有萃取溶质的超临界CO_2流经减压阀，溶质沉淀出来并被收集在收集器中。

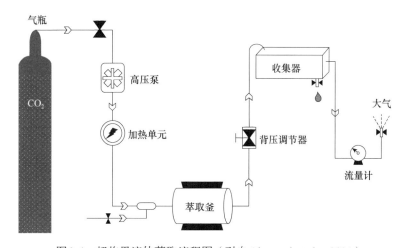

图2-4　超临界流体萃取流程图（引自 Ahangari et al.，2021）

SFE过程受很多因素的影响，包括被萃取物质的性质和超临界流体所处的状态等，这些影响因素交织在一起，共同影响萃取过程。SFE技术是一种新型绿色分离技术，与传统方法相比，存在诸多独特的优势。该方法临界温度通常较低，可以有效地防止热敏性成分的氧化和逸散，而且能把高沸点、低挥发度、易热解的物质在其沸点温度以下萃取出来。而且该过程不使用有机溶剂，完全没有残留有机溶剂，没有有机溶剂的回收问题，减少"三废"污染。此外，该方法提取时间快，萃取效率高。

10. 加速溶剂萃取法　加速溶剂萃取（accelerated solvent extraction，ASE）技术是一种在提高温度和压力的条件下，用有机溶剂萃取的自动化方法。其原理是在密闭容器内，在高温（50~200℃）、高压（10.3~20.6MPa）条件下用溶剂提取样品；通过增大压力来提高溶剂的沸点，使溶剂在高于正常沸点的温度下仍处于液态，从而提高目标成分的溶解度；同时，温度升高可以加速溶质分子的解吸动力学过程，降低解吸过程中所需的活化能，降低溶剂黏度，从而减小溶剂进入样品基体的阻力，有利于溶剂分子向基质扩散，使被分析物从基质中加速脱离并快速进入溶剂。ASE的优点为有机溶剂用量少、基体影响小、萃取效率高、选择性好，且自动化程度高、使用方便。

11. 双水相萃取法　双水相萃取（aqueous two-phase extraction，ATPE）技术是一种液-液分离技术，该方法基于待测组分在两相中分配的不同进行分离和提纯。双水相系统由两种聚合物或一种聚合物与无机盐水溶液组成，由于聚合物之间或聚合物与盐之间的不相溶性，当聚合物或无机盐浓度达到一定值时，就会分成互不相溶的两个水相，两相中水分所占比例在85%~95%，当物质进入双水相体系后，在上相和下相间进行选择性分配。当前ATPE技术主要应用于大分子生物质的分离，如蛋白质、核酸等，尤其是从发酵液中提取酶。ATPE可在常温、常压下进行，活性生物物质或细胞不易失活；易于连续操作，可大规模处理，因此备受工业界的关注。

（六）化学分离法

化学分离法多用于去除被测物质中的干扰物质，是在被测溶液中加入某种试剂和干扰物质，发生化学反应，从而去除干扰物质的方法。根据发生化学反应的不同，常有以下方法。

1. 磺化法和皂化法　磺化法和皂化法常用于农药分析中样品的净化。

1）磺化法　此方法是用浓硫酸处理样品提取液，可有效地除去脂肪、色素等干扰杂质。其原理是浓硫酸能使脂肪磺化，并与脂肪和色素中的不饱和键起加成反应，形成可溶于硫酸和水的强极性化合物，不再被弱极性的有机溶剂所溶解，从而达到分离净化的目的。

2）皂化法　此方法是用热碱溶液处理样品提取液，以除去脂肪等干扰杂质。其原理是利用氢氧化钾-乙醇溶液将脂肪等杂质皂化除去，以达到净化目的。此法仅适用于对碱稳定的组分，如维生素A、维生素D等提取液的净化。

2. 沉淀分离法　沉淀分离法是利用沉淀反应进行分离的方法。在试样中加入适当的沉淀剂，使被测组分沉淀下来，或将干扰组分沉淀下来，经过过滤或离心将沉淀与母液分开，从而达到分离目的。

3. 掩蔽法　掩蔽法利用掩蔽剂与样液中干扰成分作用，使干扰成分转变为不干扰测定的状态，即被掩蔽起来。运用这种方法可以不经过分离干扰成分的操作而消除其干扰作用。在食品分析中掩蔽法常用于金属元素的测定。

三、样品预处理新技术

（一）膜分离

膜分离现象广泛地存在于自然界中，特别是生物体内。自1960年第一张反渗透膜问世，膜分离技术自此进入了大规模工业化应用的时代。膜分离作为一种新型的分离技术已广泛应用于生物产品、医药、食品、生物化工等领域。

延伸阅读

1. 原理 膜分离（membrane separation，MS）是借助膜的选择渗透作用，在膜两侧一定推动力的作用下，对混合物质中溶质和溶剂进行分离、分级、提纯和富集的过程。这个推动力可以是膜两侧的压力差、浓度差、电位差、温度差等。MS所用的膜可以是固相、液相，也可以是气相，而大规模工业应用中多数分离膜为固体膜。膜的定义是利用物理和（或）化学梯度建立起的区分一种或多种组分流的薄层障碍物。也可说膜是两相之间一个具有透过选择性的屏障，或看作两相之间的界面，如图2-5所示，相1为上游侧（原料），相2为下游侧（渗透物）。原料混合物中某一组分可以比其他组分更快地通过膜而传递到下游侧，从而实现分离。

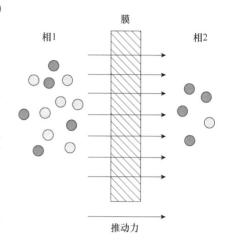

图2-5 膜分离过程示意图

MS技术一是根据混合物物质的大小、体积、质量和几何形态的不同，用过筛的方法将混合组分分离；二是根据混合物的不同组分之间化学性质的差异分离物质，物质通过分离膜的速度（溶解速度）取决于进入膜内的速度和从膜的表面扩散到膜的另一表面的速度（扩散速度）。溶解速度完全取决于被分离物与膜材料之间化学性质的差异，扩散速度除取决于化学性质外还与物质的分子量、速度有关，速度愈大，透过膜所需的时间愈短，混合物透过膜的速度相差愈大，则分离效率愈高。

常用的MS技术有微滤、超滤、纳滤、反渗透、电渗析，其特性如表2-1所示。

表2-1 膜分离技术的特性（引自杨义芳等，2009）

种类	分离机制	推动力	主要功能
微滤	筛分	压力差	滤除≥50nm的颗粒
超滤	筛分	压力差	滤除5～100nm的颗粒
纳滤	筛分	压力差	滤除超滤和反渗透间的颗粒
反渗透	溶解-扩散、优先吸附毛细管流动	压力差	水溶液中溶解盐类的脱除
电渗析	离子荷电	压力差	水溶液中无机酸盐的脱除

2. 膜的分类

1）按照膜的形状、孔径和结构分类 按膜的形状分有平板膜、管式膜和中空纤维膜。按膜孔径的大小分有多孔膜和致密膜（无孔膜）。按膜的结构分有对称膜、非对称膜和复合膜。

2）按照组成膜的材料分类 不同的膜材料具有不同的化学稳定性、热稳定性、机械性能和亲和性。目前已有众多材料可用于制备分离膜，包括有机材料，如纤维素类、芳香聚酰胺类和杂环类、聚酰亚胺类、聚砜类、聚烯烃类、硅橡胶类、含氟聚合物；无机材料，如陶瓷（氧化铝、氧化硅、氧化锆等）、硼酸盐玻璃、金属（铝、钯、银等）；新型碳材料；天然物质改性或再生而制成的天然材料等。近年来，无机膜，特别是陶瓷膜，因其化学性质稳定、耐高温、机械强度高等优点，应用十分广泛，特别是在微滤、超滤分离中的应用，充分显示出其优点。

3. 影响因素

1）膜材料　　膜的分离性能与其材料性质紧密相关。膜材料的表面性质对MS过程的影响较大，选择适宜的膜材料可以保证滤液的稳定性，同时也可避免滤液对膜的腐蚀所引起膜的破损脱落。

2）膜结构参数　　膜的孔径是膜的基本特性之一，一般认为孔径增加，膜通量会大幅提高；孔隙率越大，膜通量越大；膜孔的曲折率越小，膜通量越大。

除孔径外，膜厚度也是影响MS的关键结构参数。膜厚度对分离效率的影响是双重的。一方面膜厚度的增加会使膜通量减小，但却会使分离效率提高。因此，需要通过试验来确定膜的厚度，从而使膜的分离效率提高，并保持膜通量不降低。

3）操作参数　　操作压力对MS过程的影响十分显著。压力的选择不仅关系到生产效率，也涉及膜的污染及能耗等问题。适当的压力能够增加过滤效果，降低实验动力消耗。MS过程中存在一个临界操作压力，在达到临界操作压力之前，膜通量随操作压力的增加而增加，当操作压力超过这个临界压力时膜通量会随操作压力的增加而下降。

温度也是影响膜过滤的一个因素。温度增加，料液黏度降低，通量会有所提高。但温度过高时，蛋白质、淀粉等物质极易吸附、沉积在膜表面，加重膜污染，同时也影响膜的工作性能及滤液的稳定性。

4）膜面流速　　膜过滤是一种"错流过滤"过程，物料以一定的流速流经具有不对称孔结构的膜表面，在压力驱动下，小分子物质透过膜。随着药液流速的增加、膜面浓度极化和沉积凝胶阻力减小，滤液通量随之增加，因此，流速的大小对膜表面动态凝胶层的形成有很大影响。流速过小，膜系统污染加快；流速过大，动力消耗则增大，运行成本增加。合适的膜面流速能够在较低能耗下最大限度地降低膜污染，保证膜系统长时间稳定地运行。

5）料液浓度　　料液浓度对分离效率也有很大的影响。MS过程是一个料液浓缩过程，存在着浓缩极限。当料液浓度较小时，膜面不易形成覆盖层，随浓度的增大，膜面阻力增大，膜通量显著降低；当料液浓度较大时，油滴粒径变大，在膜表面形成薄层覆盖层，阻挡了细小颗粒进入膜孔，减缓膜阻塞，膜通量基本不变（王春梅等，2000）。

4. 特点　　与传统的分离操作相比，MS具有以下特点。

（1）大多数MS过程不发生相变化，且通常在室温下进行，能耗通常较低，特别适用于对热敏物质的分离、分级、浓缩与富集。MS可以保证不发生局部过热现象，大大提高了药品使用的安全性。

（2）MS设备的体积都比较小，没有运动的部件，维护十分方便；而且MS可以直接插入已有的生产工艺流程中，与其他分离过程结合。

（3）MS技术适用范围广。MS不仅适用于从病毒、细菌到微粒广泛范围的有机物和无机物的分离，而且适用于许多由理化性质相近的化合物构成的混合物（如共沸物或近共沸物）的分离。

5. 应用　　与传统分离技术相比，膜分离技术具有效率高、操作方便、节能等优点，近年来，膜分离技术在食品物料前处理方面的应用越来越广泛。金丽梅等（2021）以水为溶剂对红小豆种皮中的红色素进行浸提，后采用压力驱动的膜技术，引入微滤、纳滤等优化红小豆种皮色素分离工艺。经膜分离后，截留液中色素质量浓度提高至810.19mg/L，总酚、糖和蛋白质浓度进一步降低。纯化后的红豆皮花色苷冻干粉中花色苷含量为（145.80±0.17）mg/g，色价为58.08±0.09，为纯化前的2.41倍。

近年来，新材料为膜分离技术带来一场技术革命，拓展了该技术在食品科学领域的应用。例如，Rao等（2020）合成了均匀的沸石咪唑酯骨架结构纳米粒子（ZIF-8），然后将其分散到橡胶状聚二甲基硅氧烷（PDMS）基体中，制备ZIF-8/PDMS杂化膜。采用ZIF-8/PDMS复合膜分离天然黑莓汁中的挥发性芳香化合物。经渗透气化处理后，黑莓汁中的挥发性芳香化合物总量显著下降，证实了ZIF-8/PDMS杂化膜的良好性能。

（二）微流控芯片

微流控芯片，也可称为芯片实验室（lab-on-a-chip），是以分析化学为基础、微机电系统为依托，将采样、预处理、分离、富集和检测功能集成在一个芯片上的微型实验室。作为一类具有快速、高效、高通量、试剂用量少等优势的微型实验技术，微流控芯片技术不仅在细胞生物学、遗传分析、化学成分分析等领域得到了广泛的应用，也为食品样品的预处理和分析检测提供了崭新的技术工具和平台。

1. 原理　　微流控芯片以硅、玻璃、石英和有机聚合物为材料，采用微细加工技术在芯片上构建由微通道、微反应室、储液池等微功能单元构成的微系统（图2-6），是在几十到几百微米的通道中处理或使用非常小体积液体的系统科学和技术。微流控芯片在加载样品和反应液后，在微阀、微泵和电渗的作用下形成可控的微流路，而后在芯片上进行一系列反应，从而实现样品的分离与分析。

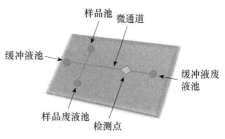

图2-6　常见的微流控芯片通道结构

样品分离不仅是食品样品分析的初始步骤，也是集成微流控设备实现样品准确分析的前提。食物样品中存在的待测物含量通常较低，且可能存在待分离物质在样品中分布不均匀的情况，因此，在利用微流控技术分离组分之前，将样品均匀化十分必要。微流控技术主要用于根据食品样品中各组分的物理和生物学特性（如大小、极化率、表面特异性受体等）进行样品分离。芯片电泳是微流控芯片分离食品样品各组分的主要方法之一，电场是分离过程中传质的主要驱动力，通过改变电场的强度或方向，可以选择性地提取阳离子、阴离子，甚至包括不带电荷的组分。此外，亲和性方法为食品样品中组分的分离提供了一种快速有效的策略，这种方法通常采用适配体和抗体进行样品分离。适配体或抗体对待分离组分通常表现出较高的特异性，待分离组分的浓度可以通过抗体（或适配体）与固体基质（如磁性颗粒）结合的免疫亲和力来确定。引入磁珠可以增强特异性抗体（或适配体）与样品的充分混合和捕获，并通过磁场捕获来纯化目标分析物。

2. 特点

（1）高度集成：微流控系统是一个微型的操作平台，它可以集样品制备、预处理、分离、检测等手段于一体，大大降低了样品分析的复杂性。

（2）消耗试样和试剂极少：由于其容器容量在微升级别，极少量的样品即可完成从预处理到分析的全过程。

（3）分析时间短：由于芯片较小，传质传热快速，为实现快速分析检测提供良好的平台。

（4）易于与其他技术联用：微流控芯片自身构造简单，原理清晰，易与光学检测器、电化学检测器、质谱检测器等联用。

3. 应用　　微流控芯片技术是一项可以精确地处理极少量流体的新技术。与传统方法相比，该平台集成了多种功能组件和结构，以实现多个样本的并行检测，从而节省了时间和成本，目前该新型食品分离检测技术逐渐被应用在食品领域，在食品安全、食品营养等方面发挥愈加重要的作用。

Shimaa 等（2016）开发了一种基于适配体/石墨烯的微流控装置，用于对常见的食物过敏原 β-乳球蛋白进行选择性捕获分离和灵敏检测。该工作利用指数富集方法对适配体进行系统进化，实现了针对两种 β-乳球蛋白变体 A 和 B 的 DNA 适配体的选择，最终选定的 BLG14 适配体序列对 β-乳球蛋白 A 和 B 均表现出高度的亲和力和特异性。该微流控芯片还利用石墨烯修饰的丝网印刷碳电极将适配体集成到伏安生物传感器中，实现了 20min 内灵敏和选择性地检测 β-乳球蛋白。该方法也在食品样品提取物中进行了测试，获得了良好的回收率。

Cheng 等（2021）基于固相萃取、微流控芯片和电喷雾质谱技术建立了花生油中黄曲霉毒素（黄曲霉毒素 B_1、B_2、G_1、G_2）的快速自动检测微流控系统。该系统由样品加载和微滤单元、用于萃取和富集的固相萃取柱单元，以及用于定性和定量分析的电喷雾质谱单元组成。该微流控系统首先在填充了 HP C_{18} 颗粒的固相萃取通道上将黄曲霉毒素富集，然后将其洗脱并引入质谱，以多反应监测模式进行黄曲霉毒素的定性和定量分析。该系统将样品预处理完全集成到微流控芯片中，实现了进样、微滤、富集、洗脱和质谱检测多功能集成。

（三）低温等离子体

低温等离子体（non-thermal plasma，NTP）技术是一种新兴的非热加工技术，由于该技术条件相对温和，能够较大程度保持食品的质构和营养成分等，目前已在食品行业，尤其是在食品微生物的抑制及化学农药的降解方面发挥独特的作用，近年来，低温等离子体技术也被应用于预处理食品样品。

1. 原理　　等离子体由原子或原子团失去电子后电离产生，是由带电离子及中性粒子组成的离子化气体状物质。等离子体由正负离子、电子、自由基和各种活性基团构成，是正负电荷数相等、电离度超过 0.1% 的一种中性粒子集合体，又被称为继固、液、气之后的物质第四态。等离子体的发生过程伴随能量传递，按照电离能力、离子和电子温度的热平衡状态可分为高温等离子体和低温等离子体。非热平衡状态下，离子温度低于电子温度且整个体系宏观上表现为常温，称为低温等离子体。低温等离子体是在较低的压力或环境温度下产生的，消耗能量较少、安全、操作简便，是一种食品样品预处理的新技术。

NTP 的形成机理可简单表述为 O_2、N_2、CO_2 等中性气体被施加足够高的能量后克服分子间作用力，电离产生自由电子，周围的原子或分子与电子发生碰撞，产生活性更高的激发态原子、离子及自由电子。低温等离子体可以产生各种类型的反应性气体、紫外线辐射、高能离子和带电粒子，这些粒子可能会与样品发生物理化学反应（张关涛等，2022）。

2. 低温等离子体的产生方式　　低温等离子体的发生方式随着其应用领域与应用条件的不同而变化，根据放电方式不同，低温等离子体进一步可分为介质阻挡放电、大气压等离子体射流、电晕放电、射频放电、滑动弧放电等（表2-2）。其中介质阻挡放电和大气压等离子体射流由于设备结构简单、易操作、工作效率高，成为两种应用较为普遍的低温等离子体系统。

表 2-2　低温等离子体产生方式（引自朱士臣等，2021）

放电方式	具体发生方式	优点
介质阻挡放电	在不同的介质中通过电离放电并在大气压下产生非平衡等离子体，电介质使等离子体均匀分布在整个放电空间，其最大优点是能在较大空间内和很大的气压下获得高密度非平衡等离子体	能量体积大，反应条件温和，作用范围广，设备结构简单，易操作，工作效率高，能耗低
大气压等离子体射流	在无限制的空气环境中，通过电场与流场的共同作用，产生定向射流的低温等离子体	电极结构灵活多变，活性粒子种类多，效率高，易控制，无污染
电晕放电	电晕放电通过不对称电极对产生，其中相对较高的电压占据了一个电极的区域，该区域的击穿强度超过气体的击穿强度，因此在电极周围形成弱电离等离子体	电极结构灵活多变，活性粒子种类多，效率高，易控制，无污染
射频放电	围绕反应器的感应线圈（感应放电）或通过单独的电极布置在电抗器的外表面上（电容放电）产生电磁场，当气体经受振荡电磁时，获得射频放电领域，进而产生等离子体	放电电流大，电压低，活性粒子密度高，耗能低
滑动弧放电	在一对或者多个电极间加上电压并通过气流，在电极之间的最窄处气体被击穿形成电弧，电弧被气流吹动并向下游移动，当电弧长度达到临界长度时电弧熄灭，同时在电极最窄处形成新的电弧并重复上述放电过程	装置简单，易操作，可广泛应用

3. 应用　　在食品领域，低温等离子体已被用于商业灭菌，等离子体反应性物质攻击细菌的细胞膜，并将其破坏。此外，低温等离子体还具有改变食品表面特征的能力。例如，新鲜生菜和白葡萄的表面在等离子体处理后，疏水的角质层被降解，样品的亲水性提升。由于低温等离子体可以降低内部分子的扩散阻力，增加亲水性化合物的可萃取性，有利于在温和条件下提取食品样品中目标分析物，因此可被应用到食品样品的预处理中。

Bao等（2020）采用高压常压低温等离子体（HVACP）对番茄渣（主要是果皮和种子）表面进行改性，以促进酚类化合物在萃取过程中的迁移，从而提高其萃取效率。结果表明，HVACP处理除了可以破坏番茄渣的表皮细胞外，还可以降低番茄皮的水接触角，加速番茄果实的干燥。经He和N_2等离子体处理的番茄渣酚类化合物的提取率提高了近10%，此外，HVACP处理提高了番茄渣提取物的抗氧化能力，并略微改变了其酚类化合物的浓度分布。

（四）蒸汽爆破

蒸汽爆破技术是近年来新兴的一种绿色、高效、低能耗、不引入二次污染的经济型物理化学预处理方式，该方法旨在提高功能成分提取的效率，具有操作简单、处理时间短、处理效率高、没有二次污染等特点，是近年来食品分析领域一种新兴的食品原料预处理技术。

1. 原理　　蒸汽爆破技术是一种能在毫秒级实现蒸汽爆破的弹射式汽爆技术，其原理是原料在高温、高压（160~260℃、0.69~4.83MPa）的密闭环境下，被通入的水蒸气润胀，当瞬间释放压力时，原料体积迅速膨胀，细胞"爆破"，瞬间打破原料微观结构，使细胞变成多孔结构。在此过程中，一些大分子物质转变为小分子物质。蒸汽爆破处理过程可分为高温蒸煮和瞬时减压爆破两个阶段。在第一阶段，原料在密闭的汽爆仓内与高温的水蒸气进行化学反应，高温水蒸气进入原料内部，降低其内部的连接强度和黏度。不同原料在此阶段会发生不同反应。在第二阶段，由于瞬间释压，原料中的液体和水蒸气介质同时发生绝热膨胀，热能转化为机械能，膨胀的气体以冲击波的形式作用于原料使其内部结构发生剪切力变形、破裂，导致部分组分的物理结构发生改变或重组，从而对生物质进行了物理化学修饰（刘蕊琪等，2021）。

2. 影响因素　　影响汽爆处理效果的因素分为内因和外因，一般包括汽爆压强、汽爆温度、维压时间、原料本身特性（蛋白质含量、水分含量、pH等）。蒸汽爆破可以根据原料特性和改性目的对机器的汽爆压强和维压时间进行修改，从而实现预期目标。例如，对于较坚硬的原料，需要高强度的汽爆压强和较长的维压时间，才能够使其组分在蒸汽爆破的剪切力和压力作用下分离；相比之下提取可溶性糖只需要较低的蒸汽压强就可以将大分子转变为小分子，使得较小的分子变为更易溶的糖。因此建议在实际操作中，应根据原料的大小和湿度等因素选择最适宜的汽爆条件。

3. 特点　　蒸汽爆破技术是一个热能转化为机械能的过程，其优点是有效打破了原料细胞中营养物质的抗提取屏障，有利于活性成分的提取、高分子物质降解为生物活性更强的小分子物质；同时，处理过程中使用的是水蒸气，避免了化学处理的污染残留，是食品领域中具有巨大发展潜力的预处理技术。然而，蒸汽爆破技术也存在一些缺点。例如，蒸汽爆破的过程中由于基质组成较复杂，且反应处于高温高压下容易发生其他副反应，处理过程中有可能产生新的副产物或造成目标产物的降解；同时，目前的设备难以实现既能瞬时弹射泄压又能连续进料；此外，蒸汽爆破后的物体相对密度降低，体积有所增大（陈晓思等，2021）。

4. 应用　　蒸汽爆破技术在食品领域虽然起步较晚，但近年来发展迅速，优势突出，工业化应用前景广阔，主要可用于提高食品原料中营养成分的溶出率和提取率、促进食品原料中功能因子的释放和转化、改变食品原料中组分的分子构象和理化性质等方面。

崔文玉等（2022）采用蒸汽爆破技术（压力0.4MPa、0.8MPa、1.2MPa，时间1min、3min）进行预处理，研究其对葡萄皮渣提取物中多酚、黄酮、原花青素和花色苷的提取率及抗氧化活性的影响。结果表明，葡萄皮渣中结合态提取物的含量明显高于游离态的含量，总多酚的含量明显高于总黄酮的含量。蒸汽爆破增加了葡萄皮渣中游离酚与游离黄酮的提取率，最大提取率分别在1.2MPa-1min和1.2MPa-3min条件下，是未处理组的2.03倍和2.90倍。

思 考 题

1. 什么是采样？什么是检样、原始样品、平均样品？

2. 样品采集须遵循的原则有哪些？

3. 采样时的注意事项有哪些？

4. 什么是随机取样？什么是代表性取样？

5. 为什么要对样品进行预处理？选择预处理方法的原则是什么？

6. 样品预处理新技术有哪些？它们各有何特点？

参 考 文 献

白新鹏，王洪新，张伟敏，等. 2010. 食品检验新技术. 北京：北京计量出版社.

宝贵荣，成喜峰，领小，等. 2015. 固相微萃取技术模式的研究进展. 应用化工，44（11）：2097-2099.

陈欢林，张林，吴礼光. 2020. 新型分离技术. 北京：化学工业出版社.

陈家华，方晓明，朱坚，等. 2004. 现代食品分析新技术. 北京：化学工业出版社.

陈晓思，贺稚非，王泽富，等. 2021. 蒸汽爆破技术的应用现状与发展前景. 食品与发酵工业，47（7）：322-328.

崔文玉，丰程凤，夏智慧，等. 2022. 蒸汽爆破对葡萄皮渣酚类物质含量及抗氧化活性的影响. 食品与发酵工业，49（5）：157-163.

丁晓雯，李诚，李巨秀. 2016. 食品分析. 北京：中国农业大学出版社.

傅若农. 2015. 固相微萃取（SPME）近几年的发展. 分析试验室，34（5）：602-620.

高海燕，李文浩. 2020. 食品分析实验技术. 北京：化学工业出版社.

高向阳. 2018. 现代食品分析. 2版. 北京：科学出版社.

金丽梅，隋世有，任梦雅，等. 2021. 红小豆种皮色素提取及膜分离工艺研究. 食品与机械，37（5）：149-155.

李巧玲，韩俊华. 2019. 食品分析技术. 北京：北京师范大学出版社.

刘蕊琬，宋莲军，沈玥，等. 2021. 蒸汽爆破技术在食品大分子物质改性中的研究概述. 食品与发酵工业，47（15）：292-297.

谈金辉，刘文涵. 2005. 新型的样品前处理技术——固相微萃取. 理化检验（化学分册），2005（10）：783-787.

唐英章. 2004. 现代食品安全检测技术. 北京：科学出版社.

王春梅，谷和平，王义刚，等. 2000. 陶瓷微滤膜处理含油废水的工艺研究. 南京化工大学学报，22（5）：38-41.

王永华，戚穗坚. 2017. 食品分析. 3版. 北京：中国轻工业出版社.

谢笔钧，何慧. 2015. 食品分析. 2版. 北京：科学出版社.

杨义芳，孔德云. 2009. 中药提取分离新技术. 北京：化学工业出版社.

曾丹丹，陈宏，黄国方，等. 2009. 固相微萃取技术在挥发性有机物分析中的应用研究进展. 广东化工，36（8）：315-316.

张关涛，张东杰，李娟，等. 2022. 低温等离子体技术在食品杀菌中应用的研究进展. 食品工业科技，43（12）：417-426.

郑百芹，强立新，王磊. 2019. 食品检验检测分析技术. 北京：中国农业科学技术出版社.

周晶，冯淑华. 2010. 中药提取分离新技术. 北京：科学出版社.

朱士臣，陈小草，柯志刚，等. 2021. 低温等离子体技术及其在水产品加工中的应用. 中国食品学报，21（10）：305-314.

左青，左晖. 2022. 分子蒸馏技术在优质深加工中的应用. 中国油脂，42（3）：143-147.

Ahangari H, King J W, Ehsani A, et al. 2021. Supercritical fluid extraction of seed oils—a short review of current trends. Trends in Food Science & Technology, 111: 249-260.

Bao Y, Reddivari L, Huang J. 2020. Development of cold plasma pretreatment for improving phenolics extractability from tomato pomace. Innovative Food Science & Emerging Technologies, 65 (1): 102445.

Cheng Y, Xue F, Yu S, et al. 2021. Subcritical water extraction of natural products. Molecules, 26: 4004.

Jing C, Liu F, Li Z, et al. 2021. Solid phase extraction based microfluidic chip coupled with mass spectrometry for rapid determination of aflatoxins in peanut oil. Microchemical Journal, 167 (11): 106298.

Rao Y, Ni F, Sun Y, et al. 2020. Efficient recovery of the volatile aroma components from blackberry juice using a ZIF-8/PDMS hybrid membrane. Separation and Purification Technology, 230: 115844.

Shimaa E, Mohammed Z. 2016. *In vitro* selection of DNA aptamers targeting beta-lactoglobulin and their integration in graphene-based biosensor for the detection of milk allergen. Biosensors and Bioelectronics, 91: 169-174.

Zhang J, Wen C, Zhang H, et al. 2020. Recent advances in the extraction of bioactive compounds with subcritical water: a review. Trends in Food Science & Technology, 95: 183-195.

第三章　近红外、中红外和拉曼光谱技术

　　光谱分析法是根据物质的光谱来鉴别物质及确定其化学组成和相对含量的方法，是以分子和原子的光谱学为基础建立起的分析方法。包含三个主要过程：①能源提供能量；②能量与被测物质相互作用；③产生被检测信号。光谱法分类很多，用物质粒子对光的吸收现象而建立起的分析方法称为吸收光谱法，如紫外-可见吸收光谱法、红外吸收光谱法和原子吸收光谱法等。本章将通过技术原理、数据处理方法及应用案例对近红外、中红外和拉曼光谱展开介绍。

本章思维导图

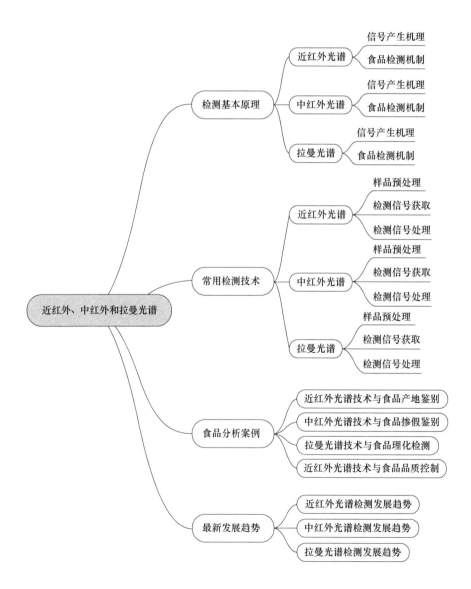

第一节 光谱检测的基本原理

一、近红外光谱检测原理

(一)信号产生机理

近红外光谱(near infrared spectroscopy,NIR)是波长在780~2500nm范围内的光谱,位于可见光谱和中红外光谱之间。近红外光谱属于分子振动光谱,主要是由基频分子振动的倍频与合频吸收产生。在室温下分子绝大部分处于振动基态($V=0$)。当分子获得一定的能量从基态跃迁到第一激发态时($V=1$),此时的跃迁被称为基频跃迁,产生的吸收谱带被称为基频吸收;当分子获得的能量满足分子从振动基态向第二或更高的激发态跃迁时($V=2,3,4,\cdots$),产生的吸收谱带被称为二级倍频吸收或多级倍频吸收,总称为倍频吸收;当分子获得的能量恰好满足两个基频跃迁所需能量的总和时,这两种基频跃迁同时被激发,产生合频吸收(陆婉珍等,2000)。

(二)食品检测机制

近红外光谱主要记录的是分子中单个化学键基频振动的倍频和合频信息,而这些信息常常由含氢基团X—H(X=C、N、O)倍频和合频的重叠主导,因此在近红外光谱范围内主要测量的是含氢基团X—H振动的倍频和合频吸收。由于食品中的成分大多是由这些基团构成的,不同的成分对应着不同的基团组合,而不同的基团又对应着不同的能级,因此可以通过基团的吸收频谱来表征食品中的成分及其变化情况。食品中主要基团倍频与合频吸收带的近似位置如表3-1所示(邹小波等,2021)。

表3-1 主要基团各级倍频和合频吸收带的近似位置(引自邹小波等,2008) (单位:nm)

倍频和合频	C—H	N—H	O—H	H_2O
二级倍频	1720	1500	1430	1440
三级倍频	1180	1050	950	960
四级倍频	900	800	740	750
五级倍频	750			
合频	2350	2150	2000	1940

由于近红外光谱区谱带重叠严重,单一的谱带也可能是多种基频的合频吸收,且氢键的形成会使谱带向长波方向移动,而溶液的稀释及温度的升高都将削弱氢键,使吸收谱带向短波方向移动,因此近红外区谱带的归属难以直接通过谱线去判别,需要结合光谱数据预处理、数据关联等计算机技术从近红外光谱中进行有效信息的提取,进而对食品进行检测。

二、中红外光谱检测原理

(一)信号产生机理

中红外光谱(mid-infrared spectroscopy,MIR)是波长在2500~25 000nm范围内的光谱,

位于近红外光谱和远红外光谱之间。中红外光谱也属于分子的振动光谱，但反映的是分子的基频振动，即分子从基态（$V=0$）跃迁到第一激发态（$V=1$）时产生的吸收谱带（赵秀琴，2012）。

（二）食品检测机制

中红外光谱表征的是分子的基频振动，具有分子结构的特征性。食品中不同的化合物有其特征性的中红外吸收光谱，根据吸收谱带的数量、出峰位置和谱带的形状，可以确定化合物的结构，从而定性分析食品中的组成成分；根据吸收峰的强度，可以实现对成分的定量分析。按照吸收的特性，中红外光谱可以进一步划分为高波数段的基团频率区和低波数段的指纹区两个区域。基团频率区也称为官能团区或特征吸收区，区内的峰是由分子的伸缩振动产生的，比较稀疏，容易辨认，常用于官能团的鉴定。指纹区内的吸收峰是由基团弯曲振动产生的，这种振动与整个分子的结构密切相关，当分子结构稍有变化时，该区域内的吸收就会有细微的差异，显示出分子的特征，因此指纹区对于结构类似化合物的辨别具有重要的作用，并且可以作为化合物存在某种基团的旁证。中红外光谱的8个重要区域及其对应的振动类型如表3-2所示（赵杰文等，2012）。

表3-2　中红外光谱的8个重要区域（引自赵杰文等，2012）

波长/nm	振动类型
2700~3300	v（OH）、v（NH）
3000~3400	v（C—H）$[v$（$\equiv$C—H）$>v$（$=$C—H）$\approx v$（Ar—H）$]$
3300~3700	v（C—H）（—CH$_3$、—CH$_2$—、$\equiv$C—H、—CH$=$O）
4200~4900	v（C$\equiv$C）、v（C$\equiv$N）、v（—C$\equiv$C—C$\equiv$C—）
5300~6100	v（C$=$O）（酸、醛、酮、酰胺、酯、酸酐）
5900~6200	v（C$=$C）（脂肪族及芳香族）、v（C$=$N）
6800~7700	δ（CH）（面内）
10 000~15 400	δ（C$=$C—H）、δ（Ar—H）（面外）

三、拉曼光谱检测原理

（一）信号产生机理

1928年，物理学家C. V. Raman和K. S. Krishnan在实验中观测到了拉曼散射光谱。目前，拉曼效应原理倾向于用能级的概念来解释，即大部分分子的电子最初处于基态，当一束激光照射到分子上时，分子会被诱导极化，其电子会被激发跃迁到具有较高能量的中间过渡虚态，随后会立刻跃迁到低能级，同时发出三种散射光：一种是大部分激光光子与分子的电子之间不存在能量互换作用，使得散射光与入射光频率相同，称为瑞利散射；第二种是$10^6\sim10^8$个散射光子中有一个电子由基态被激发最终回到激发态，散射光频率减小的部分称为斯托克斯散射；最后一种是由小部分处于激发态的分子被激发最终回到基态的部分，称为反斯托克斯散射。由于处于激发态的电子数量很少，因此斯托克斯散射强度要远大于反斯托克斯散射强度（赵航，2019）。

由于产生的拉曼散射光谱的拉曼位移与入射光波长、强度、曝光时间等外界条件无关，而与物质分子的能级结构有关，因此拉曼散射光谱可以反映物质分子内部官能团的各种振动、转动能级的结构特点，实现对物质分子的结构和官能团鉴定。拉曼光谱仪获得的拉曼光谱可以提供物质分子的振动频率、峰位变化、峰宽、光谱峰强度、半峰宽、半峰高等信息，并且拉曼光谱对分子键合和样品结构非常敏感。因此，每个分子或样品都有自己的"指纹"。采用拉曼散射光谱技术对物质分子进行分析，具有以下几点优势：①拉曼光谱具有"指纹效应"，可实现物质鉴别及分子结构分析；②由于水分子的拉曼光谱很弱，因此可以直接在水溶液中对物质分子进行测量鉴定，也可以直接用于生物样品的分析；③拉曼光谱的峰宽窄且峰形清晰，可以同时对多种化学物质进行分析检测；④检测过程中样品可以通过光纤探头直接测量，能够实现快速、无损检测，无须复杂的前处理过程；⑤由于激光照射的光斑直径小，常规检测需要样品量小，消耗少（Zhang et al.，2021）。

（二）食品检测机制

对于食品品质控制与安全检测，常规拉曼光谱和表面增强拉曼散射（SERS）技术在食品检测中的应用均有研究，此处主要以SERS技术在食品检测中的应用为例进行阐述。

从待测分子的角度来看，每种分子的SERS灵敏度不同，主要是因为分子独特的固有振动、分子与SERS基底之间的相互作用，以及分子与SERS基底复合时的相容性不同。对于具有共轭双键和对称振动模式的分子，如结晶紫和孔雀石绿，相对其他分子SERS活性更强，因此很容易获得比其他分子更高的拉曼光谱；而某些分子含有如巯基、氨基这种可以同Au、Ag贵金属相结合的基团或者带有与SERS基底相反的强电荷，可以直接吸附在SERS基底表面从而使其自身的拉曼光谱强度增大，利用SERS光谱强度与目标分子浓度之间的关系实现检测。然而，除了目标分子，其他的基质分子也有靠近SERS基底从而放大其拉曼光谱的可能，因此从复杂且不确定的背景信号中识别、跟踪目标分子SERS信号具有重要意义。采用合适有效的数据处理方法对有效光谱信息进行提取并建立其与目标分子浓度之间的关系有助于实现定量检测（Pang et al.，2016）。

还有许多农药分子对SERS基底的亲和力非常弱，从而导致其无法充分吸附在基底表面，SERS检测的灵敏度大大降低，因此，有越来越多的方法关注于如何检测这类分子。对于不易吸附在纳米材料表面的农药分子，有相关研究将SERS基底改性后再进行检测。例如，改变SERS基底表面的电荷，通过静电吸引将目标分子吸附在SERS基底表面；针对疏水分子不易吸附在亲水的贵金属材料表面，尝试在SERS基底上修饰烷基二硫醇，以增加脂溶性分子的亲和力；利用分子印迹技术良好的识别、机械捕获、富集及热稳定性，结合SERS基底，实现目标分子的高灵敏分析等。还有通过设计基于SERS技术的生物传感器对目标分子进行特异性捕获从而实现目标分子的分离与检测。例如，通过免疫层析技术结合SERS同时检测两种拟除虫菊酯农药；基于适配体DNA骨架结构形成的贵金属纳米材料四面体使得SERS热点的可控形成，实现多种目标分子的同时检测；将分子印迹作为识别元件对食品中的目标分子进行选择性吸附，可以用于复杂样品的萃取或与传感器相结合进行特异性检测；基于抑制胆碱酯酶的不同策略检测有机磷农药；以及基于金属有机框架纳米材料的大比表面积对目标分子进行捕获浓缩，并结合SERS基底放大其拉曼光谱信号从而实现定量检测（Zhou et al.，2019）。

第二节　常用光谱检测技术

一、近红外光谱检测技术

（一）样品预处理

近红外光谱检测的样品范围广泛，可以直接测量液体、固体、半固体和胶状体等不同物理状态的样品。测量过程方便，可以实现样品的无损检测，一般不需要预处理，不需要化学试剂或高温、高压、大电流等测试条件，不会产生化学、生物或电磁污染。

（二）检测信号获取

1. 信号获取方式　近红外光谱检测信号的获取主要通过两种途径：透射光谱检测和反射光谱检测。透射光谱检测，是指将待测样品置于光源和检测器之间，检测器所检测得到的是光与样品相互作用后透过样品的光信号；反射光谱检测，是指将光源和检测器置于样品的同一侧，检测器所检测得到的是光与样品相互作用后以各种方式反射回来的光信号。

1）透射光谱检测　若样品是澄澈透明的溶液，如图3-1A所示，吸收光程由样品的厚度决定，透射光的强度与样品组分浓度之间符合朗伯-比尔（Lambert-Beer）定律：

$$A = \lg \frac{1}{T} = \lg \frac{I_0}{I} = \varepsilon c l \tag{3-1}$$

式中，A为吸光度；T为透射率；I_0为入射光的强度；I为透射光的强度；ε为摩尔吸收系数，与吸收物质的性质和入射光的波长λ相关；c为样品的浓度；l为样品的厚度。

若样品中含有散射物质（折射率与基体不同的小颗粒），如图3-1B所示，由于光在透过样品时经过多次的散射，改变了样品的吸收光程，此时的透射光强度与样品组分浓度之间的关系不再适用朗伯-比尔定律，需要后期通过光谱预处理等方法来消除散射带来的影响。

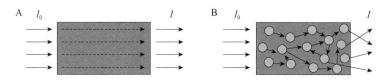

图3-1　透射光谱检测

A. 不含散射物质；B. 含有散射物质

2）反射光谱检测　根据样品的表面状态和结构，样品对光的反射可以分为规则反射和漫反射，如图3-2所示。规则反射也称为镜面反射，是指当反射面比较光滑时，平行入射的光线经过反射面后仍会平行地向另一个方向反射出来，此时入射角等于反射角，满足反射定律；漫反射是指当样品表面或内部比较粗糙（一般是粉末或其他颗粒物体）时，平行入射的光线经过反射面或样品内部后，向不同方向无规则地反射。在漫反射条件下，吸光度与样品浓度之间不是线性关系。但若是影响散射系数的因素（如粒径、温度、颜色、组织疏密均匀度等）变化不是很大时，可以忽略散射的影响，近似地将吸光度与样品浓度按线性关系处理。

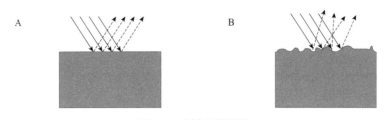

图3-2　反射光谱检测

A. 规则反射；B. 漫反射

2. 检测系统的基本组成　　近红外光谱仪的检测系统主要由四个部分组成：光源系统、分光系统、样品室和检测器，如图3-3所示。

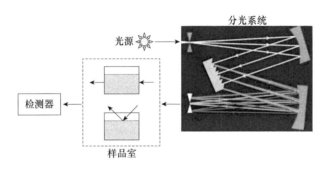

图3-3　近红外光谱仪检测系统的基本结构

1）光源系统　　近红外光谱仪的光源系统主要由光源和光源稳压电路组成。常用的光源为卤钨灯，其光谱范围可以覆盖整个近红外谱区，具有光谱强度高、稳定性好、使用寿命长的特点。稳压电路的作用是提高光源的稳定性。此外也可以通过调制光源、检测光源强度反馈补偿或增加参比光路来提高光强测量的准确性，以此提高仪器的信噪比。

2）分光系统　　分光系统也称为单色仪，其作用是将光源发射的复合光转变成波长准确、单色性好的单色光。分光系统关系着近红外光谱仪的分辨率、波长准确性和重复性，是近红外光谱仪的核心部件之一。除了常见的色散型单色仪，还有干涉仪及通过滤光片得到单色光的仪器等。

3）样品室　　样品室也称为试样容器，是用来放置样品并进行光谱采集的部件。样品室材料一般为普通玻璃或石英玻璃，形状根据具体样品而定。此外，可以根据需要对样品室加装恒温、低温、旋转或移动装置等。

4）检测器　　检测器一般由光敏元件构成，作用是把光信号转换成电信号，因此检测的性能将直接影响光谱仪的信噪比。用于近红外区域的检测器有单点检测器和阵列检测器两种。在阵列检测器中，常用的有电荷耦合器件（CCD）和二极管阵列（PDA）两种类型，其中硅（Si）基CCD多用于短波近红外区域的光谱仪，而铟镓砷（InGaAs）基PDA检测器则用于长波近红外区域。

（三）检测信号处理

近红外光谱采集的是光源的光信号经过分光系统到达样品，与样品相互作用后再经过检测器信号转换之后的信息。其中，除了与待测组分相关的信息外还包含各种非目标因素的光谱信息，如采集中的随机噪声信号、杂散光信号、样品背景信号等。因此，在进行光谱分析前，需要对采集的光谱进行适当的处理，以此来减弱或消除各种非目标因素对光谱信息的影响。常用的光谱预处理方法包括：高频噪声滤除（卷积平滑、傅里叶变换、小波变换等），光谱信号的代数运算（中心化、标准化处理等），光谱信号的微分、基线校正等，具体的数学算法详见《化学计量学》（史永刚等，2002）。

　　光谱分析的目的是将样品的近红外光谱特征与样品的组成或相关性质关联起来，在光谱数据和样品组成/性质参数之间建立一一对应的映射关系，这种一一对应的映射关系就称为模型。模型的建立对于近红外光谱分析技术是非常关键的，模型的好坏将直接影响近红外光谱分析的工作效率和质量。在近红外光谱分析中常用的建模方法有多元线性回归（multiple linear regression，MLR）、主成分回归（principal component regression，PCR）、偏最小二乘回归（partial least squares regression，PLSR）、人工神经网络（artificial neural network，ANN）、支持向量机（support vector machine，SVM）等。其中PLSR法在近红外光谱分析中应用最为广泛，MLR常用于专用仪器和便携仪器，而ANN和SVM等方法也越来越多地用于非线性的近红外光谱分析。每种建模方法都有其各自的特点及适用范围，如表3-3所示。

表3-3　近红外光谱中常用建模方法的特点及适用范围（引自赵杰文等，2012）

方法	特点	适用范围
MLR	对光谱变量进行选择，模型简单，容易理解光谱变量与检测指标的关系，物理意义明确	属于线性建模，适用于样本数量大于回归变量个数的模型，常用于专用仪器
PCR	提取光谱变量矩阵中的有效主成分，降低噪声的影响，充分利用光谱信息	属于线性建模，适用于回归变量个数大于样本数的模型
PLSR	通过数据信息的分解和筛选，提取对检测指标解释性最强的综合变量，辨别系统中的信息与噪声，克服变量的多重相关性	属于线性建模，适用于回归变量个数大于样本数的模型
ANN	依靠系统的复杂程度，通过调整内部大量节点之间相互连接的关系，进行分布式并行信息处理	属于非线性建模，适用于回归变量个数大于样本数的模型
SVM	根据有限的样本信息在模型的复杂性（即对特定训练样本的学习精度）和学习能力（即无错误地识别任意样本的能力）之间寻求最佳折中，以期获得最好的推广能力	属于非线性建模，适用于小样本、非线性及高维的模型

二、中红外光谱检测技术

（一）样品预处理

　　中红外光谱检测的样品范围广泛，可以适用于气态、液态和固态化合物的检测。但是对于被检测样品有一定的要求：①对于单一组分的纯物质，要求纯度＞98%或符合商业规格，才便于与纯物质的标准光谱进行对照；对于多组分的样品应在测量前尽可能地通过分馏、萃取、重结晶或色谱法进行分离提纯，避免因各组分光谱的重叠而混淆判断。②样品中不应含有游离水。水本身有红外吸收，会严重干扰样品的中红外吸收光谱，而且会侵蚀吸收池的盐窗。③样品的浓度和测试厚度要适当，使光谱图中的大部分吸收峰的透射率在10%～80%范围内为宜。因此，不同状态的样品在中红外光谱检测中有不同的制备方法，固体样品的制备以压片法、薄膜法和糊状法最为常用。

压片法主要将KBr（100～200mg）与固体样品（1～2mg）在玛瑙研钵中共同研磨，然后采用专用的压片设备，将样品与KBr的混合物压制成透明薄片，置于光路中进行测量。由于KBr在2500～25 000nm范围内没有吸收峰，因此可以得到样品在中红外全波段范围内的光谱图。除用KBr压片外，也可选用KI和KCl等压片。样品和KBr都需要经过干燥处理，并且研磨成微米级别的细粉，避免散射光的影响。

薄膜法主要将固体样品直接加热熔融后涂制或压制成膜，也可将样品溶解在低沸点的易挥发溶剂中，涂于盐片上，待溶剂挥发后成膜。将制备的薄膜置于光路中即可进行测量。该方法主要用于高分子化合物的测定。

（二）检测信号获取

1. 信号获取方式　中红外光谱检测信号的获取主要是通过透射模式进行，如图3-1所示。此外，针对一些无法进行常规中红外分析的样品，如织物、橡胶、涂料、纤维、纸质、塑料等，也有一些特殊的测量模式，如衰减全反射（ATR）、漫反射和镜面反射等。

2. 检测系统的基本组成　中红外光谱的检测系统可以分为三种类型：①光栅色散型红外光谱仪，主要用于定性分析；②傅里叶变换红外光谱仪，适宜进行定性和定量分析；③非色散型红外光谱仪，用来测量大气中各种有机物质。

1）光栅色散型红外光谱仪　光栅色散型红外光谱仪的检测系统与近红外光谱仪的检测系统相类似，主要是由光源系统、样品池、单色仪和检测器这四部分组成。由于红外光谱的复杂性，大多数色散型红外光谱仪一般采用双光束，这样可以消除CO_2和水蒸气等大气气体引起的背景吸收，其基本结构如图3-4所示。光源发出的光被分为两束，一束为样品光束，透过样品池，另一束为参比光束，透过参比池。两束光经过斩光器，斩光器周期性地切割两束光，使样品光束和参比光束交替地进入单色仪中的色散棱镜或光栅，最后进入检测器。在光学零位系统中，只要两束光的强度不等，就会在检测器上产生与光强差成正比的交流信号电压。由于红外光源的低强度及红外检测器的低灵敏度，需要使用信号放大器。

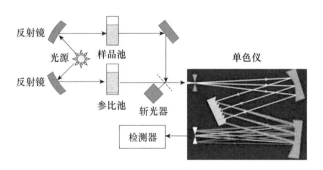

图3-4　光栅色散型红外光谱仪的基本结构

2）傅里叶变换红外光谱仪　傅里叶变换红外光谱仪的检测系统主要由光源、干涉仪、样品池、检测器和计算机等组成，如图3-5所示。光源发出的红外辐射，经干涉仪转变成干涉图，通过样品后在检测器上得到含样品信息的干涉图，由计算机采集，并经过快速傅里叶逆变换，得到吸收强度或透光度随频率或波数变化的红外光谱图。

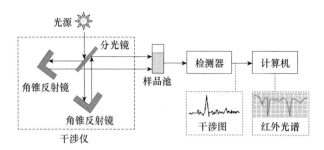

图3-5   傅里叶变换红外光谱仪的基本结构

3）非色散型红外光谱仪   非色散型红外光谱仪是用滤光片或者滤光劈来代替色散元件，有时甚至不用波长选择设备（非滤光型）的一类简易式红外光谱分析仪。非色散型红外光谱仪结构简单，价格便宜，但仅局限于气体或液体的分析。滤光型红外光谱仪主要用于大气中各种有机物质的定量分析；非滤光型红外光谱仪主要用于单一组分的气流监测。

（三）检测信号处理

1. 光谱数据的预处理

1）坐标转换   透射率（T）是中红外光谱透过样品的光强与入射光强的比值，如式（3-2）所示。市售标准图谱普遍以透射率的方式表示，能直观地看出样品对中红外光的吸收情况。而吸光度（A）值在一定范围内与样品的厚度及浓度成正比关系，因此也可以用吸光度来表示中红外光的图谱，两者的转换关系如式（3-3）所示。

$$T(\%) = \frac{I}{I_0} \times 100\% \tag{3-2}$$

$$A = \lg \frac{1}{T} \tag{3-3}$$

式中，T为透射率；A为吸光度；I为通过样品后中红外光的光强；I_0为通过背景后中红外光的光强。

2）基线校正   理想情况下，待测样品没有吸收的光谱区域即可视为整个光谱的基线。基线的透射率应该为100%，即吸光度为0。但是在实际测量过程中，由于散射、反射、温度和浓度等的变化，得到的基线并不处于理想状态，因此需要进行校正。基线校正前后，光谱吸收峰的峰位不改变，但是峰面积会发生变化。

3）光谱差减   光谱差减在数学上是将两个光谱进行相减，相减后得到的光谱被称为差谱或差减光谱。只能对两张吸光度光谱进行光谱差减，不能对两张透射率光谱进行光谱差减。从样品的单光束光谱中扣除背景的单光束光谱，可以有效去除光路中二氧化碳、水蒸气和仪器等误差的影响。

4）光谱平滑   光谱平滑是信号分析预处理中常用的一种去噪方法。在实际测量过程中总会存在一定范围内的波动，这些波动一般都是随机的，因此也称为随机误差。通过多次测量取均值的方法可以降低这些噪声。常用的平滑算法有厢车平均法、移动平均法和多项式最小二乘法等。

2. 定性分析

1）已知物的鉴定   通过将样品的谱图与标准物的谱图或者文献上的谱图进行对照，从而对样品进行鉴定。如果两张谱图上吸收峰的位置和形状完全一致，吸收峰的相对强度也一样，则可以认为该样品即为该标准物。如果两张谱图上峰位或峰形不一致，则说明两者不是同一物质，也可能是样品中掺有杂质。如果使用计算机谱图检索，则通过相似度来进行判别。在使用文献上的谱图时，需要注意样品的物理状态、结晶状态、使用的溶剂、测定的条件及使用的检测仪器类型都应当与标准谱图相同。

2）未知物结构的测定　未知物结构的测定是中红外光谱定性分析的一个重要用途。可以利用标准谱图通过以下两种方式进行查对。

（1）通过谱带索引查阅标准谱图，寻找与样品中红外吸收带相同的标准谱图。

（2）对样品谱图进行解析，判断样品可能的结构，然后由化学分类索引查找标准谱图进行对照核实。谱图的解析就是根据中红外光谱图中吸收峰的位置、强度和形状，利用基团振动频率与分子结构之间的关系，确定吸收带的归属，明确分子中所含的基团或化学键，进而推定分子的结构。一般还须结合其他的信息，如相对分子质量、物理常数、紫外光谱、核磁共振波谱和质谱等数据才能对样品的结构做出正确判断。

常见的标准谱图：①萨特勒（Sadtler）标准红外光谱集；②分子光谱文献"DMS"（Documentation of Molecular Spectroscopy）穿孔卡片；③"API"红外光谱资料。

3. 定量分析　中红外光谱的定量分析是通过测定特征吸收谱带的强度，依据朗伯-比尔定律求得组分的含量。由于中红外光谱的谱带较多，选择的余地较大，能方便地对单一组分或多组分进行定量分析，可以适用于气体、液体和固体状态的样品，应用十分广泛，但是由于中红外光谱定量分析的灵敏度较低，尚不适用于微量组分的分析。

特征吸收谱带的强度主要通过测量峰高（吸光度值）或峰面积求得。此外也有通过谱带的一阶导数和二阶导数的计算方法，该方法能准确测量重叠的谱带，甚至包括强峰斜坡上的肩峰。中红外光谱定量分析的常用方法有直接计算法、工作曲线法、吸光度比法和内标法。

1）直接计算法　这种方法适用于组分简单、特征吸收带不重叠且浓度与吸收强度呈线性关系的样品。通过从谱图上读取吸光度 A 值，再根据朗伯-比尔定律，如式（3-1）所示，求得组分的浓度 c，从而推算出样品的质量分数。这一方法的运用需要提前测得样品的厚度 l 和摩尔吸收系数 ε 值。当对分析精度要求不高时，可以用文献中报道的 ε 值。

2）工作曲线法　这种方法适用于组分简单，特征吸收谱带重叠较少，而且浓度与吸光度不完全呈线性关系的样品。将一系列浓度的标准样品溶液置于同一吸收池内测得相应的谱带，计算其吸收度。以浓度为横坐标，吸收度值为纵坐标，绘制工作曲线。由于工作曲线是实际测得的，它真实地反映了被测组分浓度与吸光度之间的关系，因此即使不服从朗伯-比尔定律，只要浓度在所测的工作曲线范围内，都可以得到较为准确的结果。这种方法也可以排除许多的系统误差。

3）吸光度比法　这种方法适用于厚度难以控制或不能准确测定其厚度的样品。这一方法要求各组分的特征吸收谱带互相不重叠，且服从朗伯-比尔定律。如果有两种组分 X 和 Y，根据朗伯-比尔定律，应存在如下关系：

$$A_X = \varepsilon_X c_X l_X \tag{3-4}$$
$$A_Y = \varepsilon_Y c_Y l_Y \tag{3-5}$$

由于是在同一样品中，故其厚度是相同的，即 $l_X = l_Y$，则其吸光度的比值为

$$R=\frac{A_X}{A_Y}=\frac{\varepsilon_X c_X l_X}{\varepsilon_Y c_Y l_Y}=K\frac{c_X}{c_Y} \qquad (3\text{-}6)$$

式中，K为吸收系数比。

4）内标法　　这种方法适用于厚度难以控制，由糊状法或压片法制备的样品的定量分析。通过该方法可以直接测定样品中某一组分的含量。选择一个合适的纯物质作为内标物，用待测组分标准品与内标物配制成一系列不同比例的标样，测定其对应的吸光度。待测组分S和内标物I的吸光度应满足式（3-4）和式（3-5）。由于待测组分和内标物是配制成标样后测定的，故$l_S=l_I$。两者吸收系数的比值应满足式（3-6）。由此可以求得待测组分的c_S。

三、拉曼光谱检测技术

（一）样品预处理

食物是非常复杂的基质，一般由碳水化合物、脂类、蛋白质、色素、有机酸和其他生化成分组成。这些成分可能妨碍目标分子的检测或产生干扰拉曼信号。因此，样品前处理对于提高后续样品分析的可操作性和可靠性至关重要。常见的样品预处理技术有QuEChERS（quick、easy、cheap、effective、rugged、safe）、固相微萃取（solid phase micro-extraction，SPME）、液液萃取（liquid-liquid extraction，LLE）、薄层色谱（thin-layer chromatography，TLC）、支撑液膜（supported liquid membrane，SLM）、分子印迹聚合物（molecular imprinted polymer，MIP）等，这些方法已被用于从食品基质中分离和富集待测目标分子。

（二）检测信号获取

拉曼光谱信号的获取主要是通过拉曼光谱仪实现的。目前广泛使用的是光栅色散型拉曼光谱仪，主要由激发光源、样品光路、分光光路、光探测器和信号处理及控制系统组成，可以从样品中产生并获取拉曼信号。在拉曼光谱仪研究的发展过程中，在技术上需克服两大难题：①增大拉曼光谱信号强度和对极弱光信号的探测。为提高拉曼光谱信号的强度，需要具有高亮度的激发光源，增加在样品上的激发光的功率密度，以及通过入射狭缝进入分光光路的光谱信号强度。②对杂散光信号的抑制。目前采取的方法主要有选择高单色性的激光作为光源、采用前置滤波器以减少所需激发波长以外的光谱和阻止瑞利散射信号进入分光光路、增加分光光路的色散使拉曼谱线远离瑞利线、采用增强型硅光电二极管阵列和电荷耦合探测器等多通道光探测器代替单通道光探测器来增加光谱取样积分时间。

（三）检测信号处理

由于食品原料的多样性、复杂性和背景信号的不确定性，对痕量目标分子的识别具有很大的挑战。为了进一步实现结果的自动识别和输出，数据分析是至关重要的。常规的拉曼光谱数据分析流程包括光谱预处理、光谱降维和特征波长提取、分类或预测模型建立和结果评价。其中，光谱预处理方法主要包括平滑、光散射校正、光谱基线校正和归一化。而特征波长提取过程则根据线性特征（主成分分析、小波变换、线性判别分析、独立成分分析等）和非线性特征［核Fisher判别分析、局部保持映射（locality preserving projection）、稀疏表示（sparse representation）等］。模型的建立分为用于定性分析的多变量分类模型和用于定量分析的多变量预测模型。为了进一步拓展拉曼光谱技术在分子检测中的应用，一些公司和机构开发了大量有机分子的拉曼光谱数据库或拉曼特征谱库，可以通过比对数据库中的拉曼光谱数据来识别未知光谱。

第三节　光谱检测技术在食品分析中的应用

一、产地鉴定案例：近红外光谱技术在柑橘产地判别上的应用

张欣欣等（2021）利用傅里叶变换近红外光谱仪采集了120个沃柑样品（云南沃柑、湖南沃柑、广西武鸣沃柑、广西来宾沃柑各30个）的近红外光谱数据，采用去趋势校正（DT）、去偏置校正（de-bias）、多元散射校正（MSC）、最大最小归一化（min-max normalization）、标准正态变量变换（SNV）、一阶导数（1st derivative）、二阶导数（2nd derivative），以及连续小波变换（CWT）等预处理方法对光谱进行处理，采用PCA及Fisher线性判别（FLD）方法建立鉴别模型。结果表明，仅通过预处理和光谱采集位置的优化，PCA方法不能实现不同产地柑橘的鉴别分析，最高鉴别率仅为5%。采用PCA-FLD方法建立的模型鉴别效果显著优于PCA方法，采用4个点平均光谱获得的鉴别率可达到97.5%，结合de-bias或MSC预处理可以实现不同产地柑橘100%的鉴别。

二、掺杂鉴别案例：中红外光谱技术在茶叶掺杂检测上的应用

李晓丽等（2017）分别称取滑石粉0、0.5mg、1.0mg、1.4mg、2.0mg、2.6mg、3.0mg、3.4mg、4.0mg、4.4mg、5.0mg、6.0mg与4g茶粉混合均匀，配成0、0.15mg/g、0.25mg/g、0.35mg/g、0.50mg/g、0.65mg/g、0.75mg/g、0.85mg/g、1.00mg/g、1.10mg/g、1.25mg/g、1.50mg/g共12个不同掺杂浓度样品210个。利用傅里叶变换红外光谱仪测得样品的中红外光谱数据后，利用偏最小二乘（partial least squares，PLS）和最小二乘支持向量机（least squares support vector machine，LSSVM）对茶叶中添加的滑石粉进行定量建模。结果表明，采用SNV预处理方法可以有效地降低噪声对光谱建模的影响。同时，反向间隔偏最小二乘法（biPLS）和连续投影算法（SPA）两种算法的结合为滑石粉提取了5个最优的特征波段，分别为977cm^{-1}（Si—O—Si），1392cm^{-1}（CO_3^{2-}），3290cm^{-1}、3310cm^{-1}和3369cm^{-1}（—OH），仅占全波数的0.18%。基于这5个特征波数建立的LSSVM非线性模型能更稳定、更好地对茶叶中滑石粉的含量进行预测［预测集相关系数（R_p）=0.921，预测集均方根误差（RMSEP）=0.131］。

三、理化特性检测案例：葡萄酒中赭曲霉毒素A的拉曼检测技术

Rostami等（2020）使用支撑液膜（SLM）作为萃取技术对葡萄酒中的待测分子赭曲霉毒素A（OTA）进行分离并浓缩，结合SERS基底对OTA进行检测分析。SERS光谱在780nm处的激光下采集，激光功率为10mW，具有10倍物镜、50μm狭缝和估计直径为3.6μm的激光光斑。所有光谱在每个点收集3次，每次0.05s。在每个芯片的整个表面上收集SERS光谱图（每个芯片上扫描3个图/3次扫描），扫描步长为100μm，总采集时间为3min。对980cm^{-1}到1050cm^{-1}之间的光谱区域的平均光谱进行基线校正，并绘制基于OTA在1003cm^{-1}处的特征峰

SERS强度与OTA浓度之间的关系图。SERS数据误差棒表示给定OTA浓度的3个SERS基底之间的标准偏差。检测限（LOD）基于$3\sigma/s$计算，其中σ是空白的标准偏差，s是校准曲线的斜率。为了表征制造的银纳米柱SERS基底，使用扫描电子显微镜（SEM）图像进行表征。对于HPLC测量，使用Quant Analysis处理数据。结果表明，在乙酸溶液（pH 3）中，OTA为中性时，获得的SERS信号明显高于分析物在氨水溶液（pH 10）中带负电时的SERS信号。这种效应表明碱性条件会导致开环OTA的形成，从而降低SERS信号。此外，在氨水-乙酸溶液中以0.02～1μg/g的不同浓度在银纳米柱SERS基底上测量OTA，结果表明OTA拉曼光谱在$1003cm^{-1}$处的特征峰强度与OTA浓度在0.02～1μg/g范围内存在良好的线性相关性。

四、过程品质控制案例：近红外光谱技术在茶叶干燥过程品质检测上的应用

吴继忠等（2018）利用便携式的近红外光谱仪采集了绿茶（乌牛草品种）加工干燥过程中90个样本的光谱数据，研究比较了基于全光谱偏最小二乘（PLS）、竞争性自适应加权抽样偏最小二乘（CARS-PLS）、遗传偏最小二乘（GA-PLS）建立的模型，采用交互验证优化模型。结果表明，相较于PLS和GA-PLS模型，基于CARS-PLS建立的茶叶干燥过程水分含量的近红外光谱检测模型预测效果最佳，变量数为11，主成分数为7，校正集相关系数（R_C）=0.9913，校正集均方根误差（RMSEC）=0.543，R_p=0.9907，RMSEP=0.574。这说明采用近红外光谱技术结合合适的化学计量学方法来评价茶叶干燥过程中的水分含量具有可行性，为茶叶干燥过程品质的数字化、智能化监控提供方法。

第四节 光谱检测技术最新发展趋势

一、近红外光谱检测发展趋势

近红外光谱技术相比于常规分析检测技术，具有检测速度快、检测精度高、样品无损坏、操作简单等优势，可对食品中关键成分的含量进行定量或定性分析，在食品感官指标量化、品质检测、质量控制等方面皆有广泛应用。但近红外光谱技术也存在些许不足，有待日后的完善，完善的方向可从以下几个方面展开。

（1）基于近红外光谱技术对食品品质检测的设备有望在保持本身分析性能的基础上进一步微型化和智能化，通过集成到其他设备中，以方便消费者等人群对食品品质进行检测，使受用人群更广。

（2）近红外光谱检测设备在不同环境下的抗干扰能力和检测速度还有待提高。

（3）模型的普适性、稳定性、模型传递等算法的研究仍需要投入大量的人力和精力及资金的支持。

（4）近红外光谱技术可以与其他技术相结合，如与自动控制相结合，可实时监控水果品质，由数据指导采摘和防治病虫害；还可以与水果采摘设备设计在一起，做到采摘与分类相结合。

（5）通过扩大建模范围、增加模型覆盖面与标准化取样等进一步提高近红外光谱技术的预测精度，使其在食品检测方面的应用更加深化。

（6）目前市场上的近红外光谱分析仪大多数是通用型的，缺乏专业的食品品质预测模型，因此迫切需要有针对性的建模研究以满足市场发展的需要。

（7）在互联网+农业的发展趋势下，探索出一种同时可以多级访问、实时共享的近红外光谱网络管理系统是未来发展的方向。

二、中红外光谱检测发展趋势

随着科学技术的发展，中红外光谱技术在一系列新技术的基础上为研究物质结构提供了更多更有效的手段。作为方便快捷、无损高效的现代分析检测技术之一，中红外光谱技术被广泛应用于食品检测中，在食品的产地溯源、真假掺伪、品种鉴别与品质检测等方面意义重大。然而，该技术的应用还不够完善，仍需加以改进，如将其与其他技术联用，使之发挥更大作用，得到理想结果。因此，今后的工作可从如下几个方面展开。

（1）中红外光谱同其他计量学方法与软件相结合是发展的必然趋势，如与化学计量法相结合，有助于光谱图分析与提高实验结果的可重复性。

（2）寻求创建新的化学计量学方法，开发相关软件也是后期的研究方向。

（3）红外光谱检测仪正由大型研究级向小型便携式转变。小型便携式仪器方便使用者随时随地使用，不拘泥于实验室，可在短时间内筛选出大量样品，使用方便快捷。

（4）开发在线检测设备，实现样品在线检测，提高样品检测准确度，对开发食品无损检测具有重要意义。

（5）建立全面广泛的全球性数据库。这项工作需要光谱学研究人员互助合作，数据共享，才能建立更加全面、完善的标准红外图谱库，以便中红外光谱技术的使用，促进该技术发展。

（6）中红外光谱技术可与其他波段的光谱技术联用，开发多波段光谱联用技术，提高光谱仪器设备的适用性与广度。

三、拉曼光谱检测发展趋势

近几十年来，拉曼光谱仪、传感纳米材料和数据处理算法等方面的快速进展，为各类食品安全控制策略和设备的发展铺平了道路。这一进展使得拉曼光谱技术结合物联网、机器学习和云数据技术，构建贯穿食品整体产业链和消费链的庞大食品安全监控系统成为可能。随着激光和光谱仪的小型化和经济成本的降低、目标污染物云数据库的丰富，开发独立的基于智能手机的拉曼光谱检测设备，将其用于实时、便捷地监测食品生产销售在全产业链中的状态将是一个重要的发展趋势。然而，由于食品基质相对复杂，从复杂且不确定的背景中识别跟踪目标信号仍然是巨大的挑战。因此，如何将有效信息从大量的无序背景信息中提取，使得非专业人员仍然可以方便、快捷地通过智能算法对待测物进行分析识别，对于拉曼光谱技术在食品品质安全监测应用的普及具有极大帮助。

同时，由于可直接检测食品和农产品中污染物分子的商业芯片很少，将样品分离提取、富集、检测等多个分析程序集成到一个芯片中，自动完成整个过程，实现检测装置和操作的小型化和简化是未来的另一种趋势。目前典型的基于拉曼光谱的芯片设计包括微流体和纸质测流条。微流控芯片以微机电加工技术为基础，可以实现采样、稀释、试剂添加、反应、分离、检测等整个实验室的功能，具有液体流量可控、样品和试剂消耗少、分析速度快等优点，有利于食品品质安全的在线监测。

思 考 题

1. 简述振动光谱的特点及它们在分析化学中的重要性。

2. 试述分子产生红外吸收的条件。

3. 红外区分为哪几个区域？它们对分析化学的重要性如何？

4. 何谓基频、倍频及组合频？影响基团频率位移的因素有哪些？

5. 近红外、中红外和拉曼光谱在信号获取时有何区别？

6. 试述傅里叶变换红外光谱仪与色散型红外光谱仪的最大区别是什么？前者具有哪些优点？

7. 拉曼光谱法与红外光谱法相比，在结构分析中的特点是什么？

参 考 文 献

边玮玮. 2020. 高增敏纳米金/银间隙耦合SERS基底在环境有毒物质萃取分析中的应用研究. 青岛：山东大学博士学位论文.

蔡碧琼，蔡向阳，张福娣. 2004. 衰减全反射——傅里叶变换红外光谱技术的发展及应用. 武夷科学，20：192-194.

崔虎亮，贺霞，袁星雨，等. 2020. 近红外光谱技术测定油料种子脂肪酸的研究进展. 中国种业，2：13-18.

何勇，刘飞，李晓丽，等. 2016. 光谱及成像技术在农业中的应用. 北京：科学出版社.

李晓丽，张裕莹，何勇. 2017. 基于中红外光谱技术检测茶叶中非法添加滑石粉的研究. 光谱学与光谱分析，37（4）：1081-1085.

刘约权. 2012. 现代仪器分析. 北京：高等教育出版社.

陆婉珍，袁洪福，徐广通，等. 2000. 现代近红外光谱分析技术. 北京：中国石化出版社.

史永刚，冯新泸，李子存. 2002. 化学计量学. 北京：中国石化出版社.

汪崇文. 2018. 高性能磁性SERS基底的制备及应用研究. 北京：北京工业大学博士学位论文.

王俊. 2012. 碲镉汞红外探测器光电响应特性的机理研究. 合肥：中国科学技术大学博士学位论文.

王秋云，朱建猛，胡胜祥，等. 2019. 近红外在酱香白酒酒醅检测中的应用. 酿酒科技，（10）：91-93.

吴继忠，王新宇，蓝黄博恩，等. 2018. 茶叶干燥过程水分含量的近红外光谱检测方法研究. 农产品加工，（18）：44-47.

伍辉祥. 2018. 检测甲基对硫磷与三聚氰胺的SERS传感器构建与性能研究. 重庆：重庆大学博士学位论文.

许禄，邵学广. 2004. 化学计量学方法. 北京：科学出版社.

张树霖. 2008. 拉曼光谱学与低维纳米半导体. 北京：科学出版社.

张欣欣，李尚科，李跑，等. 2021. 近红外光谱的不同产地柑橘无损鉴别方法. 光谱学与光谱分析，41（12）：3695-3700.

张银，周孟然. 2007. 近红外光谱分析技术的数据处理方法. 红外技术，29（6）：345-348.

赵博. 2011. 近红外光谱无创血糖检测中的偶然相关及波长选择的研究. 天津：天津大学硕士学位论文.

赵航. 2019. 固态SERS基底的制备及其检测水果表面农药残留的研究. 哈尔滨：哈尔滨工业大学博士学位论文.

赵杰文，林颖. 2012. 食品、农产品无损检测中的数据处理和分析方法. 北京：科学出版社.

赵秀琴. 2012. 中红外光谱分析技术及研究进展. 安庆师范学院学报（自然科学版），18（4）：94-97.

周枫然，韩桥，张体强，等. 2021. 傅里叶变换红外光谱技术的应用及进展. 化学试剂，43（8）：1001-1009.

周侠. 2019. 高性能SERS复合衬底的设计制备及对六氯环己烷农药残留的检测应用. 合肥：中国科学技术大学博士学位论文.

曾泳淮. 2010. 分析化学（仪器分析部分）. 北京：高等教育出版社.

邹小波，赵杰文. 2008. 农产品无损检测技术与数据分析方法. 北京：中国轻工业出版社.

邹小波，赵杰文. 2021. 现代食品检测技术，3版. 北京：中国轻工业出版社.

Anastassiades M, Lehotay S J, Štajnbaher D, et al. 2019. Fast and easy multiresidue method employing acetonitrile extraction/partitioning and "dispersive solid-phase extraction" for the determination of pesticide residues in produce. Journal of AOAC International, 86 (2): 412-431.

Anderson A B, McDevitt M R, Urbach F L. 1984. Structure and electronic factors in benzene coordination to Cr (CO)$_3$ and to cluster models of Ni, Pt, and Ag (111) surfaces. Surface Science, 146 (1): 80-92.

Campone L, Piccinelli A L, Celano R, et al. 2008. Rapid and automated on-line solid phase extraction HPLC-MS/MS with peak focusing for the determination of ochratoxin A in wine samples. Food Chemistry, 244: 128-135.

Chandler L, Huang B, Mu T T. 2019. A smart handheld Raman spectrometer with cloud and AI deep learning algorithm for mixture analysis. SPIE, 10983: 1098308.

da Silva L F, Guerra C C, Klein D, et al. 2017. Solid cation exchange phase to remove interfering anthocyanins in the analysis of other bioactive phenols in red wine. Food Chemistry, 227: 158-165.

Dias L A F, Jussiani E I, Appoloni C R. 2019. Reference Raman spectral database of commercial pesticides. Journal of Applied Spectroscopy, 86 (1): 166-175.

Dinh N X, Quy N V, Huy T Q, et al. 2015. Decoration of silver nanoparticles on multiwalled carbon nanotubes: antibacterial mechanism and ultrastructural analysis. Journal of Nanomaterials, 2015: 814379.

Egging V, Nguyen J, Kurouski D. 2018. Detection and identification of fungal infections in intact wheat and sorghum grain using a hand-held Raman spectrometer. Anal Chem, 90 (14): 8616-8621.

Farber C, Kurouski D. 2018. Detection and identification of plant pathogens on maize kernels with a hand-held Raman spectrometer. Anal Chem, 90 (5): 3009-3012.

Fleming H, Chen M, Bruce G D, et al. 2020. Through-bottle whisky sensing and classification using Raman spectroscopy in an axicon-based backscattering configuration. Anal Methods, 12 (37): 4572-4578.

Gava P, Kokalj A, de Gironcoli S, et al. 2008. Adsorption of chlorine on Ag (111): no subsurface Cl at low coverage. Physical Review B, 78 (16): 165419.

Gjelstad A, Rasmussen K E, Parmer M P, et al. 2013. Parallel artificial liquid membrane extraction micro-scale liquid-liquid-liquid extraction in the 96-well format. Bioanalysis, 5 (11): 1377-1385.

Hang Y, Boryczka J, Wu N. 2022. Visible-light and near-infrared fluorescence and surface-enhanced Raman scattering point-of-care sensing and bio-imaging: a review. Chem Soc Rev, 51 (1): 329-375.

Jayasinghe G D T M, Domínguez-González R, Bermejo-Barrera P, et al. 2020. Ultrasound assisted combined molecularly imprinted polymer for the selective micro-solid phase extraction and determination of aflatoxins in fish feed using liquid chromatography-tandem mass spectrometry. Journal of Chromatography A, 1609: 460431.

Jönsson J Å, Mathiasson L. 1992. Supported liquid membrane techniques for sample preparation and enrichment in environmental and biological analysis. TrAC Trends in Analytical Chemistry, 11 (3): 106-114.

Kubackova J, Fabriciova G, Miskovsky P, et al. 2015. Sensitive surface-enhanced Raman spectroscopy (SERS) detection of organochlorine pesticides by alkyl dithiol-functionalized metal nanoparticles-induced plasmonic hot spots. Anal Chem, 87 (1): 663-669.

Leong Y X, Lee Y H, Koh C S L, et al. 2021. Surface-enhanced Raman scattering (SERS) taster: a machine-learning-driven multireceptor platform for multiplex profiling of wine flavors. Nano Lett, 21 (6): 2642-2649.

Li X, Yang T, Song Y, et al. 2019. Surface-enhanced Raman spectroscopy (SERS) -based immunochromatographic assay (ICA) for the simultaneous detection of two pyrethroid pesticides. Sensors and Actuators B: Chemical, 283: 230-238.

Liu Y, Kim M, Cho S H, et al. 2021. Vertically aligned nanostructures for a reliable and ultrasensitive SERS-active platform: fabrication and engineering strategies. Nano Today, 37: 101063.

Logan B G, Hopkins D L, Schmidtke L M, et al. 2021. Authenticating common Australian beef production systems using Raman spectroscopy. Food Control, 121: 107652.

Lu Y, Tan Y, Xiao Y, et al. 2021. A silver@gold nanoparticle tetrahedron biosensor for multiple pesticides detection based on surface-enhanced Raman scattering. Talanta, 234: 122585.

Ma Y, Chen Y, Tian Y, et al. 2021. Contrastive study of in situ sensing and swabbing detection based on SERS-active gold nanobush-PDMS hybrid film. J Agric Food Chem, 69 (6): 1975-1983.

Majdinasab M, Daneshi M, Louis Marty J. 2021. Recent developments in non-enzymatic (bio) sensors for detection of pesticide residues: focusing on antibody, aptamer and molecularly imprinted polymer. Talanta, 232: 122397.

Morey R, Ermolenkov A, Payne W Z, et al. 2020. Non-invasive identification of potato varieties and prediction of the origin of tuber cultivation using spatially offset Raman spectroscopy. Anal Bioanal Chem, 412 (19): 4585-4594.

Mu T, Li S, Feng H, et al. 2019. High-sensitive smartphone-based Raman system based on cloud network architecture. IEEE Journal of Selected Topics in Quantum Electronics, 25 (1): 1-6.

Nie Y, Teng Y, Li P, et al. 2018. Label-free aptamer-based sensor for specific detection of malathion residues by surface-enhanced Raman scattering. Spectrochim Acta A Mol Biomol Spectrosc, 191: 271-276.

Ostovar Pour S, Fowler S M, Hopkins D L, et al. 2020. Differentiating various beef cuts using spatially offset Raman spectroscopy. Journal of Raman Spectroscopy, 51 (4): 711-716.

Pang S, Yang T, He L. 2016. Review of surface enhanced Raman spectroscopic (SERS) detection of synthetic chemical pesticides. TrAC Trends in Analytical Chemistry, 85: 73-82.

Pezzotti G, Zhu W, Chikaguchi H, et al. 2021. Raman molecular fingerprints of rice nutritional quality and the concept of Raman barcode. Front Nutr, 8: 663569.

Rostami S, Zór K, Zhai D S, et al. 2020. High-throughput label-free detection of Ochratoxin A in wine using supported liquid membrane extraction and Ag-capped silicon nanopillar SERS substrates. Food Control, 113: 107183.

Sanchez L, Ermolenkov A, Tang X T, et al. 2020. Non-invasive diagnostics of Liberibacter disease on tomatoes using a hand-held Raman spectrometer. Planta, 251 (3): 64.

Sanchez L, Farber C, Lei J, et al. 2019. Noninvasive and nondestructive detection of cowpea bruchid within cowpea seeds with a hand-held Raman spectrometer. Anal Chem, 91 (3): 1733-1737.

Sun M, Li B, Liu X, et al. 2019. Performance enhancement of paper-based SERS chips by shell-isolated nanoparticle-enhanced Raman spectroscopy. Journal of Materials Science & Technology, 35 (10): 2207-2212.

Weng S, Hu X, Wang J, et al. 2021. Advanced application of Raman spectroscopy and surface-enhanced Raman spectroscopy in plant disease diagnostics: a review. J Agric Food Chem, 69 (10): 2950-2964.

Wu Z, Pu H, Sun D W. 2021. Fingerprinting and tagging detection of mycotoxins in agri-food products by surface-enhanced Raman spectroscopy: Principles and recent applications. Trends in Food Science & Technology, 110: 393-404.

Xu Y, Zhong P, Jiang A, et al. 2020. Raman spectroscopy coupled with chemometrics for food authentication: a review. TrAC Trends in Analytical Chemistry, 131: 116017.

Yang T, Doherty J, Guo H, et al. 2019. Real-time monitoring of pesticide translocation in tomato plants by surface-enhanced Raman spectroscopy. Anal Chem, 91 (3): 2093-2099.

Yang Y Y, Li Y T, Li X J, et al. 2020. Controllable in situ fabrication of portable AuNP/mussel-inspired polydopamine molecularly imprinted SERS substrate for selective enrichment and recognition of phthalate plasticizers. Chemical Engineering Journal, 402: 125179.

Yuan C, Li R, Wu L, et al. 2021. Optimization of a modified QuEChERS method by an n-octadecylamine-functionalized magnetic carbon nanotube porous nanocomposite for the quantification of pesticides. Journal of Food Composition and Analysis, 102: 103980.

Zeng F, Duan W, Zhu B, et al. 2019. Paper-based versatile surface-enhanced Raman spectroscopy chip with smartphone-based Raman analyzer for point-of-care application. Anal Chem, 91 (1): 1064-1070.

Zhang D, Pu H, Huang L, et al. 2021. Advances in flexible surface-enhanced Raman scattering (SERS) substrates for nondestructive food detection: fundamentals and recent applications. Trends in Food Science & Technology, 109: 690-701.

Zhao P, Liu H, Zhang L, et al. 2020. Paper-based SERS sensing platform based on 3D silver dendrites and molecularly imprinted identifier sandwich hybrid for neonicotinoid quantification. ACS Appl Mater Interfaces, 12 (7): 8845-8854.

Zhou X, Liu G, Zhang H, et al. 2019. Porous zeolite imidazole framework-wrapped urchin-like Au-Ag nanocrystals for SERS detection of trace hexachlorocyclohexane pesticides via efficient enrichment. J Hazard Mater, 368: 429-435.

Zong C, Xu M, Xu L J, et al. 2018. Surface-enhanced Raman spectroscopy for bioanalysis: reliability and challenges. Chem Rev, 118 (10): 4946-4980.

Zuo Y, Vernica R, Lei Y, et al. 2019. A big data platform for surface enhanced Raman spectroscopy data with an application on image-based sensor quality control. San Jose: IEEE Conference on Multimedia Information Processing and Retrieval: 463-466.

第四章　核磁共振波谱技术

核磁共振波谱（nuclear magnetic resonance spectroscopy，NMR spectroscopy）与紫外吸收光谱、红外吸收光谱、质谱被称为"四谱"，是对各种有机物和无机物的成分、结构进行定性分析的最强有力的工具之一，亦可进行定量分析。1946年，以美国物理学家Felix Bloch和Edward Mills Purcell为首的两个小组几乎在同一时间，用不同的方法各自独立地发现了物质的核磁共振（NMR）现象，后来两人合作制造了世界上第一台核磁共振波谱仪，1952年二人因此获得了诺贝尔物理学奖。20世纪70年代以来，核磁共振波谱技术发展异常迅猛，形成了液体高分辨、固体高分辨和磁共振成像三雄鼎立的新局面。随着核磁共振技术的不断改进和创新，核磁共振波谱已经从一维扩展到二维和多维，二维NMR的发展使得液体NMR的应用迅速扩展到生物和食品科学领域；磁共振成像技术的发展使NMR进入了与人类生命息息相关的医学领域。

本章思维导图

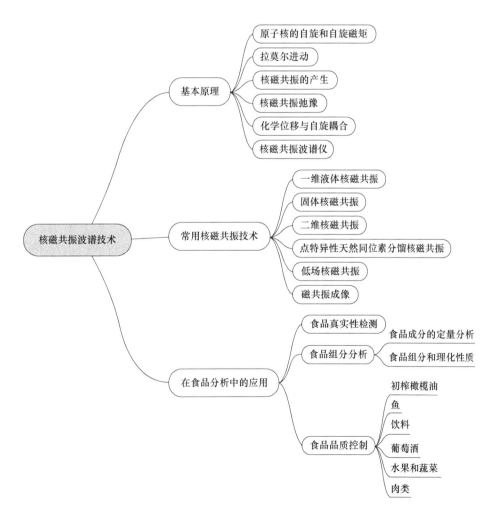

第一节 核磁共振的基本原理

一、原子核的自旋和自旋磁矩

核磁共振（NMR）主要是由原子核的自旋运动引起的。原子核是带有正电荷的粒子，核的自旋会引起电荷运动而产生磁场，通常称其为"自旋磁矩"，简称"磁矩"，用 $\boldsymbol{\mu}$ 表示。

根据量子力学原理，与电子一样，原子核也具有自旋角动量，自旋角动量 $\boldsymbol{P}$ 的方向服从右手螺旋定则，其大小由原子核的自旋量子数 I 决定：

$$P=\frac{h}{2\pi}\sqrt{I(I+1)} \tag{4-1}$$

式中，h 为普朗克常量；I 的取值与原子核的质量数和原子序数有一定的关系。按自旋量子数 I 的不同，可以将核分成三类，见表4-1。

表4-1 原子核与自旋量子数 I

质量数	原子序数	自旋量子数 I	NMR信号	代表性原子核
偶数	偶数	0	无	^{12}C、^{16}O、^{32}S
偶数	奇数	1, 2, 3, … （I 为整数）	有	^{2}H、^{14}N
奇数	奇数或偶数	1/2, 3/2, 5/2, … （I 为半整数）	有	^{1}H、^{13}C、^{15}N、^{17}O、^{19}F、^{31}P、^{33}S

磁矩 $\boldsymbol{\mu}$ 与自旋角动量 $\boldsymbol{P}$ 的关系为

$$\boldsymbol{\mu}=\gamma\boldsymbol{P} \tag{4-2}$$

式中，γ 为旋磁比，是原子核的特性参数，不同原子核的 γ 值不同。它反映的是核磁性的强弱，γ 值越大，核的磁性越强，就越容易被检测到。例如，^{1}H 的旋磁比为 $2.675\ 19\times10^{8}$ rad/（T·s），而 ^{13}C 为 6.7283×10^{7} rad/（T·s）。^{1}H 的旋磁比约为 ^{13}C 旋磁比的4倍，所以 ^{1}H 的信号就很强，^{13}C 的信号则相对较弱，不容易被检测到，因此，核磁共振氢谱（^{1}H NMR）比核磁共振碳谱（^{13}C NMR）更早应用于有机物的结构表征（刘娟等，2020）。

二、原子核在外磁场中的自旋运动——进动

将原子核置于外加磁场中，若原子核磁矩与外加磁场方向不同，则原子核磁矩会绕外磁场方向旋转，这一现象类似陀螺在旋转过程中转动轴的摆动，称为进动。这种现象最早是爱尔兰物理学家Joseph Larmor发现的，因此也被称为拉莫尔（Larmor）进动。

自旋量子数为1/2的核，如 ^{1}H、^{13}C、^{15}N、^{19}F、^{31}P 等是NMR测试的主要对象。将原子核置于外磁场 B_0，自旋核围绕着磁场做回旋，磁场与回旋的夹角 θ 被称为回旋角或进动角度，如图4-1所示。自旋核在磁场中有不同的取向，每个自旋取向用磁量子数 m 表示，共有 $2I+1$ 个自旋取向（$m=I$, $I-1$, $I-2$, 0, …, $-I$）。以 $I=1/2$ 的原子核为例，有两种取向，其磁量子数 $m=+1/2$ 或 $-1/2$，每一个取向对应着一个能级。$m=+1/2$ 的核磁矩与外磁场的方向一致，$m=-1/2$ 的核磁矩与外磁场的方向相反，所以这两种自旋取向的能量是不一样的，拉莫尔进

动有的快有的慢，快慢用频率来描述，自旋有相应的频率，回旋也有相应的频率，这个回旋的频率称为拉莫尔频率。拉莫尔频率 ν 与外磁场的强度 B_0 和旋磁比 γ 有关：

$$\nu = \frac{\gamma B_0}{2\pi} \tag{4-3}$$

可见，对于某一特定原子核，在一定强度的外磁场中，其原子核自旋进动的频率是固定不变的。若将原子核放入相同频率的磁场内，该原子核就会有效吸收此频率的电磁波实现从低能级到高能级的跃迁过程，这种能级跃迁是获取核磁共振信号的基础。

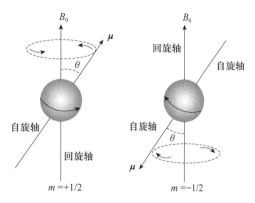

图4-1　自旋量子数 $I=1/2$ 的自旋核在外磁场（B_0）中的运动状态（引自刘娟等，2020）

三、核磁共振的产生

原子核发生进动的能量与磁场、原子核磁矩，以及磁矩与磁场的夹角相关，根据量子力学原理，原子核磁矩与外加磁场之间的夹角并不是连续分布的，而是由原子核的磁量子数决定的，原子核磁矩的方向只能在这些磁量子数之间跳跃，而不能平滑地变化，这样就形成了一系列的能级。当原子核在外加磁场中接受其他来源输入的能量后，就会发生能级跃迁。当外加射频场的频率与原子核自旋进动的频率相同的时候，射频场的能量才能够有效地被原子核吸收，为能级跃迁提供助力。因此某种特定的原子核，在给定的外加磁场中，只吸收某一特定频率射频场提供的能量，这样就形成了一个核磁共振信号（黄东雨等，2010）。

四、核磁共振弛豫

外部施加的射频能量是有一定角度和时间的，当射频能力消失，跃迁到高能级的处于不平衡态的原子核就要回到低能级，这个过程叫作弛豫。发生弛豫时释放的电磁波就是NMR所利用的信号，这一信号随时间延长不断衰减，所以称为自由感应衰减（free induction decay，FID）信号。弛豫现象是一个能量转换过程，需要一定的时间反映质子系统中质子之间和质子周围环境之间的相互作用。磁化强度矢量产生的弛豫主要包括两个方面：平行于 B_0 的磁化纵向弛豫分量和垂直于 B_0 的横向弛豫分量。

纵向弛豫也称为自旋-晶格弛豫，是处于高能态的核自旋体系将能量传递给周围环境（晶格或溶剂），自己回到低能态的过程，主要反映了核自旋体系与周围环境的能量交换。这种弛豫在碳谱中有特殊的重要性。其所需的时间用半衰期 T_1 表示，T_1 值的大小与核的种类、样品的状态和温度有关。横向弛豫也称为自旋-自旋弛豫，是处于高能态的核自旋体系将能量传递给邻近低能态同类磁性核的过程。其反映的是自旋核之间的能量交换，这种过程只是同类磁性核自旋状态能量交换，不引起核磁总能量的改变。横向弛豫所需的时间用半衰期 T_2 表示。弛豫时间越短，弛豫效率越高。

五、化学位移与自旋耦合

由于原子核核外包围着电子云，在磁场的作用下，核外电子会在垂直于外磁场的平面上绕核旋转，产生一个与外磁场相反的次级感应磁场，屏蔽外磁场对原子核的作用，使原子核实际受到的外磁场作用减小。核外电子对氢核产生的这种作用，称为磁屏蔽效应（刘娟等，2020）。显然，对于同一化合物的不同原子核，其核外电子云密度越大，屏蔽效应越强，要发生共振吸收所需要的磁场强度越高（即高场）；反之，共振信号将出现在低场区。

在测定一种化合物中某种原子核的核磁共振波谱时，其共振吸收峰的位置将随着该原子核的化学环境不同而变化，这种变化称为化学位移，用 δ 表示（刘约权，2015）。影响化学位移的因素众多，如电负性引起的去屏蔽作用，即诱导效应；影响电子云密度分布的共轭效应；化学键和基团各向异性造成的磁各向异性效应；以及可能造成质子周围电子云密度减小的氢键。由此可见，化学位移可以反映原子核所处的化学环境。

化学位移的大小相对于仪器的操作频率（或磁场）是很小的，所以其绝对值的测量难以达到所要求的精度。为了克服上述困难和避免因仪器不同所造成的差别，在实际测定中采用相对数值表示法，即选用一个标准物质，以该标准物质的共振吸收峰所处位置为零点，其他吸收峰的化学位移值根据这些吸收峰的位置与零点的距离来表示（刘娟等，2020）。在测定 ^1H 核磁共振波谱时，最常用的标准物质是四甲基硅烷 $[(CH_3)_4Si，TMS]$，其化学位移常数 $\delta_{TMS}=0$。选用TMS作为标准是因为其具有以下特点：①TMS中所有氢核所处化学环境是相同的，只产生一个尖峰；②由于硅的电负性比碳小，TMS中的氢核外电子云密度比一般的有机化合物的大，绝大部分有机化合物的核吸收峰不会与TMS峰重合；③TMS化学性质不活泼，与试样之间不发生化学反应和分子缔合；④TMS易溶于有机溶剂，且沸点低（27℃），易回收（刘约权，2015）。由于TMS不溶于水，与重水（D_2O）不相溶，常用的标准物质还有3-三甲基硅基-1-丙磺酸钠（DSS）和3-三甲基硅基丙酸钠（TMSP）。

在分子中，不仅核外电子会对原子核的共振吸收产生影响，相邻原子核之间也会因互相之间的作用影响对方的核磁共振吸收，引起共振谱线增多。这种相邻原子核之间的相互作用称为自旋耦合。因此，自旋耦合可以反映相邻核的特征，提供化合物分子内相接和立体化学的信息。自旋耦合产生的多重线间的距离，叫作自旋耦合常数，以 J 表示，单位为Hz。J 值的大小只取决于分子本身的性质，与外部磁场强度无关，用来衡量自旋耦合作用的强度，是物质分子结构的特征。

自旋耦合的结果会造成NMR谱峰的分裂，因自旋耦合而引起的谱线增多现象称为自旋裂分。以氢核为例，如果某氢核相邻的碳原子上有 n 个状态相同的氢核，其氢核的吸收峰数将被裂分为 $n+1$ 个，谱线强度比例符合二项式 $(a+b)^n$ 的展开式系数之比。此规则仅适用于氢核和其他自旋量子数 $I=1/2$ 的原子核。

六、核磁共振波谱仪

用于获得核磁共振波谱图的仪器通常叫核磁共振波谱仪，其主要部件构成如图4-2所示。

磁体是核磁共振波谱仪最基本的组成部分。由于波谱仪的灵敏度和分辨率都取决于磁场强度，磁场强度越强，波谱仪的灵敏度和分辨率越高，这就要求磁体能够提供均匀、

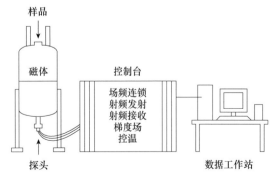

图4-2 核磁共振波谱仪简易图

（引自Bradley et al.，2017）

稳定的高强度磁场。核磁共振波谱仪使用的磁体分为三种：永磁体、电磁体和超导磁体。永磁体在外界的激磁电源去掉以后，仍然能长期保持磁性，一般由稀土材料制造而成，如钕铁硼、铁钴镍等。永磁体的优点是当充电后就不需要激磁电源了，只要把磁体放在恒温箱中，磁场强度就容易保持稳定；但是，永磁体的灵活性较差，磁场强度只能是某一固定的数值。电磁体用的是软磁材料，常用的软磁材料有纯铁、铁硅合金、铁镍合金等。电磁体的磁场强度和磁场间隙均可以调整，以适应各原子核所需要的磁场；但是其易受周围温度变化的影响，磁场稳定性较差，且耗电量大。超导磁体是利用超导材料在低温下零电阻的特性，通过将超导线圈置于制冷环境中达到超导状态，激磁后产生强大的磁场，具有高磁场强度和高均匀度的特点，但成本和维护费用较高。现代高分辨率的核磁共振波谱仪器均使用超导磁体，目前市售的核磁共振波谱仪，磁场高达23.49T（1000MHz），磁体为14.1T（600MHz），均匀性为数十赫兹，分辨率高达0.05Hz，几乎可以满足食品科学研究的所有需求。

　　除磁场强度外，良好的信噪比还取决于核磁共振波谱仪的探头，高分辨率核磁共振波谱仪通过低温冷却的探头可以获得额外的灵敏度增益（3～4倍），探头的可调谐射频线圈，用于激发核自旋和检测感应磁化衰减的合成信号。电子控制台通过电缆连接磁铁和探头，它包括发射器、接收器及控制核磁共振波谱仪的其他系统，如样品温度控制单元。当射频频率与磁场强度相匹配时，试样就会吸收此频率的射频产生核磁共振，此吸收信号被接收，经检测、放大后，由计算机数据工作站给出该试样的核磁共振谱图。

　　核磁共振波谱仪按扫描方式可分为两种：连续波核磁共振（CW-NMR）仪和脉冲傅里叶变换核磁共振（PFT-NMR）仪。用CW-NMR的方法可以得到很好的质子NMR谱，但对于质子以外的一些核，如^{13}C，其天然丰度只有1%，相对灵敏度只是质子的0.017%，用CW-NMR的方法来探测其信号几乎是不可能的。这主要是因为NMR跃迁中的能量极为微弱（约10^{-7}eV），因此它固有的灵敏度很低，这一局限性严重地阻碍着它的发展和普及。提高灵敏度通常有两个途径：一是增加静磁场强度，因为ΔE与静磁场强度成正比，但静磁场强度的提高还会带来其他一些新的技术上的困难；二是利用计算机技术进行NMR图谱信号的相干累加，累加n次，NMR信号强度变为累加前的n倍，而噪声增加至累加前的n倍，即信噪比为累加前的n倍。但这种方法实行起来也会遇到很多困难。例如，对一个样品扫描一张CW-NMR谱，典型的消耗时间是100～500s，如果累加2000次，就需要消耗50～60h，如要再增加累加次数，消耗时间将会更多。在这么长的时间内，仪器中磁场的漂移将会给实验带来很大的困难。即使是采用超导磁体，把磁场提高到十几个特斯拉，同时采用累加技术，像^{13}C、^{15}N等稀核的磁共振信号还是很难被检测到。为了克服这个问题，瑞士科学家Ernst团队开发了PFT-NMR仪。PFT-NMR仪最初来源于多通道谱仪的设计思路，即在固定时间内多通道观察，与原来的单通道观察相比，其信噪比可提高n倍（n为通道数）。在实验上要实现多通道发射与多通道接收非常困难，甚至是不可能的，但强而短的脉冲就相当于一个多通道发射机，将脉冲后产生的时域FID信号进行傅里叶变换就得到通常的频域NMR谱（图4-3）。样品在CW-NMR仪中数分钟才能被记录的信息，PFT-NMR仪瞬间即可完成。PFT-NMR和高磁场相结合所获得的高灵敏度和高分辨率的谱使NMR技术获取的信息量大大增加，诸如蛋白质、核糖核酸、脂类等生物体系中几乎所有的组分都可用PFT-NMR方法进行研究。PFT-NMR不但能揭示生物大分子的结构，而且能提供生物分子的空间构象、分子运动和相互作用、反应动力学等其他方面的重要信息（高红昌，2006）。

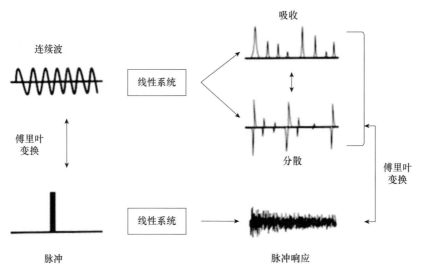

图4-3　连续波核磁共振仪和脉冲傅里叶变换核磁共振仪的工作示意图

（引自 Aggarwal et al.，2022）

第二节　常用核磁共振技术类型

一、一维液体核磁共振技术

一维高分辨液体核磁共振（one-dimensional high-resolution liquid state NMR，1D HR-NMR）是目前应用最广泛的核磁共振技术之一，可以用于探测分子中原子核的化学环境，利用强磁场可以详细观察到各项波谱参数（如化学位移、多重度、耦合常数和信号强度等），以识别和量化食品成分（Janovick et al.，2020）。

在液体核磁共振实验中，样品通常需要溶解在含有待检测核的溶剂中。在选择溶剂时，要避免样品在溶剂中形成沉淀或混合相（如胶束或聚集物），从而降低光谱分辨率。需要注意的是，一些液体食品实际上是复杂的混合物或悬浮液，含有分子聚集物和混合相（牛奶、果汁等），因此需要适当的过滤或提取来提高光谱分辨率。

最常使用的 ^1H NMR技术，其样品通常溶于适当的氘代溶剂中进行分析，以避免 ^1H 谱中出现溶剂峰，并且有助于准确锁场，获得均匀稳定的磁场环境。氘代溶剂的选择是非常重要的，要注意溶剂峰的化学位移，不能遮挡样品峰，同时，要根据样品的极性选择极性相似的溶剂。其中，氘代氯仿（ $CDCl_3$ ）是分析非极性化合物最常用的溶剂，其中含有微量酸，会导致酸不稳定分子的分解。一些样品由于化学原因（溶解性和聚集性）造成溶质可溶解范围受到限制，当其溶液浓度在毫克分子范围时就可能聚集在一起，大大降低了溶质的溶解度。在生物样品的NMR研究中，为了保持生物体系的性质不受影响，通常以水（ H_2O ）作溶剂，仅仅加入5%～10%的重水（ D_2O ）用于NMR波谱仪的锁场和匀场。这些低溶解性样品的特性决定了其浓度很低，如在90%的水溶液中， H_2O 的 ^1H 浓度接近100mol/L，约为溶液中溶质分子浓度的10倍。如果直接进行NMR实验，接收器增益只能设置得很小以避免强的水信号过载，从而造成溶质信号太弱而不能被数字化，以致丢失很多有用的信息。所以，要想获得有意义的NMR谱，溶剂峰信号的抑制是一个要首先解决的问题。经过几十年的发展，在溶剂峰抑制方面已经积累了丰富的经验和实验方法。根据其原理，可以大致分为六类：预饱和法（presaturation）、选择性不激发法（selective non-excitation）、弛豫加权法（relaxation weighting）、脉冲梯度场法（pulse field gradient）、相干路径选择法和数据后处理法，其中基于溶剂峰的预饱和法是最简单也是应用最广泛的抑制方法之一（肖超妮，2004）。

一维液体核磁共振具有广泛的可应用性、快速、高分辨率和环境不敏感等优点，目前已应用于有机化合物、天然产物、生物大分子的研究，具体包括：①分子结构、构型和构象的测定；②化学、物理变化过程的跟踪；③分子间的相互作用及分子运动的研究；④混合物的快速成分分析等。然而，一维液体核磁共振依赖于合适溶剂的存在，不溶性或难溶性聚合物由于分辨率低，不适合液体NMR研究。

二、固体核磁共振技术

液体核磁共振要求被分析物能溶于某些特定的溶剂，如果无法溶解，则不能使用液体核磁共振；另一种情况，某些固体物质虽能溶于特定的溶剂，但溶解后其结构或性质发生变化，仍然不适合液体核磁共振分析。在这种背景下，固体核磁共振（solid state NMR，SS-NMR）技术的不断发展则为科学家们提供了很好的研究前景。目前，SS-NMR已被广泛应用于食品组分的分子结构解析和食品品质评价，以及功能特性分析。

SS-NMR的基本原理是核自旋与外磁场之间的塞曼相互作用。塞曼相互作用是特定于每个核同位素的，由于元素周期表中的大多数元素至少有一个核自旋为非零的同位素，SS-NMR原则上可以用来检测许多元素。在液体样品中，分子的快速运动将导致核磁共振谱线增宽的各种相互作用（如化学位移各向异性和偶极-偶极相互作用等）被平均掉，从而获得高分辨的液体核磁谱图；对于固态样品，分子的快速运动受到限制，化学位移各向异性等各种作用的存在使谱线增宽严重，因此固体核磁共振技术分辨率相对于液体的较低（唐晓敏，2021）。

为了提高固体核磁共振技术的分辨率，目前已经提出了交叉极化（cross polarization，CP）、魔角旋转（magic angle spinning，MAS）和高功率去耦（high-power decoupling，HPDEC）等方法以消除或削弱各向异性相互作用对谱线增宽现象的影响。交叉极化是SS-NMR最基础的双共振方法。该方法通过将天然丰度高的I核（简称丰核，如^{1}H）的磁化矢量转移到天然丰度较低的S核（简称稀核，如^{13}C、^{15}N和^{29}Si等）上，从而大大提高了稀核的检测灵敏度。魔角旋转是使固体样品绕与外磁场B_0呈54.7°角的轴进行快速旋转，从而达到消除或削弱固体样品中各向异性相互作用的方法，其中54.7°夹角即为魔角。MAS方法可以有效地窄化SS-NMR谱图的谱线，并且往往与其他方法（如交叉极化、高功率去耦等）结合使用，是SS-NMR中最基本和应用最广泛的技术之一。尽管MAS可以平均掉部分偶极-偶极相互作用，但并不能完全消除掉该作用引起的谱线增宽。通过高功率去耦技术（如连续波去耦、多脉冲去耦及双脉冲相位调制去耦技术等）结合MAS方法，就可以去除偶极耦合作用，从而进一步窄化谱线，提高SS-NMR的分辨率（唐晓敏，2021）。

三、二维核磁共振技术

在许多分子系统（如蛋白质和其他大分子）或多组分混合物（如生物液体）等复杂的化学体系中，1D NMR的图谱复杂度和信号重叠度较高，使核磁信号的归属变得十分困难。为解决这一问题，比利时科学家Jeener在1971年提出二维NMR（2D NMR）的概念。1976年，瑞士科学家Ernst在实验上实现了二维NMR，翻开了NMR技术发展的新篇章。二维NMR谱不仅大大减少了信号的重叠，而且能提供许多一维NMR谱无法提供的结构信息，如互相重叠的谱线中不同共振的精细裂分形态、不同谱线间的相互耦合关系、扩散系数等（邱雯绮，2017）。

与1D NMR谱相比，2D NMR谱有很多新的特点：①谱图清晰，易于谱图解析。2D NMR谱图中，化学取代基很容易鉴定，键的网络连接和键角很容易被推断，甚至溶液中的三维分子结构也能被直接测定。②2D NMR谱图包含的信息更丰富。生物大分子，如蛋白质及核酸，在1D NMR谱中难以辨认，在2D NMR谱中就可以得到丰富的空间信息。③2D NMR谱图能直观形象表达化学键耦合网络（高红昌，2006）。

2D NMR的采样需要4个步骤：预备期（excitation），演化期（evolution），混合期（mixing），检测期（acquisition）。在激发原子核之后加入另一个时间变量的演化期及混合期，反复采样且每次采样新时间变量等距变化，就可以获得传统2D NMR的FID信号。最后，对两个时间维度进行傅里叶变换就能够获得2D NMR谱。预备期是留给自旋系统恢复平衡状态的时间，在每次采样之后，自旋系统需要经过一段时间，才能恢复到能够被再次激发的状态。在一次扫描之内，通常预备期的时间最长。如果预备期太短，下一次激发时能被激发产生磁共振信号的原子核数量就会减少，造成图谱信噪比偏低。接下来的演化期与混合期是2D NMR的关键，正是在演化期和混合期对磁化矢量进行各种各样的技术处理而产生了不同的2D NMR实验。演化期的持续时间用t_1表示，本质特征是被激发的自旋系统的进动，用来标记要间接测量的核或相干。混合期由一组固定长度的脉冲和延迟组成，延迟时间是固定值，与t_1无关。混合期通过相干或极化转移建立测试条件。因此由于混合期发生的自旋核间的进动或相互作用使演化期存在的信息直接影响检测期信号的相位和幅值。检测期检测作为t_2函数的各种横向矢量的FID的变化。在二维谱中由演化期变量t_1傅里叶变换所得的维度称为间接维，或F_1维；由检测期变量t_2傅里叶变换获得的维度称为直接维，或F_2维（邱雯绮，2017）。

二维NMR是相干转移过程的表征。高分辨NMR谱中，有两种基本的自旋-自旋相互作用可用于相干转移：第一，通过键的标量自旋-自旋耦合（J耦合），它可以产生可观测的多重裂分，这种耦合只在被几个键分开的自旋核之间才会产生，因此对研究有机化合物结构和说明分子中原子间键的连接十分有用。标量耦合的大小对于单键和双键扭转角的改变很敏感，因此对分子的空间结构提供着重要信息。第二，两种自旋核通过空间进行的偶极-偶极耦合，这种耦合对溶液分子的原子核的弛豫起主要作用，在1D NMR谱中这种作用表现为谱线的增宽效应，这种耦合也会使空间相邻的核间产生相互弛豫，即交叉弛豫，这种分子内的交叉弛豫会产生核欧沃豪斯效应（nuclear Overhauser effect，NOE）。其大小依赖于可发生交叉弛豫的两个核之间的距离，因而可以测定分子在溶液中的原子的核间距。除了自旋-自旋耦合及偶极-偶极耦合以外，还有一种相互作用是通过交换过程所提供的相干转移实现的。交换相干转移不能在多自旋体系中发生，如果处在分子A或B中的同一个核具有不同的化学位移，则可能产生所谓的交换谱。二维NMR交换谱不仅可测定在平衡态的反应速率常数，而且可以测定在互变异构分子中的位置交换及机理。

二维NMR谱可以分为三类：J分辨谱、化学位移相关谱（COSY）、多量子谱。J分辨谱通过将化学位移和J耦合分离成两个不同的轴，提供了精确的耦合裂分关系，便于解析，可分为同核和异核二维两种J分辨谱。化学位移相关谱可以提供不同自旋核的共振信号之间的关系，包括同核化学位移相关谱、异核化学位移相关谱、核欧沃豪斯效应谱（NOESY）和化学交换谱等，这类图谱中的交叉峰代表自旋核之间的相互作用，且自旋核之间的相互耦合作用越强，信号峰越强。通常所测定的核磁共振谱线由单量子跃迁（$\Delta m=\pm1$）产生，而不满足$\Delta m=\pm1$的多量子跃迁在普通NMR中是禁阻的。多量子NMR技术通过检测禁阻跃迁来简化复杂的一维NMR和二维NMR谱图，已被广泛应用于多维高分辨NMR谱的谱图编辑和信号增强。

二维核磁共振波谱种类众多，不同的序列可以获得不同的信息，极大地方便了NMR在研究及生产生活中的应用。现在多维核磁共振已经成为分析蛋白质等复杂的天然生物成分不可或缺的重要手段。

四、点特异性天然同位素分馏核磁共振技术

在生命科学研究领域，重要的同位素有$^{13}C/^{12}C$、$^{18}O/^{16}O$、$^{2}H/^{1}H$、$^{15}N/^{14}N$和$^{34}S/^{32}S$，这些同位素的含量和分布受气候、吸收的营养物质中的同位素分布，以及涉及分子的代谢途径的影响。点特异性天然同位素分馏核磁共振（site-specific natural isotope fractionation by NMR，SNIF-NMR）可用来确定同位素在分子中的具体位置。由于混合后的产物与天然产物的比值不同，通过比较同位素的比值，就很容易知道不同来源的元素是否被混合。目前较常使用的是氢同位素和碳同位素核磁共振技术。通过检测特定位置中$^{2}H/^{1}H$、$^{13}C/^{12}C$比值的变化，就可判断是否有添加外源物质。例如，葡萄酒在发酵前添加外源糖或利用来源于不同产区的原料进行发酵，都会影响发酵后乙醇和水分子中的氢的分布。氢同位素会在以下4个位置重新分布：甲基位（CH_2DCH_2OH）、次甲基位（CH_3CHDOH）、羟基位（CH_3CH_2OD）和水分子（HOD），通过检测葡萄酒乙醇分子中甲基位和次甲基位点氢含量的变化，就可以鉴别出葡萄酒在发酵前是否外加糖，以及不同产区葡萄酒间的差异。SNIF-NMR技术最早由Martin等于20世纪80年代开始研究发展，主要通过分析乙醇中$^{2}H/^{1}H$的点特异性比值来对谷物酒和果酒进行鉴伪。该技术后来发展成为欧盟检测葡萄酒中是否添加外源糖进行发酵的官方检测方法（蔡莽劝等，2012）。

SNIF-NMR的仪器与普通高分辨率NMR实验的仪器没有太大区别。同位素探针必须在灵敏度、核磁共振信号的集成和内部参考的可用性方面适用于^{2}H核磁共振波谱，乙醇、乙酸、乳酸和香草醛都可以作为核磁共振的同位素探针。另外，SNIF-NMR分析必须使用氢以外的原子核锁场，以防止场漂移和信号变窄，^{19}F锁场是一种常见的选择。但是使用SNIF-NMR进行样品制备非常耗时，并且涉及从原材料到NMR样品的多个步骤，从而增加了误差（Ko et al.，2018）。

由于核磁共振波谱仪及其相关软件的进步，该项技术已经发展到可以用于测定$^{13}C/^{12}C$的点特异性比值。由于^{13}C核磁共振波谱仪可以同时检测有机物分子的多个碳的位置，使得SNIF-NMR技术的应用变得越来越广，尤其是在确定食品真实性方面。原则上，任何可以从食品基质中提取而不会引起同位素分馏并且数量足够、可以良好分辨的化合物都是SNIF-NMR的潜在目标。

五、低场核磁共振技术

高场核磁共振设备通常使用低温超导磁体产生高均匀度的磁场，体积庞大，需要放置在

专门的实验室中，制造、维护、使用费用高昂。随着时代的发展，出现了低场核磁共振（low-field NMR，LF-NMR）设备，并逐渐在众多领域中得到应用。LF-NMR设备大多使用永磁体，磁场强度一般低于0.5T，体积相对于核磁共振波谱仪和磁共振成像设备要小得多，而且通常不含梯度模块，所以价格相对很低。LF-NMR技术中最常用的三个参数是横向弛豫时间T_2、纵向弛豫时间T_1和扩散系数D，这三个参数与许多样品参数（流体黏度、结晶度、溶液中的离子浓度，以及高分子化合物链长等）有关。因此，可以通过获取核磁共振检测得到的T_2、T_1或D的分布信息来进行样品分析。

LF-NMR设备的硬件主要由磁体、射频探头、电子控制系统组成。永磁体的磁场强度主要受限于磁体材料，得益于稀土材料的发现和使用，现有磁体的生磁强度可达到2T左右。按照磁体结构不同，低场核磁共振弛豫分析仪中使用的永磁体主要分为双极板磁体、Halbach磁体和单边磁体。射频探头是LF-NMR设备的关键部件之一，它主要完成向静磁场中的样品发射脉冲电磁场以激发原子核的磁共振，以及检测核磁共振信号。电子控制系统是LF-NMR设备的核心部件，其主要作用是产生和精确控制射频脉冲、数字化核磁共振信号，以及实现与计算机的通信。LF-NMR设备的软件是整个仪器的灵魂，主要完成射频脉冲发射和信号检测的控制及信号分析与显示，包括两个部分：第一个是用在仪器的微处理器上的下位机部分，实现硬件相关的核心功能；第二个是用在计算机上的上位机部分，实现向仪器通信发送控制指令、从仪器上获取数据，以及分析、处理、显示等功能。

LF-NMR设备虽然难以达到高场设备那样的精度，但LF-NMR设备也能发挥高场设备不可替代的作用：①内部存在磁性物质的样品只能在低场下进行采样（如岩芯），如果在高场下进行采样，主磁场的均匀性将会受到磁性物质产生的内部磁场的影响，从而影响所采集信号的准确性，并且主磁场强度越高影响越严重；②分析样品内部不同相态水的分布，由于不同相态的水在高场环境下获得的^1H谱重叠于同一位置，难以对不同相态水的分布进行分析，所以要在低场环境下进行。此外，LF-NMR设备具有诸如易于小型化和工业集成等优点，并且近年来在农业、能源、林业、食品等领域中受到青睐，尤其在食品行业中LF-NMR的应用更加广泛。

六、磁共振成像技术

1973年，纽约州立大学石溪分校的Lauterbur发明了用线性梯度磁场进行空间编码的方法，首次从实验上得到NMR图像，并由此产生了核磁共振技术的另一个分支——磁共振成像（magnetic resonance imaging，MRI）。磁共振成像（MRI）是一种基于核磁共振的无创成像技术，旨在获得物体内部的图像，而无须切片或穿刺，可以观察组织的解剖结构、生理功能和分子组成。MRI是生物医学研究和临床诊断的热门技术，随着技术的不断进步，其在生物化学、食品科学等方面的研究应用也引起了人们的重视。

MRI系统主要由主磁体、梯度系统、射频系统、信号处理系统及主控计算机系统共同组成。通过记录线性磁场梯度对信号的影响，可以得到样品内宏观磁化强度的空间分布信息（即所有核磁矩的矢量总和）。在场梯度内的核自旋感知空间不同的磁场强度，因此以不同的拉莫尔频率进行进动。对时域信号进行傅里叶变换后，应用相应的脉冲序列，就会给出一个一维的样本形状投影，使用两个或三个场梯度可以记录二维和三维图像。用于食品研究的MRI系统配备了水平永磁体，标称磁场强度从1.0T到4.7T，孔径从16cm到40cm不等，成像梯度能够沿所有轴达到300mT/m。

在核磁共振原理的基础上，MRI进一步实现了对食物内部的视觉观察。因为大部分食品中都富含水、脂肪、碳水化合物和蛋白质等营养素；这些成分对人体营养至关重要，并且在加工、运输和贮藏过程中影响食品的内在特性。MRI不仅可以提供某些食品的化学成分和内部结构的信息，而且还允许监测食品在采摘、运输和贮藏过程中的内部成分和结构变化。因此，食品科学也可以从MRI最近的巨大发展中受益。

第三节　核磁共振技术在食品分析中的应用

一、食品真实性检测

从化学的角度来看，食品可以看作是由不同化合物组成的复杂基质，这些化合物通常是采摘、预处理、贮藏和售卖等过程中产生的生物原料，而食品中最终的组分受多种因素的影响，如产地、生产年份、品种及潜在的掺假，为了保证食品的真实性，必须在分子水平上对食品组分进行全面的表征。

核磁共振波谱可以提供复杂混合物中特定成分的详细信息，也简化了样品的制备，减少了分析所需的时间。由于具有许多其他技术无法提供的优点，NMR已成为食品质量控制和真实性评估的最有利技术之一。目前，NMR技术已广泛地应用于食品质量与安全领域。例如，饮料、水果、蔬菜、蜂蜜、油脂、香料、肉类、鱼和乳制品等。

在食品真实性问题上，食用油是研究最多的食品之一。Shi等（2019）将 ^{1}H NMR与PLS统计分析相结合用于确定七种植物油中角鲨烯和各种甾醇的浓度，结果表明，这些化合物在不同物种之间存在显著差异。Girelli等（2016）利用 ^{1}H NMR和化学计量学对特级初榨橄榄油的可追溯性进行了研究并获得了理想的结果。在另一项研究中， ^{1}H NMR光谱与化学计量学相结合对不同品种特级初榨橄榄油进行了分析（Özdemir et al., 2018）。Santos等（2018）采用 ^{1}H NMR技术对17种不同植物来源的食用油进行了表征，并测定了其总酚含量、抗氧化活性和抗菌活性。检测到的萜类、酚类、甘油三酯和醛类等次要化合物被发现是重要的品种生物标记物，酚类化合物被确定为重要的鉴别成分。Shi等（2018）使用 ^{1}H NMR和化学计量学方法检测了山茶油（CAO）中掺假3种不同廉价植物油［玉米油（CO）、葵花籽油（SO）和菜籽油（RO）］的情况，PCA图可以看出纯山茶油（CAO）和掺伪山茶油（CAO+CO、CAO+SO、CAO+RO）存在明显的差异（图4-4A），但对掺假油类型的识别精度不理想。作者进一步通过正交偏最小二乘判别分析（OPLS-DA）来识别不同类型的掺伪山茶油（图4-4B），并且对10个外部样品的预测结果也证实了该方法检测山茶油掺假的准确性和快速性。

二、食品组分分析

（一）食品成分的定量分析

在核磁共振分析中，通常使用内标进行定量。大多数食品相关的定量分析使用的是液体核磁共振，但高分辨率魔角旋转技术固体核磁共振也有潜力用于定量分析，其优点就是不需要添加任何溶剂萃取也不需要分离纯化等步骤，最大限度保留了样本的原始性质。在大多数涉及核磁共振的食品相关研究中，定量分析一般使用一维核磁共振波谱。这是因为一维的定

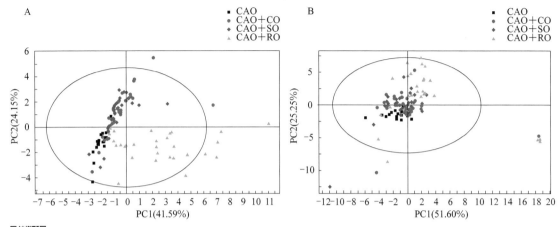

图4-4 纯山茶油与掺伪山茶油PCA得分图（A）和OPLS-DA得分图（B）

（引自Shi et al., 2018）

彩图

量核磁共振（qNMR）技术具有相对较短的测量时间、非破坏性的特性、简单的样品制备和可以同时测定混合物中多种分析物的可能性，目前一维定量核磁共振技术已广泛应用于食品、化学和农业等方面。qNMR已经被应用于定量特级初榨橄榄油（EVOO）样品中的总甾醇、游离甾醇和酯化甾醇（Hatzakis et al., 2010），以及醋中的主要有机成分（Caligiani et al., 2007）。

21世纪之前，二维核磁共振多用于化合物的鉴定，用于定量的研究很少。随着脉冲序列的发展和完善，核磁共振的信噪比提高，使得二维核磁共振为复杂食品混合物的定量分析提供了一种可靠的分析方法。Ackermann等（2017）通过2D ^{1}H-^{1}H J分辨核磁共振波谱测定了软饮料中的糖、有机酸、维生素和氨基酸，为软饮料中多种化合物的同时鉴定和定量提供了一种高效的分析方法。Çiçek等（2018）采用异核单量子相干谱（heteronuclear single quantum coherence spectroscopy，HSQC）定量方法测定二萜酸，结果比超高效液相色谱-蒸发光散射检测（ultra-high performance liquid chromatography-evaporative light-scattering detector，UHPLC-ELSD）定量方法具有更好的精度。

例如，HSQC实验的一个新版本叫作定量等碳HSQC（quantitative, equal carbon HSQC，QEC-HSQC），解决了碳的多重性导致 $^1J_{CH}$ 耦合和响应因子差异的相关问题，从而为二维核磁共振定量提供了一种快速而稳定的方法。基于超快二维核磁共振（ultrafast 2D NMR）和非均匀采样的成分分析应用也可能是非常有前途的工具。已有研究表明，ultrafast 2D NMR可以用于番茄提取物中几种代谢物的绝对定量（Jézéquel et al., 2015）。尽管这些新的核磁共振方法需要进行大量的实验来进一步验证，但是这些新方法对于样本多的高通量定量分析是非常有前途的工具。其他更复杂的方法，如用于啤酒分析的弛豫编码NMR（Dal Poggetto et al., 2017）和用于蜂蜜中碳水化合物检测和定量的化学位移选择过滤全相关谱（chemical-shift-selective filtration with total correlation spectroscopy，CSSF-TOCSY）（Schievano et al., 2017）。目前，这些方法的广泛应用存在一定的难度，如需要严格的实验操作、仪器参数设置和专业的核磁共振知识等。然而，对于核磁共振仪供应商来说，将这些新的方法整合到他们的仪器和脉冲序列库中是可行的，从而为仪器使用提供一个更友好的用户环境。另外，没有完美的分析技术，未来发展需要核磁共振与其他方法相结合。所有这些qNMR策略为食品的自动化和高通量定量分析开辟了广阔的前景，未来的发展必将得益于qNMR的改进并达到更高的分析性能。

（二）食品组分和理化性质的分析

高分辨液体NMR（HR-NMR）波谱广泛地应用在食品组分分析中的主要原因是其所获得的NMR波谱分辨率高。相比于其他NMR的方法，由于强烈的磁场和信号，使得液体NMR（liquid-state NMR，LS-NMR）具有出色的分辨率和灵敏度，因此LS-NMR技术具有快速定性和定量特性。由于其高灵敏度、较短的弛豫时间（T_1），以及常见食品成分的^{1}H NMR波谱能提供的大量结构信息，如化学位移、J耦合和信号区域，使^{1}H成为大多数食品相关应用的首选原子核。然而，与其他分析技术（如色谱和质谱）相比，LS-NMR的灵敏度仍然较低，并且检测限在μmol/L范围内，因此LS-NMR也只能分析食品中部分的分子。另外，即使在高分辨液体核磁共振分析中，^{1}H NMR波谱也经常出现低分辨率和峰重叠等问题，造成这种问题的原因是大多数食品通常是数百种有机化合物构成的复杂混合物。所以，核磁共振方法的选择主要取决于食品的化学和物理性质。对于液体食品，如果汁、葡萄酒和油，选择的方法通常是液体高分辨率的一维和二维核磁共振波谱。一维NMR波谱一般包括氢谱、碳谱、磷谱等；而二维NMR波谱包括总相关谱（TOCSY）、异核多键相关谱（HMBC，如^{13}C/^{1}H或^{15}N/^{1}H）和J分辨谱等。如果将液体核磁共振技术应用于固体或半固体食品，将产生非常宽的谱线，从中提取结构信息可能非常困难。因此，固体类食品需要使用固体核磁共振技术来获得解析波谱，通常结合交叉极化（CP）和魔角旋转（MAS）两种技术。CP-MAS可以较好地提高^{13}C检测灵敏度，并可较好地去除化学位移各向异性对谱线加宽的影响，提高谱图的分辨率。近年来，对于固体和异质食品，MRI也是最流行的方法之一。在这种技术中，核磁共振信号的频率依赖于位置，因此，将来自样品不同部分的信息放在一起就可以得到2D或3D表示。这种图像的对比度可能是由于自旋密度（与浓度有关）、弛豫时间或扩散系数的变化造成的。

1. 水分　水分影响食品质量主要体现在质地、微生物安全性、营养状况和消化率等方面。核磁共振已经成功用于探测食物中的水活度和水的迁移率，在NMR实验中，水弛豫时间提供了关于水的分布和流动性方面的信息。

在酪蛋白溶液、马铃薯和小麦淀粉悬浮液及明胶等不同体系中，已经测量了不同程度的"水结合"溶质或生物聚合物分子。食品成分如酪蛋白、谷蛋白、支链淀粉、蛋白质-糖混合物、多糖-糖混合物中的玻璃化转变强烈地依赖于水分活性/含量，并对产品质量产生重要影响。在宏观角度上，不同类型组织中的水具有不同的弛豫特性和扩散系数，这是由细胞的不同类型和大小造成的。水分布在不同的亚细胞结构间，如液泡、淀粉粒和细胞质，并且每个亚细胞结构又具有一定的水弛豫时间分布的特点。因此，核磁共振测量可以提供关于细胞形态和细胞膜水渗透性的信息。

2. 蛋白质　液体和固体核磁共振技术在阐明乳蛋白、酪蛋白和α-乳清蛋白等食品蛋白质的结构方面具有重要的价值。液体核磁共振方法广泛应用于分子量较小的蛋白质，如α-乳清蛋白，而种子的贮藏蛋白通常具有较高的分子量和较高的异质性，往往是不溶性的，遇到这种情况，使得液体核磁共振技术无法开展。因此，^{1}H和^{13}C固体核磁共振方法在小麦、大麦、玉米和高粱等大型谷类蛋白质的结构和行为表征方面具有重要的应用价值。这些蛋白质具有重要的功能和营养特性，需要在分子水平上进行解析。

3. 多糖　高分辨液体核磁共振是分析溶液中碳水化合物的一种强有力的技术，CP-MAS和相关的固体核磁共振技术也已被应用于固体多糖、凝胶和异质样品中。在溶液中，核磁共振不仅可以提供整体成分和详细构象结构的测量信息，而且还能提供关于酯化程度、取代度和取代类型、残基序列、平均块长度的信息。

核磁共振作为食品组分分析的宝贵工具，不仅是因为它可以获得分子几何构型、分子中原子间的成键情况及相互作用等重要结构信息，而且它还能对化合物进行定量分析。因此，它被广泛地运用在食品组分研究领域，包括脂类、碳水化合物、氨基酸、醇类、有机酸、多酚、维生素、萜烯、磷脂、着色剂和污染物等组分。对于食品组分的结构表征，通常需要应用二维核磁共振技术，通常情况下，明确的核磁共振赋值只能通过二维核磁共振分析得到，因为分子构象、化学位移和邻近 J 耦合都受到食品组分的影响。

由于氢质子核的灵敏度较高，核磁共振氢谱也广泛地应用在定量分析中。但是，由于 ^{1}H NMR 谱宽短，且存在标量耦合，导致谱线重叠，^{13}C NMR 因具有较高的分辨率而成为一种非常有吸引力的食品分析方法。当使用宽频带观察核磁共振探针时，^{13}C NMR 分析非常有效，因为探针对观察杂核（如 ^{13}C）进行了优化。然而，^{13}C NMR 并不适用于测定食品中低浓度微量化合物。微量化合物的测定也是 ^{1}H NMR 面临的一个比较棘手的问题，因为它们的信号容易与主要化合物的信号重叠。在此背景下，衍生出核磁共振与色谱或其他分离技术的结合，如固相萃取，这样在一定程度上能减少信号重叠。另外一种很有前途的方法是 ^{31}P NMR，它可以作为 ^{1}H 和 ^{13}C NMR 的补充方法。由于磷核的磁性，^{31}P NMR 具有较高的分辨率和灵敏度。除磷脂外，大多数化合物的结构中不含磷，然而，磷可以很容易地通过磷酸化反应添加，其中含有不稳定质子的化合物与磷酸化剂反应，可以通过它们的信号来确定磷酸化产物。氟核也利用了类似的方法，常使用 4-氟苯甲酰氯当作衍生化试剂。

三、食品品质控制

核磁共振波谱作为一种无损、可靠和重复性高的技术，且不需要分离和纯化等步骤，使得它可以在分子水平上快速分析食品中的各类化合物，使其成为食品品质控制的理想方法。典型的食品包括鱼、饮料、肉制品、乳制品和油料等（图4-5）。

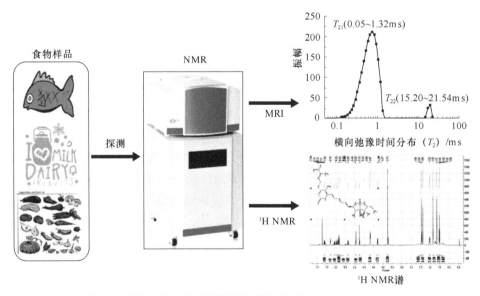

图4-5　核磁共振食品质量评价示意图（引自 Tian et al.，2019）

1. 初榨橄榄油　　初榨橄榄油（VOO）在地中海沿岸的国家已经有数千年的生产历史，其质量与其地理来源和加工方法有关。在具体的生产区域和生产方式上，欧盟对VOO标签有非常严格的规定。由于VOO的市场价格较高，尽管已经开发了几种基于地理来源的VOO掺假检测方法，但误标原产地和掺假行为等质量问题还是经常发生。核磁共振指纹图谱是一种有效的VOO认证方法。已有研究人员利用[1]H、[13]C或[31]P NMR对VOO中非皂化部分及VOO极性部分中的酚类化合物进行了分析（Alonso-Salces et al.，2010；Christophoridou et al.，2005）。

2. 鱼　　Pitombo等（2003）在−70～60℃条件下利用脉冲[1]H NMR技术测定了Carr-Purcell-Meiboom-Gill（CPMG）脉冲序列实验中马鲛鱼鱼片和冻干鱼片的弛豫时间（T_2）。这项工作旨在确定马鲛鱼暴露在不同温度、湿度和水活度的环境条件下的不同流动性的水剖面分布图。研究结果表明，核磁共振技术是一种能较好地了解复杂生物系统中水分布的工具。CPMG脉冲序列实验结果如图4-6所示，代表了马鲛鱼在35℃（T_2谱）下的整个水迁移范围。有三组不同的水质子，它们的弛豫时间不同。水分子根据水分子与食物大分子之间形成的氢键的自由能而表现出不同的移动能力。在高分子表面形成的单层水合作用被称为具有极低迁移率的"结合水"（Pitombo et al.，2003）。

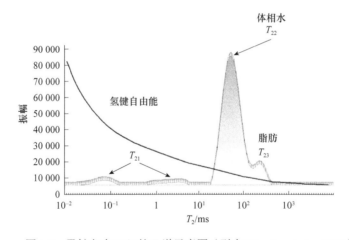

图4-6　马鲛鱼在35℃的T_2谱示意图（引自Pitombo et al.，2003）

3. 饮料　　核磁共振技术在食品质量中的应用也延伸到饮料领域。利用[1]H NMR对绿茶进行产地鉴别和质量鉴别具有一定的应用价值（Le Gall et al.，2004）。^{1}H NMR能够同时检测儿茶素、氨基酸、有机酸、酚类和脂肪酸，以及绿茶提取物中的糖，同时还检测了与茶叶品质相关的儿茶素、咖啡因、5-没食子酸、2-O-（α-L-阿拉伯吡喃糖基）-肌醇。

^{1}H NMR和傅里叶变换红外衰减全反射的协同作用可以分离出不同乙醇含量的啤酒，为不同类型的啤酒发酵的快速鉴别提供了理论依据，这是啤酒生产的一个关键方面。有机酸在啤酒中起着重要的作用，不仅影响啤酒的风味、色泽和香气，而且是衡量啤酒发酵性能的良好指标。Rodrigues等（2010）使用[1]H NMR从啤酒中鉴定出六种有机酸：乙酸、柠檬酸、乳酸、苹果酸、丙酮酸和琥珀酸，并建立了偏最小二乘法-核磁共振法对啤酒中有机酸的定量分析方法，为检验啤酒产品的质量和测定储存年份提供了新的快速检测方法。

4. 葡萄酒　　由于降解葡萄酒中主要含有质子的成分是水、乙醇和乙酸，因此由[1]H NMR

谱测定的峰强度应该能够确定葡萄酒的变质程度（Weekley et al., 2003）。研究人员通过测量乙酸含量及复合糖、酚和微量元素的水平来研究瓶装葡萄酒的腐败程度。

在某些情况下，溶解的可卡因被装在瓶装葡萄酒中走私。Gambarota等（2011）通过临床核磁共振扫描仪检测未开封的瓶子中溶解的可卡因。此技术可以达到在1min内测量5mmol/L（1.5g/L）的水平。由于这项技术具有无损、快速等优点，因此能广泛地应用到可疑货物的检测当中。

5. 水果和蔬菜　　通过量化某些NMR参数（即T_1、T_2和扩散系数），以获得样品中的信息，如冰的结晶和水的流动性，使用NMR方法来确定成分和评价质量在各种水果和蔬菜中得到了广泛的应用。例如，利用MRI对在4℃和95%相对湿度下分别贮藏2个月和8个月的5个马铃薯品种进行检测。结果表明，MRI技术在预测马铃薯质地相关的感官属性方面具有很大的潜力（Thybo et al., 2004）。此外，在Mortensen等（2005）的一项研究中，用脉冲核磁共振分析仪测量了干物质（DM）的含量，并分析DM在水分流动中发挥的作用，研究了马铃薯在烹饪过程中的水分特性。这些研究不仅证明了MRI对加工过程中马铃薯水分结构和最终质地变化的敏感性，也为开发用于预测其他水果和蔬菜感官质地特性的NMR方法提供了科学依据。

6. 肉类　　基于^{1}H NMR的代谢组学技术已经被广泛用于肉类质量相关指标的评估。Kodani等（2017）对日本黑牛肉中极性和非极性提取物进行了分析，发现了黑牛肉中与老化过程的品质指标相关的重要生物标志物。Graham等（2010）通过^{1}H NMR结合化学计量学，分析了不同贮藏期的牛肉样品。其中，12种氨基酸含量随贮藏时间的增长而增加，贮藏3d样品的氨基酸含量明显低于21d样品。在Liu等（2013）的一项研究中，^{1}H NMR与多变量统计分析相结合，以评估鸭龄是否对新陈代谢存在影响。该研究从鸭肉提取物中获得了具有代表性的^{1}H NMR谱，并对代谢物的NMR谱进行了分析与鉴定。结果表明，鸭龄为500d的鸭肉中丙氨酸、甜菜碱水平较低，丝氨酸水平较高，随后采用OPLS-DA进一步验证了观察到的代谢差异。Xiao等（2019）利用核磁共振和化学计量学对不同年龄中国武定鸡肉进行表征和评价，研究表明不同年龄鸡肉中代谢物存在明显差异。Siciliano等（2013）利用^{1}H NMR研究了意大利两种典型的地中海"原产地保护"（protected designation of origin，PDO）腊肠在成熟过程中的脂肪酸分布。脂质提取物含有饱和、多不饱和和单不饱和脂肪，因其对营养的影响和对关键感官属性的贡献而备受关注。常见的脂肪酸链，尤其是亚油酸和亚油酸烯基，可以对这两种腊肠进行量化。这种分析方法还可以量化存在的总饱和脂肪酸链含量。在另一项研究中，Zhang等（2018）用^{1}H NMR谱评估了5种不同品种的干腌火腿。利用甲醇溶剂从火腿样品中提取代谢物，使用1D NOESY序列建立总体代谢谱，并通过对选定样本进行2D NMR谱（COSY、TOCSY、^{1}H-^{13}C HSQC和^{1}H-^{13}C HMBC）测定，鉴定出33种不同的代谢物，其中谷氨酸、赖氨酸、丙氨酸、亮氨酸和乳酸是与风味贡献相关的关键代谢物。研究表明，风味在很大程度上是受样品中不同代谢物的共同影响，而不是单一代谢物的作用。Straadt等（2014）利用^{1}H NMR的代谢组学分析了5种不同的杂交猪的肉提取物，确定代谢物与感官数据之间的联系，共鉴定出16个代谢物，包括7个氨基酸。使用皮尔逊相关性分析代谢物和肉类感官之间的关系，发现氨基酸、肌肽主要与感官效应有关，观察到与氨基酸和感官前体有关的样品之间存在差异。

尽管有上述的应用，但高分辨率核磁共振在食品加工中的工业应用非常有限，特别是在加工过程中对质量实时控制方面。该技术主要应用在实验室，很难纳入标准的食品加工流水线。其中一个原因是获取高分辨率的核磁共振图谱对磁场均匀性和外部磁场强度有很高的要求，这就会导致仪器的成本增加和获取实验数据所需的时间延长。考虑到大多数食品生产过程的快节奏特点，高分辨率核磁共振技术不适合这些类型的应用。另一个原因是其工作环境需要无磁性材料的条件，这在工业环境中很难实现。

思　考　题

1. 简述核磁共振波谱技术的原理、常用技术类型及其优点。
2. 列出核磁共振在食品分析中的一般应用类型，并举例说明。
3. 解释 J 耦合与核欧沃豪斯效应。
4. 什么是化学位移，影响化学位移的因素有哪些？
5. 什么是CPMG脉冲序列，其作用是什么？
6. 解释纵向弛豫和横向弛豫。
7. 在核磁共振实验中，为什么通常选用四甲基硅烷（TMS）作为内标？

参 考 文 献

蔡莽劲, 黄立新, 王小康. 2012. IRMS 和 SNIF-NMR 技术在食品检测中的应用及展望. 标准科学, 2012 (2): 66-70.

高红昌. 2006. 液体高分辨核磁共振波谱在表面活性剂化学和神经化学研究中的应用. 武汉: 中国科学院大学博士学位论文.

黄东雨, 黄雪莲, 卢雪华, 等. 2010. 核磁共振技术在食品工业中的应用. 食品研究与开发, 31 (11): 220-223.

刘娟, 陈志文, 廖苏, 等. 2020. 核磁共振波谱基本原理教学设计. 广东化工, 47 (422): 222-225.

刘约权. 2015. 现代仪器分析. 3 版. 北京: 高等教育出版社.

邱雯绮. 2017. 高分辨核磁共振谱学新方法的研究. 厦门: 厦门大学硕士学位论文.

唐晓敏. 2021. 分子筛骨架铝原子分布的理论模拟和固体核磁研究. 武汉: 中国科学院大学博士学位论文.

肖超妮. 2004. 液体核磁共振溶剂峰抑制方法的研究. 西安: 西北大学硕士学位论文.

Ackermann S M, Dolsophon K, Monakhova Y B, et al. 2017. Automated multicomponent analysis of soft drinks using 1D ^{1}H and 2D ^{1}H-^{1}H J-resolved NMR spectroscopy. Food Analytical Methods, 10 (3): 827-836.

Aggarwal P, Kumari P, Bhavesh N S. 2022. Advances in liquid-state NMR spectroscopy to study the structure, function, and dynamics of biomacromolecules//Timir T, Vikash D. Advances in Protein Molecular and Structural Biology Methods. London: Academic Press: 237-266.

Alonso-Salces R M, Héberger K, Holland M V, et al. 2010. Multivariate analysis of NMR fingerprint of the unsaponifiable fraction of virgin olive oils for authentication purposes. Food Chemistry, 118 (4): 956-965.

Bradley L, Reuhs S. 2017. Nuclear magnetic resonance//Nielsen S S. Food Analysis. 5th ed. Cham: Springer International Publishing: 151-163.

Caligiani A, Acquotti D, Palla G, et al. 2007. Identification and quantification of the main organic components of vinegars by high resolution ^{1}H NMR spectroscopy. Analytica Chimica Acta, 585 (1): 110-119.

Christophoridou S, Dais P, Tseng L H, et al. 2005. Separation and identification of phenolic compounds in olive oil by coupling high-performance liquid chromatography with postcolumn solid-phase extraction to nuclear magnetic resonance spectroscopy (LC-SPE-NMR). Journal of Agricultural and Food Chemistry, 53 (12): 4667-4679.

Çiçek S S, Barbosa A L P, Girreser U. 2018. Quantification of diterpene acids in Copaiba oleoresin by UHPLC-ELSD and heteronuclear two-dimensional qNMR. Journal of Pharmaceutical and Biomedical Analysis, 160: 126-134.

Dal Poggetto G, Castañar L, Adams R W, et al. 2017. Relaxation-encoded NMR experiments for mixture analysis: REST and beer. Chem Commun (Camb), 53 (54): 7461-7464.

Gambarota G, Perazzolo C, Leimgruber A, et al. 2011. Non-invasive detection of cocaine dissolved in wine bottles by ^{1}H magnetic resonance spectroscopy. Drug Testing and Analysis, 3 (9): 544-547.

Girelli C R, Del Coco L, Fanizzi F P. 2016. ^{1}H NMR spectroscopy and multivariate analysis as possible tool to assess cultivars, from specific geographical areas, in EVOOs. European Journal of Lipid Science and Technology, 118 (9): 1380-1388.

Graham S F, Kennedy T, Chevallier O, et al. 2010. The application of NMR to study changes in polar metabolite concentrations in beef longissimus dorsi stored for different periods post mortem. Metabolomics, 6 (3): 395-404.

Hatzakis E. 2019. Nuclear magnetic resonance (NMR) spectroscopy in food science: a comprehensive review. Compr Rev Food Sci Food Saf, 18 (1): 189-220.

Hatzakis E, Dagounakis G, Agiomyrgianaki A, et al. 2010. A facile NMR method for the quantification of total, free and esterified sterols in virgin olive oil. Food Chemistry, 122 (1): 346-352.

Janovick J, Spyros A, Dais P, et al. 2020. Nuclear magnetic resonance//Pico Y. Chemical Analysis of Food. 2nd ed. London: Academic Press: 135-175.

Jézéquel T, Deborde C, Maucourt M, et al. 2015. Absolute quantification of metabolites in tomato fruit extracts by fast 2D NMR. Metabolomics: Official Journal of the Metabolomic Society, 11 (5): 1231-1242.

Ko W C, Hsieh C W. 2018. Isotopic-spectroscopic technique: site-specific nuclear isotopic fractionation studied by nuclear magnetic resonance (SNIF-NMR)//Sun D W. Modern Techniques for Food Authentication. 2nd ed. Lndon: Academic Press: 321-347.

Kodani Y, Miyakawa T, Komatsu T, et al. 2017. NMR-based metabolomics for simultaneously evaluating multiple determinants of primary beef quality in Japanese Black cattle. Scientific Reports, 7 (1): 1297.

Le Gall G, Colquhoun I J, Defernez M. 2004. Metabolite profiling using ^{1}H NMR spectroscopy for quality assessment of green tea, *Camellia sinensis* (L.). Journal of Agricultural and Food Chemistry, 52 (4): 692-700.

Liu C, Pan D, Ye Y, et al. 2013. (1) H NMR and multivariate data analysis of the relationship between the age and quality of duck meat. Food Chemistry, 141 (2): 1281-1286.

Mortensen M, Thybo A K, Bertram H C, et al. 2005. Cooking effects on water distribution in potatoes using nuclear magnetic resonance relaxation. Journal of Agricultural and Food Chemistry, 53 (15): 5976-5981.

Özdemir İ S, Dağ Ç, Makuc D, et al. 2018.Characterisation of the Turkish and Slovenian extra virgin olive oils by chemometric analysis of the presaturation ^{1}H NMR spectra. LWT, 92: 10-15.

Petrakis E A, Cagliani L R, Tarantilis P A, et al. 2017. Sudan dyes in adulterated saffron (*Crocus sativus* L.): identification and quantification by 1H NMR. Food Chemistry, 217: 418-424.

Pitombo R N M , Lima G A M R. 2003. Nuclear magnetic resonance and water activity in measuring the water mobility in Pintado (*Pseudoplatystoma corruscans*) fish. Journal of Food Engineering, 58 (1): 59-66.

Rodrigues J E A, Erny G L, Barros A S, et al. 2010. Quantification of organic acids in beer by nuclear magnetic resonance (NMR) -based methods. Analytica Chimica Acta, 674 (2): 166-175.

Santos J S, Escher G B, da Silva Pereira J M, et al. 2018. ^{1}H NMR combined with chemometrics tools for rapid characterization of edible oils and their biological properties. Industrial Crops and Products, 116: 191-200.

Schievano E, Tonoli M, Rastrelli F. 2017. NMR quantification of carbohydrates in complex mixtures. A challenge on honey. Anal Chem, 89 (24): 13405-13414.

Shi T, Zhu M T, Chen Y, et al. 2018. ^{1}H NMR combined with chemometrics for the rapid detection of adulteration in camellia oils. Food Chemistry, 242: 308-315.

Shi T, Zhu M, Zhou X, et al. 2019. ^{1}H NMR combined with PLS for the rapid determination of squalene and sterols in vegetable oils. Food Chemistry, 287: 46-54.

Siciliano C, Belsito E, De Marco R, et al. 2013. Quantitative determination of fatty acid chain composition in pork meat products by high resolution ^{1}H NMR spectroscopy. Food Chemistry, 136 (2): 546-554.

Straadt I K, Aaslyng M D, Bertram H C. 2014. An NMR-based metabolomics study of pork from different crossbreeds and relation to sensory perception. Meat Science, 96 (2 Part A): 719-728.

Thybo A K, Szczypiński P M, et al. 2004. Prediction of sensory texture quality attributes of cooked potatoes by NMR-imaging (MRI) of raw potatoes in combination with different image analysis methods. Journal of Food Engineering, 61 (1): 91-100.

Tian Y, He Q, Chen X, et al. 2019. Nuclear magnetic resonance spectroscopy for food quality evaluation//Jian Z, Wang X. Evaluation Technologies for Food Quality. Duxford: Woodhead Publishing: 193-217.

Weekley A J, Bruins P, Sisto M, et al. 2003. Using NMR to study full intact wine bottles. Journal of Magnetic Resonance, 161 (1): 91-98.

Xiao Z, Ge C, Zhou G, et al. 2019. (1) H NMR-based metabolic characterization of Chinese Wuding chicken meat. Food Chemistry, 274: 574-582.

Zhang J, Ye Y, Sun Y, et al. 2018. (1) H NMR and multivariate data analysis of the differences of metabolites in five types of dry-cured hams. Food Research International, 113: 140-148.

第五章　生物检测新技术

近年来，涌现出许多的生物检测新技术，而生物检测技术是现代食品检测中不可缺少的重要技术。通过使用现代化的生物检测技术，能够提升食品检验的效率与质量，本章将列举部分生物检测新技术并进行详细讲解。

本章思维导图

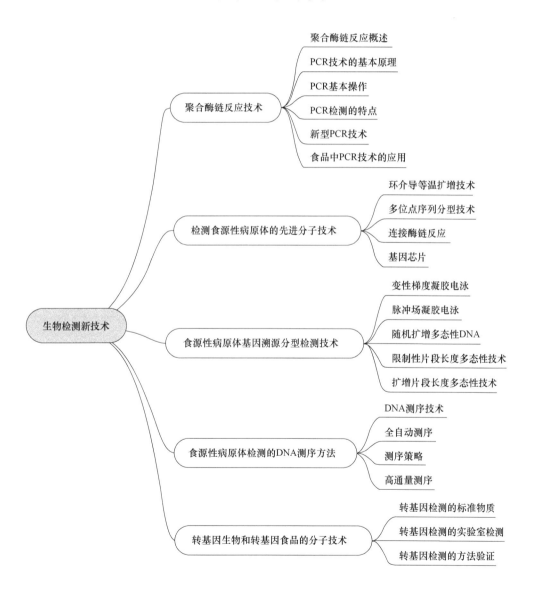

第一节 聚合酶链反应技术

一、聚合酶链反应概述

聚合酶链反应（polymerase chain reaction，PCR）是体外扩增DNA序列的技术。它与分子克隆和DNA序列分析方法几乎构成了整个现代分子生物学实验的工作基础。在这三种实验技术中，PCR方法在理论上出现最早，也是目前在实践中应用得最广泛的。PCR技术的发明是分子生物学的一项革命，极大地推动了分子生物学及生物技术产业的发展。

二、PCR技术的基本原理

PCR的基本原理是以母链DNA分子为模板，以一对分别与两条模板链互补的寡核苷酸片段为引物，通过变性、退火、延伸等步骤，在DNA聚合酶的催化下，按照半保留复制的机制沿着模板链延伸直至完成新的DNA合成。不断重复这一过程，可使目的DNA片段得到扩增。因为新合成的DNA也可以作为模板，因而PCR可使DNA的合成量呈指数增长（图5-1）。

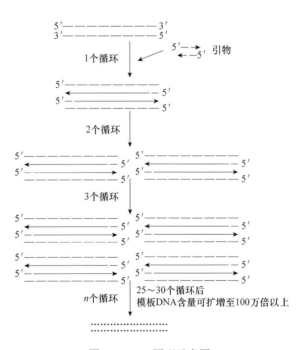

图5-1　PCR原理示意图

三、PCR基本操作

PCR是一种级联的反复循环的DNA合成反应过程，PCR的基本反应由变性、退火和延伸三个步骤组成。三步为一个循环，新合成的DNA分子又可以作为下一轮合成的模板，经多次循环后即可达到扩增DNA片段的目的。

（一）模板DNA的变性

DNA双链之间以氢键连接，氢键是一种次级键，能量较低，易受破坏，在某些理化因素作用下，核酸双螺旋碱基对的氢键断裂，双链变成单链，从而使核酸的天然构象和性质发生改变。变性时维持双螺旋稳定性的氢键断裂，碱基间的堆积力遭到破坏，但不涉及其一级结构的改变。凡能破坏双螺旋稳定性的因素，如加热、极端的pH、有机试剂（甲醇、乙醇、尿素及甲酰胺）等，均可引起核酸分子变性。模板DNA经加热至94℃左右一定时间后，模板DNA双链或经PCR扩增形成的双链DNA解离，成为单链，以便与引物结合，为下轮反应做准备。DNA的变性从开始到解链完全，是在一个相当窄的温度范围内完成的，在这一范围内，紫外光吸收值增加到最大增加值50%时的温度叫作DNA的解链温度（melting temperature，T_m）。

（二）模板DNA与引物的退火（复性）

只要消除变性条件，变性的两条互补链还可以重新结合，恢复原来的双螺旋结构，这一过程称为退火。在DNA热变性后，将温度缓慢降低而使DNA逐渐冷却，并维持在低于T_m值的一定范围内，变性后的单链DNA即可恢复双螺旋结构，因此退火过程又叫作复性。复性后的DNA，其理化性质都能得到恢复。倘若DNA热变性后快速冷却，则不能复性。

PCR反应体系的退火其实是模板与引物的复性。引物是与DNA模板某段序列互补的一小段DNA片段，是人们根据目标DNA序列人工合成的两段寡核苷酸序列，一个引物与目标DNA序列一端的一条DNA模板链互补，另一个引物与目标DNA序列另一端的另一条DNA模板链互补。虽然退火温度可以通过理论计算出来，但没有一个公式适用于所有长度和不同序列的寡核苷酸引物。一般来说，退火通常在比理论计算的引物和模板的裂解温度低3～5℃的条件下进行。

（三）引物的延伸

延伸是指模板DNA和引物结合物在DNA聚合酶，如 *Taq* DNA聚合酶的作用下，于72℃左右，以脱氧核苷三磷酸（dNTP，包括dATP、dTTP、dCTP、dGTP）为反应原料，靶序列为模板，按碱基配对与半保留复制原理，合成一条新的与模板DNA链互补的"半保留复制链"的过程。重复循环就可获得更多的"半保留复制链"，而且这种新链又可成为下次循环的模板。

（四）循环数目

PCR扩增所需的循环数取决于反应体系中起始的模板拷贝数及引物延伸和扩增的效率。一旦PCR反应进入指数扩增期，反应会一直进行下去，直至某一成分成为限制因素。对于 *Taq* DNA聚合酶来说，在一个含有10^3个拷贝的靶序列反应体系中进行30个循环后就能达到上述的理想情况。

四、PCR检测的特点

（一）特异性强

PCR的特异性决定因素：①引物与模板DNA的正确结合；②碱基配对原则；③DNA聚

合酶合成反应的忠实性；④靶基因的特异性与保守性。其中引物与模板的正确结合是关键，它取决于所设计引物的特异性及退火温度。在引物确定的条件下，PCR退火温度越高，扩增的特异性越好。由于DNA聚合酶的耐高温性质，使反应中引物能在较高的温度下与模板退火，从而大大增加PCR的特异性。

（二）灵敏度高

从PCR的原理可知，PCR产物的生成是以指数方式增加的，即使按75%的扩增效率计算，单拷贝基因经25个循环后，其基因拷贝数也在10^6倍以上，即可将微量的DNA扩增到紫外光下可见的水平。

（三）简便快速

现已有多种类型的PCR自动扩增仪，只需把反应体系按一定比例混合，置于仪器上，反应便会按所输入的程序进行，整个PCR反应在数小时内就可完成。扩增产物的检测也比较简单，可用电泳分析，不用同位素，无放射性污染且易推广。

（四）对样本的纯度要求低

不需要分离病毒或细菌及培养细胞，DNA粗制品及总RNA均可作为扩增模板。可直接用各种生物样本，如血液、细胞、活组织等粗制的DNA样本进行扩增检测。

五、新型PCR技术

（一）巢式PCR

巢式PCR（nested PCR）是一种PCR改良模式，利用两套引物对，包含两轮PCR扩增，首先对靶DNA进行第一轮扩增，然后从第一轮反应产物中取出少量作为反应模板进行第二轮扩增，第二轮PCR引物与第一轮反应产物的序列互补，第二轮PCR扩增的产物即为目的产物。使用巢式引物进行连续多轮扩增可以提高特异性和灵敏度。第一轮是15～30个循环的标准扩增，将一小部分起始扩增产物稀释100～1000倍（或不稀释）加入第二轮扩增中进行15～30个循环。或者，也可以通过凝胶纯化对起始扩增产物的大小进行选择。两套引物的使用降低了扩增多个靶位点的可能性，因为同两套引物都互补的靶序列很少，而使用同样的引物对进行总数相同的循环（30～40）会扩增非特异性靶位点。巢式PCR可以增加有限量靶序列（如稀有mRNA）的灵敏度，并且提高了一些有难度的PCR（如cDNA末端快速扩增法）的特异性（赵杰文等，2008）。

（二）多重PCR

普通PCR由一对引物扩增，只产生一种特异的DNA片段。许多情况下，欲检测的基因十分庞大，可达上百万个碱基对，这些基因常常多处发生突变或缺失，而且这些改变相距数万至数十万个碱基对，超过PCR扩增DNA片段的长度。欲检测整个基因的异常改变，采用一般PCR需分段进行多次扩增，费时费力，采用多重PCR（multiplex PCR）则可克服上述问题。多重PCR就是首先设计并合成位于多个缺失好发区域两侧的引物，每对引物之间核苷酸长度尽量不同，以使扩增后电泳分析时有各自的条带位置，然后将多对引物加入反应体系，进行常规PCR扩增，30~40个循环后，对PCR产物进行电泳检测。如果基因某一区段缺失，则相应的电泳图谱上此区段PCR扩增产物长度变短或片段消失，从而发现基因异常。多重PCR具有灵敏、快速的特点，特别适用于检测单拷贝基因缺失、重排、插入等异常改变，其结果与DNA印迹法结果同样可靠，且多重PCR尚可检测小片段缺失。

引物的设计及各对引物浓度的确定，对多重PCR的成功尤为重要，各个引物的3′端要避免互补，引物长度比一般PCR反应引物稍长，以22~30bp为宜。引物的浓度需根据具体实验确定，加入10%二甲基亚砜（DMSO）可提高反应的灵敏度。

（三）实时荧光定量PCR

1996年，实时荧光定量PCR（real time fluorogenic quantitative PCR）技术由美国Applied Biosystems公司首先推出。所谓实时荧光定量PCR是指在PCR指数扩增期间通过连续监测荧光信号出现的先后顺序及信号强弱的变化来即时分析目的基因的拷贝数目，通过与加入已知量的标准品进行比较，可实现实时定量。实时荧光定量PCR技术较之于以前的以终点法定量PCR技术具有明显的优势。首先，它操作简便、快速、高效，具有很高的敏感性和特异性；其次，在封闭的体系中完成扩增并进行实时测定，大大降低了污染的可能性。实时荧光定量PCR技术的出现使分子诊断领域发生重大的变化，目前已广泛地应用于mRNA表达的研究、DNA拷贝数的检测、单核苷酸多态性的测定、细胞因子的表达分析、肿瘤耐药基因表达的研究，以及病原体感染的定量监测等（高向阳，2018）。

（四）数字PCR

数字PCR（digital PCR，dPCR）技术正在快速发展，并在生命科学的多个领域中广泛应用。dPCR商业化系统的出现和成熟让人们认识到其与前一代定量PCR技术相比所具备的潜在优势，以及其新的应用范围。dPCR在核酸定量方面提供了前所未有的精确度、准确度和分辨率，这种能力引起了学术界和生命科学行业的极大兴趣，希望将该技术作为一个分子诊断工具。但是，对于"经典"PCR反应而言，dPCR的性能基本上仍依赖基于酶的核酸扩增，需要特定的试剂和仪器。

六、食品中PCR技术的应用

PCR检测技术发展越来越成熟，其应用领域也越来越广泛，尤其是在食品安全检测中得到广泛的应用，如食源性致病菌检测、转基因食品检测、食品真伪鉴别等。

（一）食源性致病菌检测

采用传统方法检测食源性致病菌，步骤烦琐、费时费力，并且传统方法无法对那些难以人工培养的微生物进行检测。PCR技术操作简单、方便，只需数小时就可以完成检测；用PCR扩增细菌中保守的cDNA片段，还可对那些人工无法培养的微生物进行检测。

利用PCR技术检测食源性致病菌，首先，富集细菌细胞，通常经离心沉淀、滤膜过滤等操作可从样品中获得细菌细胞；然后，裂解细胞，使细胞中的DNA释放，纯化后经PCR扩增细胞靶DNA的特异性序列；最后，用电泳法或特异性核酸探针检测扩增的DNA序列。

（二）转基因食品检测

利用分子生物学手段，将某些生物的基因转移到其他物种中去，使其出现原物种不具有的性状或产物，这种生物称为转基因生物。以转基因生物为原料生产和加工的食品称为转基因食品，又称基因工程食品或基因修饰食品（简称"GM食品"）。利用PCR技术可进行外源基因的定性和定量检测及品系鉴定。PCR检测技术由于灵敏度高、适用范围广、操作简单，已经成为转基因食品检测的主要方法。研究者已开发了多种用于转基因食品的检测方法，主要有两大类：一是对外源基因的检测；二是对外源蛋白的检测。前者是在核酸水平上，主要是以PCR技术为核心的技术体系，一般检测启动子［如花椰菜花叶病毒（CaMV）的35S启动子］与终止子（NOS）、报告基因（主要是一些抗生素抗性基因，如卡那霉素、新霉素抗性基因等）和目的基因（抗虫、抗除草剂、抗病和抗逆等基因）。

（三）食品真伪鉴别

当前对研究者、消费者、食品工业从业者和政策制定者各方面来说，食品的真伪都是一个热点话题。PCR技术在肉类掺假检测、动植物源性成分检测等方面已经显示出较好的应用价值。采用PCR技术，从猪肉、羊肉、牛肉等不同生鲜肌肉细胞线粒体中提取DNA，设计合成引物，进行PCR扩增得到目的DNA片段，根据DNA片段大小可以判断肉种。

第二节 检测食源性病原体的先进分子技术

一、环介导等温扩增技术

（一）环介导等温扩增技术的简介

随着分子生物学技术的发展和对传统核酸扩增技术的改进，Notomi等（2000）发明了一种新的核酸扩增技术，即环介导等温扩增（loop-mediated isothermal amplification，LAMP）。该技术的特点是针对靶基因的6个区域设计4种特异引物，利用一种链置换DNA聚合酶（Bst DNA polymerase）在恒温条件（65℃左右）保温1h，即可完成核酸扩增反应，直接依靠扩增副产物焦磷酸镁沉淀的浊度判断是否发生反应，短时间扩增效率可达到$10^9 \sim 10^{10}$个拷贝。扩增反应不需要模板的热变性、长时间温度循环、烦琐的电泳、紫外观察等过程。现在人们在不断对LAMP技术进行改进，LAMP技术已逐步应用于疾病基因诊断、性别判定、食品分析、环境检测等领域。

（二）基本原理

LAMP技术是针对靶基因的6个区域，设计4条特异性引物，利用一种链置换DNA聚合酶，在恒温65℃左右反应1h，同一链上的一组引物迅速地复性到靶区域。链置换DNA聚合酶有链置换活性，在其作用下，后阶段复性的引物置换前面引物所形成的链。置换发生在两条链上，对引物设计的要求是能形成环状结构。反应在恒温条件下进行，链的变性是由链置换产生的。LAMP反应形成一系列不同长度茎-环结构的DNA，再通过特定的方法判断扩增与否。由于4条引物杂交到目标DNA的6个不同区域而使得反应高度特异。

DNA在65℃左右处于动态平衡状态，任何一个引物在双链DNA的互补部位进行碱基配对和延伸时，另一条链就会解离，变成单链。在链置换DNA聚合酶的作用下，以上游内部引物（FIP）F2区段的3′端为起点，与模板DNA互补序列配对，启动链置换DNA合成。F3引物与F2C前端F3C序列互补，以3′端为起点，通过启动链置换DNA聚合酶的作用，一边置换先头引物合成的DNA链，一边合成自身DNA，如此向前延伸。最终F3引物合成而得到的DNA链与模板DNA形成双链。在FIP先合成的DNA链被F3引物进行链置换产生一单链，这条单链在5′端存在互补的F1C和F1区段，于是发生自我碱基配对形成环状结构。同时，下游内部引物（BIP）同该单链杂交结合，以BIP的3′端为起点，合成互补链，在此过程中环状结构被打开。接着类似于F3，B3引物从BIP外侧插入进行碱基配对，以3′端为起点，在聚合酶的作用下合成新的互补链。通过上述两过程，形成双链DNA。而被置换的单链DNA两端存在互补序列，自然发生自我碱基配对，形成环状结构，于是整条链呈现哑铃状结构。该结构是LAMP法基因扩增循环的起点结构。

LAMP法基因扩增循环首先在哑铃状结构中，以3′端的F1区段为起点，以自身为模板，进行DNA合成。与此同时，FIP的F2与环上单链F2C杂交，启动新一轮链置换反应。解离由F1区段合成的双链核酸。同样，在解离出的单链核酸上也会形成环状结构。在环状结构上存在单链形式B2C，BIP上的B2与其杂交，启动新一轮扩增。经过相同的过程，又形成环状结构。通过此过程，在同一条链上互补序列周而复始形成大小不一的结构。

二、多位点序列分型技术

（一）多位点序列分型技术的简介

病原分离物的特性在传染病流行病学方面发挥着关键作用，为确定、跟踪和干预疾病暴发提供了必要的信息。1998年，多位点序列分型（multilocus sequence typing，MLST）被提出，作为一种基于核酸序列的细菌分型方法，可以应用于许多细菌病原体。MLST通过PCR扩增多个管家基因内部片段，测定其序列，分析菌株的变异，从而进行分型。分子微生物学的三大进展（①细菌进化和种群生物学相关知识的增加；②高通量核苷酸序列测定可用性的提高及成本的降低；③信息技术的发展，特别是互联网的发展成为一种高效的、基本即时的、具有成本效益的信息交换手段）使MLST作为一种通用方法成为可能。它将高通量测序和生物信息学的发展与现有的群体遗传学技术相结合，提供了一种便携式、可复制和可扩展的分型系统，反映了细菌病原体的群体和进化生物学。MLST概念的核心是提供免费并且可访问的核苷酸序列数据库，MLST数据库可以被认为是常用的字典，可以直接比较细菌分离株，在这个意义上，MLST数据库为细菌分型提供了一种共同语言的基础。

（二）基本原理

MLST一般可以测定6～10个管家基因内部400～600bp的核苷酸序列，每个位点的序列根据其发现的时间顺序赋予一个等位基因编号，每一株菌的等位基因编号按照指定的顺序排列就是它的等位基因谱（allelic profile），也就是这株菌的序列型（sequence type，ST）。这样得到的每个ST均代表一组单独的核苷酸序列信息。通过比较ST可以发现菌株的相关性，即密切相关菌株具有相同的ST或仅有极个别基因位点不同的ST，而不相关菌株的ST至少有3个基因位点不同（图5-2）。

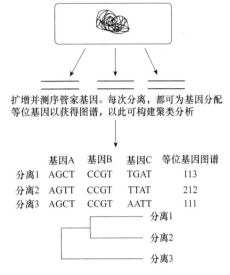

扩增并测序管家基因。每次分离，都可为基因分配
等位基因以获得图谱，以此可构建聚类分析

	基因A	基因B	基因C	等位基因图谱
分离1	AGCT	CCGT	TGAT	113
分离2	AGTT	CCGT	TTAT	212
分离3	AGCT	CCGT	AATT	111

分离1
分离2
分离3

图5-2　多位点序列分型示意图

MLST技术针对管家基因设计引物并对其进行PCR扩增和测序，得出每个菌株各个位点的等位基因数值，然后进行等位基因谱或序列型鉴定，再根据等位基因谱使用成对差异矩阵（matrix of pairwise differences）等方法构建系统树图进行聚类分析（王中强等，2010）。

三、连接酶链反应

（一）连接酶链反应的简介

连接酶链反应（LCR）是近年来发展起来的通过扩增核酸靶点来检测特定核酸序列的技术之一，它是指在DNA连接酶的参与下，依靠寡核苷酸探针杂交和连接反应的重复循环，产生多个拷贝的核酸序列的方法。简单的LCR由两个互补的寡核苷酸（每个寡核苷酸含20～35个核苷酸）组成，与目标DNA上的相邻序列同源，而不是聚合酶链反应（PCR）中使用的两个。当它们以3′到5′的方向在目标DNA的同一链上与互补序列杂交时，相邻的一对连接在一起。需要连接的引物末端的5′核苷酸必须被磷酸化，新连接的寡核苷酸成为后续周期的目标，因此发生指数扩增。作为扩增的模板，即使原始样本中没有目标序列，这两个互补序列也可以在低频率下钝化连接。早期的研究表明，完全匹配的核苷酸的连接效率至少是不完全匹配的核苷酸的10倍。

（二）基本原理

连接酶链反应的连接机理见图5-3。LCR扩增反应方法需要两对互补的寡核苷酸探针（探针A、A′和探针B、B′）。两对探针（探针A、B和探针A′、B′）在每条靶DNA紧密相邻的位置上杂交。与靶DNA结合的探针为具有DNA缺口连接活性的DNA连接酶提供了酶反应底物。探针连接后，连接的双链体产物在加热变性的条件下分离。两条单链靶DNA和连接的探针产物链就作为下一次探针杂交和连接反应的模板，见图5-4。理论上，每次寡核苷酸探针的杂交和连接反应能够产生两倍的模板序列。20～30个循环后，可将连接产物扩增10^5倍以上。若探针A或A′端配对的碱基发生了突变，则不产生扩增产物。LCR与等位基因PCR扩增一样，在3′端的T-T、G-T、C-T或C-A错配的情况下不扩增。这种方法的最初模式是使用非耐热的连接酶，如大肠杆菌连接酶或嗜菌体T4 DNA连接酶。结果由于分离产物-靶DNA双链体的加热变性步骤会导致连接酶失活，因此必须在每一次循环后加入酶。自从从嗜热菌中克隆了耐热DNA连接酶后，大大简化了这种测定方法。另外，从其他嗜热微生物中克隆和鉴定的连接酶也为LCR测定提供了合适的酶。

四、基因芯片

（一）基因芯片的简介

基因芯片（gene chip）作为生物芯片（biochip）的一种，是指按照预定位置固定在固相载体上很小面积内的千万个核酸分子所组成的微点阵阵列。由于该技术可以将大量的、序

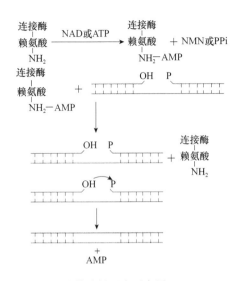

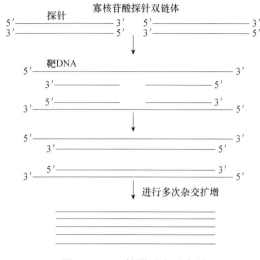

图5-3　连接酶链反应示意图

　NAD. 烟酰胺腺嘌呤二核苷酸；

NMN. 烟酰胺单核苷酸；PPi. 焦磷酸

图5-4　LCR扩增反应示意图

列不同的探针分别固定在同一个固体支持物上，并排列成易于分辨的阵列，所以可同时对样品中复杂的DNA分子或RNA分子的序列信息进行检测分析，其效率比传统核酸印迹杂交〔DNA印迹（Southern blotting）和RNA印迹（Northern blotting）等〕大幅度提高。该技术实现了在微芯片固相载体上对大量目的DNA/RNA的特异杂交检测，具有高通量、多样化、微量化、集成化、自动化等显著优点，在生物学领域具有十分广泛的应用前景。

（二）基本原理

　　基因芯片是分子生物学中的核酸分子原位杂交技术，即利用核酸分子碱基之间互补配对的原理，通过各种技术手段将核苷酸固定到固体支持物上，在一定条件下，载体上的核酸分子与荧光素标记的样品核酸进行杂交。通过检测杂交信号的位置及强弱判断样品中靶分子的性质与数量，从而获得样品的序列信息，以实现对所测样品基因的大规模检验（图5-5）。

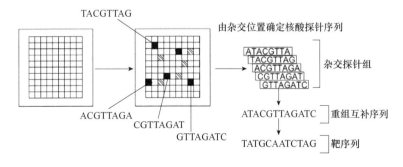

图5-5　基因芯片的测序原理

　　检测食源性致病菌是基因芯片技术在食品安全检测中的一大应用。食源性致病菌鉴定的传统方法是使用培养基对微生物进行增菌和选择性培养，再通过菌落形态观察、显微镜镜检、生化鉴定和血清分型等手段联合使用以达到鉴别的目的，其实验周期至少需要24～48h，且并非所有致病菌均可培养。使用PCR方法，特别是荧光PCR方法，缩短了实验时间，但一次性仅能检测一种到少数几种基因。基因芯片可进行高通量检测，大大缩短食源性致病菌的检测周期，在肉制品、水产品、奶制品等食品微生物检测应用中有大量的研究工作。

第三节　食源性病原体基因溯源分型检测技术

一、变性梯度凝胶电泳

（一）变性梯度凝胶电泳的简介

变性梯度凝胶电泳（DGGE）最初是Lerman和Fisher于1983年发明的，主要用来检测DNA片段中单个碱基改变的点突变。1993年Muyzer等首次将其应用于微生物生态学的研究。该方法进一步改进，衍生出了恒定变性凝胶电泳（constant denaturant gel electrophoresis，CDGE）、瞬时温度梯度电泳（temporal temperature gradient electrophoresis，TTGE）、温度梯度凝胶电泳（temperature gradient gel electrophoresis，TGGE）。由于DGGE技术避免了分离纯化和培养所造成的误差，该方法已经广泛地用于研究微生物群落的多样性和动态性分析。

（二）基本原理

DGGE技术和PCR技术相结合，成为分析各种突变的强有力手段。DGGE主要利用梯度变性胶分离DNA片段。双链DNA分子在一般的聚丙烯酰胺凝胶电泳时，其迁移行为由其分子大小和电荷决定，所以能够区分不同长度的DNA片段，相同长度的DNA片段无法区分开来。DGGE技术在一般的聚丙烯酰胺凝胶基础上，加入了变性剂梯度，使得双链DNA分开，大大降低其迁移速率，从而能够把同样长度但序列不同的DNA片段区分开来（高跃函，2012）。

DNA片段特有的序列组成决定了其解链区域（melting domain，MD）和解链行为（melting behavior），解链区域是一段连续的碱基对，一个几百个碱基对的DNA片段一般有多个解链区域。当变性剂浓度增加至其最低解链浓度时，该区域的碱基对发生解链。当浓度逐渐升高至其他解链区域的浓度时，其他区域也依次解链。直至浓度达到最高解链浓度时，双链DNA完全解链。

当不同DNA片段的序列差异发生在最高的解链区域时，这些片段就不能被区分开来。这时通常会在DNA片段的一端加入一段富含GC的DNA片段，称为GC夹子，一般为30～50个碱基对。GC夹子的解链温度很高，是所需变性剂浓度最高的解链区域，能够防止DNA片段完全解链。

目前常用的变性剂有尿素（urea）和甲酰胺（formamide）。根据DGGE变性梯度方向与电泳方向是否一致，可将其分为两种形式的DGGE：垂直DGGE和平行DGGE。垂直DGGE的变性梯度方向与电泳方向垂直，可用于优化样本的分离条件，也可用于分析PCR产物的组成；平行DGGE的变性梯度方向与电泳方向一致，可用于同时分析多个样本。

二、脉冲场凝胶电泳

（一）脉冲场凝胶电泳的简介

脉冲场凝胶电泳（pulsed field gel electrophoresis，PFGE）是一种有效的分型方法，由 Schwartz 和 Cantor 在 1984 年开创，解决了大片段 DNA（>40kb）差异的问题，同时提高了 DNA 的分辨率。该方法不断发展，在病原菌监测、传染源追踪、菌种分子分型等方面具有广泛应用。

（二）基本原理

PFGE 技术通过在凝胶上外加正交的交变脉冲电场，根据 DNA 分子大小的不同，在交替变换方向的电场中做出反应所需的时间不同，实现分离不同大小的 DNA 分子。每当电场改变，DNA 分子会滞留在凝胶中，直至沿新的电场轴向重新定向后，才能继续向前移动。一般大的 DNA 分子比小的 DNA 分子定向慢，重排所需时间长，最终可以达到分型的目的。

（三）PFGE 中内切酶的选择

在 PFGE 中，通常选用识别稀有酶切位点的内切酶切割基因组 DNA，从而产生数量有限的 DNA 条带，这样做稳定性好、分辨率高。麦克莱兰（McClelland）等通过对细菌的 PFGE 图谱内切酶选择研究发现，四核苷酸 CTAG 在 GC 含量>45% 的细菌染色体中很少见，在试验的 16 个细菌染色体中，被 1 个或多个可识别 CTAG 位点的内切酶酶切，其频率为每 10^5bp 中不到 1 次。这些酶的识别序列分别为 *Xba* I（TCTAGA）、*Sep* I（ACTAGT）、*Avr* II（CCTAGG）和 *Nhe* I（GCTAGC）。同样，在许多 CG 含量<45% 的基因组中，CCG 和 CGG 更少。这样用 *Sma* I（CCCGGGG）、*Rsr* II（CGGWCGG）、*Nae* I（GCCGGC）和 *Sac* II（CCGCGG）进行酶切，对产生平均超过 10^5bp 的片段是非常合适的。PFGE 是使用细菌的原位酶切，因此可以反映细菌的整个基因情况，因而可以显示基因组的微小变化，如酶切位点的突变、基因序列的删除或插入造成的条带消失、变大或变小。它是对全基因进行的分析，所以对细菌的遗传特征研究有重要意义（叶蕊等，2013）。

三、随机扩增多态性 DNA

（一）随机扩增多态性 DNA 的简介

随机扩增多态性 DNA（random amplified polymorphic DNA，RAPD）是 1990 年由 Williams 和 Welsh 两个研究小组几乎同时建立和发展起来的一种可对整个未知序列基因组进行多态性分析的分型技术。该技术以基因组 DNA 为模板，选择合适退火温度，在热稳定的聚合酶作用下，选择随机引物在非特异性识别细菌 DNA 上相应的结合位点进行 PCR 扩增，电泳后获得基因组指纹图谱，可反映基因组多态性。

（二）基本原理

任何生物的 DNA 都有其特定的顺序和结构。在进化过程中，不同区域的基因组 DNA 表现出高度保守或者高度变异，形成遗传多样性。RAPD 技术应用一系列的随机引物，以 DNA

为模板，利用PCR技术从扩增的DNA片段上分析多态性。RAPD所用的一系列引物的序列各不相同，对于任一特定的引物，它与基因组DNA有特定的结合位点。如果这些区域发生DNA片段的插入、缺失或碱基突变就可能导致这些位点分布发生变化，使得PCR扩增产物增加、减少或发生分子量的改变，对PCR产物进行检测，就能反映出这些区域的多态性。由于所用的引物很多，检测区域能覆盖整个基因组，所以RAPD能够实现对整个基因组进行多态性的检测。实际中，长度为400~2000bp的扩增DNA片段在琼脂糖凝胶上呈现为一条条带。一般短于400bp的DNA片段或者长于2000bp的DNA片段在琼脂糖凝胶上不出现。

四、限制性片段长度多态性技术

（一）限制性片段长度多态性技术的简介

限制性片段长度多态性（restriction fragment length polymorphism，RFLP）是人类遗传学家Bostein于1980年提出的一种DNA分子标记技术，用限制性内切酶切割样品DNA的特定限制性位点，从而产生分型所需的大量限制性片段，结合PCR反应，并通过凝胶电泳将DNA片段按照各自的长度分开。当内切酶切割片段数量比较多时，电泳后会形成连续一片的带。因此需要将凝胶中的DNA变性，从而检测出多态性片段，通过DNA印迹转移至硝酸纤维素滤膜或尼龙膜上，使DNA单链与支持膜牢固结合，再用经同位素或地高辛标记的探针与膜上的酶切片段分子杂交，通过放射自显影显示杂交带，即检出RFLP。

（二）基本原理

由于不同个体的等位基因之间碱基的替换、重排、缺失等，使得限制性内切酶的识别和酶切位点发生改变，造成限制性片段长度的差异。当利用同种限制性内切酶切割不同品种或同一品种的不同个体时，由于目标DNA既有同源性又有变异，得到大小不等的DNA片段，不同材料显示杂交带位有差异，这种差异就是RFLP。产生的DNA数目和片段的长度反映了DNA分子上不同酶切位点的情况和DNA分子水平的差异，而且这种变异是可遗传的。

DNA分子中限制性内切酶识别位点和切割位点的改变是由DNA的变异引起的。DNA变异有5种情况，包括碱基置换、单个碱基缺失或插入、一段DNA片段缺失或插入、一段DNA片段产生倒置、一段DNA片段产生相连性重复片段。这些情况的发生会导致限制性内切酶的识别位点出现或者消失，DNA总长度增加或者减少（刘云国等，2011）。

五、扩增片段长度多态性技术

（一）扩增片段长度多态性技术的简介

扩增片段长度多态性（amplified fragment length polymorphism，AFLP）是1993年由Zabeau和Vos建立的一种分子标记技术，是把提取的DNA用限制性内切酶双酶切，得到不同的DNA片段，随后用接头（与酶切位点互补）将片段连接起来，将其作为模板，选择半特异性引物在PCR反应体系扩增得到大量的DNA片段，从而反映DNA的多态性，实现分子分型。

（二）基本原理

基因组DNA经过限制性内切酶双酶切之后，再经PCR技术扩增限制性片段。限制性片段与特定的双链接头连接，作为扩增反应的模板，用含有选择性碱基的引物对限制性片段进行扩增，选择性碱基的种类、数目和顺序决定了扩增片段的特殊性。只有限制性位点侧翼的核苷酸与引物的选择性碱基相匹配的限制性片段才可以被扩增。由于不同物种的基因组大小不同，产生的限制性片段分子量大小不同，AFLP扩增可以使某一品种出现特定的DNA谱带，而在另一品种中可能无此谱带产生。因此，这种通过引物诱导及DNA扩增后得到的DNA多态性可作为一种分子标记（刘云国，2019）。

第四节　食源性病原体检测的DNA测序技术

一、DNA测序技术

（一）DNA测序技术的简介

最早的核酸序列测定技术是Sanger等于1977年提出的酶法——双脱氧末端终止法和Maxam于1977年提出的化学降解法。虽然其原理大相径庭，但这两种方法都同样生成相互独立的若干组带放射性标记的寡核苷酸，每组核苷酸都有共同的起点，却随机终止于一种或多种特定的残基，形成一系列以某一特定核苷酸为末端的长度各不相同的寡核苷酸混合物，这些寡核苷酸的长度由这个特定碱基在待测DNA片段上的位置所决定。然后通过高分辨率的变性聚丙烯酰胺凝胶电泳，经放射自显影后，从放射自显影胶片上直接读取待测DNA上的核苷酸顺序。

在双脱氧末端终止法和化学降解法基础上，采用不同的标记物、自动化测序、电脑自动处理一度是DNA序列分析的主流。在当今集成化和信息化飞速发展的时代，新的高通量测序方法正不断涌现。

（二）双脱氧末端终止法测序的基本原理

双脱氧末端终止法是Sanger等在加减法测序的基础上发展而来的，又称Sanger测序。其原理如下：利用大肠杆菌DNA聚合酶 I，以单链DNA为模板，并以与模板事先结合的寡核苷酸为引物，根据碱基配对原则将脱氧核苷三磷酸的5'-磷酸基团与引物的3'羟基生成3',5'-磷酸二酯键。通过这种磷酸二酯键的不断形成，新的互补DNA得以从5'→3'延伸。Sanger引入了双脱氧核苷三磷酸（ddNTP）作为链终止剂。ddNTP比dNTP在3'位置缺少一个羟基（2',3'-ddNTP），可以通过其5'-三磷酸基团掺入正在增长的DNA链中，但由于缺少3'羟基，不能同后续的dNTP形成3',5'-磷酸二酯键。因此，正在增长的DNA链不能再延伸，使这条链的延伸终止于这个异常的核苷酸处。这样在4组独立的酶反应体系中，在4种dNTP混合底物中分别加入4种ddNTP中的一种后，链的持续延伸将与随机发生但十分特异的链的终止发生竞争，在掺入ddNTP的位置链延伸终止。结果产生4组分别终止于模板链的每一个A、C、G和T位置上的一系列长度的核苷酸链。通过高分辨率变性聚丙烯酰胺凝胶电泳，从放射自显影胶片上直接读取出DNA上的核苷酸顺序（图5-6）。

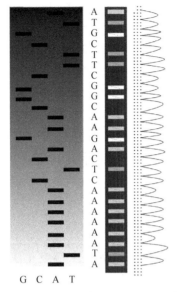

图5-6 双脱氧末端终止法DNA测序
同位素标记法（左）；四色荧光标记法（右）

二、全自动测序

全自动测序系统采用4种荧光染料分别标记终止物ddNTP或引物，经Sanger测序反应后，反应产物3′端（标记终止物法）或5′端（标记引物法）带有不同的荧光标记。一个样品的4个测序反应产物可在同一泳道内电泳，从而降低测序泳道间迁移率差异对精确性的影响。通过电泳将各个荧光标记片段分开，同时激光检测器同步扫描，激发的荧光经光栅分光，以区分代表不同碱基信息的不同颜色的荧光，并在电荷耦合器件（charge coupled device，CCD）摄影机上同步成像。电脑可在电泳过程中对仪器运行情况进行同步检测，结果能以电泳图谱、荧光吸收峰图或碱基排列顺序等多种方式输出。

全自动测序系统包括电泳（如毛细管电泳）系统、激光检测装置、计算机、彩色打印机、DNA序列分析软件等。系统采用电脑控制整个DNA测序仪，包括电泳参数设置、数据收集、数据分析及结果输出等。

随着全自动DNA测序仪的进步，单台设备测序分析能力已高达每天上千万个碱基，成本已经从每个碱基几元降至几分。

三、测序策略

（一）PCR产物直接测序和克隆测序

PCR产物直接测序就是直接将经过纯化的PCR产物作为模板，以PCR扩增引物为引物（单向或双向）进行测序反应，而不经过克隆至测序载体（vector）过程的测序手段。同克隆测序相比，PCR产物直接测序具有准确、快速的特点。众所周知，PCR扩增过程中会出现很多错配现象，但不可能所有的错配都发生在同一位置。PCR产物直接测序时，其结果是PCR产物众多分子混合物的结果。如果在某一点上出现了几十次错配现象，但大多数分子（或许是几十万个分子）在这个点上还是正确的，在测序时，错配现象也就反映不出来。因此，PCR产物直接测序的结果反映的是PCR模板最原始的结果，准确率较高。而PCR产物经克隆后测序是测定了某一个分子的DNA序列。在几十个循环的PCR扩增过程中，很难保证某一个分子的任何点都不发生错配。因此，PCR产物经克隆后的测序结果往往存在一些错配的序列。但并不是所有的DNA片段都能用PCR产物进行直接测序。

PCR产物直接测序时应注意：①PCR产物一定要纯。如果有几条PCR产物长度相近，用电泳也无法分开，此时的PCR产物便无法直接测序，这种情况建议进行克隆测序。②测序用引物要求较高，引物的3′端必须与模板完全配对，含有混合碱基的引物一般不能测序（特别是3′端）。不是能做PCR反应的引物便能测序。此外，测序引物长度一般为20个碱基左右，GC含量必须为50%～60%。而且，用于测序的引物一定要纯，纯度必须大于90%。③在PCR扩增时，难以扩增（扩增后的电泳条带较弱）的PCR产物在测序时一般成功率较低。④用于测序的PCR产物小于100bp时，PCR产物不能直接测序，此时的PCR产物应克隆测序。

克隆测序同PCR产物直接测序相比，用时较长，准确率较低，但却应用广泛，基本上所有的DNA片段都可以经克隆至测序载体，挑取阳性克隆抽提质粒，用通用引物进行序列测定，得出核苷酸序列。

（二）未知DNA序列的测定策略

未知DNA序列的测定是指确定一个未知序列的准确长度及核苷酸排列顺序。未知DNA序列的测定复杂而费时，目前已发展了一些可行的策略。

对于较小的目的DNA片段（如小于400bp），可以直接利用M13mp或质粒载体系统克隆测序。如果是数千个碱基的大片段未知序列DNA，且要求精确测定其整个序列，就必须将其切割成适当大小的各个片段（300～400bp），分别进行次级克隆后再进行测序，最后拼出全序列。可参考以下几种方法。

（1）随机克隆法或称鸟枪法（shotgun sequencing）。这是一种较传统的方法，即利用脱氧核糖核酸酶（DNase）Ⅰ或超声波，将目的DNA大片段随机切割成小片段并分别进行亚克隆，测定亚克隆的序列，通过排列分析，对数据进行编辑，最后连成一条大片段DNA序列，从而获得目的DNA的全序列。此方法较费时。

（2）限制性内切酶酶切片段亚克隆法。首先需要对目的DNA进行酶切分析确定其酶切图谱，再选择合适的限制性内切酶消化以制备各种不同长度的限制性内切酶酶切片段，并亚克隆到测序载体上建立亚克隆库，然后分别测定各个亚克隆的核苷酸序列，通过排列分析，即可获取目的DNA的全序列。实际上应用此法较麻烦，仅当目的DNA片段上限制性内切酶酶切位点分布较均匀且片段不大的情况下，可考虑采用此方法。

（3）定向连续次级克隆法或称嵌套系列缺失突变体法。这是目前常用的一种策略，此法具有节省工作量、便于拼读等优点。这些次级克隆具有共同的缺失起点（通常在目的DNA的一端），并逐步延伸到目的序列不同长度，从而使目的DNA中较远距离的序列逐渐进入了通用引物的测序范围之内。目前，利用外切核酸酶Ⅲ和核酸酶BAL31构建连续次级克隆的方法比较成熟。

（三）确证性测序策略

确证性测序即对已知序列的次级克隆进行鉴定和证实，如次级克隆的插入方向、定点突变的检测、删切产物的鉴定和待表达基因阅读框架的调整等。这类DNA片段通常较小，只需了解两端的部分序列即可。所以只需PCR产物直接单向测序或克隆至质粒载体中，进行单链或双链模板测序。对于一个稍大的DNA片段的确证性测序，可以利用通用引物分别从两端开始双向测序，再通过中间重叠部分拼出全序列。对于更大的DNA序列，可以采用分段PCR方法，即在序列适当区段增加一个或数个测序引物，分别测序再拼出全序列（陈朝银等，2013）。

四、高通量测序

（一）高通量测序的简介

高通量测序（high-throughput sequencing，HTS）又称二代测序，以能一次并行对几十万到几百万条DNA分子进行序列测定和一般读长较短等为标志。

高通量测序技术是对传统测序的一次革命性改变，可一次对几十万到几百万条DNA分子进行序列测定，因此在有些文献中称其为二代测序（next-generation sequencing），足见其划时代的意义。同时，高通量测序使得对一个物种的转录组和基因组进行细致全面的分析成为可能，所以又被称为深度测序（deep sequencing）。

（二）高通量测序的特点

目前的高通量测序平台见表5-1。

表5-1　高通量测序平台比较

方法	单分子实时法（PacBio）	离子半导体法（Ion Torrent）	焦磷酸法（454）	边合成边测序（Illumina）	连接测序（SOLiD）
读长/bp	2900	200	700	50~250	50+35或50+50
精度/%	87~99	98	99.9	98	99.9
每次运行读数	35~75kb	5Mb	1Mb	3Gb	1.2~1.4Gb
每次运行时间/h	0.5~2	2	24	24~240	168~336
每兆成本/美元	2	1	10	0.05~0.15	0.13
优点	读长最长、快速	设备成本低、快速	读长长、快速	较高的序列产率	每碱基成本低
缺点	高精度模式产率低、设备贵	同聚错误	运行昂贵、同聚错误	设备昂贵	慢

这些平台共同的特点是具有极高的测序通量，相对于传统测序的96道毛细管测序，高通量测序一次实验可以读取40万~400万条序列，读取长度根据平台不同为50~2900bp，不同的测序平台在一次实验中可以读取35kb~3Gb，这样庞大的测序能力是传统测序仪所不能比拟的。

焦磷酸测序是一种依靠生物发光进行DNA序列分析的新技术。在DNA聚合酶、萤光素酶和双磷酸酶的协同作用下，将DNA合成时每一个dNTP的聚合与一次荧光信号释放偶联起来，通过检测荧光信号释放的有无和强度，就可以达到实时测定DNA序列的目的。此技术不需要荧光标记的引物或核酸探针，也不需要进行电泳，具有分析结果快速、准确、灵敏度高和自动化的特点。在测序时，使用了一种PTP平板，它含有约160万个由光纤组成的孔，孔中载有化学发光反应所需的各种酶和底物。测序开始时，4种碱基放置在4个单独的试剂瓶里，依照T、A、C、G的顺序依次循环进入PTP平板，每次只进入1种碱基。如果发生碱基配对，就会释放一个焦磷酸。这个焦磷酸在各种酶的作用下，经过一个合成反应和一个化学发光反应，最终将萤光素氧化成氧化萤光素，同时释放出光信号。此反应释放出的光信号实时被仪器配置的高灵敏度CCD捕获到。有一个碱基和测序模板进行配对，就会捕获到一分子的光信号；由此一一对应，可准确、快速地确定待测模板的碱基序列。图5-7展示了基于焦磷酸测序的超高通量基因组测序系统（GS FLX）的原理。

Illumina Genome Analyzer Ⅱx是一种基于单分子簇的边合成边测序技术，基于专有的可

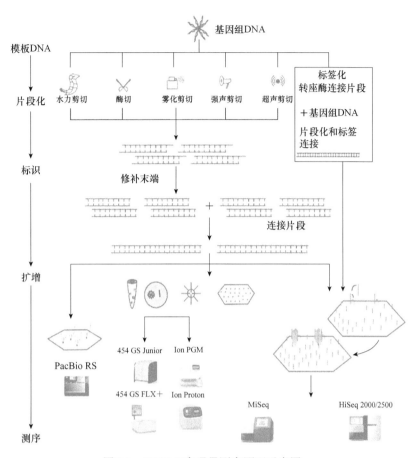

图5-7　GS FLX高通量测序原理示意图

逆终止化学反应原理。测序时将基因组DNA的随机片段附着到光学透明的玻璃表面（即流通池），这些DNA片段经过延伸和桥式扩增后，在流通池上形成了数以亿计的簇（cluster），每个簇是具有数千份相同模板的单分子簇。然后利用带荧光团的4种特殊脱氧核糖核苷酸，通过可逆性终止的边合成边测序技术对待测的模板DNA进行测序。

　　除了二代测序之外，还有另外一种以单分子实时测序和纳米孔为标志的第三代测序技术也正在如火如荼地发展中。2008年4月，Harris等在*Science*上报道了真正的单分子测序技术，也被称为第三代测序技术，它完全跨过了上述两种高通量测序依赖的基于PCR扩增的信号放大过程，真正达到了读取单个荧光分子的能力。

　　Sanger测序技术刚开发出来时，读取能力很难超过25bp，如今却达到了750bp；而新发展的合成测序技术，应用焦磷酸测序方法，其阅读能力最初只有100bp，随着技术的不断完善，目前已超过1000bp，超过了Sanger测序技术的水平。

　　随着454测序仪的读长不断提高，Illumina和ABI相继推出个人化测序仪，随着第三代测序仪PacBio RS的面世，高通量测序仪的竞争将更加激烈。

第五节　转基因生物和转基因食品的分子技术

一、转基因检测的标准物质

（一）标准基因

内标准基因（endogenous reference gene）是指能够将两种或多种生物区分开来的特异性基因，即具有种间特异性、种内非特异性、低拷贝数特征的一类基因，如玉米的 *Zein*、*Invertase*、*zSS* *II* 基因，大豆的 *Lectin* 基因，水稻的 *SPS*［蔗糖磷酸合酶（sucrose phosphate synthase）］基因，番茄的 *LAT52* 基因，棉花的 *Sad* *I*［硬脂酰-酰基载体蛋白质脱氢酶（stearoyl-acyl carrier protein desaturase）］基因，油菜的 *BnACCg8*、*HMGI/Y* 基因等。在对转基因生物及其产品进行定量检测时，为确定被检测样品中含有的转基因成分来源和百分含量，需计算内标准基因和外源基因序列拷贝数，恒定低拷贝数的内标准基因可以对转基因样品进行准确的转基因成分含量的测定和外源基因拷贝数的检测，因此，一个合适的内标准基因是建立一种转基因生物及其产品的 PCR 检测方法的必要前提。

（二）有证标准物质

有证标准物质（certified reference material，CRM）是指纯合的或与非转基因生物混合的转基因生物材料，在 PCR 检测过程中用作阳性对照和配制定量检测的标准品。在遗传修饰生物体（GMO）检测过程中，CRM 是非常重要的，其配制要求非常严格，并需要经过多个实验室的实验验证方可作为标准物质用于 GMO 检测。目前，欧盟在比利时赫尔（Geer）市的参考物质和测定研究所（Institute for Reference Materials and Measurements，IRMM）专业配制和提供用于 GMO 检测的有证标准物质。IRMM 根据欧盟的转基因标签制度规定的阈值，配制并提供了 9 种转基因玉米和大豆的有证标准物质，这 9 种转基因植物有证标准物质已经在市场销售。国外已研制完成的转基因有证标准物质见表 5-2。

表 5-2　国外已研制完成的有证标准物质

作物转化事件	有证标准物质标号					
大豆 Roundup-Ready	BF410a	BF410b	BF410c	BF410d	BF410dk	BF410e
玉米 Bt-176	BF411a	BF411b	BF411c	BF411d	BF411e	BF411f
玉米 Bt-11	BF412a	BF4121b	BF412c	BF412d	BF412e	BF412f
玉米 MON 810	BF413a	BF413b	BF413c	BF413d	BF413e	BF413f
玉米 GA 21	BF414a	BF414b	BF414c	BF414d	BF414e	BF414f
玉米 NK 603	BF415a	BF415b	BF415c	BF415d	BF415e	BF415f
玉米 MON 863	BF416a	BF416b	BF416c	BF416d		
玉米 MON 863×MON 810	BF417a	BF417b	BF417c	BF417d		
玉米 1507	BF418a	BF418b	BF418c	BF418d		
甜菜 H7-1	BF419a	BF419b				
玉米 3272	BF420a	BF420b	BF420c			

续表

作物转化事件	有证标准物质标号			
马铃薯BH92-527-1	BF421a	BF421b		
棉花281-24-236×3006-210-23	BF422a	BF422b	BF422c	BF422d
玉米MIR 604	BF423a	BF423b	BF423c	BF423d
玉米59122	BF424a	BF424b	BF424c	BF424d
大豆356043	BF425a	BF425b	BF425c	BF425d
大豆305423	BF426a	BF426b	BF426c	BF426d

2009年8月止，IRMM生产的粉末有证标准物质有76种，涉及大豆、玉米、马铃薯、甜菜和棉花的17个转化事件。浓度有0%、0.1%、0.5%、1.0%、2.0%、5%和接近100%。成品一般为1g，少数为2g瓶装。

（三）标准分子的概念

标准分子由日本科学家Kuribara等于2002年提出，它是指一种含有转基因目的外源基因或内标准基因序列的特异性扩增片段的线性化重组质粒分子，可作为CRM，如适合转基因玉米MON 810和59122、大豆GTS-40-3-2等检测的质粒分子。标准分子的优点主要是可以通过微生物进行大量培养，且操作容易，同一个标准分子可以同时包含多个外源目的基因。在转基因定量PCR检测过程中，标准分子根据分子大小与植物基因组DNA分子换算，从而完成转基因样品的定量分析，具体的换算见公式（5-1）。另外在利用标准分子进行定量分析时，必须考虑质粒DNA和基因组DNA在反应中的差异，这个可以通过校正系数（coefficient value，CV）来校正。CV可以通过公式（5-2）来计算。在获得CV值后，通过公式（5-3）可以分析获得转基因生物检测样品的转基因含量。标准分子的出现解决了阳性标准品缺乏和阳性标准品配制的难题，目前这个概念已经为许多科学家所接受，广泛地应用于转基因PCR检测，尤其是定量PCR检测。

质粒拷贝数＝质粒相对分子质量/（质粒分子碱基数×324.5×2）×6.02×10²³　　　（5-1）

CV＝纯合的转基因植物外源基因拷贝数/纯合的转基因植物内源基因拷贝数　　　（5-2）

转基因含量%＝（样品外源基因拷贝数×100）/（样品外源基因拷贝数×CV）　　　（5-3）

（四）基因生物检测技术标准化

为了保护生态环境和保障人体健康，世界上大多数国家和国际组织制定了相关的法律法规，并颁布了转基因生物标识制度，出台了一系列的检测技术标准和规范，大力加强检测技术研究和标准化工作。我国政府也十分重视转基因生物及产品的安全管理工作，建立了以农业农村部、国家市场监督管理总局和国家疾病预防控制局为主体的转基因生物检测体系。至今，已制定了转基因生物安全检测标准体系框架，审定、发布了78项转基因生物及产品成分、环境安全、食用安全检测的国家标准和行业标准，但由于我国转基因生物安全管理起步较晚，检测技术研究和标准化工作与发达国家相比还有一定差距。

我国于2002年3月20日起实施转基因产品标识制度，对转基因产品的标识阈值采用标识目录以内的转基因产品强制性零阈值标识管理；美国、加拿大等国家实行自愿标识管理制度；

欧盟、日本、韩国等国家和地区实施强制性定量标识制度，即转基因成分含量超过一定比例后需要加贴标签。对转基因产品的标识方式，欧盟和大多数国家要求转基因产品的标识管理是针对每一种转基因成分；日本农林水产省（Ministry of Agriculture，Forestry and Fisheries，MAFF）规定，某一食品中前3种主要原材料含有的转基因成分质量比例占非转基因成分的质量比例超过5%时，必须进行标志。

随着经济全球化和国际贸易的不断发展，许多国家和地区逐步实施转基因产品检测方法的标准化以减少由于检测方法的偏差带来的国际贸易纠纷，目前国际标准化组织（International Organization for Standardization，ISO）颁布了5个标准对转基因生物及其产品的检测技术标准化，欧盟参考实验室（EU Reference Laboratory，EURL）制定了一系列的检测方法标准，尤其是定量PCR检测技术标准，并在欧盟转基因检测网络实验室（European Network of GMO Laboratory，ENGL）推广使用。

目前我国转基因检测标准存在的问题如下。

（1）随着生物技术的发展，每年有大批的转基因生物新品种进入环境释放实验，然而，越来越多的基因被转入相关生物之前，已被改造或修饰，导致现行标准中部分引物特异性不高，采用现行标准对转入相同基因的不同作物或同类作物进行检测时，往往不能检出转基因成分。

（2）GMO的定性PCR检测结束后，通常采用琼脂糖凝胶电泳对目的基因片段进行检测，由于检测的目的基因片段较小及琼脂糖凝胶电泳分离基因的灵敏度较低，导致引物二聚体与待分离的基因片段难以区分。

（3）目前全世界已经商业化的转基因作物，约有16类73个品系，而我国现行的转基因生物安全检测技术标准却没有完全覆盖这些已经商业化的转基因品种，尤其是定量检测标准；对即将商业化的、通过安全认证的转基因生物新品种，尚缺乏相关标准，与国外在开发转基因生物新品种的同时制定相关检测技术的政策相比，标准的制定及标准物质的研制相对落后。

（4）转基因生物及其产品的食用安全是社会关注的热点，目前，以转基因生物加工的食品有上万种之多，对深加工产品的转基因成分检测技术还不成熟。

（5）针对我国现行标准中存在的问题及我国检测技术标准化工作的需要，需进一步开展与国际接轨的转基因生物检测技术研究及其标准化体系，尤其是定量检测技术的开发及标准的建立。

二、转基因检测的实验室检测

（一）DNA检测方法

由于DNA的稳定性，此方法几乎适合所有种类的样品（原料、添加剂、加工食品及饲料）。PCR作为最常用的DNA检测方法之一，灵敏度极高，只需极少量的样品（100～350mg）即可进行分析。

转基因产品定性PCR检测可以判断待检样品中是否含有转基因成分，分为筛选检测和鉴定检测。最初的研究基本集中在转基因产品的筛选检测方法上，目前则重点研究转基因产品的鉴定检测方法。目前国内外转基因产品定性PCR检测方法主要有PCR-凝胶电泳、PCR-ELISA、PCR-GeneScan和基因芯片。

（二）蛋白质检测方法

蛋白质检测方法是针对转入的外源性基因表达产物蛋白质进行检测的方法。免疫学检测方法的实质是抗原-抗体反应。最常见的免疫学检测方法为酶联免疫吸附试验（ELISA），分为直接法、间接法和双抗体夹心法。ELISA检测多为定性检测，如果在同一检测板上同时检测已知的转基因标准品，并将浓度对应OD值作出标准曲线，即可根据标准曲线确定待测样品中转基因成分的含量（半定量）。

蛋白质检测最大的缺陷是任何形式造成的蛋白质变性，如加工过的食品都不能采用该方法。由于蛋白质检测方法主要是免疫学检测方法，它要求蛋白质必须拥有完整的三级和四级结构。食品中的其他成分如皂角苷、酚类化合物、脂肪酸、内源性磷脂酶或其他的酶类有可能抑制抗原-抗体特异性反应（薛良义，2012）。

（三）其他转基因产品检测方法

其他转基因产品检测方法有色谱法、近红外光谱法、生物传感器法、微装置系统、纳米转基因检测技术等。随着转基因新品种和新品系不断研究并陆续释放田间、投放市场，新的目的基因不断出现，新的检测方法也会随之产生。

三、转基因检测的方法验证

转基因检测方法验证包括定性和定量转基因检测方法。其中，定性方法指标包括DNA提取和纯化的验证，DNA浓度的验证，DNA提取物中抑制剂的验证，可重复性标准偏差（RSDr）的验证，检测限（LOD）的验证；定量方法指标包括DNA提取和纯化的验证，DNA浓度的验证，DNA提取物中抑制剂的验证，动态范围、R^2系数、扩增效率的验证，真实度的验证，RSDr的验证，定量限（LOQ）的验证。

（一）DNA提取和纯化的验证

操作时样品每次分2份，每份至少2次（推荐3次）进行DNA的提取，不宜在同一天内进行，应由不同的操作者完成。提取的DNA应达到一定的浓度和质量标准，DNA提取效果通过验证抑制剂的存在进行评价。适用于一种样品基质的DNA提取方法可能不适用于其他基质。以上步骤需要针对不同样品基质进行。对于DNA提取方法的验证可采用内源基因，因此测试的样品基质不一定要含有转基因成分。

（二）DNA浓度的验证

实验室在验证过程中，提取DNA的浓度应和标准方法规定的浓度进行比较。实验室提取的DNA浓度在后续检测时应至少达到规定的LOD/LOQ。

（三）DNA提取物中抑制剂的验证

将每个DNA提取平行稀释为工作溶液，对这个工作溶液进行一系列稀释，并进行实时荧光PCR分析，每个稀释至少做2个PCR平行实验，从而得到标准曲线。

检测抑制剂的PCR实验优先选择内源基因。工作溶液中总的DNA量应至少和方法验证过程中及日常检测中用的DNA的量相同。

当实验室测量C_t值（达到设定阈值的PCR循环次数）和工作溶液推测C_t值的平均差值ΔC_t小于0.5，并且抑制剂曲线斜率在−3.6～−3.1时，即说明DNA提取物中无抑制剂影响。

如果提取的DNA含有抑制剂，要对DNA进一步纯化或过滤稀释到观察不到PCR抑制剂的水平。

（四）动态范围、R^2系数、扩增效率的验证

动态范围、R^2系数和扩增效率在测量其他系数，如真实度和精确度时，从标准曲线可以自动得出（表5-3）。

表5-3　定量实时荧光PCR方法的验证设置实例

验证指标	验证步骤
1. 可选做：预实验确定DNA的合适浓度	在0.1～300ng的范围里至少测试3个目标浓度（取决于植物物种），如300ng玉米DNA对应大约110 000个内源基因拷贝，0.1ng对应大约37个拷贝
2. 动态范围、R^2系数和扩增效率	2个标准曲线，每个曲线用5个校准点，做3个PCR平行实验（×3），所有斜率都应在−3.6～−3.1，所有R^2值应≥0.98
	4个标准曲线，每个曲线5个校准点，做2个PCR平行实验（×2），用4个斜率和R^2的平均值进行验证
	2个标准曲线，每个曲线用8个点，做5个PCR平行实验（×5），覆盖LOD和LOQ的最低浓度。用所有LOQ以上部分的斜率和R^2的平均值进行验证
3. 真实度、精确度、RSDr	至少两个转基因水平（一个近似于阈值，一个近似于LOQ，推荐将动态范围的高浓度区域作为第三个水平）
	为了评估中间过程中的精密度，由同一个操作者在至少2d内分别进行PCR实验，如果可能，由两名操作者进行实验
4. LOQ、LOD	LOQ：通过一个低浓度条件下的10个PCR平行实验（如80、60、40、20、10、5和1个拷贝）计算。LOQ是当拷贝数测量的RSDr低于25%并且标准曲线覆盖了这个点的一系列浓度中的最低浓度
	LOD：通过一个低浓度条件下的10个PCR平行实验（20、10、5和1个拷贝）计算。LOD是当所有平行实验都是阳性时的一系列浓度中的最低浓度

注：如果基于经验，实验室能够证明两个经验丰富的操作者的平行实验和一个操作者的平行实验是结果相同的，就无须两个操作者进行重复实验。针对1次实验，标准曲线和样品要在同一个反应板上进行；2次实验（如内源基因和转基因实验）可以在2个不同反应板上进行，每个板使用相同的样品稀释液各做1个标准曲线

（五）真实度的验证

检测条件（反应体积、PCR仪等）应和日常检测一致，至少要得到16个PCR平行的结果。

真实度应该接近规定值，或根据方法的预期使用需要，至少接近LOQ的水平。真实度的测量可以用CRM的至少2个浓度（如0.1%和1%）进行，适用时，用动态范围的上限（如5%）作为第3个浓度，或者用一个更高浓度的标准物质配制成低浓度的标准物质（如1%）。

如果没有CRM进行真实度的评估，可以用能力验证样品或能力验证的Z分数来评价方法的真实度。真实度的可接受参考值应在±25%之间，或Z分数在±2之间。

（六）RSDr 的验证

实验室可用RSDr来评估方法的重复性。重复性的评估和真实度的评估方法相似，是在重复条件下通过PCR平行实验进行计算。重复性适用于所有转基因水平的测试。检测条件（反应体积、PCR仪等）应和日常检测一致，至少要得到16个独立测量结果。RSDr应小于或等于25%，并覆盖方法的动态范围。

思 考 题

1. PCR的基本原理是什么？
2. 环介导等温扩增技术的基本原理是什么？
3. 简述连接酶链反应的过程。
4. 基因芯片的优点是什么？
5. 变性梯度凝胶电泳中常用的变性剂有哪些？
6. DNA测序技术有哪些？
7. DNA测序的策略该如何选择？
8. 简述高通量测序的特点。
9. 什么是标准分子？
10. 简述我国转基因检测标准存在的问题。
11. 简述蛋白质检测方法的缺点。

参 考 文 献

陈朝银，赵声兰. 2013. 生物检测技术. 北京：科学出版社.

高向阳. 2018. 现代食品分析. 2版. 北京：科学出版社.

高跃函. 2012. 变性梯度凝胶电泳技术在发酵微生物多样性研究中应用. 吉林农业，（11）：49-50.

刘云国. 2019. 食品及动植物产品DNA分子鉴定技术. 北京：科学出版社.

刘云国，叶乃好. 2011. DNA小分子检测技术及其应用. 北京：科学出版社.

王中强，邱少富，王勇，等. 2010. 多位点序列分型技术及其研究进展. 军事医学科学院院刊，34（1）：76-79.

薛良义. 2012. 转基因生物及其检测技术. 北京：科学出版社.

叶蕊，石丽媛，王鹏，等. 2013. 脉冲场凝胶电泳技术简介及其在细菌分子分型中的应用. 中国媒介生物学及控制杂志，24（2）：182-185.

赵杰文，孙永海. 2008. 现代食品检测技术. 2版. 北京：中国轻工业出版社.

Notomi T, Okayama H, Masubuchi H, et al. 2000. Loop-mediated isothermal amplification of DNA. Nucleic Acids Res, 28 (12): E63.

第六章 生物传感器技术

民以食为天，食以安为先，确保食品质量安全问题，一直是国民关注的重点和热点。生物传感器是一类对生物物质敏感，且能将浓度信号转换为光、电、热等信号的装置。1967年S. J. Updike等将葡萄糖氧化酶封装在玻璃电极上，制造出了第一个生物传感器——葡萄糖传感器，用于糖尿病患者的血糖监测。自此以来，生物传感器家族不断壮大，并向着高度自动化、微型化与集成化等方向发展。生物传感器具有特异性强、灵敏度高、分析速度快、成本低等特点，可以对复杂体系中的目标物进行在线连续监测，尤其是对食品风险因子的现场快速检测，极大地促进了危害识别效率，有效保障了我国的食品安全。本章将首先介绍生物传感器技术原理及目前最常见的生物传感器类型。在第二节中，将详细叙述不同的生物传感器在食品常见危害物检测中的应用，以期使读者明白其在食品安全中的重要性。

本章思维导图

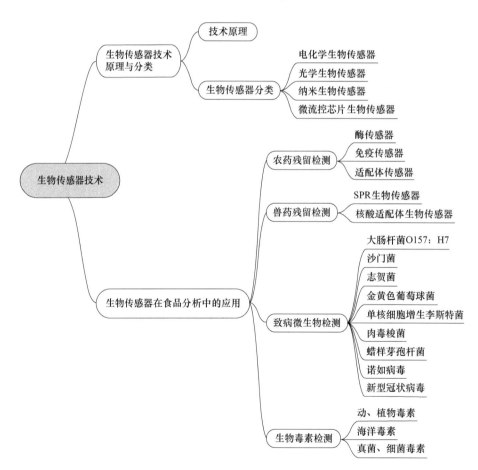

第一节　生物传感器技术的原理与分类

一、技术原理

生物传感器是由识别元件、信号转导元件及信号放大装置构成的一种分析检测工具。其工作原理是基于生物活性材料（如抗原、抗体、酶、核酸、适配体、噬菌体、细胞、组织、微生物等）的敏感识别元件（生物感受器）与待测目标物发生生化反应产生浓度信号，经由基于光学、电化学、压电、磁力和温度等一种或多种技术结合而设计成的信号转导元件（换能器）转换成可定量分析的光、电等信号，再经信号放大装置放大输出，从而获得目标分析物的数量和浓度信息（刘慧等，2022）。生物传感器有多种分类方法，按照工作原理可以分为物理型、化学型及微生物型；按照应用范围和应用对象可分为光学传感器、测量传感器等；按照分子识别原件可分为酶传感器、免疫传感器、微生物传感器、细胞传感器、DNA传感器、组织传感器等（孙龙月等，2021）。

二、生物传感器分类

（一）电化学生物传感器

电化学生物传感器是最具代表性的一类生物传感器，具有灵敏度高、通用性强及成本低等优势。电化学生物传感器的检测原理是基于抗原、抗体、酶、核酸、适配体等生物识别元件捕获待测目标物后会引起传感器表面发生电流、阻抗、电位或电导等参数的变化，通过监测这些信号变化可对目标分析物的浓度做出定量分析（刘慧等，2022）。根据检测参数的不同，电化学生物传感器可以分为电流型生物传感器、阻抗型生物传感器、电位型生物传感器及电导型生物传感器。其中，电流型生物传感器通过测量电极表面发生的生化反应引起的电流变化来确定目标物的浓度；阻抗型生物传感器通过检测目标物引起的电导率或阻抗的变化来进行目标物的检测；电位型生物传感器通常使用高阻抗电压表测定在零电流流动的条件下工作电极和参比电极的离子性质变化所引起的电势差来检测目标物。

（二）光学生物传感器

光学生物传感器是一类利用光学信号变化来检测目标物的生物传感器，具有灵敏度高、特异性强、检测速度快等优点。光学生物传感器根据吸收、反射、折射和色散等参数还可进一步分为比色生物传感器、荧光生物传感器、表面等离子体共振（SPR）生物传感器、表面增强拉曼光谱生物传感器等。

比色生物传感器是一种基于待测样品对光的选择性吸收而产生的可视化颜色变化或借助光谱学仪器检测光学变化的检测仪器。荧光生物传感器通常将荧光生物识别元件与光学传感器相结合，测定时需要使用荧光染料、量子点或其他具有荧光效应的材料作为标记物，基于荧光发光原理，利用物质之间的相互作用产生的催化荧光、荧光猝灭、荧光增强等现象实现对目标物的检测。表面等离子体共振生物传感器是基于表面等离子体光学特性的超灵敏检测仪器，测定时目标分析物与固定在表面等离子体共振生物传感器上的生物识别元件相结合从而引起金属膜表面折射率变化，进而导致表面等离子体角度发生位移，通过目标分析物含量与表面等离子体角度变化之间的关系可定向和定量分析样品中的目标物。表面增强拉曼光谱生物传感器是基于在合适频率的激光照射下，吸附在表面增强拉曼光谱基底上的分子与纳米金属表面等离子体发生等离子体共振而引起分子拉曼信号显著增强的原理开展目标物检测的一类生物传感器。

（三）纳米生物传感器

纳米技术主要是针对尺度为1～100nm的分子世界的一门技术。该尺寸处在原子、分子为代表的微观世界和宏观物体交界的过渡区域，基于此尺寸的系统既非典型的微观系统亦非典型的宏观系统，因此有着独特的化学性质和物理性质，如表面效应、微尺寸效应、量子效应和宏观量子隧道效应等，呈现出常规材料不具备的优越性能。纳米生物传感器的组成部分包括生物识别、传导和转换组件，信号转导方式主要包括光学、电学、力学等。纳米生物传感器的独特之处在于它将物理、化学和生物世界的纳米现象整合到了一起。

一种被称为"纳米孔"的生物传感器采用了一种毒素膜通道蛋白。这种蛋白质内有一个纳米尺度的空腔，单链DNA探针分子可以自由地通过这个通道，而当DNA探针捕获到靶基因或靶蛋白之后体积就会变大，从而堵塞在腔内。因此通过探测膜通道的离子电流就可以实现单个分子的检测。近年来，科学家们发展了多种不同类型的纳米孔，如蛋白质纳米孔、固体材料纳米孔、DNA纳米孔、聚合物纳米孔等。通过构建合适的信号转换体系，纳米孔技术能够实现核酸、蛋白质、小分子、金属离子、酶催化反应等的检测。纳米孔技术具有免标记、无须扩增、灵敏度高的特点。

（四）微流控芯片生物传感器

微流控最为明显的特征之一是微尺度环境下具有独特的流体性质。这种特有的流体现象使微流控具备了在空间和时间尺度上控制单分子的基本功能（李战华等，2011）。微流控芯片检测器将被分析样品处理后进行定性或定量测定。与传统的仪器分析系统相比，在微流控芯片的分析过程中，可供检测的样品进样量少、微通道体积小、检测区域小，并且需要在短时间内完成试剂与样品的混合、反应、分离等过程。因此，微流控芯片分析系统应具有高的灵敏度、高信噪比、较快的信号响应速度等特点，同时还需具备特殊的结构从而更有利于分析系统的微型化、集成化及同其他系统的耦合。迄今为止，已经发展出了十几种微流控芯片检测技术，包括光学检测、电化学检测、质谱检测、表面等离子体检测、光波导检测、表面增强拉曼检测、微环谐振器检测、对非连续微流液滴的检测（林炳承，2013），其中以光学检测和电化学检测法应用最为广泛。各种电化学检测器因其结构简单、价格低廉、体积较小，在芯片的整合上具有其他检测器无法比拟的优势。质谱检测器凭借其强大的分辨和鉴定能力，在微流控蛋白质组学研究中有着难以替代的作用。比色法对设备要求低，并且可以很方便地通过捕获图像来实现远程检测，在食品安全检测领域展示出强大的发展活力，显示出广阔的应用前景。新的检测技术，如表面增强拉曼散射（SERS）、表面波声学等快速发展，能够实现在单个芯片上检测多种分析物，对基于微阵列的传统金标准检测技术提出了挑战。

第二节 生物传感器在食品分析中的应用

一、农药残留检测

在现代农业生产中，农药可用于防治病、虫、草害，从而保证农作物产量。而过量或不合理地使用农药，会导致农产品中过量的农药残留，引起食品安全问题。因此，农药残留快速检测技术对食品安全和国民健康意义重大。传统的色谱技术及色谱-质谱联用技术在农药残留检测中的应用十分普遍，但该类方法存在仪器昂贵、样品预处理过程复杂、测定耗时长、分析成本高等缺点。近年来，随着电化学方法的不断发展，生物传感器应运而生。因其具有灵敏度高、检出限低、样品前处理方法简单、测定成本低等优点，已广泛应用于食品安全快速检测领域。

（一）酶传感器

1. 胆碱酯酶 胆碱酯酶的活性会受到一些农药的抑制，主要包括有机磷、氨基甲酸酯类农药。乙酰胆碱是高等动物体内主要的神经递质，乙酰胆碱酯酶（AChE）可迅速将乙酰胆碱水解生成乙酸盐和胆碱，从而实现神经系统的正常信号传输。Liu等（2011）开发了一种纳米复合材料电化学酶传感器（图6-1），将AChE固定在3-羧基苯硼酸-还原氧化石墨烯-纳米金复合纳米结构修饰的玻碳电极上，用于有机磷与氨基甲酸酯类农药的检测。所制备的电极具有优异的检测能力，对克百威的检测限为0.01μg/L，毒死蜱检测限为0.1μg/L。聚合物因具有成本低、多功能与制备方便等优点，也是一种较为合适的酶固定材料。

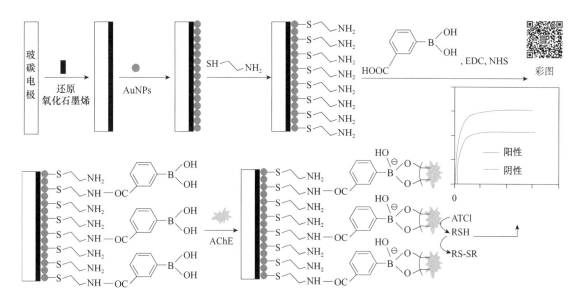

图6-1 还原氧化石墨烯-纳米金结合乙酰胆碱酯酶电化学检测农药残留（引自Liu et al.，2011）

AuNPs. 金纳米颗粒；EDC. 碳二亚胺；NHS. N-羟基琥珀酰亚胺；

ATCl. 氯化乙酰硫代胆碱；RSH. 硫代胆碱；RS-SR. 硫代胆碱（氧化型二聚体）

2. 过氧化物酶　对过氧化物酶有抑制作用的物质有很多种，包括金属、重铬酸盐、半胱氨酸、羟胺、硫化物等。借助这些物质对过氧化物酶的抑制作用，制作出的生物传感器可用于检测食品中的农药残留。一般使用的测定方法是方波伏安法，主要用于测定硫双威。从苜蓿芽中提取过氧化物酶，并将其固定在金电极上，借助 L-半胱氨酸测定白菜样品中的硫双威含量，检测限为 $5.81 \times 10^7 mol/L$。基于过氧化物酶的生物传感器，将过氧化物酶固定化，在检测过程中不会受到基质影响，并且在检测之前也不用进行衍生化加工，检测成本较低，且耗时较少，具有应用和推广优势（谭叙，2021）。

3. 其他酶类　利用农药对酸性磷酸酶的抑制作用，研究人员研发出电流型双酶（酸性磷酸酶、葡萄糖氧化酶）生物传感器，主要应用物理和化学方法，在安培计电极上固定两种酶，可检测有机磷类和氨基甲酸酯类农药。还有一种是混合型的生物传感器，没有将酸性磷酸酶固定在电极上，而是固定在马铃薯切片上，以提高酶的活性。应用这两种传感器检测有机磷农药，检测限为1μg/L（谭叙，2021）。Haddaoui等（2015）基于绿麦隆对酪氨酸酶的抑制作用，制备了酪氨酸酶修饰的丝网印刷碳电极，用于检测绿麦隆。绿麦隆的存在抑制了酪氨酸酶氧化苯酚生成邻苯醌的活性，通过电信号显示的酶抑制程度与绿麦隆含量成正比，因而可以定量检测。

（二）免疫传感器

免疫传感器（immunosensor）是基于免疫分析技术的一类生物传感器，检测抗原与抗体间的特异性相互作用产生的信号，通过传感器转化并输出，可用于定量检测。Dong等（2021）以抗有机磷农药的广谱抗体（Abs）为敏感识别元件，可有效识别大部分有机磷农药（图6-2）。金纳米粒子（AuNPs）具有良好的生物相容性，它与Abs结合形成金标记探针（AuNPs-Abs），增强抗体与纳米材料的有效结合。在电沉积溶液中加入普鲁士蓝（PB）以提高电导率，从而获得优异的电化学性能。为了提高免疫传感器的抗干扰能力和稳定性，采用电沉积方法在电极表面制备了AuNPs-Abs-PB复合膜。在最佳实验条件下，该免疫传感器检测范围较宽（抑制浓度 $IC_{20} \sim IC_{80}$：$1.82 \times 10^{-3} \sim 3.29 \times 10^4 ng/mL$），应用性良好。

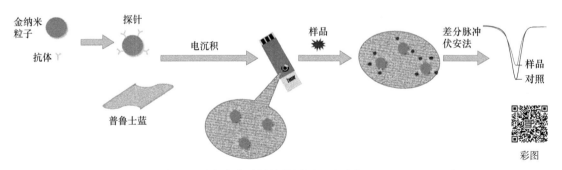

图6-2　电沉积过程及免疫传感器的检测原理（引自Dong et al.，2021）

（三）适配体传感器

适配体（aptamer，Apt）是一种能与目标分子进行特异性结合的单链寡核苷酸序列，包括单链DNA与RNA。适配体可通过链内碱基配对、氢键、范德瓦耳斯力、疏水作用等作用力形成具有特殊构象的三维结构，与目标分子特异性结合。Xu等（2022）提出了一种基于核酸外切酶（Exo Ⅲ）辅助催化发夹组装（EACHA）的自荧光传感器（SFA），用于农药检测（图6-3）。由于具有良好的生物结合亲和力，该传感器中的适配体可以特异性识别目标，也可以通过改变空间构型来驱动EACHA。EACHA被设计为一个循环扩增过程，提高了检测效率和灵敏度。信号是通过2-氨基嘌呤（2AP）分子施加的，它的荧光可以通过与信标中相邻碱基的叠加相互作用而猝灭。

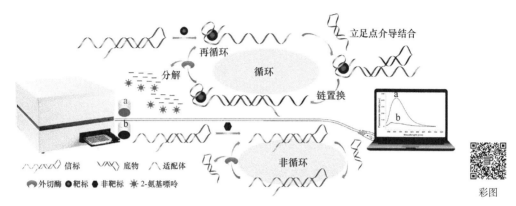

图6-3 基于Exo Ⅲ辅助催化发夹组装的自荧光传感器（EACHA-SFA）设计（引自Xu et al., 2022）

二、兽药残留检测

现代养殖业日益趋向于规模化、集约化，使用兽药成为保障畜牧业发展必不可少的一环。兽药残留会严重损害人体健康、破坏生态环境，影响食品加工业的发展。因此，世界各国都高度重视食品中兽药残留的检测。生物传感器保持了生物活性物质的特异性强、灵敏度高的优势，并且极大地简化了食品中农兽药残留分析过程，提升了检测通量。此外，传感器体积小，便于携带，有利于野外作业和现场实时检测，这些特征都使生物传感器技术在兽药检测方面得到了较快的发展和应用。

1. SPR生物传感器 表面等离子体共振（surface plasmon resonance，SPR）技术是由Pharmacia公司于1985年开发出的可以在$10^{-11}\sim10^{-6}$g/mL的低浓度条件下进行生物分子间交互作用的实时侦测式生物传感器技术（杨丽华等，2007）。Biacore公司率先在1990年推出了第一台商业化的SPR生物传感器。SPR生物传感器主要由传感芯片、微量射流取样控制系统和SPR检测器组成。传感芯片是一个嵌在塑料支持物上的镀金玻璃片，玻璃片表面共价结合有能固定生物分子的葡聚糖层，不同型号的传感芯片表面涂有不同的葡聚糖层，最常用的是羧甲基化葡聚糖。将抗原或抗体固定在传感器表面，当待测样品连续注射通过芯片表面，抗原和抗体特异性结合后，芯片表面复合物浓度发生改变，当偏振光在芯片上反射时，就会发生SPR现象，通过SPR检测器把抗原-抗体反应情况实时反映在传感图上。

在兽药残留分析中，SPR生物传感器在牛奶中抗微生物药物残留分析方面得到了成功的应用，如检测磺胺二甲嘧啶、恩氟沙星、链霉素、依维菌素、青霉素、链霉素、四环素等（杨丽华等，2007；李芳等，2017）。

2. 核酸适配体生物传感器 Yan等（2019）利用非标记氧氟沙星（OFL）的Apt、

AuNPs和罗丹明B(rhodamine B, RB)构建检测OFL的荧光生物传感器, 其原理如图6-4所示。当OFL不存在时, AuNPs被OFL适配体包覆, 在高浓度NaCl溶液中仍保持分散状态, 此时, AuNPs的分散发射能有效降低RB的荧光强度。OFL存在时, OFL与适配体结合形成稳定化合物, 使AuNPs脱离Apt, 从而形成聚集状态, 此时, 聚合的AuNPs无法猝灭RB的荧光。由此, 通过区分荧光强度的大小, 就可以定量样品中OFL的浓度。该方法的检测限为1.7ng/L, 已成功应用于牛奶和水中OFL的测定。此方法具有工艺简单、仪器价格低廉、测量时间短等优点。

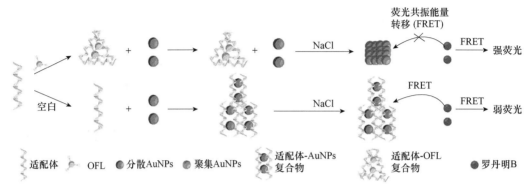

图6-4 利用AuNPs和RB构建核酸适配体生物传感器检测OFL(引自Yan et al., 2019)

彩图

三、致病微生物检测

(一)大肠杆菌O157: H7

大肠杆菌O157: H7是肠出血性大肠杆菌中一种主要的血清型, 被认为是引起食源性疾病暴发的重要致病菌之一。根据美国疾病预防控制中心报道, 由大肠杆菌O157: H7引起的感染主要与生菜、牛肉、鸡肉沙拉有关, 每年可导致20 000人次患病, 易感人群多为老人和小孩。由于人的感染剂量较低, 100~200个活菌即可引发感染, 因此对其进行灵敏检测就极为重要。

Santos等(2013)报道了一个高敏感的电化学阻抗(EIS)传感器用于检测大肠杆菌O157: H7, 抗大肠杆菌O157: H7抗体连在自组装疏基十六烷基酸的金电极上, 修饰的金电极通过EIS检测病原菌(图6-5)。此免疫传感器的检测限为2CFU/mL, 线性范围在

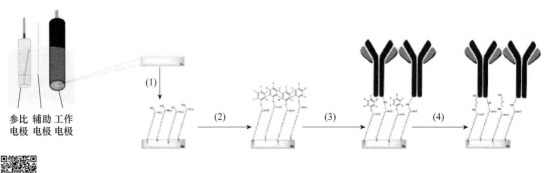

彩图

图6-5 免疫传感示意图(引自Santos et al., 2013)

(1)羧基自组装; (2)表面活化; (3)抗体结合; (4)化学封闭

$3\times10\sim3\times10^4$CFU/mL，R^2值达到0.998，并且此传感器具有特异性，并没有显著吸附鼠伤寒沙门菌。樊凯等（2021）开发了一种电化学免疫方法用于检测食品中大肠杆菌O157：H7，该传感器能在$5.2\times10\sim5.2\times10^6$CFU/mL的动态检测范围内实现食品中大肠杆菌的检测。该生物传感器被成功应用于实际样本（牛肉和苹果汁）中大肠杆菌O157：H7的定量检测。

（二）沙门菌

沙门菌是一类重要的食源性致病菌，可污染肉、蛋、奶及其制品，造成食物中毒，轻则会产生头痛、恶心、发热、呕吐、腹痛、腹泻等症状，重则会引发败血症。沙门菌在食品中的增殖和代谢，会产生多种挥发性有机化合物。借助气体传感器对特征成分快速识别，可有效确证食品受沙门菌污染情况。Balasubramanian等（2012）研究发现，借助电子鼻的气体分析功能，可以快速鉴别被沙门菌污染的牛肉，检测限低于$0.7\log_{10}$CFU/g。但是，这种间接分析法的精确度较差，易受多种因素干扰，甚至不同的样品储存温度都会直接影响检测结果的准确率。因此，直接将菌体的识别信号转换输出，可有效提高检测特异性。Ranjbar等（2018）以适配体作为沙门菌的特异性识别元件，通过电化学传感器输出检测信号，可快速识别鸡蛋中的沙门菌，检测限达1CFU/mL。此方法具有优良的特异性，不但可以特异性识别沙门菌，还可以实现死活细菌的有效区分。

（三）志贺菌

志贺菌是引起人类肠道疾病的主要致病菌之一，具有很强的感染力和致病力，严重危害人们的身体健康。志贺菌存在于乳制品、肉制品和蔬菜瓜果中，食用被志贺菌污染的食物或水可导致腹泻、发热、呕吐及脱水等临床症状，甚至会导致死亡。全球64%的细菌性腹泻疾病是由该细菌感染所致，每年约1.6亿人感染志贺菌，死亡人数高达110万，其中大部分为5岁以下儿童及免疫缺陷人群。在发展中国家，由福氏志贺菌引起的腹泻疾病位居前列。在我国，每年由志贺菌引起的疾病占食源细菌性疾病总数的8.5%，其死亡病例占食源性疾病死亡病例的5.9%。因此，探究出一种快速灵敏、简便高效的志贺菌检测方法迫在眉睫。

Xiao等（2014）研发了便携式倏逝波光纤生物传感器，可快速、高灵敏度地检测志贺菌，将DNA探针固定在可以荧光标记的互补DNA杂交的光纤生物传感器上，可以检测到低至10^{-2}CFU/mL的志贺菌，其检测限与实时PCR一致。Feng等（2018）使用新型金纳米粒子比色适配体传感器，首先将具有高亲和力的适配体固定在AuNPs表面，通过目标菌诱导AuNPs聚集进行检测，并与NaCl作用后，出现可视的颜色变化，可高效检测实际样品中的志贺菌，整个检测过程在20min内完成。

（四）金黄色葡萄球菌

金黄色葡萄球菌是一类革兰氏阳性菌，在自然界中分布广泛，可寄生于人和动物的皮肤表面、鼻腔、肠道等处。多数金黄色葡萄球菌属于条件致病菌，其致病性强弱与其产毒能力有关，当机体免疫力减弱或皮肤受损时，易引发多种症状。目前研究已证实，金黄色葡萄球菌可产生多种肠毒素。肠毒素是一种小分子蛋白质，具有极强的耐热性，100℃处理30min依然保持毒性。肠毒素会破坏人体肠道，导致呕吐、腹泻等症状。通过对菌体及肠毒素的检测，可有效识别被金黄色葡萄球菌污染的食品，避免误食对人体健康造成伤害。

Rocha 等（2020）研制了一种可以灵敏测定 A 型肠毒素的阻抗型免疫传感器，用于间接识别牛奶中的金黄色葡萄球菌。该传感器以 A 型肠毒素抗体作为识别分子，通过沉积在玻璃碳上的还原性氧化石墨烯将其固定。当 A 型肠毒素被其抗体捕获时，会引起传感器阻抗值的变化，根据变化值的大小，即可实现 A 型肠毒素的定性或定量检测。Rahman 等（2015）将金黄色葡萄球菌的特异性核酸适配体偶联至磁致弹性传感器表面，构建了一种新型传感器。当金黄色葡萄球菌被适配体捕获后，传感器的共振频率会发生明显变化，从而反映食品受污染程度。该传感器具有极强的选择性，对金黄色葡萄球菌的检测限低至 5CFU/mL，可用于污染水体的有效监测。

（五）单核细胞增生李斯特菌

单核细胞增生李斯特菌（简称单增李斯特菌）作为一种重要的食源性致病菌，广泛存在于新鲜果蔬、乳制品、肉制品、水产品、冷冻冷藏食品及即食食品等各种食品中。值得注意的是，食品中单增李斯特菌的污染可能发生在生产、加工、包装或分销等任何一个环节。因此，迫切需要探索更加快速、便捷、准确、安全的检测技术，这对实现在整个食物链中单增李斯特菌的实时监控，及时有效预防单增李斯特菌诱发的食源性疾病及维护公共健康卫生，减少经济损失具有重要的现实意义。

目前有许多研究集中在为单增李斯特菌检测开发各种敏感的生物传感器。近年来电化学生物传感器因其高灵敏度、高通用性、强便携性等特点受到人们广泛关注。这些传感器依赖于核酸、抗原、抗体、适配体等的生物偶联，将生物信号经电子或电阻传导、转化为可检测的化学信号，主要类型有电流型、阻抗型及电导型等（图6-6）（Silva et al.，2020）。Rajeswaran 等（2017）将单增李斯特菌的单克隆抗体 IgG1 固定在金电极上作为单增李斯特菌的检测探针，抗体与单增李斯特菌的特异性结合引起电极表面阻抗的变化，通过免疫传感器

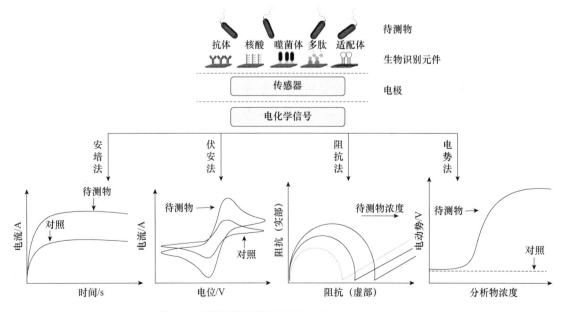

图6-6 传感组件示意图（引自 Silva et al.，2020）

的电化学阻抗变化来反映单增李斯特菌的浓度，该方法可特异性地检测未经浓缩的番茄提取物中的单增李斯特菌，检测灵敏度高度达4CFU/mL。Li等（2021）将CRISPR/Cas12a的反式切割活性引入电化学生物传感器中，结合重组酶辅助扩增，建立了一种性价比高、特异性强、超灵敏的方法，检测限低至基因组DNA 0.68amol/L和单增李斯特菌26CFU/mL。

（六）肉毒梭菌

肉毒梭菌是一种厌氧菌，在罐头食品及密封腌渍食物中具有极强的生存能力。肉毒梭菌可产生神经麻痹毒素——肉毒毒素，该毒素性质稳定，是目前已知化学毒物和生物毒素中毒性最强的物质，对人的致死量仅为0.000 000 1g。肉毒毒素可抑制神经末梢释放乙酰胆碱，导致肌肉松弛型麻痹。人们误食肉毒毒素后，神经系统将遭到破坏，出现全身乏力、头晕、瞳孔放大、吞咽和呼吸困难等症状，严重者可因心脏停搏而死亡。肉毒梭菌中毒现象常年发生，提高菌体和毒素的检测灵敏度，对降低危害具有重要意义。Wang等（2015）开发了一种纳米孔型生物传感器，用于检测B型肉毒毒素。B型肉毒毒素可以通过水解特定的蛋白质底物，产生多肽链。当多肽链穿过纳米孔时，会引起孔道电流的变化，电流的变化值与穿孔多肽链的量呈正相关，从而可间接反映B型肉毒毒素的污染程度。该传感器可在几分钟内实现B型肉毒毒素的检测，灵敏度可达纳摩尔级别。Liu等（2014）以A型肉毒毒素为对象，开发了一种颜色传感器。在A型肉毒毒素的作用下，修饰在金纳米颗粒表面的底物被水解，从而抑制金纳米颗粒聚集诱导的颜色变化过程。该传感器可以在4h之内完成A型肉毒毒素的检测，检测灵敏度亦可达到纳摩尔级别。

（七）蜡样芽孢杆菌

蜡样芽孢杆菌是一类可产生芽孢的革兰氏阳性菌，常存在于空气、土壤和水中。有些菌株具有致病性，可分泌蜡状溶菌素cereolysin和磷脂酶C，引起呕吐、腹泻等症状。蜡样芽孢杆菌引起食物中毒有明显的季节性，以夏、秋季最高，中毒原因主要由于食物保存温度不当，使食物中污染的蜡样芽孢杆菌迅速生长繁殖，产生毒素所引起。蜡样芽孢杆菌的检测可分为菌体检测和毒素检测，如Setterington等（2012）以蜡样芽孢杆菌抗体为识别元件，开发了一种循环伏安法电化学传感器，用于菌体检测。该方法首先将抗体偶联至磁性微球上，用于从样品中快速分离蜡样芽孢杆菌。当菌-抗体-磁性微球复合物滴加到电极上时，可引起电流的明显变化，进而实现菌体的检测。该方法检测效率高，对纯培养的蜡样芽孢杆菌检测限为40CFU/mL。但是磁性微球对食品基质中蜡样芽孢杆菌的分离效果较差，容易出现假阳性结果。Kong等（2015）发现了一种新型噬菌体，可作为蜡样芽孢杆菌的特异性识别分子。通过将该噬菌体偶联至表面等离子体共振芯片，开发了一种新型蜡样芽孢杆菌生物传感器。该传感器检测限为10^2CFU/mL，且对米饭中目标菌检测性能良好。

（八）诺如病毒

诺如病毒，又称为诺瓦克病毒，是一种重要的食源性病毒。诺如病毒可污染牡蛎等贝类海产品，也可污染水源，经粪口途径传播。儿童和成人均为易感人群，并伴随呕吐、腹泻等症状。诺如病毒易造成聚集性感染，尤其在学校、医院、养老院等人群密集地倾向性严重。诺如病毒造成的急性肠胃炎属于自限性疾病，无须经过特殊治疗即可痊愈。新型检测方法通常以抗体或特异性结合肽作为诺如病毒识别元件，从而达到特异性检测的目的。Hwang等（2017）将特异性识别诺如病毒的短肽偶联至金电极上，构建了一种电化学生物传感器。该传感器可以识别7.9拷贝/mL的病毒，可以用于临床即时诊断。Janczuk等（2020）选择诺如病毒抗体作为识别元件，将其偶联至长周期光纤光栅上，构建了一种新型光学生物传感器。该传感器通过监测诺如病毒被抗体捕捉前后透射率的变化，实现目标物的快速分析测定。该传感器可在40min内实现诺如病毒蛋白样颗粒的检测，检测限为1ng/mL，具有良好的临床应用价值。

（九）新型冠状病毒

新型冠状病毒（SARS-CoV-2）是以前从未在人体中发现的冠状病毒新毒株，感染该病毒严重者可导致死亡。该病毒可以通过呼吸道飞沫、气溶胶、粪口和非生物表面传播。世界卫生组织（WHO）数据显示全球累计新冠确诊病例已超过2000万例，累计死亡病例超过73万例。因此，迫切需要开发敏感、准确、快速和低成本的诊断工具来筛查感染者，以便促进适当的隔离和治疗。Seo等（2020）开发出一种基于ELISA的场效应晶体管（PET）生物传感器实现对SARS-CoV-2超灵敏检测。通过界面分子1-芘丁酸N-羟基琥珀酰亚胺酯将SARS-CoV-2突触蛋白的特异性抗体偶联于石墨烯上，当传感器特异性识别病毒后通过半导体分析仪可以检测到石墨烯的电学性能变化，从而进行定量检测（图6-7）。研究者已成功从培养样品和临床样本中检测出SARS-CoV-2，检测限分别为1.6×10PFU/mL和2.42×10^2拷贝/mL。该方法不需要对样品进行预处理和标记即可检测，可大大节约临床检测时间，相比传统检测更加灵敏，具有潜在的应用价值。

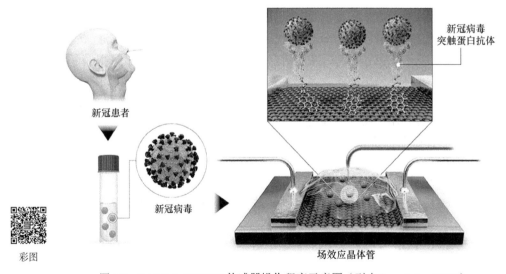

图6-7　SARS-CoV-2 PET传感器操作程序示意图（引自Seo et al.，2020）

四、生物毒素检测

生物毒素是生物体内所产生的有毒代谢产物，包括微生物毒素、植物毒素、动物毒素和海洋毒素。生物毒素污染可以在全球范围内广泛传播，威胁人类和动物的健康或生命，对农业、畜牧业、渔业等行业造成巨大的经济损失。由于其严重的危害，联合国粮食及农业组织、欧盟、美国和其他国家对生物毒素制定了越来越严格的最大残留限量。因此，关注食品中生物毒素的安全，是一项具有重大经济意义和科学意义的事情。

目前，已经有许多研究聚焦于生物毒素的检测。高效液相色谱-质谱联用法是生物毒素的常用测定方法（Li et al.，2013）。然而，由于其不具备广泛的现场应用和高通量检测，生物毒素的快速检测应运而生。在各种快速检测方法中，先进的生物传感器检测技术尤其适用于生物毒素的检测。例如，基于微流控芯片或微阵列的化学或生化传感器，具有集成、自动化和高通量的独特优点，提高了灵敏度，降低了成本，缩短了检测的时间。由于其体积小，可作为一种便携式微型仪器，用于现场和实验室独立检测生物毒素，并已获得初步的推广（Escarpa et al.，2001）。

（一）植物毒素

植物毒素是植物产生的一种有毒物质，通常为次生代谢物。这些物质是初级生理过程的副产物，包括生物碱、萜烯和酚类物质。Campbell等（2011）报道了一种微流控固定传感平台，将4种植物毒素［软骨藻酸（DA）、冈田酸（OA）、石房蛤毒素（STX）和新石房蛤毒素（NEO）］共价吸附在单个芯片上，然后进行多路表面等离子共振（SPR）传感。微阵列技术也可用于多种植物毒素的检测。Szkola等（2013）建立了一种可再生化学发光微阵列，用于同时检测贝类样品中上述3种植物毒素（DA、OA和STX）。

（二）动物毒素

动物毒素是动物的有毒物质或产物，如蛇毒、蜘蛛毒、蝎子毒、膜翅目昆虫（如蜜蜂、黄蜂、大黄蜂）的毒液。这些动物毒素主要有两种作用，即捕食或防御。毛细管电泳、色谱法和质谱法已用于动物毒素的检测（Leitao et al.，2011；Nawarak et al.，2003），而微芯片传感技术在动物毒素检测中发挥着越来越重要的作用。Heus等（2013）研究了微流控芯片和色谱法的结合，他们展示了一种微型在线筛选系统，通过微流控芯片和纳升液相色谱（nano-LC）对四种神经毒性蛇毒进行快速、高分辨率的筛选。在线生化分析评估了淋巴细胞乙酰胆碱结合蛋白的生物活性，平行质谱分析提供了准确的生物活性肽质量，而nano-LC增强了传感灵敏度。

（三）海洋毒素

海洋毒素是由藻类或细菌产生的，通常在海产品中发现。它可引起神经、胃肠道和心血管疾病，海洋毒素中毒具有高死亡率和长期发病率。因此，开发以生物传感器为基础的海洋毒素检测技术是十分必要的。

麻痹性贝毒（PSP）毒素是由一些海洋甲藻产生的，蛤蚌毒素是最著名的麻痹性贝素，可影响正常细胞功能，导致人体瘫痪。Campbell等（2010）开发了一种SPR芯片，利用蛤蚌毒素结合蛋白和芯片表面，通过高效简单的提取过程，检测贝类中的PSP。对于不同的贝类基质，该免疫筛选方法的测定内重复性为2.5%～12.3%，测定间重复性为6.1%～15.2%。随后，Haughey等（2011）研究了另一种快速SPR生物传感器，通过蛤蚌毒素多克隆抗体检测贝类中的PSP毒素。通过使用PSP毒素样品试剂盒，对60份贝类样品进行分析。总体统计一致性在

77.8%~100%，表明SPR生物传感器方法具有较高的准确度。

（四）真菌毒素

真菌毒素是真菌生物产生的有毒次生代谢物，真菌毒素可能存在于食物和饲料中，威胁人和动物的健康和生命。霉菌毒素，如黄曲霉毒素、脱氧雪腐镰刀菌烯醇（DON）、玉米赤霉烯酮（ZEN）、T-2毒素和赭曲霉毒素A（OTA）等，具有致癌、肝毒性、免疫抑制、基因毒性、抗营养和致畸作用。因此，利用生物传感器技术检测真菌毒素具有减少样品消耗、高通量、样品制备与检测相结合等优点，有望建立一种绿色检测方法（王沂雯等，2022）。

Chen等（2020）创新性地通过噬菌体展示技术获得ZEN的模拟表位肽，并在该模拟表位肽上修饰具有良好光热性能的螺旋碳纳米管作为信号探针（peptides@H2N-HCNTs）。ZEN与peptides@H2N-HCNTs竞争结合固相载体上的单克隆抗体（mAb），导致近红外激光照射下的温度增加量与ZEN的浓度成反比。该方法成功应用于谷物中ZEN的便携式检测。Hao等（2020）开发了一种便携式太阳能驱动的光电化学可视化生物传感器用于检测玉米汁中OTA，线性检出范围为1~500ng/mL，检出限为0.29ng/mL。该传感器由于其高精度和便携性，将为生物分析、食品检测等领域的研究带来光明的前景。Joshi等（2016）构建了一种便携式SPR生物传感器，对啤酒中DON和OTA进行竞争性免疫测定。Mak等（2010）开发了一种基于多重磁性纳米标记的新型检测平台，可同时检测黄曲霉毒素 B_1、ZEN和T-2毒素。除了荧光标签，磁性纳米标记可以用廉价的巨磁电阻传感器检测，如检测限为50pg/mL的自旋阀传感器。

（五）细菌毒素

细菌毒素是微生物的副产物。它们会对人类的健康产生负面影响。细菌毒素一般可分为两大类：外毒素和内毒素。

葡萄球菌肠毒素B（SEB）是由金黄色葡萄球菌分泌的外毒素。Wojciechowski等（2009）使用了带有一次性载玻片的微芯片传感器，其中包括用于SEB检测的有机光电二极管，检测限为0.5ng/mL。Rubina等（2010）开发了一种更敏感的微芯片，可通过水凝胶基微阵列同时检测食品和生物培养基中的7种葡萄球菌肠毒素，检测限为0.1~0.5ng/mL。采用基于电渗流的生物传感器，通过纳米技术进一步提高了其灵敏度。Han等（2013）进一步在芯片上制备了纳米级孔，以构建提高灵敏度的光子晶体，检测限是传统ELISA的 10^6 倍。Yang等（2010）建立了八通道芯片实验室，用于基于碳纳米管的免疫分析，用于SEB的光学检测。用碳纳米管固定抗体可使其敏感性提高6倍以上。

肉毒毒素（BoNT）是由肉毒梭菌产生的内毒素，是一种严重危及人类和动物生命的神经毒素。Ferracci等（2011）开发了BoNT-B蛋白酶活性的体外检测方法。使用这种方法，可以检测含有低皮摩尔BoNT-B的液体食品如胡萝卜汁、苹果汁、牛奶，检测过程在3h内。Sun等（2009）设计了一种芯片实验室（LOC），用于体外检测BoNT-A活性，方法是检测毒素轻链（LcA）对BoNT-A特异性荧光标记肽底物的裂解。Lillehoj等（2010）利用自泵LOC检测BoNT，整个分析过程可以在45min内完成，在1L样品中检测到1pg BoNT-A。

生物传感器的出现和发展，在食品污染因子快速检测中发挥了重要作用。随着科技的进步，以及人们对现场检测的需求，生物传感器必将会向着微小型化、智能化发展，传感器的性能也将会不断地改善，从而捍卫食品安全。

思 考 题

1. 简述电化学生物传感器的基本原理。
2. 简述纳米生物传感器的原理和特点。
3. 简述酶传感器在农药残留检测中的应用原理。
4. 简述免疫传感器和适配体传感器的异同点。
5. 列举几种在食源性致病菌检测中常见的生物传感器。

参 考 文 献

樊凯，陈移平，陈晶晶，等．2021．电化学免疫生物传感器在食品中大肠杆菌O157：H7检测中的应用．食品安全导刊，30：2.

李芳，康怀彬，张瑞华，等．2017．食品中农兽药残留生物传感检测技术的研究进展．食品工业科技，38：396-400.

李战华，吴健康，胡国庆，等．2011．微流控芯片中的流体流动．北京：科学出版社.

林炳承．2013．微纳流控芯片实验室．北京：科学出版社.

刘慧，曾祥权，蒋世卫，等．2022．生物传感器在食源性金黄色葡萄球菌快速检测中的应用．食品科学，43（1）：372-381.

孙龙月，王艳，薛也，等．2021．检测性生物传感器的应用研究进展．食品工业，42（4）：367-372.

谭叙．2021．生物传感技术在食品农药残留检测中的运用．食品安全导刊，3：155-156.

王沂雯，刘晏霖，付瑞杰，等．2022．便携式生物传感器在真菌毒素检测中的应用研究进展．食品科学，43（11）：234-235.

杨丽华，吕玉梅．2007．SPR-生物传感器及其在食品安全与兽药残留检测中的研究进展．畜牧与饲料科学，28：38-40.

Balasubramanian S, Amamcharla J, Panigrahi S, et al. 2012. Investigation of different gas sensor-based artificial olfactory systems for screening *Salmonella typhimurium* contamination in beef. Food and Bioprocess Technology, 5 (4): 1206-1219.

Campbell K, Haughey S A, van den Top H, et al. 2010. Single laboratory validation of a surface plasmon resonance biosensor screening method for paralytic shellfish poisoning toxins. Analytical Chemistry, 82 (7): 2977-2988.

Campbell K, McGrath T, Sjolander S, et al. 2011. Use of a novel micro-fluidic device to create arrays for multiplex analysis of large and small molecular weight compounds by surface plasmon resonance. Biosensors and Bioelectronics, 26 (6): 3029-3036.

Chen Y J, Zhang S P, Huang Y T, et al. 2020. A bio-bar-code photothermal probe triggered multi-signal readout sensing system for nontoxic detection of mycotoxins. Biosensors and Bioelectronics, 167: 112501.

Dong H, Zhao Q, Li J, et al. 2021. Broad-spectrum electrochemical immunosensor based on one-step electrodeposition of AuNP-Abs and Prussian blue nanocomposite for organophosphorus pesticide detection. Bioprocess and Biosystems Engineering, 44 (3): 585-594.

Escarpa A, Gonzalez M C. 2001. An overview of analytical chemistry of phenolic compounds in foods. Critical Reviews in Analytical Chemistry, 31 (2): 57-139.

Feng J L, Shen Q, Wu J J, et al. 2018. Naked-eyes detection of *Shigella flexneri* in food samples based on a novel gold nanoparticle-based colorimetric aptasensor. Food Control, 98: 333-341.

Ferracci G, Marconi S, Mazuet C, et al. 2011. A label-free biosensor assay for botulinum neurotoxin B in food and human serum. Analytical Biochemistry, 410 (2): 281-288.

Haddaoui M, Raouafi N. 2015. Chlortoluron-induced enzymatic activity inhibition in tyrosinase/ZnO NPs/SPCE biosensor for the detection of ppb levels of herbicide. Sensors and Actuators B: Chemical, 219: 171-178.

Han J H, Kim H J, Sudheendra L, et al. 2013. Photonic crystal lab-on-a-chip for detecting staphylococcal enterotoxin B at low attomolar concentration. Analytical Biochemistry, 85 (6): 3104-3109.

Hao N, Dai Z, Meng X, et al. 2020. A portable solar-driven ratiometric photo-electrochromic visualization biosensor for detection of ochratoxin A. Sensors and Actuators B: Chemical, 306: 127594.

Haughey S A, Campbell K, Yakes B J, et al. 2011. Comparison of biosensor platforms for surface plasmon resonance based detection of paralytic shellfish toxins. Talanta, 85 (1): 519-526.

Heus F, Vonk F, Otvos R A, et al. 2013. An efficient analytical platform for on-line microfluidic profiling of neuroactive snake venoms towards nicotinic receptor affinity. Toxicon, 61: 112-124.

Hwang H J, Ryu M Y, Park C Y, et al. 2017. High sensitive and selective electrochemical biosensor: label-free detection of human norovirus using affinity peptide as molecular binder. Biosensors and Bioelectronics, 87: 164-170.

Janczuk R M, Gromadzka B, Richter L, et al. 2020. Immunosensor based on long-period fiber gratings for detection of viruses causing gastroenteritis. Sensors, 20 (3): 813.

Joshi S, Annida R M, Zuilhof H, et al. 2016. Analysis of mycotoxins in beer using a portable nanostructured imaging surface plasmon resonance biosensor. Journal of Agricultural and Food Chemistry, 64 (43): 8263-8271.

Kong M, Sim J, Kang T, et al. 2015. A novel and highly specific phage endolysin cell wall binding domain for detection of *Bacillus cereus*. European Biophysics Journal with Biophysics Letters, 44 (6): 437-446.

Leitao A A, Miranda P C M D, Simionato A V C. 2011. Simple and rapid CE-UV method for the assessment of trail pheromone compounds of leaf-cutting ants' venom glands. Electrophoresis, 32 (9): 1074-1079.

Li F, Ye Q H, Chen M T, et al. 2021. An ultrasensitive CRISPR/Cas12a based electrochemical biosensor for *Listeria monocytogenes* detection. Biosensors and Bioelectronics, 179: 113073.

Li P W, Zhang Z W, Hu X F, et al. 2013. Advanced hyphenated chromatographic-mass spectrometry in mycotoxin determination: current status and prospects. Mass Spectrometry Reviews, 32 (6): 420-452.

Lillehoj P B, Wei F, Ho C M. 2010. A self-pumping lab-on-a-chip for rapid detection of botulinum toxin. Lab on a Chip, 10 (17): 2265-2270.

Liu T, Su H, Qu X, et al. 2011. Acetylcholinesterase biosensor based on 3-carboxyphenylboronic acid/reduced graphene oxide-gold nanocomposites modified electrode for amperometric detection of organophosphorus and carbamate pesticides. Sensors and Actuators B: Chemical, 160 (1): 1255-1261.

Liu X, Wang Y, Chen P, et al. 2014. Biofunctionalized gold nanoparticles for colorimetric sensing of botulinum neurotoxin A light chain. Analytical Chemistry, 86 (5): 2345-2352.

Mak A C, Osterfeld S J, Yu H, et al. 2010. Sensitive giant magnetoresistive-based immunoassay for multiplex mycotoxin detection. Biosensors and Bioelectronics, 25 (7): 1635-1639.

Nawarak J, Sinchaikul S, Wu C Y, et al. 2003. Proteomics of snake venoms from Elapidae and Viperidae families by multidimensional chromatographic methods. Electrophoresis, 24 (16): 2838-2854.

Rahman M R T, Lou Z, Wang H, et al. 2015. Aptamer immobilized magnetoelastic sensor for the determination of *Staphylococcus aureus*. Analytical Letters, 48 (15): 2414-2422.

Rajeswaran R, Palmiro P. 2017. Fluorescence-free biosensor methods in detection of food pathogens with a special focus on *Listeria monocytogenes*. Biosensors, 7 (4): 63.

Ranjbar S, Shahrokhian S, Nurmohammadi F. 2018. Nanoporous gold as a suitable substrate for preparation of a new sensitive electrochemical aptasensor for detection of *Salmonella typhimurium*. Sensors and Actuators B: Chemical, 255: 1536-1544.

Rocha G S, Silva M K L, Cesarino I. 2020. Reduced graphene oxide-based impedimetric immunosensor for detection of enterotoxin A in milk samples. Materials, 13 (7): 1751.

Rubina A Y, Filippova M A, Feizkhanova G U, et al. 2010. Simultaneous detection of seven staphylococcal enterotoxins: development of hydrogel biochips for analytical and practical application. Analytical Chemistry, 82 (21): 8881-8889.

Santos M B D, Agusil J P, PrietoSimón B, et al. 2013. Highly sensitive detection of pathogen *Escherichia coli* O157: H7 by electrochemical impedance spectroscopy. Biosensors and Bioelectronics, 45 (1): 174-180.

Seo G, Lee G, Kim M J, et al. 2020. Rapid detection of COVID-19 causative virus (SARS-CoV-2) in human nasopharyngeal swab specimens using field-effect transistor-based biosensor. ACS Nano, 14 (4): 5135-5142.

Setterington E B, Alocilja E C. 2012. Electrochemical biosensor for rapid and sensitive detection of magnetically extracted bacterial pathogens. Biosensors, 2 (1): 15-31.

Silva N F D, Neves M M P S, Magalhaes J M C S, et al. 2020. Emerging electrochemical biosensing approaches for detection of *Listeria monocytogenes* in food samples: an overview. Trends in Food Science and Technology, 99: 621-633.

Sun S, Ossandon M, Kostov Y, et al. 2009. Lab-on-a-chip for botulinum neurotoxin a (BoNT-A) activity analysis. Lab on a Chip, 9 (22): 3275-3281.

Szkola A, Campbell K, Elliott C T, et al. 2013. Automated, high performance, flow-through chemiluminescence microarray for the multiplexed detection of phycotoxins. Analytica Chimica Acta, 787: 211-218.

Wang Y, Montana V, Grubisic V, et al. 2015. Nanopore sensing of botulinum toxin type B by discriminating an enzymatically cleaved peptide from a synaptic protein synaptobrevin 2 derivative. ACS Applied Materials and Interfaces, 7 (1): 184-192.

Wojciechowski J R, Shriver-Lake L C, Yamaguchi M Y, et al. 2009. Organic photodiodes for biosensor miniaturization. Analytical Chemistry, 81 (9): 3455-3461.

Xiao R, Rong Z, Long F, et al. 2014. Portable evanescent wave fiber biosensor for highly sensitive detection of *Shigella*. Spectrochimica Acta Part A: Molecular and Biomolecular Spectroscopy, 132: 1-5.

Xu Y, Cheng N, Luo Y, et al. 2022. An Exo Ⅲ-assisted catalytic hairpin assembly-based self-fluorescence aptasensor for pesticide detection. Sensors and Actuators B: Chemical, 358: 131441.

Yan Z, Yi H, Wang L, et al. 2019. Fluorescent aptasensor for ofloxacin detection based on the aggregation of gold nanoparticles and its effect on quenching the fluorescence of rhodamine B. Spectrochimica Acta Part A: Molecular and Biomolecular Spectroscopy, 221: 117203.

Yang M H, Sun S, Bruck H A, et al. 2010. Electrical percolation-based biosensor for real-time direct detection of staphylococcal enterotoxin B (SEB). Biosensors and Bioelectronics, 25 (12): 2573-2578.

第七章　电子鼻和电子舌技术

电子鼻（electronic nose，E-nose）和电子舌（electronic tongue，E-tongue）技术是20世纪80、90年代诞生并迅速发展的基于模仿生物嗅觉和味觉感受机制而构建的现代化智能感官分析技术，利用传感器和智能识别算法对气体和液体样品进行检测和分析。本章将通过技术原理、数据处理方法及应用案例对电子鼻和电子舌技术展开介绍。

本章思维导图

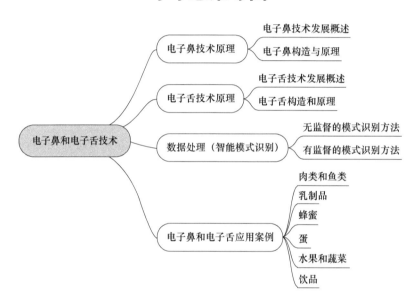

第一节　电子鼻技术原理

一、电子鼻技术发展概述

早在1962年，Seiyama等首次提出将金属氧化物传感器（mental oxide sensor，MOS）应用于气体检测；1964年，Wilkens和Hatman利用气体在电极上的氧化-还原反应对嗅觉过程进行了电子模拟；1965年，Buck等利用了金属和半导体电导的变化对气体进行了测量；电子鼻的概念在1982年由英国沃里克大学的Persaud和Dodd最早提出，他们研发了具有三个半导体气体传感器的气体传感器阵列和模式识别系统所组成的电子鼻，并且该电子鼻能够成功识别玫瑰油、丁香油等21种挥发性化合物；1987年，电子鼻的研究发生重大突破，在第八届欧洲化学传感研究组织年会，英国沃里克大学Gardner所在的气敏传感研究小组发表了电子鼻在气体测量方面应用的论文，该论文主要研究了模式识别技术在电子鼻中的应用；1991年，第一次电子鼻专题会议在冰岛召开，自此之后电子鼻研究进入快速发展阶段（许文娟等，2022）；1994年，英国沃里克大学的Gardner和南安普敦大学的Bartlett给出了电子鼻的完整定义，这也标志着电子鼻进入稳定发展的阶段，1995年出现商品化的电子鼻。目前较著名的品牌有德国 Airsense、英国 Bloodhound、法国 Alpha MOS 和中国 Smartnose（图7-1）等（陈通等，2021）。

目前，国内外对电子鼻的设计、性能和应用方面都做了广泛的研究，电子鼻显示出了良好的发展前景。人们已经利用新型纳米材料开发出了更高效的新型传感器，提高了灵敏度和选择性。各领域的研究人员从单一传感器到传感器阵列、从一种模式算法到多种化学计量学方法的灵活应用，使得电子鼻技术获得了丰硕的研究成果（Francesco et al.，2001）。

图 7-1　Smartnose 设备外观

二、电子鼻构造与原理

嗅觉系统可与其他器官，特别是大脑结合，形成嗅觉。具体过程为携带特定气味的分子通过鼻甲骨进入含有神经细胞的嗅上皮及其毛状末端、三叉神经终末和支持细胞。气味分子被嗅上皮黏液吸收，扩散到嗅细胞的纤毛上，并与其表面的特定受体（可能是气味结合蛋白）结合，从而使受体细胞去极化。同时一个电化学电位被激发并沿着轴突方向传导到嗅球，然后再传导至更高的大脑中枢，信号根据气味的特征和强度进行识别。人脑能够记住由不同气味分子引起的不同电位/信号，从而赋予人类识别气味的能力（Kiani et al.，2016）。受嗅觉系统的启发，将化学传感器阵列与识别技术模式相结合，就形成了能够模拟人体嗅觉系统的电子鼻系统。

电子鼻的仿生原理如下：首先，采用合适的方法处理样品后将所检样品充分挥发出来的气体与多个气敏传感器反应，将产生的化学/物理信号转换成电信号；其次，通过数据采集卡采集电信号，并将其转化为数字信号；再次，将采集到的数字信息进行放大信号、降低噪声、基线校准和提取特征值等预处理，获取并增强样品的综合信息；最后，采用适当的模式识别方式对提取出来的特征值进行处理，从而实现对样品的定性或者定量分析。基于上述的仿生原理，电子鼻设备一般分为四个部分（图7-2）：气体进样系统、气敏传感器阵列、信号采集系统和智能模式识别系统（兰余等，2013）。

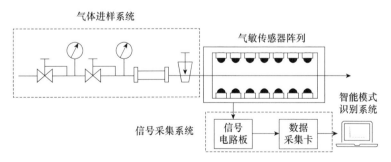

图 7-2　电子鼻设备的构造示意图

（一）气体进样系统

气体进样系统是指采集待测挥发性气体样品的结构。气体进样系统作为电子鼻系统工作的第一步，影响着被测样品进入气室的方式、速度及采集信号的效率等一些关键步骤。因此，选用适当的气体进样方式，对于改善电子鼻分析结果的准确率有很大的提高作用。就现有技术而言，电子鼻的进样系统分为静态进样和载气动态进样两种。

1. 静态进样 静态进样是指将被测样品直接放置在气敏传感器气室中，等样品与其挥发性气体达到平衡时再检测传感器的响应。该方法主要用于检测传感器的稳态响应。静态进样的主要优点是结构和操作均相对简单。同时，温度、压力、被测样品浓度、气室的体积和结构是影响其后续检测效果的重要参数。

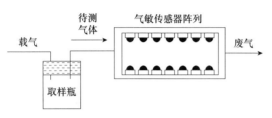

图 7-3 载气动态进样示意图

2. 载气动态进样 载气动态进样是指被测样品的挥发性气体以一定流速进入电子鼻气敏传感器气室，使气敏传感器阵列与流动的样品挥发性气体接触并发生作用（图 7-3）。相较于静态进样，载气动态进样方法能够使信号采集卡采集到样品挥发性气体与传感器阵列从未反应、反应进行到反应完成整个过程的传感器信号变化，有利于对气敏传感器阵列进行吸附 - 解吸动力学分析。同时，载气动态进样还有测量时间短、测量效率高的优点。与之对应的，气流速率、被测样品量、温度、压力等参数是影响其后续检测效果的参数。

就目前来说，载气动态进样是构建电子鼻系统时最常采用的气体进样系统。事实上，不管采用上述何种气体进样方式，气敏传感器气室材料与管路材料的选择都很重要。所选择的材料必须是惰性材料，使样品挥发性气体能够尽可能少地被吸附在气室材料与管路材料上（Lu et al.，2020a）。

（二）气敏传感器阵列

在电子鼻系统中，最重要的部分是气敏传感器阵列。由于每种传感器都对部分气体具有选择敏感性，因此可以通过不同传感器的组合来实现对多种气体的检测，即构建气敏传感器阵列。气敏传感器阵列作为电子鼻系统的检测器，类似于人的嗅觉细胞，待测样品的气味分子经过气敏传感器表面时，会发生化学/物理作用，使得气敏传感器的电学特性发生变化，从而导致气敏传感器表面的电阻变化，并且转变成计算机可以识别和分析的数字信号。这些信号再经过特征值处理等一些复杂的模式识别算法进行处理分析，最后得到待测气体的特征响应信号值。

根据气敏传感器的反应机理，可以将气敏传感器分为电量型气敏传感器、频率型气敏传感器两大类。电量型气敏传感器响应机理是传感器表面的气敏材料对检测气体产生吸附时，其表面的电化学性质发生改变，从而导致气敏材料电学特性的改变，引起电路系统中电流或电压的变化。电量型气敏传感器的表面气敏代表材料有 SnO_2、$CuO-BaTiO_3$ 和 $Pd-TiO_2$ 等。目前，应用范围最广的电量型气敏传感器是金属氧化物传感器（metal oxide sensor，MOS），即以金属氧化物或金属半导体氧化物为原料，表面用气敏材料修饰的气敏型传感器，具有制作简单、使用成本低、工作时间久、相对敏感的气体多等优点。

频率型气敏传感器通过压电材料及石英表面修饰气敏材料使其具有对气体样品吸附作用，当待测气体被吸附层吸收时，压电材料表面的声表面频率或谐振频率会随之发生改变，从而导致气敏传感器电学特性的改变。频率型气敏传感器可以分为质量型和质量 - 电量双参数型气敏传感器两大类，典型代表有声表面波（surface acoustic wave，SAW）传感器和石英晶体微天平（quartz crystal microbalance，QCM）传感器等。

随着技术的进步，各类型气敏传感器的使用越来越广泛，其制备工艺都取得了很多突破。同时，随着纳米材料的不断应用和发展，导电碳纳米管型气敏传感器的研发也得到了广泛关注。表7-1罗列了商用电子鼻系统常用的气敏传感器及其特性。

表7-1 商用电子鼻系统气敏传感器及其特性（引自叶笑，2017）

传感器类型	感应材料	检测原理	优点	缺点
金属氧化物传感器	掺半导电金属氧化物	电阻变化	价格便宜，极高的灵敏度，稳定性好，对低摩尔化合物可快速响应	高温作业，高消耗，传感器涂料有限，对湿度敏感
石英晶体微天平传感器	有机或无机薄膜层	质量变化	精确度高，涂层丰富多样，灵敏度高	电路复杂，信噪比差，对温度和湿度都比较敏感
声表面波传感器	有机或无机薄膜层	质量变化	灵敏度高，信号易于处理，功耗低，体积小	有温度偏移，制造的重复性差
导电聚合物传感器	改性的导电聚合物	电阻变化	灵敏度高，工作范围广，常温工作，材料选择范围广	活性材料电聚合过程较为困难，高温稳定性差，对湿度敏感
荧光传感器	荧光灵敏探测器	荧光发射	抗电干扰能力强，体积小	可获得的光源有限

（三）信号采集系统

信号采集系统负责信号的采集和对信号进行预处理，对采集到的电子鼻响应信号进行选择、放大、降噪、数据预处理和传感器阵列优化等操作。这一系列操作的主要目的是降低噪声干扰，提高信噪比，得到更有效的信息以提高后续分析的准确度。

当气敏传感器阵列检测样品时，响应信号往往并不是单一的。以石英晶体微天平传感器为例：在检测样品时，石英晶振片上所覆盖的材料薄膜与样品进行相互作用，引起传感器本身的质量发生变化，从而影响了气敏传感器输出的频率、振幅或者波速，除此之外，气敏传感器本身的电阻值也发生了变化。频率、振幅、波速和传感器电阻的波动都可以作为响应信号，来反映检测样品的种类、质量或者浓度等信息。选择一种合理并且合适的信号响应对气敏传感器的灵敏性和稳定性都具有重要意义。

同时，由于检测样品的多样性和复杂性，电子鼻的气敏传感器阵列在使用过程中不可避免地会产生除有用信号之外的噪声信号。噪声信号的产生有时甚至会掩盖有用信号。因此，信号放大器是进行信号采集时必须使用的，它能够增大有用信号的功率，使有用信号在传输过程中不至于太小而被掩盖。

除了放大信号这种手段之外，很多降低噪声的方法也在被研究。噪声信号可以分为高频噪声信号与低频噪声信号。高频噪声信号一般通过低通过滤就能很好地清除。低频的噪声信号往往采用小波变换与傅里叶变换。利用小波变换去除噪声是指将得到的响应信号通过小波变换获得小波系数，根据分解尺度的不同，小波系数代表不同的特征信息，并且有用信号与噪声信号的小波系数不同，通过对得到的小波系数进行阈值处理，从而达到去除噪声信号的目的。已有研究者构造出一种具有过渡临界区域和收缩调和参数的阈值函数，通过收缩调和参数调整小波系数的收缩程度，以提高响应信号的信号比。该构造的小波阈值函数能够在消噪和保留原有信号之间获得较好的平衡，使小波滤波函数有更好的性能。傅里叶变换的原理是将时域信号变换为频域信号，因为在时域空间中，响应信号往往表现出无序性和无规律性，但相反在频域空间响应信号的基本特征信息能够更好地被观察。Gomri等从分子到电信号变化的角度出发，研究了噪声产生的机理，发现噪声信号与低频的有用信号在频率上存在明显的分离现象。基于这个发现，在实际检测过程中，可以对采集的响应信号进行频率分解，找出分离点并进行阈值滤波处理，消除噪声信号，得到干净的有用信号。

　　数据预处理也是信号采集系统的关键步骤。在选择了合理并且合适的响应信号之后，需要对其进行适当的数据预处理。好的数据预处理能够增强信号对比，对电子鼻的分析结果起到事半功倍的效果。常见的数据预处理方法主要有基线处理法和归一化法。不同的数据预处理方法对响应信号有不同的影响。例如，基线处理中的差分法主要是为了去除响应信号中的附加噪声，而相对法主要是为了去除响应信号中的乘性噪声。数据归一化是一种简化计算的方式，它将得到的响应信号限定到0~1这个区间范围，并使有量纲的表达式转变为无量纲的表达式（秦春莲，2022）。数据归一化处理的主要作用是能够使后续的数据处理更加便捷快速，并且无量纲的数据会更有利于综合分析。

（四）智能模式识别系统

　　智能模式识别系统随着计算机技术和应用发展而兴起。无论是电子鼻还是电子舌，智能模式识别系统一般均由硬件的计算机设备和软件的智能模式识别算法组成。

　　一般来说，典型的智能模式识别算法应该包括特征值提取和分类决策两个过程。特征值提取的基本任务是从采集得到的信号数据中筛选出有效的特征数据，同时将它们从高维特征空间压缩到低维特征空间，以便更有效地开展分类决策过程（李建军等，2022）。因此，特征值提取的中心思想是降维算法。降维算法能够将由特征参数组成的多维数据空间映射到低维特征数据空间，并且保留原样本的大部分信息，主要包括：主成分分析（principal component analysis，PCA）、线性判别分析（linear discriminative analysis，LDA）、自组织映射（self-organizing map，SOM）等算法。

　　分类决策的作用是在特征空间中用统计方法把被识别对象归为某一类别。分类决策通常是基于已经得到分类或者描述的模式集合而进行的。通常，将这个模式集合成为训练集，由此产生的学习策略称为监督学习。与之相反，还存在非监督学习，在这种情况下产生的系统不需要提供模式类的先验知识，而是基于模式的统计规律或者模式的相似学习判断模式的类别。在特征值提取和分类决策两个过程中均包含着一系列的智能识别算法，详细的原理会在本章第三节中介绍。

第二节　电子舌技术原理

一、电子舌技术发展概述

　　电子舌（electronic tongue，E-tongue）技术是20世纪80年代中期发展起来的一种分析、识别液体成分的新型检测手段（Mao et al.，2018）。世界上最早的电子舌系统由日本九州大学的Toko教授于1995年研发成功，命名为味觉系统，其能将各种脂类物质与酸、甜、苦、咸、鲜5类味物质的相互作用转化为膜电位进行测定，进而再结合雷达图、模式识别等方式对检测对象的味觉属性或是样品整体品质特征进行区分与评价。由此，电子舌的研究开始广泛受到关注，成为众多相关研究工作的热点。1997年，瑞典Winquist教授研究开发了一种基于金属裸电极作为传感器阵列的电子舌系统，该电子舌系统在工厂水净化处理、食品货架期检测、微生物发酵过程控制，以及红酒、茶等产地差异区分与识别方面均呈现了良好的应用价值，为后来的发展奠定了基础。

进入21世纪之后，随着各种研究的不断探索和商业化的应用，市面上、实验室里出现了多种基于不同原理的电子舌。中国浙江工商大学邓少平感官科学课题组经过多年的理论研究及实践调试，率先推出新一代电子舌系统——智舌（Smartongue），由惰性金属电极构成的稳定传感器阵列、原创的组合脉冲弛豫信号激发采集系统和交互感应的解析技术即多元数理统计系统三个部分组成（图7-4）。浙江大学的王平教授课题组开发了以光寻

图7-4　智舌（Smartongue）系统
（引自Mao et al.，2018）

址传感器为基础的电子舌系统。光寻址电子舌在传感器上采用不同显色剂使其与溶液中的金属离子结合显色，通过采集相应的颜色信号，结合溶出伏安法技术在水质离子的检测中取得良好的应用效果。经过多年的实验验证，电子舌已经在基本味物质的辨识、饮料和茶叶品质检测等食品检测的众多领域得到应用，并越来越受工业化企业的青睐。

二、电子舌构造和原理

电子舌是一种以交互敏感的传感器阵列为信号采集系统，结合多元统计分析算法，对液体样品进行整体品质评价的一种现代化分析检测仪器。电子舌的设计思想来源于生物味觉感受系统，故属于生物味觉仿生系统。一般来说，电子舌由传感器阵列、信号激励和采集系统、智能模式识别系统三大主体模块构建而成（Wei et al.，2018）。其中，传感器阵列相当于生物味觉系统中的舌头，能够通过对液体样品的反馈进行响应并进行输出；信号激励和采集系统能够输出激励信号给传感器阵列并对响应信号进行采集；智能模式识别系统通过多元统计或是模式识别的数据处理方法模拟生物大脑的计算，得出与生物味觉感受系统类似的结果。电子舌的构造示意图如图7-5所示。

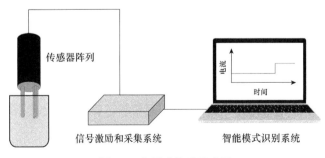

图7-5　电子舌构造示意图

由于电子舌和电子鼻的智能模式识别系统的工作过程和工作原理基本一致，故不再赘述，下面分别对传感器阵列及信号激励和采集系统展开介绍。

（一）传感器阵列

传感器阵列是电子舌构造的核心部分，相当于生物味觉系统中的舌头，其中的传感器就相当于味蕾。由于信号响应方式和工作原理的不同，电子舌的传感器阵列一般可以分为以下几种（Qin et al., 2016）。

1. 电位型传感器阵列　电位型传感器阵列通过测量和分析样品在传感器外膜边界和参比电极之间的不同电极电位来工作。在电位测定法中，当达到平衡状态时，测量工作电极上的电位，对应于净电流等于零的状态。电位型传感器阵列主要基于离子敏感脂膜，主要有两种类型：一种是采用有机膜，如导电聚合膜、酞菁薄膜或掺杂有膜活性成分的增塑聚合物基体等。另一种是采用无机膜，如多晶和硫系玻璃。硫系玻璃传感器采用硫系玻璃作为工作电极，用聚氯乙烯膜实现电位的检测。电子舌输出端通过信号采集装置检测传感器膜与被测物质之间的静电和疏水作用引起的脂膜电位的变化。

电位型传感器阵列具有响应速度快、重复性好、测量装置简单、可获得对不同物质的选择性等优点。另一方面，由于主要依赖于离子敏感脂膜，其在检测时不可避免会存在温度依赖性、待测物质容易吸附造成清洗困难和使用寿命短等缺点。

2. 伏安型传感器阵列　伏安型传感器阵列一般采用三电极结构，即参比电极、工作电极和辅助电极。其中，参比电极多为Ag/AgCl电极；工作电极为非特异性、低选择性的惰性贵金属电极，如铂、金、钯等；辅助电极则多为铂柱电极。伏安型传感器阵列的工作原理是通过电化学伏安法，将传感器阵列放置在待测溶液中，将阶跃电位加到待测溶液中，通过测量工作电极和不同溶液间的极化电流来分析样品特征。伏安型电子舌的阶跃电位主要包括循环电位、常规大脉冲电位和多频脉冲电位。理论上，任何形式电位低于或高于电极电位的物质都可能被氧化或还原。

伏安型传感器阵列具有灵敏度高、通用性强、操作简单、检出限低等优点。相比于电位型传感器阵列，伏安型传感器阵列构建更为简单，使用寿命更长。

3. 阻抗型传感器阵列　阻抗型传感器阵列的构建除了采用和伏安型相同的三电极结构外，还可以根据实际需要将参比电极和辅助电极接在一起形成二电极结构。阻抗型传感器阵列的工作电极表面镀有导电敏感膜（一般以碳粉掺杂的聚合物为主），然后根据待测样品引起的敏感膜电位的变化进行检测和区分。阻抗型传感器阵列的优点是灵敏度高，区分效果好。但是，由于需要对工作电极进行修饰，且修饰过程要求高，拉长了检测时间，也存在着稳定性问题。

4. 其他传感器阵列　除了上述三种较为主流的传感器阵列外，还有一些基于物理信号构建而成的传感器阵列。例如，光学型传感器阵列是利用半导体的内光电效应，激活半导体表面膜以形成光寻址，通过检测膜表面的光电流变化对待测样品进行分析；声波型传感器阵列是通过修饰电极与液体样品之间产生的弹力波信号来实现检测。

（二）信号激励和采集系统

电子舌的信号激励和采集系统通常由信号调理单元和数据采集卡组成。其中，信号调理单元用于实现外部信号激发和采集传感器阵列的响应信号；数据采集卡用于实现产生激励信号和采集经过信号调理单元的响应信号。相较于基于电位型和阻抗型传感器阵列的电子舌，基于伏安型传感器阵列的电子舌由于采用的是脉冲伏安法的激励信号，使得其信号激励和采集系统相对复杂，故以此为例进行介绍。

上述信号激励和采集系统的工作过程如下：计算机控制数据采集卡的数模转换接口产生激励信号，并通过恒电位模块稳定地施加于传感器阵列驱动待测溶液发生电化学反应，同时传感器产生微弱的电流信号，经程控电流跟随器模块放大、滤波，输入至数据采集卡的模数转换器进行采集，最后传输至计算机进行处理。从上述过程中可以看出，信号激励和采集系统具有两个核心内容，即恒电位模块和激励信号。

在三电极结构中，将工作电极的电位设定为某值，驱动待测液发生电化学反应。随着电化学反应的进行，电极表面反应物浓度与生成物浓度不断变化将造成工作电极的电位偏离初始设定的值。若不采取措施来保持预设电位的稳定，将会导致传感器阵列获得失真信号甚至由于电位值过低而无法驱动测试溶液发生电化学反应，造成系统测试结果精度差、可信度不高等问题。因此，为了使所设的电位保持恒定，就需要借助于恒电位来实现。恒电位是三电极结构电化学传感器的接口，主要是由运算放大器（operational amplifer，OP）1、OP2和OP3构成，采用了低漂移的单电源运算放大器，基于宽电压输入范围、轨对轨输入输出、高放大倍数等方式，实现将外部激励信号近乎准确地施加于传感器上，驱动样品溶液发生电化学反应，不仅解决了电化学研究过程中因反应造成外部激励信号值偏离的问题，而且促进了电化学检测与分析领域的多元化发展。

常规的大幅脉冲伏安激励信号由不同幅度脉冲序列构成，通过一定时间间隔进行变化，实现测试溶液中不同成分在不同电位激发下产生丰富的反应信息。其具体工作过程如下：首先电位在零电位上稳定一定时间，此时电极表面由于没有施加任何电位信号，不驱动溶液产生电化学反应。随着电位在极短的时间内从零电位跳跃至某个电位下，此时由于电极表面与溶液本体之间产生电位差，形成双电层体系（Wei et al.，2019）。在这个体系中，溶液中大量的带有反向电荷的离子迅速地向电极表面移动从而在短时间内产生大量的充电电流。同时在电极表面积聚了各个溶液组分，在电位的作用下发生氧化还原反应，产生相应的氧化还原电流。正是初始脉冲电位施加于三电极体系，产生充电电流与氧化还原电流，共同形成了该电极所获得的初始时刻脉冲响应电流信号。紧接着脉冲电位在工作电极上持续施加，电极表面充电基本完成，充电电流逐渐下降，由于电极表面氧化还原反应进行，使溶液中氧化还原组分不断向电极表面补充，只是最初补充的速度不及反应速度，因此氧化还原电流也在不断减少。电流响应信号经过最初脉冲峰电流响应以后就开始下降。等电位持续到最后时刻，电极表面充电完成，充电电流下降至零。同时，由于氧化还原物质消耗与扩散达到平衡，氧化还原电流达到最大值。随后电位脉冲信号下降至零，电极表面已建立好的双电层平衡体系被破坏，双电层开始放电，电极表面积累的带电离子迅速向溶液本体移动，产生与前一过程反向的脉冲电流信号。紧接着下一个递减脉冲电位开始激发，同时产生类似的脉冲响应电流，直至最后一个脉冲电位激发完毕（Lu et al.，2020b）。

第三节　数据处理（智能模式识别）

电子鼻和电子舌的数据处理过程就是一种智能模式识别过程（Lu et al.，2019），主要包括三个部分：①数据的获取与前处理：用计算机可以运算的符号来表示所研究的对象；前处理是对获取的模式信息进行去噪声，提取有用信息；②特征提取与选择：对原始数据进行变

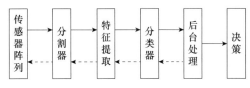

图7-6 典型的智能模式识别流程

换，得到最能反映分类本质的信息；③分类决策：用已有的模式及模式类的信息进行训练，获得一定分类准则，对未知模式进行分类。图7-6是典型的电子鼻和电子舌的智能模式识别流程：传感器阵列把响应信号等输入转化为输入信号（洪雪珍，2014）；分割器用于将样品与背景及其他物质分割开；特征提取用于提取分类样品的属性；分类器根据特征给样品赋予标记；后台处理做一些其他处理，如上下文信息、错误代价、选择合适的动作；决策就是做出最后的结果判断和输出（潘雁红等，2016）。

智能模式识别方法按照有没有训练集可以划分为无监督的模式识别方法和有监督的模式识别方法两种。其中，无监督的模式识别方法包括主成分分析、聚类分析等；有监督的模式识别方法包括偏最小二乘分析、支持向量机、K近邻算法等。下面分别展开介绍。

一、无监督的模式识别方法

（一）主成分分析

主成分分析（principal component analysis，PCA）也称为主分量分析，是最常用的一种降维方法，也是研究如何将多指标问题转化为较少的综合指标的一种重要统计方法，通常用于数据缩减。它能将高维空间的问题转化到低维空间去处理，以确定一小部分因素，使问题变得比较简单、直观，而且这些较少的综合指标之间互不相关，又能提供原有指标的绝大部分信息。主成分分析法通常具有高度的灵活性（Mostafavi，2019）。

常见的主成分分析得分图如图7-7所示，该图为电子舌对于不同产地枸杞检测结果的主成分分析结果。图7-7中，横纵坐标分别为主成分1（PC1）和主成分2（PC2），括号中的百分数代表着相应的信息保留量，每一个折线包围的区域代表着一种产地的枸杞样品，其中的每一个点代表着一次电子舌检测结果。同时，若每个区域相互独立，没有重叠，则说明区分效果明显；若区域有所重叠，可以认为区分效果并不显著，样品之间差异较小。另一方面，区域是否重叠可以通过鉴别指数（discrimination index，DI）来判断：当DI大于0时，表示未重叠；

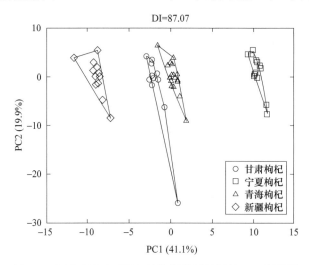

图7-7 电子舌对于不同产地枸杞检测结果的PCA得分图

DI小于0时，表示重叠。进一步地，如果主成分1和主成分2保留的信息量不够，则需要加入主成分3来进一步分析和讨论，才能得到更完整的分析结果。

（二）聚类分析

聚类分析（cluster analysis，CA）是从海量的数据中发现有用信息的过程，其本质是把不同类别或不同属性的数据区别开来，其核心依据是数据样本的特征不同，采用不同的方法即算法实现聚类。聚类试图将数据集中的样本划分为若干个通常是不相交的子集，每个子集称为一个"簇"（cluster）（Adolfsson et al.，2019）。通过这样的划分，每个簇可能对应于一些潜在的概念或类别。所有簇的集合即称为聚类。聚类分析发现知识和信息的过程分以下四个步骤：①数据预处理，从数据库中选择与目标任务相关的数据集，或者具有某种特征的数据集，转换或规范成适合分析的数据。②分析数据特征，判断聚类的类型，选择合适的聚类算法对数据集进行聚类，发现相似的或共同性质的类。③验证和评价聚类结果，以确定对数据集的划分和评判所得结果是否是有效的、正确的。④对结果进行解释，即分析和理解聚类结果，从中得到有用的信息（Kok et al.，2021）。

典型的聚类分析结果图如图7-8所示：横坐标的数字代表不同食物样品的编号，纵坐标是利用聚类分析对电子鼻检测数据计算得到的欧氏距离值。从图7-8中可以看出，30个食物样品可以根据欧氏距离聚类成3个等级，即虚线框所示。

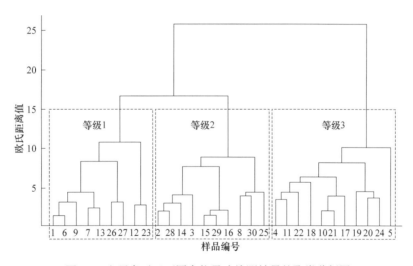

图7-8　电子鼻对于不同食物异味检测结果的聚类分析图

二、有监督的模式识别方法

（一）偏最小二乘分析

偏最小二乘（partial least square，PLS）分析是建立在主成分分析和主成分回归基础上的一种多元数据分析方法，它适用于解决具有以下两个特点的问题：一是变量间存在较强的或完全的线性相关关系，甚至自变量个数较多，而由于一些原因，观察例的个数小于自变量个数；二是建立回归方程以后应用于结果预测。PLS可以同时实现回归建模（多元线性回归）、数据结构简化（主成分分析）、两组变量间相关性分析（典型相关分析），能够有效解决变量间线性相关的问题（滕宇，2020）。

PLS的回归补偿由于其可适用范围广、建模简单、操作方便等特性现已广泛应用于各式传感器的软补偿方式中，其在数据处理合理性及简便性方面的优势，在经济学、医药学、天文学及工程学上，特别是在数据预测分析、定量分析模型的建立方面得到了广泛应用。

（二）支持向量机

支持向量机（support vector machine，SVM）是一种机器学习（ML）算法，通过识别其与变量的相互作用，比较其模型性能，突出其优势和劣势并提出改进建议。支持向量机模型在训练数据有限时具有很强的泛化能力和可比的准确性，但除了噪声和错误标记的数据之外，它还容易受到维度问题的影响。

支持向量机以其简洁的数学形式、标准快捷的训练方法，被广泛应用于模式识别、函数估计、时间序列预测等领域。在解决小样本、非线性、高维度的问题上，支持向量机较其他算法表示出优异性，针对训练时间长、占用内存大等缺点，国内外学者相继提出了快算法、分解算法、序列最小优化算法（SMO）、最小二乘支持向量机等快速算法。支持向量机最早被应用于模式识别中，随着支持向量机相关理论的不断完善，其被广泛应用于工作生活中的各个领域。通过支持向量机算法，输出一个最优化的分隔超平面，使平面上的所有点到平面的距离之和最大，如图7-9所示。其中，实心点和空心点分别代表两类样本，H代表分类超平面。

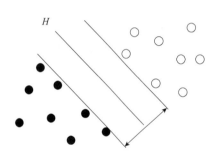

图7-9　支持向量机的工作原理示意图

（三）K近邻算法

K近邻（K-nearest neighbor，KNN）算法属于分类与逻辑回归的算法，是机器学习中简单而且有效的算法，其稳健、易于实现且计算成本低廉。KNN回归器能够通过对具有相似输入特征的数据点进行加权平均来预测输出值。

K近邻学习算法属于机器学习中的分类算法，工作机制相对较为简单：给定一个样本集合，也称作样本训练集，并且知道样本数据集中数据与其所属分类的对应关系。输入一个新的没有分类的数据之后，计算机将数据的特征提取出来，将其与数据集中的特征进行对比找出与其特征相近的K个数据，在K个数据当中出现的分类频次最高的分类作为这个新数据的分类。

第四节　电子鼻和电子舌应用案例

一、肉类和鱼类

（一）生鲜肉新鲜度的电子鼻检测

1. 实验材料与设备　　选取新鲜的猪肉、牛肉和羊肉作为实验对象。

选择浙江工商大学田师一课题组构建的智鼻系统（iNose）作为检测设备。智鼻系统的传感器阵列组成及敏感响应组分如表7-2所列。

2. 实验方法

1）样品预处理　将猪肉、牛肉、羊肉分别切成组织均匀、形状相似、重量相同的肉块，放置在玻璃杯中，并用3M封口膜进行密封，制备成生鲜肉样品。随后将所有样品放置在25℃和70%相对湿度的恒温恒湿箱中备用。

2）感官评价　在感官评价分析中，要求感官品评员对不同保存时间后的生鲜肉样品的颜色、气味和质地进行评估。评价结束后，要求感官品评员将每类生鲜肉样品分为三组，即新鲜组、次新鲜组和腐烂组。感官评价分析的结果用于电子鼻检测的标准数据库参照。

表7-2　智鼻系统传感器阵列组成及敏感响应组分

传感器编号	敏感响应组分
S1	氨气，胺类成分
S2	硫化氢，硫化物成分
S3	氢气
S4	乙醇，有机溶剂成分
S5	食物烹调过程中挥发气体成分
S6	甲烷，沼气、碳氢化合物成分
S7	可燃性气体
S8	挥发性有机化合物
S9	氮氧化合物，汽油、煤油成分
S10	烷烃，可燃性气体成分

3）电子鼻检测　采用电子鼻分别对经过恒温恒湿箱保存后的猪肉、牛肉和羊肉等生鲜肉样品进行检测，自保存时开始第一次检测，随后每24h检测一次，共计检测7次。

4）数据分析　首先，对猪肉、牛肉和羊肉等生鲜肉样品的原始响应信号进行分析，筛选确定具有较强响应信号的传感器。其次，采用PCA对筛选得到的传感器检测特征值进行分析，同时进行降维处理。最后，以感官评价的结果作为标准，通过判别因子分析（DFA）对PCA降维处理的数据进行分析，分别建立猪肉、牛肉和羊肉等生鲜肉样品新鲜度的标准数据库。

5）盲样检测　分别选取19个不同新鲜度的猪肉、牛肉和羊肉的生鲜肉样品盲样，采用电子鼻进行盲样检测，并与标准数据库进行比对，即可得到盲样新鲜度结果。

3. 实验结果

1）感官评价结果　通过感官品评员对于猪肉、牛肉和羊肉等生鲜肉样品的评价结果，可以得到三种肉类的新鲜度分组：保存1～2d为新鲜组，保存3～4d为次新鲜组，保存5～7d为腐败组。相应地，上述感官评价结果将用于电子鼻检测的标准数据库参照。

2）电子鼻传感器信号响应分析　典型的猪肉、牛肉、羊肉的电子鼻响应信号如图7-10所示（Chen et al.，2019），图中每一行代表一个气体传感器。从图中可以看出：由于挥发性气体在传感器表面的不断积累和反应，最初的响应强度较弱，30s后响应强度增强。随着时间的推移，响应强度达到最大值，趋于稳定。猪肉和牛肉的稳定时间接近120s，羊肉为220s。相应地，可检测硫化氢、硫化物、挥发性有机化合物和挥发性气体的气体传感器的响应强度明显高于其他传感器。

3）猪肉样品的PCA与DFA及盲样检测结果　对于猪肉样品，传感器S2、S5和S8有最强的响应，利用这三个传感器的数据进行PCA，结果如图7-11A所示。猪肉样品中PC1和PC2的累计贡献率为100%，说明该电子鼻能较好地反映猪肉样品在保存7d内气体组成的变化趋势。此外，图7-11A中相同保存时间对应的猪肉样品是独立的，7个猪肉样品在7d的保存时间内，整体呈现出近似抛物线的趋势，说明电子鼻能较好地识别每天的猪肉样品并显示其变化

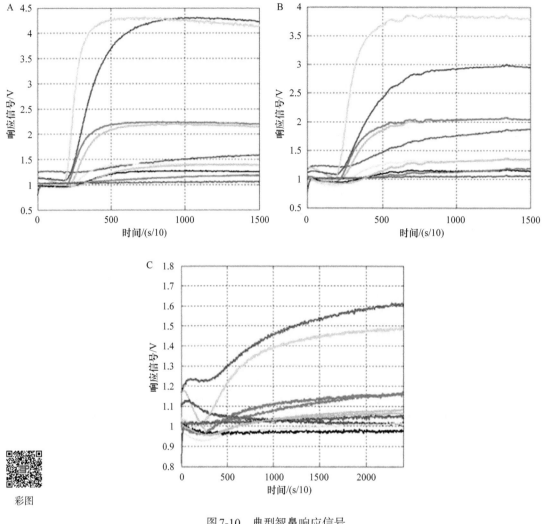

彩图

图7-10 典型智鼻响应信号

A. 猪肉；B. 牛肉；C. 羊肉

趋势。同时，S2是区分样品最重要，效果最显著的传感器。

结合感官评价分析的结果，选择S2、S5、S8传感器数据进行PCA降维，再采用DFA法建立猪肉新鲜度数据库，即分为新鲜、次新鲜和腐败三组。建立数据库后，利用电子鼻对19份不同保存时间的未知猪肉样品进行检测，并利用数据库进行识别，正确率为89.5%，结果如图7-11C所示，横纵坐标分别为区别因子1（DF1）和区别因子2（DF2）。

4）牛肉样品的PCA与DFA及盲样检测结果　　传感器S2和S10有最强的响应，PCA结果如图7-12A所示。图7-12A中相同保存时间对应的牛肉样品是独立的，7个牛肉样品在7d的保存时间内，整体呈现出近似抛物线的趋势。结合感官评价分析的结果，采用DFA法建立牛肉新鲜度数据库，即分为新鲜、次新鲜和腐败三组。建立数据库后，利用电子鼻对19份不同保存时间的未知牛肉样品进行检测，并利用数据库进行识别，正确率为84.2%，结果如图7-12C所示。

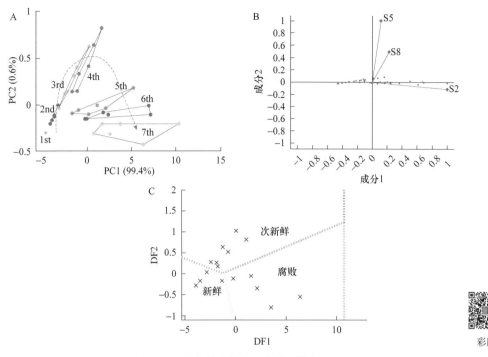

图 7-11　猪肉样品的电子鼻检测结果图

A. PCA结果；B. 传感器载荷图；C. 盲样DFA结果

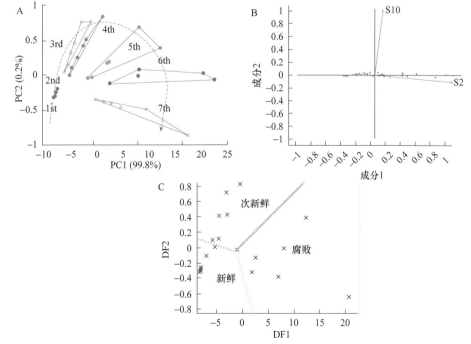

彩图

图 7-12　牛肉样品的电子鼻检测结果图

A. PCA结果；B. 传感器载荷图；C. 盲样DFA结果

5）羊肉样品的PCA与DFA及盲样检测结果　对于羊肉样品，传感器S1、S8和S10有最强的响应，PCA结果如图7-13A所示，羊肉样品中PC1和PC2的累计贡献率为99.0%。图7-13A中相同保存时间对应的羊肉样品是独立的，7个羊肉样品在7d的保存时间内，整体呈现出近似抛物线的趋势。S1是区分样品最重要，效果最显著的传感器。结合感官评价分析的结果，采用DFA法建立羊肉新鲜度数据库，即分为新鲜、次新鲜和腐败三组。建立数据库后，利用电子鼻对19份不同保存时间的未知羊肉样品进行检测，并利用数据库进行识别，正确率为94.7%，结果如图7-13C所示。

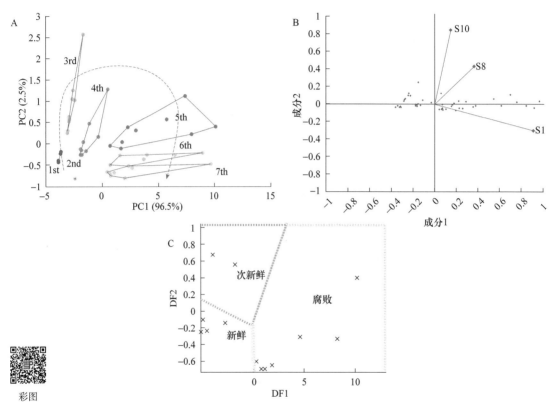

彩图

图7-13　羊肉样品的电子鼻检测结果图

A. PCA结果；B. 传感器载荷图；C. 盲样DFA结果

（二）鱼类品种的电子舌检测

1. 实验材料与设备　选取草鱼、鲢鱼、鳙鱼、带鱼和鳕鱼作为实验对象。

选择法国Alpha MOS公司制造的Astree电子舌作为检测设备。配备7根化学选择性传感器，分别为ZZ、JE、BB、CA、GA、HA、JB，参比电极为Ag/AgCl。

2. 实验方法

1）鱼糜制作　首先，将五种鱼切成适当大小的鱼片，把切好的鱼片放置在直径为5.0mm的滚筒采肉机中采肉，对于处理好的鱼肉进行漂洗，将漂洗好的鱼肉放置在孔径为2.0mm的精滤机中过滤，再进行漂洗和过滤，最终得到各类原料鱼的鱼糜样品。向鱼糜样品中添加抗冻剂（1%蔗糖、0.5%山梨醇和0.1%复合磷酸盐）以便冷冻备用。

2）电子舌检测 把冷藏的各类鱼糜样品放置于4℃冰箱解冻12h。每类样品分别取15.0g，加入100mL的30℃去离子水并进行匀浆，随后静置15min，然后用离心机进行离心（10 000r/min，10min），将离心好的样品取上清液过滤，收集滤液待测（吴浩等，2013）。电子舌在检测过程中每个传感器每秒采集一个数据，采集时间共120s，选取每根传感器第120s的响应值进行分析（此时传感器信号已趋于稳定）（赵钏等，2021），为保证实验的准确性，每种鱼糜样品做6个平行实验。

3）数据处理 主要对电子舌检测数据进行以下两个方面的分析：①主成分分析，采用仪器自带软件AlphaSoft进行分析；②聚类分析，采用SPSS19.0软件进行分析。

3. 实验结果

1）主成分分析 结果见图7-14。主成分1和主成分2的贡献率分别为68.63%和16.10%，可以很好地解释原始电子舌采集信息。五种鱼糜较明显地分散在两个主成分构成的二维坐标空间中。带鱼糜位于主成分1轴的上半区，鳕鱼糜位于主成分1轴的下半区，三种淡水鱼糜分散于主成分1轴附近，草鱼糜和鳙鱼糜之间相互重叠的部分仍然无法有效区分。可能是由于鱼肉的滋味成分包括游离氨基酸、肌苷酸、有机酸及无机离子等，鱼种不同，其滋味成分的组成和含量是有差别的，而制成鱼糜后，滋味成分会部分流失，其差异性会在鱼糜上减小。

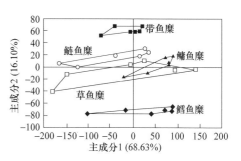

图7-14 五种鱼糜样品的电子舌数据主成分分析图（引自吴浩等，2013）

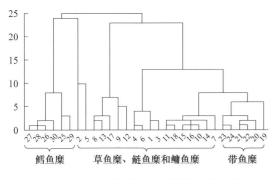

图7-15 五种鱼糜样品的电子舌数据聚类分析结果图（引自吴浩等，2013）

2）聚类分析 图7-15是对30个鱼糜样品的电子舌数据进行聚类分析的结果。6个鳕鱼糜在标度为8左右时聚为一类；6个带鱼糜在标度为6左右时聚为一类；三种淡水鱼糜在聚类图上互有交叉，其结果无法区分。

二、乳制品

（一）掺假羊奶的电子舌检测

1. 实验材料与设备 选取新鲜羊奶和牛奶作为实验对象。

由USB6002数据采集卡、信号处理模块、多传感器阵列、上位机系统构成电子舌系统，如图7-16所示。

2. 实验方法

1）样品预处理 掺假羊奶样品配制：将牛奶按0%、10%、20%、30%、40%、50%的比例混入羊奶中，配制纯度为100%、90%、80%、70%、60%、50%的掺假羊奶。配置好溶液后，为防止溶液变质，迅速贴好标签放入冰箱0～6℃冷藏（韩慧等，2018）。

2）电子舌检测 每次测量前后，对8个工作电极都进行电化学清洗和抛光处理。将传

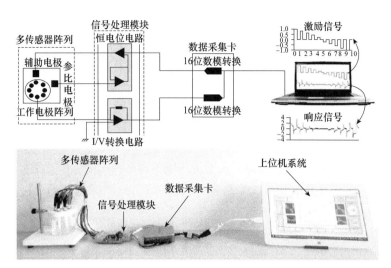

图7-16　电子舌系统构建及实物图（引自韩慧等，2018）

感器阵列放置于任意定量的样品羊奶当中，利用上位机控制传感器阵列对配制好的溶液进行重复检测（20次），然后将其余5种不同纯度的掺假羊奶待测样品依次进行检测。

　　3）数据处理　　采用离散小波变换（DWT）对电子舌的原始数据进行特征提取，可以有效压缩数据，降低后期模式识别的复杂度（Wei et al.，2017）。其次，采用主成分分析（PCA）和粒子群优化极限学习机（PSO-ELM）进行不同掺假比例的羊奶样品的标准数据库的建立。

　　3. 实验结果

　　1）DWT分析　　将6种不同纯度比例掺假羊奶的8000个原始数据压缩至67个数据，实现了数据的有效预处理，如图7-17所示。

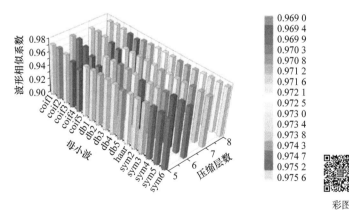

图7-17　不同母小波和压缩层数对波形相似系数的影响（引自韩慧等，2018）

　　2）主成分分析　　如图7-18所示。从图中可以看出，主成分1的贡献率为72.8%，主成分2的贡献率为21.1%，累计贡献率为93.9%。6种纯度的羊奶样品分布在不同的区域，相互之间没有重叠，说明应用主成分分析法可以将不同浓度的羊奶准确地区分开来，从而进行有效辨识。

3）PSO-ELM建立预测模型分析　选取90个样品作为训练集用于模型建立及参数优化，其中90个样品包含6组不同纯度样品，其中每一组又包含15个相同浓度样品。剩余30组（6组纯度，每种纯度5个）作为预测集，用于模型的验证。采用网格搜索法优化极限学习机（GS-ELM）、遗传算法优化极限学习机（GA-ELM）与粒子群优化极限学习机（PSO-ELM）进行比较分析，对PSO-ELM掺假羊奶的预测模型效果进行验证。不同参数优化下的羊奶纯度预测模型如图7-19所示。

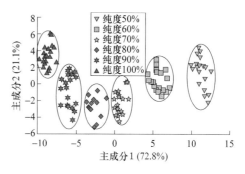

图7-18　不同纯度比例掺假羊奶样品的PCA得分图（引自韩慧等，2018）

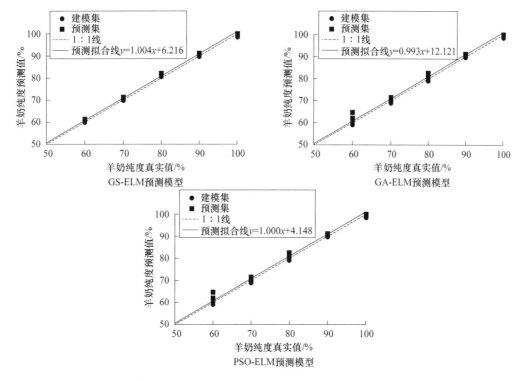

图7-19　不同浓度羊奶样品的极限学习机（ELM）预测图（引自韩慧等，2018）

网格搜索法优化建模集中的粒子群的算法预测效果最好。相对于网格搜索法优化及遗传算法优化，粒子群优化（PSO）建模集中的粒子群具有更佳的灵活和适应性，可以快速准确地寻找最优的ELM参数组合，因此PSO-ELM羊奶纯度预测模型精度较高。

（二）掺假牛奶的电子鼻检测

1. 实验材料与设备　选取新鲜牛奶作为实验对象。

采用基于金属氧化物传感器（MOS）的电子鼻系统作为检测设备，电子鼻系统的传感器阵列组成及敏感响应组分如表7-3所示。

表7-3 电子鼻系统传感器阵列组成及敏感响应组分（引自 Tohidi et al., 2018）

传感器编号	敏感响应组分
S1	各种空气污染源
S2	硫化氢
S3	乙醇，甲苯，二甲苯，其他挥发性有机溶剂蒸气
S4	乙醇，有机溶剂蒸气
S5	有机溶剂蒸气
S6	氢气，乙醇，液化石油气，食物烹调过程中挥发气体成分
S7	甲烷，丙烷，丁烷
S8	乙醇

2. 实验方法

1）样品预处理　　分别在原料奶中加入8种不同浓度的福尔马林（0%、0.01%、0.02%、0.03%、0.04%、0.05%、0.1% 和0.2%），8种不同浓度过氧化氢（0%、0.01%、0.02%、0.03%、0.05%、0.1%、0.2% 和0.3%）和7种不同浓度次氯酸钠（0%、0.05%、0.08%、0.1%、0.2%、0.3% 和0.5%），每种浓度的样品配制11个。所有样品储存在4℃的环境中。

2）电子鼻检测　　将50mL的样品倒入250mL的瓶子，在30℃的密封水浴锅中加热720s，抽取气体注入电子鼻，用于检测。

3）数据分析　　首先，对鲜牛奶样品的原始响应信号进行分析，筛选确定具有较强响应信号的传感器。其次，采用PCA和LDA对筛选得到的传感器检测特征值进行分析，同时进行降维处理，以区别掺假程度不同的牛奶样品，最后通过SVM分析对含掺杂物的牛奶进行掺杂物浓度预测。

3. 实验结果

1）传感器响应信号　　纯牛奶和掺有福尔马林、过氧化氢和次氯酸钠牛奶的电子鼻的响应信号如图7-20所示，不同掺假浓度的样品间电子鼻的响应信号有明显差异。

2）PCA结果　　三种牛奶样品的主成分分析结果见图7-21。结果显示：纯牛奶与掺有福尔马林的所有浓度的牛奶样品均有显著的区别。具体来看：0.01%浓度是掺福尔马林的第一个识别浓度，除了0.03%和0.04%浓度的掺假牛奶图像有重叠外，主成分分析可以区分所有掺福尔马林掺假浓度。纯牛奶和掺有0.01%、0.02%和0.03%过氧化氢的牛奶的图像聚集在数据的下半部分。而在掺有0.02%以上的过氧化氢的牛奶中区分度更高。纯牛奶和掺有0.05%次氯酸钠的牛奶不能被区分，0.08%次氯酸钠是最低的识别浓度。

3）LDA结果　　LDA分析结果如图7-22所示。掺有福尔马林的牛奶的LDA分析准确率为79.16%。掺有过氧化氢的牛奶的LDA分析准确率为70.83%。掺有次氯酸钠的牛奶的LDA分析准确率为66.66%。

4）SVM分析结果　　使用一次性交叉验证对福尔马林、过氧化氢和次氯酸钠的分类准确率分别为94.64%、92.85%和87.75%。结果说明，相对于LDA方法，SVM方法的预测准确率更高。

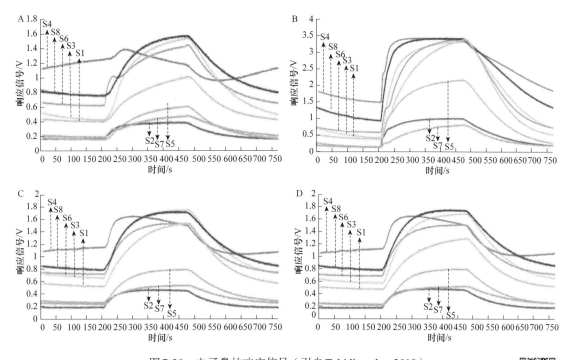

图 7-20　电子鼻的响应信号（引自 Tohidi et al.，2018）

A. 纯牛奶；B. 掺入福尔马林的牛奶；C. 掺入过氧化氢的牛奶；D. 掺入次氯酸钠的牛奶

彩图

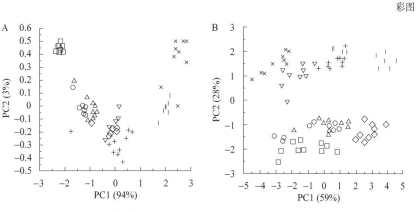

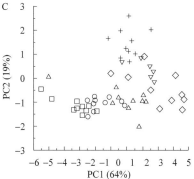

图 7-21　PCA 得分图
（引自 Tohidi et al.，2018）

A. 掺入福尔马林的牛奶（□0%，○0.01%，
△0.02%，◇0.03%，▽0.04%，+0.05%，
| 0.1%，×0.2%）；B. 掺入过氧化氢的牛
奶（□0%，○0.01%，△0.02%，◇0.03%，
▽0.05%，+0.1%，| 0.2%，×0.3%）；C. 掺入
次氯酸钠的牛奶（□0%，○0.05%，△0.08%，
◇0.1%，▽0.2%，+0.3%）

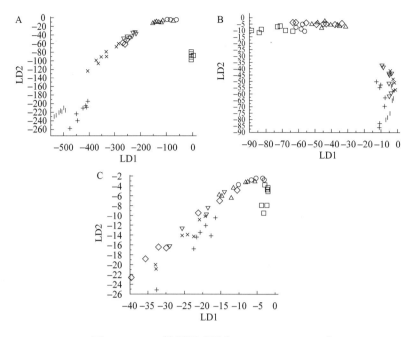

图7-22　LDA结果图（引自Tohidi et al.，2018）

A. 掺入福尔马林的牛奶（□0%，○0.01%，△0.02%，◇0.03%，▽0.04%，+0.05%，|0.1%，×0.2%）；B. 掺入过氧化氢的牛奶（□0%，○0.01%，△0.02%，◇0.03%，▽0.05%，+0.1%，|0.2%，×0.3%）；C. 掺入次氯酸钠的牛奶（□0%，○0.05%，△0.08%，◇0.1%，▽0.2%，+0.3%，×0.5%）

三、蜂蜜

（一）掺假蜂蜜的电子鼻检测

1. 实验材料与设备　选取荆条蜜、洋槐蜜、枣花蜜等10种蜂蜜样品作为电子鼻区分蜂蜜样品的研究对象，掺假原料选择果葡糖浆。

采用德国Airsense公司的PEN3电子鼻系统作为检测设备，传感器阵列组成及敏感响应组分如表7-4所示。

表7-4　PEN3电子鼻系统传感器阵列组成及敏感响应组分（引自陈芳等，2018）

阵列序号	金属传感器名称	敏感响应组分
S1	W1C	芳香成分
S2	W5S	氮氧化合物
S3	W3C	氨气，芳香成分
S4	W6S	氢气
S5	W5C	烷烃类，脂肪族非极性分子
S6	W1S	甲烷
S7	W1W	硫化物，萜类化合物
S8	W2S	醇类
S9	W2W	芳香成分，有机硫化物，氯化物
S10	W3S	烷烃类

2. 实验方法

1）样品预处理　　向融化后的蜂蜜样品中分别添加10%、20%、30%、40%、50%的果葡糖浆配制成5个不同浓度的掺假样品。同时，为保证实验结果准确性，每个浓度做3个平行样品，一共得到150个掺假样品。对于10种纯蜂蜜样品，每种蜂蜜也做3个平行样品，共得到30个纯蜂蜜样品。

2）电子鼻检测　　设置电子鼻检测的参数如下：流速：150mL/min；样品瓶容量：40mL；样品量：26mL；顶空产生时间：600s；顶空温度：30℃；延滞时间：300s；清洗时间：70s；数据采集时间：110s；检测温度：50℃（陈芳等，2018）。

3. 实验结果

1）电子鼻响应信号　　电子鼻对于蜂蜜样品的典型响应信号图如图7-23所示，信号响应值随着时间先上升，随后开始下降，在100s时趋于平缓。

2）蜂蜜样品与果葡糖浆之间气味差异性分析　　将不同品种的蜂蜜的纯样品与果葡糖浆的电子鼻传感器数据进行主成分分析和线性判别分析来判定纯蜂蜜与果葡糖浆之间气味是否存显著性差异，其分析结果如图7-24和图7-25所示。

由PCA结果可知，不同蜂蜜样品分别聚类在图中不同的区域，其中蜂蜜与果葡糖浆相互之间能够很好地区分；1号、4号及8号、7号样品之间有一

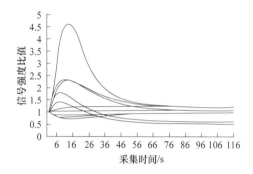

图7-23　电子鼻检测蜂蜜样品信号响应值曲线图（引自陈芳等，2018）

定的重合，这可能是由于1号和4号样品中的物质类别比较相似，但是电子鼻能够很好地区分荆条蜜、洋槐蜜和枣花原蜂蜜样品。LDA也可以区分各个品种的纯蜂蜜和果葡糖浆，且比PCA的区分度更高。因此通过使用电子鼻可以分辨出不同品种纯蜂蜜与果葡糖浆之间气味的差异，从而为利用电子鼻进行蜂蜜掺假的定性鉴别提供了理论依据。

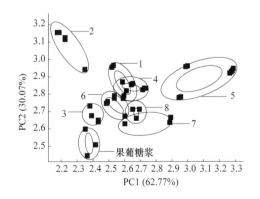

图7-24　不同蜜源的蜂蜜与果葡糖浆的
PCA图（引自陈芳等，2018）

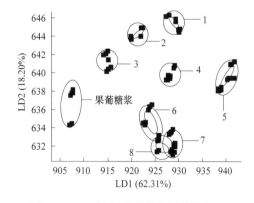

图7-25　不同蜜源的蜂蜜与果葡糖浆的
LDA图（引自陈芳等，2018）

3）掺假蜂蜜香气数据的线性判别分析　　图7-26至图7-28分别是荆条蜜5号、枣花蜜7号和荆条蜜9号掺入不同比例果葡糖浆的LDA结果图。从图中可以看出，不同样品的分析数

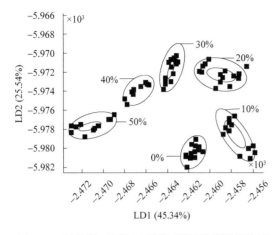

图7-26 荆条蜜5号掺入不同比例果葡糖浆的掺假
样品的LDA图（引自陈芳等，2018）

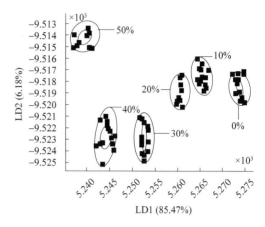

图7-27 枣花蜜7号掺入不同比例果葡糖浆的掺
假样品的LDA图（引自陈芳等，2018）

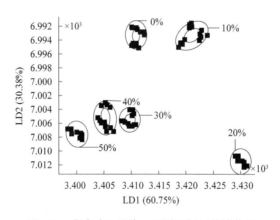

图7-28 荆条蜜9号掺入不同比例果葡糖浆的
掺假样品的LDA图（引自陈芳等，2018）

据点分布于各自区域，没有重叠，表明电子气味指纹分析技术能够准确识别出不同比例果葡糖浆的掺假样品的特征气味，并能对其进行良好区分。说明电子鼻结合LDA的方法对于正常蜂蜜掺假定性判别效果良好，并且能够对蜂蜜掺假进行半定量分析，对于在实际中判别蜂蜜掺假具有很大的参考价值。

（二）掺假蜂蜜的电子舌快速检测

1. 实验材料与设备 选取洋槐蜜、枣花蜜、枇杷蜜等6种蜂蜜作为实验对象，掺假原料选择果糖和葡萄糖。

选择法国Alpha MOS公司制造的Astree电子舌作为检测设备。配备7根化学选择性传感器，分别为ZZ、JE、BB、CA、GA、HA、JB，参比电极为Ag/AgCl。

2. 实验方法

1）样品预处理 将果糖和葡萄糖按照38：31的质量比制成果葡糖浆混合液，再按照混合液不同的质量分数掺入蜂蜜样品得到掺假蜂蜜。

2）电子舌检测　　各掺假蜂蜜称取10g，用超纯水溶解后，定容至100mL，从中取80mL进行电子舌检测。电子舌在对每个样品进行检测时共采集120s的数据信息，选择第120s的数据作为特征值。每个样品做4次平行实验（贾洪锋等，2015）。

3）数据分析　　采用主成分分析、判别因子分析和偏最小二乘分析进行分析。

3. 实验结果

1）主成分分析结果　　不同蜂蜜样品的主成分分析结果图如图7-29所示。可以看出，电子舌能够很好地区分洋槐蜂蜜、枸杞花蜂蜜和紫云英蜂蜜，但不能区分枣花蜂蜜和枇杷蜂蜜。同时，1、4号同为洋槐蜂蜜，但由于产地不同，其蜂蜜中的水溶性成分存在一定的差异，在PCA图中两者能够很好地区分开。

掺假蜂蜜样品的主成分分析结果图如图7-30所示。可以看出，随着果葡糖浆掺入比例的增大而沿着箭头所示方向呈现规律分布，当果葡糖浆掺入比例较低（果葡糖浆≤10%）时，样品（A、B、C和D）之间发生重叠，不能区分；而掺入比例较高（果葡糖浆≥30%）时，样品（E、F、G和H）之间能够很好地区分，且规律性更强。

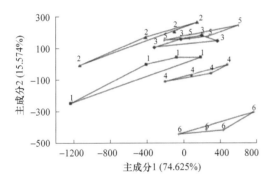

图7-29　不同蜂蜜样品的PCA结果图
（引自贾洪锋等，2015）

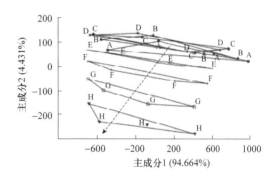

图7-30　掺假蜂蜜样品的PCA结果图
（引自贾洪锋等，2015）

2）判别因子分析结果　　不同蜂蜜样品的判别因子分析结果图如图7-31所示。可以看出，相较于主成分分析，采用判别因子分析可以更好地区分不同品种的蜂蜜样品，尤其是3号和5号样品。

掺假蜂蜜样品的判别因子分析结果图如图7-32所示。可以看出，各掺假样品相互之间能够完全分开，沿着图中箭头所示的方向，掺入比例依次增大。当果葡糖浆掺入比例较低（≤10%）时，样品（A、B、C和D）之间虽能够区分，但是各样品之间的距离较为接近；而当掺入比例较高时（果葡糖浆≥30%），样品（E、F、G和H）之间的能够被很好地区分开来，且区分效果良好。

3）偏最小二乘分析结果　　以传感器采集时的响应值为自变量，以果葡糖浆掺入的不同质量分数为拟合目标，其拟合系数R^2=0.9220。当果葡糖浆掺入比例较低（5%）时，PLS模型的预测值和实测值之间的相对误差较大（32.60%），当果葡糖浆掺入比例为10%～70%时，相对误差均≤5%。同时，制备两个未知样品对模型的区分能力进行验证，结果表明PLS模型的预测值和实测值较为吻合，其相对误差≤4.5%。说明PLS模型能够很好地预测掺假蜂蜜中的果葡糖浆掺入比例，则该模型可以用于掺假蜂蜜的识别及预测掺假比例。

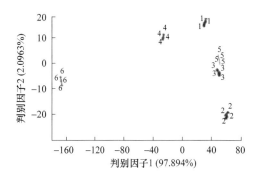

图7-31 不同蜂蜜样品的DFA结果图
（引自贾洪锋等，2015）

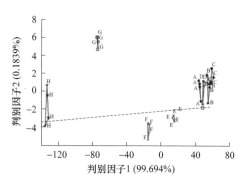

图7-32 掺假蜂蜜样品的DFA结果图
（引自贾洪锋等，2015）

表7-5 电子鼻传感器阵列组成及敏感响应组分
（引自Li et al.，2017）

传感器编号	敏感响应组分
S1	芳香族化合物成分
S2	氮氧化物成分
S3	氨气
S4	氢气
S5	烯烃，芳香族化合物，少数极性化合物成分
S6	甲烷
S7	硫化合物
S8	乙醇，部分芳香化合物成分
S9	芳香化合物，含硫有机化合物成分
S10	甲烷

四、蛋

（一）鸡蛋贮藏时间的电子鼻检测

1. 实验材料与设备 选取160枚新鲜鸡蛋作为实验对象。

采用基于金属氧化物传感器（MOS）的电子鼻系统作为检测设备，电子鼻系统的传感器阵列组成及敏感响应组分如表7-5所列（Li et al.，2017）。

2. 实验方法

1）样品预处理 将鸡蛋贮藏在温度20℃、相对湿度70%的环境中。将140枚蛋分成7组，每组20枚，编号从1到20。进行电子鼻检测前，将待测鸡蛋放入500mL的烧杯中，用防腐膜密封，并在室温下放置1h。

2）电子鼻检测 用注射针头将入口管插入烧杯，电子鼻以1Hz的频率采样和记录数据。每个样品检测70s。每周取一组（20枚）鸡蛋进行检测，数据采集实验持续6周。

3）数据分析与数据库建立 首先，对鸡蛋样品的原始响应信号进行分析。其次，采用小波变换（WT）方法提取动态特征小波能量作为特征信号。再次，采用LDA对特征信号进行分类。最后，利用概率神经网络（PNN）分析对不同贮藏时间的鸡蛋进行分类。

3. 实验结果

1）电子鼻传感器信号响应分析 新鲜组、两周组、四周组和六周组的鸡蛋样品的电子鼻响应信号如图7-33所示。其中S2传感器的响应值最明显。有两个可能的原因：第一，S2对氮氧化物极其敏感，而鸡蛋内的氮氧化物含量较高；第二，S2传感器本身的灵敏度较高。

2）鸡蛋样品的LDA和PNN分析的定性分类结果 7组样品LDA的总方差为82.50%，结果如图7-34所示。可以看到，除了四周组和六周组之间的轻微重叠外，7组鸡蛋样品基本上

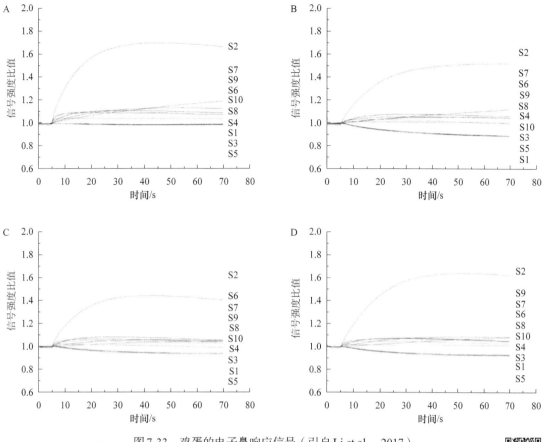

图 7-33　鸡蛋的电子鼻响应信号（引自 Li et al.，2017）

A. 新鲜组；B. 两周组；C. 四周组；D. 六周组

彩图

彩图

图 7-34　鸡蛋样品的 LDA 结果图（引自 Li et al.，2017）

能彼此区分。此外，样品从第四周开始出现明显变化。已经变质的鸡蛋的挥发性组成在成分和含量上差异可能不明显，因此，四周组到六周组的鸡蛋的二维散点图像相对集中。

进一步地，设定光滑参数为0.1，建立特征信号与贮藏时间的预测模型，并采用该模型对训练集和测试集的贮藏时间进行预测。结果表明，训练集和测试集的正确率分别为100%（112/112）和92.86%（26/28）。在测试集的预测结果中，原本属于四周组和五周组的2个样品被错误地预测为六周组的样品。

（二）鸡蛋新鲜度的电子舌检测

1. 实验材料与设备　　选取新鲜鸡蛋作为实验对象。

采用中国农业大学实验室自行研发设计的E-Tongue电子舌系统：由传感器阵列、放大调理电路、A/D采集装置及计算机组成。其工作电极由铜（Cu）电极、钯（Pd）电极、钛（Ti）电极、镍（Ni）电极、铅（Pb）电极、玻碳电极、金（Au）电极、钨（W）电极组成（Deng et al.，2018）；参比电极是氯化银（AgCl）；辅助电极是铂（Pt），以上三个电极共同构成伏安传感器阵列。

2. 实验方法

1）样品预处理　　选取褐壳无损鸡蛋310枚，其中180枚置于4℃环境中，130枚放入（28±2）℃、50%湿度的环境中。从采集当天开始，每次从常温与冷藏环境中各取一组，每组10枚，将鸡蛋打碎后进行蛋黄与蛋清分离，取10g进行电子舌检测。常温组实验进行26d，冷藏组进行36d，最终获得17组冷藏环境下和12组常温环境下蛋黄与蛋清的电子舌数据。

2）电子舌检测　　将整个鸡蛋分离成蛋黄和蛋清，并分别与蒸馏水配制成240mL蛋黄（蛋清）溶液，将每120mL蛋黄（蛋清）溶液分别倒入两个量杯中，供传感器插入溶液中。打开电源开关和信号发生器软件系统并设置好参数（詹小琳等，2015）。

每天检测10个样品，每个检测一次，共10组数据。每次检测前后，对传感器都要用蒸馏水清洗并用滤纸擦干，避免对下一次实验造成影响。重复以上步骤直到全部检测完毕。

3）数据分析　　对每个波形提取相对平均值、相对积分值、最大值比最小值、半宽值和最小斜率共计5个特征值。经如上过程后8个传感器共提取40个特征值。待数据采集结束之后，用贝叶斯判别分析方法为鸡蛋新鲜度的质量评价提供依据。

3. 实验结果

1）贝叶斯判别冷藏蛋黄或蛋清　　利用SPSS对上述实验采集到的冷藏环境蛋清和蛋黄数据进行贝叶斯分析，结果如下：冷藏环境蛋清的前4个贝叶斯判别函数的累计方差百分比达到93.1%，分析使用了前10个典型判别函数，将数据中97.4%的数据进行了正确的分类。冷藏环境蛋黄的前4个典型判别函数的累计方差百分比达到了92.1%，分析使用了前10个典型判别式函数，将数据中95.7%的数据进行了正确的分类。

2）贝叶斯判别常温蛋清　　利用SPSS对上述实验采集到的常温环境蛋清数据进行贝叶斯分析，结果如下：常温环境蛋清的前3个典型判别函数的累计方差百分比达到了94.4%，优于冷藏环境下的数据，分析使用了前10个典型判别函数，将数据中97.4%的数据进行了正确的分类。

五、水果和蔬菜

（一）竹笋品种的电子鼻检测

1. 实验材料与设备　　选取壮绿竹、绿竹、芦竹、毛竹等8种竹笋作为实验对象。

采用德国Airsense公司的PEN3.5电子鼻系统作为检测设备，传感器阵列组成及敏感响应组分同表7-4。

2. 实验方法

1）电子鼻检测　　对于8种类别的竹笋样品，每种分别称取3g，放于装有聚四氟乙烯盖的10mL样品瓶中，并置于室温恒定湿度条件下静置1h后用电子鼻检测，每个样品做3次平行实验。实验过程中电子鼻检测参数设定如下：进样量：400mL/min；传感器采集时间：60s；清洗时间：100s；取50s处稳定状态下的响应值作为分析时间点。

2）数据分析　　对于电子鼻各传感器所采集到的数据，分别采用主成分分析、线性判别分析和分层聚类分析进行分析。

3. 实验结果

1）电子鼻检测的响应信号分析　　电子鼻10个传感器所获得的响应值实验结果如响应曲线图7-35所示。随着进样时间的变化，信号强度比值先快速增加，达到最大值后，随后略有所降低，最后趋于平稳。图中每一条曲线代表了1个传感器，通过观察可以发现每根传感器对竹笋气体挥发物的响应是不同的，在对毛竹竹笋的检测中，响应值最大的是传感器W5S，其次是传感器W2W。依照传感器对应的灵敏物质可发现毛竹竹笋中所含较浓的气味物质是氮氧化合物及芳香类化合物。

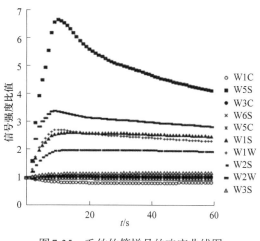

图7-35　毛竹竹笋样品的响应曲线图
（引自潘雁红等，2016）

2）不同竹笋种类的PCA结果　　8种不同种类的竹笋在PCA图分布上互不重叠（图7-36），每种竹笋样品都被很好地区分开来，其区分效果不错。其中主成分1（PC1）贡献率为72.68%，主成分2（PC2）贡献率为25.19%，共计97.87%，表明PCA模型在此分析中可以适用（Tan et al., 2022）。

3）不同竹笋种类的LDA结果　　不同品种的竹笋集中性好且相互之间没有交叉重叠（图7-37），都能够被很好地区分，LD1和LD2的贡献率分别为63.96%和26.81%，总贡献率为90.77%。LDA对样品可以更好地进行分类，更好地揭示了竹笋间挥发物差异的远近及相似程度。

4）不同竹笋种类的分层聚类分析结果　　对8种不同种类竹笋的电子鼻检测结果数据，分别计算其欧氏距离（d），其结果如图7-38所示。欧氏距离越大，说明样品之间的差异性越大，也就是表示每种竹笋间气味的差异性越大，其中可以看出硬头黄竹与其他竹笋间的欧氏距离是最大的，表示硬头黄竹与其他7种竹笋间在气味上差异最大，其次是梁山慈竹。绿竹、壮绿竹、芦竹、毛竹这4种竹笋之间欧氏距离较小，说明它们之间气味较为相似。

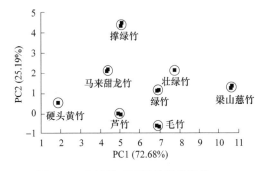

图7-36　电子鼻对不同种类竹笋的PCA
结果（引自潘雁红等，2016）

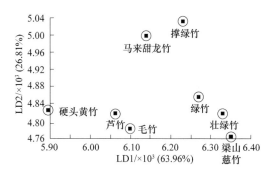

图7-37　电子鼻对不同种类竹笋的LDA
结果（引自潘雁红等，2016）

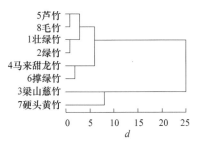

图7-38　电子鼻对不同种类
竹笋的分层聚类分析结果
（引自潘雁红等，2016）

（二）樱桃番茄的电子舌检测

1. 实验材料与设备　选取樱桃番茄作为实验对象。
选择法国Alpha MOS公司制造的Astree电子舌作为检测设备。配备7根化学选择性传感器，分别为ZZ、JE、BB、CA、GA、HA、JB，参比电极为Ag/AgCl。

2. 实验方法

1）样品预处理　首先，采摘一批成熟的樱桃番茄置于（25±1）℃，湿度（80±5）%条件下存放4d，并把这批樱桃番茄标记为过熟不新鲜的水果。4d后再采摘一批新鲜成熟樱桃番茄。然后，分别将过熟不新鲜和新鲜的樱桃番茄进行榨汁，按照质量比为10%的梯度往新鲜樱桃番茄汁中混入0%～30%的标记为过熟不新鲜的樱桃番茄汁，得到4组不同混合比例的果汁放置样品瓶中备用，并且每组样品分别标记0%（未混合）、10%（90g新鲜果汁中混入10g过熟不新鲜果汁）、20%（80g新鲜果汁中混入20g过熟不新鲜果汁）和30%（70g新鲜果汁中混入30g过熟不新鲜果汁）。

2）电子舌检测　对于4种不同混合比例的果汁，每组分别准备25个果汁样品进行电子舌检测，共100个样品。最后结果得到的电子舌数据集是一个100（样品）×7（电极）的数据矩阵。

3）数据分析　对于电子舌传感器所采集到的数据，采用典型判别分析（CDA）进行分析，用支持向量机进行分类预测。

3. 实验方法

1）电子舌响应信号分析　0%组和10%组果汁样品的7个电子舌电极响应趋势基本类似：在最初的20s反应时间里，电极CA、JB和HA的响应信号缓慢增加，而其余4个电极的响应信号则缓慢下降。从20s到100s，除了电极HA的信号值依旧缓慢上升，其余6个电极的响应信号基本不变。此后，所有电极响应信号趋于稳定并最终达到一个平衡状态（120s左右）。所以，本实验最终选取每个电极120s时响应信号值作为每个樱桃番茄汁样品的电子舌响应信号，用于后续数据分析。

2）典型判别分析结果　图7-39为基于电子舌检测的四组掺假果汁的二维CDA图。四组不同混合比例的樱桃番茄汁数据可以完全区分开。同时，不同组别数据的区分主要由典型因子1（Can1）解释（97.51%）：随着混合比例提高，其数据组的Can1数值降低，在二维CDA图上呈现为四组数据按照在0%～30%的顺序，其在图中的位置沿着Can1轴从右到左排序。

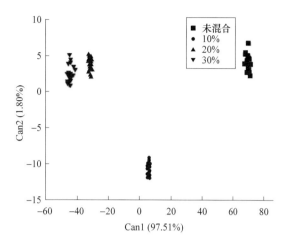

图7-39 四组不同混合比例樱桃番茄汁的二维CDA图（引自洪雪珍，2014）

3）SVM分析结果 从每组樱桃番茄果汁样品中随机选出个17样品数据构建训练集，把剩余8个样品的数据作为测试集。用留一法交叉验证校正训练集，得到较佳模型后，用该模型对测试集样品数据进行测试。结果发现，交叉验证集和测试集的正确率都为100%。

六、饮品——椰汁品质控制的电子舌检测

1. 实验材料与设备 选取椰树、华雄和椰岛三个品牌的6种市售产品作为不同品牌椰汁辨识的实验对象。

选取选用椰岛品牌的不同货架期的21个生产批次的市售产品作为椰汁综合质量评价、货架期检测的实验对象。

采用智舌系统（Smartongue）作为检测设备，其传感器阵列由铂电极、金电极、钯电极、钛电极、钨电极和银电极组成。

2. 实验方法

1）不同品牌椰汁辨识 将三个品牌的6种椰汁待测样品依次取样15mL置于25mL烧杯中进行检测，起始电位选择1V，终止电位选择−1V，进位0.1V，灵敏度选择e^{-4}，每次测量前后，对传感器都要采用清水进行电化学清洗。每种椰汁样品测试16次，用于数据分析。

通过主成分分析（PCA），确定电子舌传感器阵列对于不同椰汁品牌的区分度，同时，对电子舌原始特征值进行数据降维（Najafi et al., 2019）。对降维数据进行判别因子分析（DFA），建立三个品牌6种椰汁样品的品牌特征数据库。最后，每种椰汁样品测试6次并进行判别因子分析，共计36次判别因子分析辨识，用于数据库验证。

2）椰汁综合质量评价 以合格产品不同批次之间的差别度值，以及不同差别度值的平均值和标准偏差作为依据，以t检验作为数学参考，以95%置信区间作为设定区间，建立综合质量特征标准数据库的边界。

3）椰汁货架期检测 将不同生产批次的样品两两进行差别度检验，建立差别度与样品货架时间间隔的相关性关系，以建立产品货架质量的变化方程，用于货架期检测。

3. 实验结果

1）不同品牌椰汁辨识 三个品牌的6种椰汁样品的PCA结果如图7-40所示，其中，横坐标代表的主成分1及纵坐标代表的主成分2对原始数据信息的保留量超过了85%，说明电子

舌能较好地反映上述6种椰汁样品的信息。同时，通过计算，电子舌对于6种样品的DI值达到96.05%，说明其能够很好地呈现不同品牌及类型椰汁之间的整体差异性。

三个品牌的6种椰汁样品的DFA结果如图7-41所示，在36次样品辨识中，有34次正确辨识，其中华雄、椰树果肉、椰岛原味和椰岛果肉的识别准确率达到100%，椰树无糖与椰树原味均有一个样品被误判，识别准确率为83.33%，电子舌椰汁品牌模型的总识别正确率为94.44%。

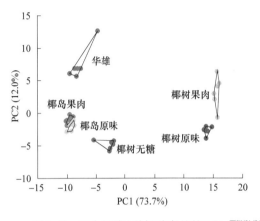

图7-40　三个品牌6种椰汁产品的PCA
结果图

彩图

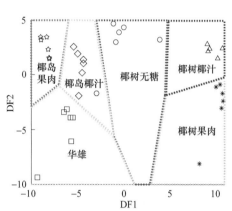

图7-41　三个品牌6种椰汁产品的DFA
结果图

彩图

2）椰汁综合质量评价　　根据不同批次产品的差别度，求取平均值，以95%的置信区间为标准，容忍度设为1，计算得到综合质量特征数据库质量控制线为14.07，如图7-42所示。

3）椰汁货架期检测　　根据电子舌测得的差别度与椰汁货架时间间隔数值，可以建立差别度与椰汁货架时间间隔的对数之间存在线性关系，如图7-43所示，相关系数$R^2=0.8741$，线性方程为$y=10.08\lg x+2.78$。

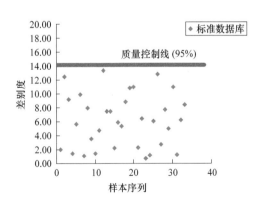

图7-42　椰岛果肉椰汁综合质量特征标准数据库

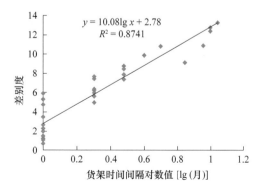

图7-43　椰汁货架时间间隔与电子舌差别度之间
的关系图

思 考 题

1. 电子鼻和电子舌技术的相同点和不同点分别有哪些?
2. 无监督和有监督模式识别方法分别有哪些?
3. 请自行设计一个利用电子鼻技术检测食品品质的实验方法。

参 考 文 献

陈芳, 黄玉坤, 苑阳阳, 等. 2018. 基于电子鼻无损鉴别掺假蜂蜜. 西华大学学报: 自然科学版, 37 (5): 56-60.

陈通, 祁兴普, 陈斌, 等. 2021. 基于电子鼻技术的猪肉脯品质判别分析. 肉类研究, 35 (2): 31-34.

韩慧, 王志强, 李彩虹, 等. 2018. 基于电子舌的掺假羊奶快速定量预测模型. 食品与机械, 34 (12): 53-56.

洪雪珍. 2014. 基于电子鼻和电子舌的樱桃番茄汁品质检测方法研究. 杭州: 浙江大学博士学位论文.

贾洪锋, 李维, 段丽丽, 等. 2015. 电子舌对掺入果葡糖浆掺假蜂蜜的识别. 食品与机械, 31 (4): 68-71.

兰余, 麦文镇, 陈玲, 等. 2013. 智舌与智鼻技术在椰汁中的应用研究. 食品研究与开发, 34 (24): 24-28.

李建军, 董倩倩, 赵一, 等. 2022. 基于电子鼻和电子舌技术对不同金银花酒的鉴别分析. 现代食品科技, 5: 1-5.

潘雁红, 何秋中, 叶晓丹, 等. 2016. 电子鼻在竹笋种类识别中的应用. 浙江农林大学学报, 33 (3): 495-499.

秦春莲. 2022. 仿生味觉传感器及其在味觉检测与个性化药物评价中的应用研究. 杭州: 浙江大学博士学位论文.

滕宇. 2020. 偏最小二乘法在光谱分析中的应用. 集成电路应用, 1: 16-17.

吴浩, 刘源, 顾赛麒, 等. 2013. 电子鼻、电子舌分析和感官评价在鱼糜种类区分中的应用. 食品工业科技, 34 (18): 80-82, 338.

徐建忠, 张彦超, 李永生, 等. 2021. 偏最小二乘法在传感器误差补偿中的应用. 软件, 2 (42): 75-77.

许文娟, 赵晗, 王洪涛, 等. 2022. 电子鼻在食品安全检测领域的研究进展. 食品工业, 43 (2): 255-260.

叶笑. 2017. 基于载气模式的电子鼻系统构建及应用研究. 杭州: 浙江工商大学硕士学位论文.

詹小琳, 杨璐, 郑丽敏, 等. 2015. 基于电子舌系统的鸡蛋新鲜度检测. 农业网络信息, 6: 22-25.

赵钊, 程时文, 毛岳忠, 等. 2021. 基于电子舌技术的氨基酸与密码子关系的初步研究. 化学学报, 79 (11): 1372-1375.

Adolfsson A, Ackerman M, Brownstein N C. 2019. To cluster, or not to cluster: an analysis of clusterability methods. Pattern Recognition. 88 (1): 13-26.

Alguliyev R M, Aliguliyev R M, Sukhostat L V. 2020. Parallel batch k-means for big data clustering. Computers & Industrial Engineering, 152: 107023.

Chen J, Gu J, Zhang R, et al. 2019. Freshness evaluation of three kinds of meats based on the electronic nose. Sensors, 19 (3): 605.

Deng F, Wei C, Wang J, et al. 2018. Fabrication of a sensor array based on quartz crystal microbalance and the application in egg shelf life evaluation. Sensors and Actuators B Chemical, 265: 394-402.

Durbin M, Wonders M A, Flaska M, et al. 2021. K-nearest neighbors regression for the discrimination of gamma rays and neutrons in organic scintillators. Nuclear Instruments & Methods in Physics Research Section A. 987: 164826.

Francesco F D, Lazzerini B, Marcelloni F, et al. 2001. An electronic nose for odour annoyance assessment. Atmospheric Environment, 35 (7): 1225-1234.

Grabowski J, Smoliński A. 2021. The application of hierarchical clustering to analyzing ashes from the combustion of wood pellets mixed with waste materials. Environmental Pollution, 276: 116766.

Kiani S, Minaei S, Ghasemi Vamamkhasti M. 2016. Application of electronic nose systems for assessing quality of medicinal and aromatic plant products: a review. Journal of Applied Research on Medicinal and Aromatic Plants, 3 (1): 1-9.

Kok Z H, Mohamed Shariff A R, Alfatni M S M, et al. 2021. Support vector machine in precision agriculture: a review. Computers & Electronics in Agriculture, 191: 106546.

Li J, Zhu S, Jiang S, et al. 2017. Prediction of egg storage time and yolk index based on electronic nose combined with chemometric methods. LWT - Food Science and Technology, 82: 369-376.

Lu L, Hu X, Zhu Z, et al. 2020a. Review-electrochemical sensors and biosensors modified with binary nanocomposite for food safety. Journal of the Electrochemical Society, 167 (3): 037512.

Lu L, Hu Z, Hu X, et al. 2020b. Quantitative approach of multidimensional interactive sensing for rice quality using electronic tongue sensor array based on information entropy. Sensors and Actuators B Chemical, 329 (7): 129254.

Lu L, Zhu Z, Hu X. 2019. Multivariate nanocomposites for electrochemical sensing in the application of food. TrAC Trends in Analytical Chemistry, 118: 759-769.

Mao Y, Tian S, Gong S, et al. 2018. A broad-spectrum sweet taste sensor based on Ni (OH)$_2$/Ni electrode. Sensors, 18 (9): 2758.

Mostafavi F S. 2019. Evaluating the effect of fat content on the properties of vanilla ice cream using principal component analysis. Journal of Food Measurement and Characterization, 13 (3): 2417-2425.

Najafi M, Leufven A, Dovom M, et al. 2019. Probing the interactions between hardness and sensory of pistachio nuts during storage using principal component analysis. Food Science & Nutrition, 7 (8): 2684-2691.

Qin Z, Zhang B, Hu L, et al. 2016. A novel bioelectronic tongue in vivo for highly sensitive bitterness detection with brain-machine interface. Biosensors and Bioelectronics, 78: 374-380.

Tan F J, Li D C, Kaewkot C, et al. 2022. Application of principal component analysis with instrumental analysis and sensory evaluation for assessment of chicken breast meat juiciness. British Poultry Science, 63 (2): 164-170.

Tohidi M, Ghasemi-Varnamkhasti M, Ghafarinia V, et al. 2018. Development of a metal oxide semiconductor-based artificial nose as a fast, reliable and non-expensive analytical technique for aroma profiling of milk adulteration. International Dairy Journal, 77: 38-46.

Vidal N P, Manful C F, Pham T H, et al. 2020. The use of XLSTAT in conducting principal component analysis (PCA) when evaluating the relationships between sensory and quality attributes in grilled foods. MethodsX. 7: 100835.

Wei X, Qin C, Gu C, et al. 2019. A novel bionic in vitro bioelectronic tongue based on cardiomyocytes and microelectrode array for bitter and umami detection. Biosensors and Bioelectronics, 145: 111673.

Wei Z, Yang Y, Wang J, et al. 2018. The measurement principles, working parameters and configurations of voltammetric electronic tongues and its applications for foodstuff analysis. Journal of Food Engineering, 217: 75-92.

Wei Z, Zhang W, Wang Y, et al. 2017. Monitoring the fermentation, post-ripeness and storage processes of set yogurt using voltametric electronic tongue. Journal of Food Engineering, 203 (JUN.): 41-52.

第八章 液相色谱－质谱联用技术

液相色谱-质谱法（liquid chromatography-mass spectrometry，LC-MS）将液相色谱（LC）出色的分离能力与质谱（MS）的高灵敏和极强的化合物结构解析能力结合起来，已成为一种重要的现代分离分析技术。LC-MS经过约30年的发展，直至采用了大气压离子化技术之后，才发展成为一种重要的常规分离分析方法。随着二维LC和多维LC的出现及质谱技术的发展，LC的色谱分离能力和质谱的分辨率、质荷比（m/z）范围、采集速度等都得到了显著提高，使得该检测技术在生物、医药、化工、农业、食品和环境等各个领域中均得到了广泛的应用，特别是在蛋白质组学和代谢组学的研究工作中LC-MS已经成为最重要的研究方法之一。

本章思维导图

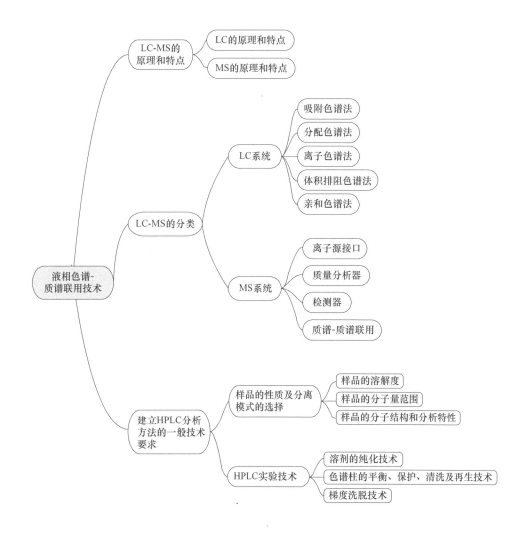

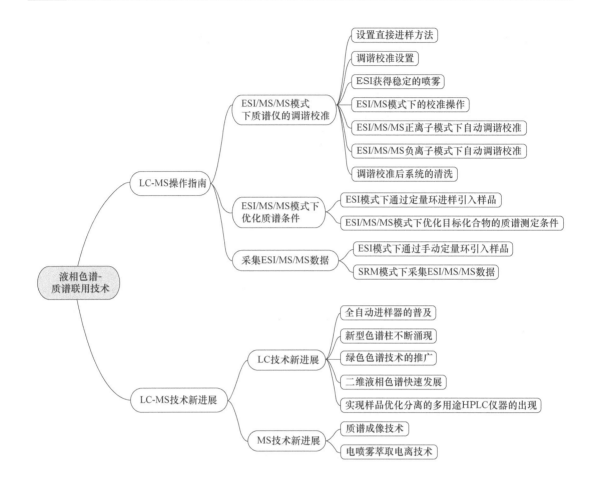

第一节　液相色谱-质谱联用技术的原理与分类

一、液相色谱-质谱技术的原理和特点

（一）液相色谱法的原理和特点

色谱法作为一种分离方法，它利用物质在两相中吸附或分配系数的微小差异达到分离的目的。当两相作相对移动时，被测物质在两相之间进行反复多次的分配，这样使原来微小的分配差异产生了很大的效果，达到分离、分析及测定目的。色谱法作为一种分析方法，其最大特点在于能将复杂的混合物分离为各个独立组分后，逐个加以检测。

一般而言，色谱过程中不同组分在相对运动、不相混溶的两相间交换，其中相对静止的一相称固定相，相对运动的一相称流动相。不同组分在两相间的吸附、分配、离子交换、亲和力或分子尺寸等性质存在微小差别，经过连续多次在两相间的质量交换，这种性质微小差别被叠加、放大，最终得到分离。因此不同组分性质上的微小差别是色谱分离的根本，即必要条件；而性质上微小差别的组分之所以能得以分离，是因为它们在两相之间进行了上千次甚至上百万次的质量交换，这是色谱分离的充分条件。

高效液相色谱法（high performance liquid chromatography，HPLC）作为一种通用、灵敏的定量分析技术，具有极好的分离能力，并可与高灵敏度检测器实现完美的结合，它对不同类型的样品有广泛的适应性，分析重复性好。高效液相色谱法具有以下特点：①分离效能高。由于新型高效微粒固定相填料的使用，液相色谱填充柱的柱效可达$5\times10^3\sim5\times10^4$塔板/m，远远高于气相色谱填充柱$10^3$塔板/m的柱效。②选择性高。高效液相色谱法不仅可以分析不同类型的有机化合物及其同分异构体，还可分析在性质上极为相似的旋光异构体。③检测灵敏度高。例如，被广泛使用的紫外吸收检测器，最小检出量可达10^{-9}g；用于痕量分析的荧光检测器，最小检出量可达10^{-12}g。④分析速度快。高压输液泵的使用，使得样品分析时间大大缩短，通常仅需几分钟到几十分钟。

目前，液相色谱法在食品和生命科学研究领域显示出越来越重要的地位。食品营养组学和有毒有害物质的分析，以及生物大分子物质的分离、纯化和分析是目前极为活跃的研究领域。色谱的重要性首先在于它使性质上非常接近的物质的分离测定成为可能，正是这一点使它成为近代化学、生物学和食品研究与发展中一个极为重要和不可缺少的手段。

（二）质谱法的原理和特点

质谱分析是用高速电子来撞击被分析样品的气态分子或原子，使之离子化，并让正离子加速、准直，在质量分析器磁场的作用下，按不同的质荷比（m/z）分开，分离后的离子先后进入检测器，检测器得到离子信号，放大器将信号放大并记录在读出装置上，形成相应的质谱图。根据质谱峰出现的位置和特征，可对物质进行定性和结构分析，根据质谱峰的强度可对目标物进行定量分析。

质谱仪器主要由7部分组成：进样系统、离子源、质量分析器、检测器、真空系统、电气系统和计算机控制系统，其中最重要的两个部分是离子源和质量分析器。离子源的作用有两个方面：使样品物质电离；把离子引出，加速和聚焦，准直。然后，质量分析器利用电磁场（包括磁场、磁场与电场组合、高频电场、高频脉冲电场等）的作用将来自离子源的离子束中不同质荷比的离子按空间位置、时间先后或运动轨道稳定与否等形式进行分离，获得离子信号并输出，形成相应的质谱图。

随着质谱技术的发展，质谱技术的应用领域也越来越广泛。质谱分析具有灵敏度高、样品用量少、分析速度快等优点，不仅能提供被测物的分子质量、分子式，对物质进行快速定性分析，还可以运用液相色谱-串联质谱（LC-MS/MS）等联用技术开展准确、高灵敏的定量分析。目前，MS已成为气相离子化学研究、单一或复杂体系成分的定性定量分析、各类分子的结构表征、各种元素及材料分析等方面的强有力分析工具，已广泛应用于化学、医药卫生、生物学与生命科学、食品、地质、环境科学、公共安全、国家安全及宇航等各个领域，并且逐步发展成为一种常规的分析手段。

二、液相色谱-质谱技术的分类

（一）液相色谱法的分类

液相色谱法可依据溶质（样品）在固定相和流动相分离过程的物理化学原理分为吸附色谱法、分配色谱法、离子色谱法、体积排阻色谱法和亲和色谱法，具体见表8-1。

表8-1 各种液相色谱法的比较（引自于世林，2018）

项目	吸附色谱法	分配色谱法	离子色谱法	体积排阻色谱法	亲和色谱法
固定相	全多孔固体吸附剂	用载带在固体基体上的固定液作固定相	高效微粒离子交换剂	具有不同孔径的多孔性凝胶	多种不同性能的配位体键连在固相基体上
流动相	不同极性的有机溶剂	不同极性的有机溶剂和水	不同pH的缓冲溶液	有机溶剂或一定pH的缓冲溶液	不同pH的缓冲溶液，可加入改性剂
分离原理	吸附 $\rightleftharpoons$ 解吸	溶解 $\rightleftharpoons$ 挥发	可逆性的离子交换	多孔凝胶的渗透或过滤	具有钥匙结构配合物的可逆性离解
平衡常数	吸附系数 K_A	分配系数 K_P	选择性系数 K_S	分布系数 K_D	稳定常数 K_C

1. 吸附色谱法（adsorption chromatography） 用固体吸附剂作固定相，固定相可为极性吸附剂（Al_2O_3、SiO_2）或非极性吸附剂［石墨化炭黑、苯乙烯-二乙烯基苯共聚物（PS-DVB）］；流动相通常为不同极性的有机溶剂，依据样品中各组分在吸附剂上吸附性能的差异来实现分离。

2. 分配色谱法（partition chromatography） 在固相载体上表面涂渍或化学键合非极性固定液的固定相（如在硅胶载体上化学键合十八烷基）或在载体表面涂渍或键合极性固定液的固定相（如用β,β′-氧二丙腈涂渍 SiO_2）来分离样品，以不同极性的溶剂作流动相，依据样品中各组分在固定液和流动相间分配性能的差别来实现分离。根据固定相和液体流动相相对极性的差别，又可分为正相分配色谱和反相分配色谱。当固定相的极性大于流动相的极性时，可称为正相分配色谱或简称正相色谱（normal-phase chromatography）；当固定相的极性小于流动相的极性时，可称为反相分配色谱或简称反相色谱（reversed-phase chromatography）。

3. 离子色谱法（ion chromatography） 以离子交换树脂作为固定相填充于色谱分离柱中，以淋洗液作为流动相进行淋洗，当样品从柱的一端随淋洗液经过色谱分离柱时，因各待测组分与离子交换树脂的亲和力不同，使得目标物在色谱柱上移动的速度快慢不一，并随淋洗液从柱的另一端依次流出，达到组分分离的目的。具有分离柱和抑制柱的离子色谱法叫双柱法，也叫化学抑制型离子色谱法；没有抑制柱的称单柱法，也叫非抑制型离子色谱法。

4. 体积排阻色谱法（size exclusion chromatography） 用具有不同孔径分布的多孔软质凝胶（如葡聚糖、琼脂糖）、半刚性凝胶（如苯乙烯-二乙烯基苯低交联度共聚物）或刚性凝胶（如苯乙烯-二乙烯基苯高交联度共聚物）作固定相，以水、四氢呋喃、邻二氯苯、N,N-二甲基甲酰胺作流相，按固定相对样品中各组分分子体积阻滞作用的差别来实现分离。以亲水凝胶作固定相，以水溶液作流动相主体的体积排阻色谱法，称为凝胶过滤色谱法（gel filtration chromatography）；以疏水凝胶作固定相，以有机溶剂作流动相的体积排阻色谱法，称为凝胶渗透色谱法（gel permeation chromatography）。

5. 亲和色谱法（affinity chromatography） 用葡聚糖、琼脂糖、硅胶、苯乙烯-二乙烯基苯高交联度共聚物、甲基丙烯酸酯共聚物作为载体，偶联不同极性的间隔臂，再键合生物特效分子（酶、核苷酸）、染料分子（三嗪活性染料）、定位金属离子［Cu-亚氨基二乙酸（IDA）］等不同特性的配位体后构成固定相，用具有不同pH的缓冲溶液作流动相，依据生物分子（氨基酸、肽、蛋白质、碱基、核苷、核苷酸、核酸、酶等）与基体上键连的配位体之间存在的特异性亲和作用能力的差别，而实现对待测生物分子的分离。

（二）质谱的分类

液相色谱使用质谱检测器时需要一个接口装置把液相色谱和质谱连接起来，它的功能是协调两种仪器的输出和输入之间的矛盾，它既不能影响前级液相色谱的分离性能，又需要满足后级仪器对进样的要求，接口是色谱与质谱联用技术中的关键装置。在质谱分析中，要求样品分子在真空状态下在离子源中进行离子化，然后在质量分析器中按质荷比（m/z）进行分离，最后在检测器中完成对离子的检测。

1. 离子源接口　为使洗脱液中目标物分子离子化，主要使用以下两种离子源接口。

1）电喷雾电离（electrospray ionization，ESI）接口（interface）　ESI是一种软电离技术，可将溶液中的有机物分子转变成气相离子，再进行质谱分析，适用于电离极性强、热不稳定的生物大分子，如肽、蛋白质、核酸、多糖等。电喷雾电离接口（图8-1）内部分为大气压区域和真空区域两个部分，通过取样毛细管的小孔将两个区域连接在一起。

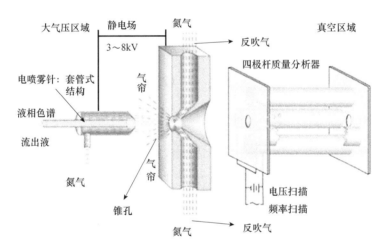

图8-1　电喷雾电离接口结构示意图

（1）大气压区域。由电喷雾毛细管流出液相色谱流动相，在毛细管出口的0.1～0.2mm处施加3～8kV直流电压，并在出口2cm处安装反电极。在电场作用下，由毛细管出口端喷出的样品分子立即电离生成正、负离子，并在电场中移动，若喷雾口为正极（或负极），则正离子（或负离子）会被排斥，移向喷口尖端，而负离子（或正离子）会向喷口的反向移动。由于喷射出液体表面的正离子（或负离子）之间的斥力会克服液体的表面张力，从而造成在毛细管出口的液面向外扩张，使带正电荷离子的溶液进一步前移，在喷雾针出口形成凸出的"泰勒锥体"（Taylor cone）。

（2）真空区域。取样毛细管正对准电喷雾毛细管口，管口的液体泰勒锥体产生库仑分裂形成的样品气态离子会扩散进入取样毛细管，并经离子光学聚焦系统传输到质量分析器。与此同时，也可从离子取样口的逆向通入热氮气流，以加速小雾滴中溶剂的蒸发。

取样毛细管将处于大气压下的电喷雾离子源与高真空的质量分析器连接起来，当此界面两边的压力差足够大时，气态离子运动的自由路程远远大于取样毛细管的入口孔径。气态离子扩散与取样毛细管入口的距离愈远，其温度下降愈快，并将热能转化成动能，从而使离子以"声速"进入质量分析器。此扩散过程称为"自由喷射膨胀",在取样管内,气态离子的随机运动,会导致离子束偏离取样口的轴线,在取样管出口形成凹陷的"马赫碟区",其厚度约5mm,而位于轴线上的高密度离子做等速运动,称为"安静区"。在安静区可由"取样锥"(skimmer)进入马赫碟区0.3mm处进行采样,并将样品离子送入质量分析器。此时,远离轴线的低密度气态离子就会被涡轮分子泵抽走。在采样区域应保持高真空度(1.2Torr,1Torr=133.32Pa)。

2)大气压化学电离(atmospheric pressure chemical ionization,APCI)接口(interface)APCI也是一种软电离技术,它可将溶液中的目标物分子在气化过程中转变成气相离子。其接口的结构示意图如图8-2所示。

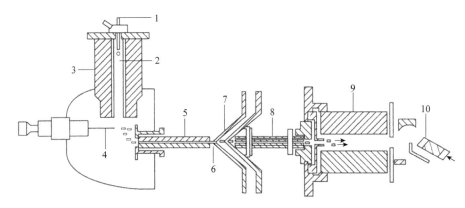

图8-2 新型APCI接口示意图(引自于世林,2018)

1. 液相入口; 2. 雾化喷口; 3. 加热蒸发器; 4. Corona电晕放电针; 5. 毛细管;
6. 离子源裂解区泰勒锥体; 7. 锥形取样锥; 8. 八极杆离子导向器; 9. 四极杆质量分析器; 10. 检测器

(1)快速加热蒸发器。在喷雾毛细管上施加快速加热装置,加热温度比流动相中有机溶剂的沸点低5~10℃,可使95%的有机溶剂挥发,并使部分样品分子在加热温度下实现离子化[类似于热喷雾电离(thermospray ionization,TSI)]。

(2)电晕放电针。在喷雾毛细管出口和取样毛细管之间安装Corona电晕放电针[直径约2mm的铂金针状电极,接地电压为2000~6000V,电晕电流约40μA(正离子)或25μA(负离子)],它可发射自由电子,可使样品分子和空气中的O_2、N_2、H_2O发生电离。

在APCI中,样品分子的电离过程如下,首先由Corona电晕放电针发射的自由电子与离子化室中空气的O_2、N_2、H_2O分子碰撞产生分子离子O_2^+、N_2^+、H_2O^+,然后这些初级离子再与样品分子(XH)碰撞,实现离子化并进入气相。在离子化室中气化的有机溶剂分子也充当了反应气体,促使目标物化学电离(CI):

$$O_2(N_2)+ne \longrightarrow O_2^+(N_2^+), \quad O_2^+(N_2^+)+XH \longrightarrow XH^+ + O_2(N_2)$$
$$CH_3OH+ne \longrightarrow CH_3OH^+, \quad CH_3OH^+ + XH \longrightarrow XH^+ + CH_3OH$$

在真空区域也生成马赫碟区,取样锥采样与ESI相同。喷雾毛细管和取样毛细管之间可保持一定的倾斜角或呈直角,以提高离子化效率。APCI的优点是可使非极性和弱极性化合物电离,相对于ESI,它的电离不易受实验条件(如流动相组成、缓冲盐浓度等)变化的影响。其不足之处是只能使$m/z<1000$的化合物电离,另外对热不稳定化合物,在电晕放电的作用

下，会发生降解。若在大气压化学电离接口中用UV灯代替Corona电晕放电针，使样品分子离子化，就构成大气压光致电离（atmospheric pressure photoionization，APPI）接口。

2. 质量分析器　　目前使用的质量分析器主要有四极杆质量分析器、四极杆离子阱质量分析器和飞行时间质量分析器，其中四极杆质量分析器在定量分析中具有重要的作用，四极杆离子阱质量分析器在定性分析中具有优势，而飞行时间质量分析器可获得最高的分辨率。

1）四极杆质量分析器（quadrupole mass analyzer，Q）　　四极杆质量分析器由4根平行安装的圆柱形金属杆构成，其中相对的2根金属杆连在一起组成正、负电极，在对电极施加一个固定直流电压U和一个交流射频电压$V\cos\omega$（其中$\omega=2\pi f$，f为射频频率），正、负电极间的电位差为$U\pm V\cos(\omega t)$，其U/V比值应小于1，否则所有进入四极杆振荡电场的正离子都会被负极收集而无法分离。四极杆质量分析器的结构及施加电压示意图如图8-3所示。

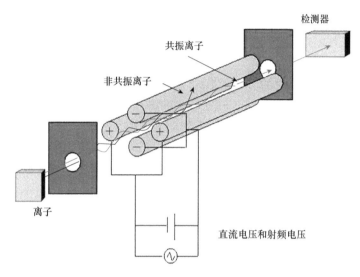

图8-3　四极杆质量分析器结构及施加电压示意图

为保证高的传送率，四极杆的安装必须十分精密，杆电极表面不能有任何沾污，如真空泵油反扩散、色谱柱的流失、过量样品的凝聚，这些都会使振荡电场发生畸变而降低分辨率（可能由1000降至500）。

四极杆质量分析器提供的质谱图的质量与四根电极的装配及U/V参数的调节有很大的关系。因此操作者可通过调节U/V的比值来改善质谱图的质量。但操作中不宜使用较低的U/V比值来扩展质量稳定区的范围，因为此时会降低质谱图的分辨率。

2）四极杆离子阱质量分析器（quadrupole ion trap mass analyzer，QIT）　　四极杆离子阱质量分析器简称离子阱质量分析器，其保持了四极杆构成的环形电极，并在四极杆的入口和出口处安装了两个可以通过离子的端盖电极，并在环形电极和端盖电极施加$U\pm V\cos(\omega t)$的电压，构成三维四极电场，其结构示意图及截面图见图8-4。

在离子阱内，各个离子都经历了捕集（trapping）、捕获（capture）、碰撞（collision）、扫描（scanning）和检测（detection）的过程。

离子阱具有灵敏度相同的全扫描和选择性离子扫描两种功能，同时利用它具有离子储存

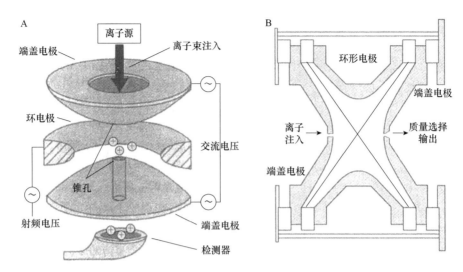

图8-4　四极杆离子阱质量分析器结构示意图（A）及截面图（B）（引自于世林，2018）

的功能，可使任一离子与阱内的N_2（或He、Ar）进行碰撞，产生化学电离，从而实现二级质谱（MS-MS），它不同于两个质谱仪在空间上的串联，而是在同一个质量分析器（离子阱）内，利用时间上的差别，即在某一瞬间，选择一种母离子与N_2碰撞，捕获子离子的质谱图；在下一瞬间，又另选择一个子离子作为母离子，再与N_2进行碰撞电离，又获得次子离子的质谱图。从理论上讲，此过程可一直进行下去，而获得多级质谱图，显示出离子阱质量分析器在有机物结构定性分析中的优势。离子阱质量分析器属于低分辨仪器，其工作质量范围在m/z 10～1000，质量精度±0.1。

　　3）飞行时间质量分析器（time of flight mass analyzer，TOF）　飞行时间质量分析器是一个无电场、无磁场的飞行管（离子漂移管），首先离子在进入飞行管的入口处由一个施加270V负脉冲电压的排斥极进行加速，然后再由施加28kV负电压的栅极进行第二次加速，并使离子进入漂移区。开始具有不同动能的正离子，经两级加速后，其具有的动能差异减小，在飞行管内正离子以恒定速度、线性同轴地通过长度为D的漂移区，经过飞行时间t到达检测器。飞行时间质量分析器的结构如图8-5所示。为了提高飞行时间质量分析器的检测灵敏度，可在飞行管内施加正电场，利用它对正离子的排斥作用，可使正离子经过反射或折射后，再到达检测器。

　　3. 检测器　在液相色谱-质谱联用中使用的离子检测器通常为电子倍增器、闪烁光电倍增器。

　　1）电子倍增器　它可分为不连续和连续电子倍增器。

　　（1）不连续电子倍增器。大多数具有12～20个电极，通过一个电阻分压器相互连接。由质量分析器射出的离子束打在第一个转换电极上，由于轰击产生的慢电子发射，又被加速射向第二个倍增极上，此次轰击又会再次产生电子发射，因而在电子倍增器的每个电极上都重复上述过程，最后一极为收集极，它连接一个静电放大器，以供放大、记录质谱信号。倍增极常使用高活性Be-Cu合金，一个典型的具有16个Be-Cu电极的电子倍增器，在3200V加速电压下（每极200V）具有10^7增益，更高的增益会产生噪声脉冲。

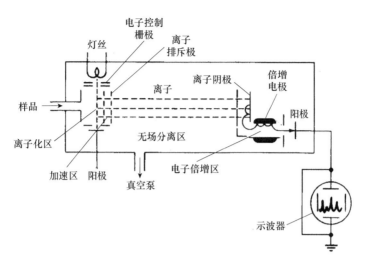

图8-5　飞行时间质量分析器结构示意图

（2）连续电子倍增器。连续电子倍增器有以下几种：①平行板式；②玻璃漏斗式；③转换倍增极式；④微通道板式（或称脉冲计数检测器）。其中微通道板式已获得越来越多的应用。

2）闪烁光电倍增器　　离子束射入带有负电压的转换电极上，由转换电极射出的二次电子束投射到闪烁晶体板上，产生光信号，再由光电倍增管收集、放大信号。这种通过离子束→二次电子→光子的高效转换，使闪烁光电倍增器具有增益高、噪声低、线性好的特点，其使用寿命高于电子倍增器。

4. 质谱-质谱（MS-MS）联用　　在液相色谱中使用的质谱-质谱联用技术主要分为两类，一类为三重四极杆联用（Q_1-Q_2-Q_3，也包括Q_1-Q_2-QIT），另一类为四极杆（或离子阱）与飞行时间质谱联用［Q（QIT）-TOF］。

1）三重四极杆联用（Q_1-Q_2-Q_3或Q_1-Q_2-QIT）　　与单级四极杆质量分析器相比，三重四极杆联用具有更高的选择性。射入第一个四极杆Q_1内的离子束按m/z的差别被分离成A^+、B^+、C^+、D^+，然后将具有特定m/z的A^+由Q_1输送到充满惰性气体N_2或Ar的第二个四极杆Q_2，使A^+与N_2（或Ar）发生碰撞，在碰撞室内A^+被电离成A_a^+、A_b^+、A_c^+等子离子，然后使生成的子离子进入第三个四极杆Q_3，在Q_3进行质量分离后，再由电子倍增检测器进行检测。通过调节Q_1的射频电压，可分别将A^+、B^+、C^+、D^+等正离子扫描进入Q_2，然后在Q_2进行化学电离，再在Q_3分别将B^+、C^+、D^+等子离子进行质量分离并检测。三重四极杆联用，可将进样离子束中的每个离子都进行母离子、子离子的质量分离，提供了母离子和子离子的独特信息，即$A^+ > A_a^+$，所以三重四极杆联用提供了远比单级四极杆更高的选择性，并主要应用于质谱定量分析。

2）四极杆（或离子阱）与飞行时间质谱联用［Q（QIT）-TOF］　　四极杆-飞行时间质谱联用（Q-TOF）在四极杆和TOF-MS之间安装有由四极杆或六极杆组成的离子碰撞反应室，产生的子离子可进一步在TOF-MS中实现质量分离。此种联用仪器具有极高的分辨率和质量精度，其分辨率可达30 000，质量准确度达1×10^{-6}。该仪器扫描速度与三重四极杆联用仪相当，定量的线性范围超过三重四极杆联用仪4个数量级，但其无法支持MS^3及后续MS^n的分析。

离子阱-飞行时间质谱联用（QIT-TOF）将QIT-MS与TOF-MS线性组合，将离子阱的MS^n功能与TOF-MS的高分辨率和高质量精度完美地结合，为预测未知化合物的元素组成和结构分析提供了一条新的途径。它的分析灵敏度对蛋白质（如血纤肽A）可达10^{-18}mol，质量准确度可达$4\times10^{-6}\sim10\times10^{-6}$，特别适用于蛋白质组学、代谢组学研究，可从复杂生物样品的系列数据中迅速鉴别各种生物标志物。

第二节　建立高效液相色谱分析方法的一般技术要求

高效液相色谱法用于未知样品的分离和分析，主要采用吸附色谱、分配色谱、离子色谱和体积排阻4种基本方法；对生物分子或生物大分子样品还可采用亲和色谱法。

一种高效液相色谱分析方法的建立首先必须充分考虑所分析样品的特性，同时应该着重解决以下问题：①根据被分析样品的特性选择适用于该样品分析的一种色谱分析方法；②选择一根适用的色谱柱，确定柱的规格（柱内径及柱长）和固定相特性（粒径及孔径）；③选择并优化色谱分离条件，确定流动相的组成、流速及洗脱方法；④对获得的色谱图进行定性分析和定量分析。上述建立HPLC分析方法的过程可用图8-6展示，所建立的分析方法应具备适用、快速、准确的特点，要能充分满足检测的需求。

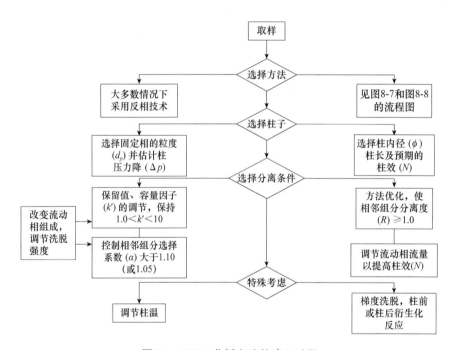

图8-6　HPLC分析方法的建立过程

一、样品的性质及柱分离模式的选择

在进行HPLC分析时，首先应该了解样品的溶解性质，判断待分析物分子量的大小，以及可能存在的分子结构及分析特性，最后再选择合适的HPLC分离模式，以完成对样品的分析。

（一）样品的溶解度

根据样品在有机溶剂中溶解度的大小，初步判断样品是极性化合物还是非极性化合物，进而推断用极性溶剂（如甲醇、乙腈、二氯甲烷、氯仿等），还是非极性溶剂（如戊烷、己烷、庚烷等）来溶解样品，并通过试验判断。

若样品溶于极性溶剂或相混溶的极性溶剂，表明样品为极性化合物，通常可选用反相分配色谱法或更为广泛应用的反相键合相色谱法进行分析。若样品溶于非极性溶剂，表明样品为非极性化合物，通常可选用吸附色谱法或正相分配色谱法、正相键合相色谱法进行分析。

若样品溶于水相，可先检查水溶液的pH，若呈中性为非离子型组分，常可用反相（或正相）键合相色谱法进行分析。若pH呈弱酸性，可采用抑制样品电离的方法，在流动相中加入H_2SO_4、H_3PO_4调节pH＝2～3，再用反相键合相色谱法进行分析。若pH呈弱碱性，则可向流动相中加入阳离子型反离子，再用离子对色谱法进行分析。若pH呈强酸性或强碱性，则可用亲水作用色谱或离子色谱法进行分析。虽然高效液相色谱法在分析强离子型水溶性生物大分子方面存在较大的难度，但凝胶过滤色谱、疏水作用色谱和高效亲和色谱的迅速发展，为解决如蛋白质、核酸等生物大分子的分析提供了有效的途径。

（二）样品的分子量范围

通过体积排阻色谱法可获得分析样品的分子大小或分子量范围，从而为选择适宜的分析方法提供依据。根据体积排阻色谱固定相的性质，既可对水溶性样品又可对油溶性样品进行分析。

对油溶性样品，若分析结果表明样品的分子量小于2000，且分子量差别不大，应进一步判定其为非离子型还是离子型。若为非离子型，则应考虑其是否为同分异构体或具有不同极性的组分，此时可采用吸附色谱法或键合相色谱法进行分离；若为离子型，则可用离子对色谱法进行分析。若分析结果表明样品的分子量小于2000，且分子量差别很大，则仅能用刚性凝胶渗透色谱法或键合相色谱法进行分析。若油溶性样品的分子量大于2000，则最好采用聚苯乙烯凝胶渗透色谱法进行分析。

对水溶性样品，若分析结果表明样品的分子量小于2000，且分子量差别不大，可考虑选用吸附色谱法或分配色谱法进行分析；若分子量差别较大，只能选用刚性凝胶的凝胶过滤色谱法进行分离；若分子量差别较大，且呈离子型，对强电离的样品可使用亲水作用色谱法和离子对色谱法进行分离，对弱电离的可使用离子色谱法进行分析。若分析结果表明样品的分子量大于2000，则可采用以聚醚为基体凝胶的凝胶过滤色谱法进行分析。

（三）样品的分子结构和分析特性

对样品的来源及组成有了初步了解后，应进一步考虑样品的分子结构和分析特性，并据此选择适宜的分析方法。

1. 同系物的分离　　同系物具有相同的官能团，其分子量呈现有规律地增加，表现出相同的分析特性。对同系物可采用吸附色谱法、分配色谱法或键合相色谱法进行分析。同系物在谱图上都表现出随分子量的增加，其色谱保留时间随之增大的特点，无须使用提高柱效的方法来改善各组分间的分离度。

2. 同分异构体的分离 对双键位置异构体（即顺反异构体）或芳香族取代基位置不同的邻、间、对位异构体，最好选用吸附色谱法进行分离。此时可充分利用硅胶吸附剂对异构体具有高选择性的特点，来达到满意的分离效果。

对多环芳烃异构体，如具有4个相连苯环的苯并[c]菲、9,10-苯并菲、苯并[a]蒽、1,2-苯并菲和并四苯，其组成皆为$C_{18}H_{12}$，但其分子结构不同，且具有不同的疏水性。此时可利用不同异构体分子疏水性的差别，选用反相键合相色谱法和疏水作用色谱法来获得满意的分离效果。

3. 对映异构体的分离 建立具有特殊选择性的对映异构体检测方法对高疗效新型药物的质量检验具有非常重要的作用。该类物质的检测已成为高效液相色谱法研究的热点。对映异构体无法使用常规的高效液相色谱方法实现有效的分离，必须使用具有光学活性的固定相（如键合β-环糊精或含手性基的杯芳烃衍生物）或在流动相中加入手性选择剂，才能将它们分离。

4. 生物大分子的分离 蛋白质是由氨基酸缩聚构成的肽链经进一步连接而形成的生物大分子，其分子量一般在$1\times10^4\sim20\times10^4$，它们的扩散系数要比小分子物质低$1\sim2$个数量级。蛋白质分子侧链连接有羟基、巯基、羧基、氨基等多种亲水基团，表面呈亲水性。分析蛋白质可采用反相键合相色谱法，可实现对不同蛋白质的良好分离。但分析中所用流动相中的甲醇、四氢呋喃和乙腈会使蛋白质分子变性而丧失生物活性，因此更宜采用疏水作用色谱法、凝胶过滤色谱法或亲和色谱法对蛋白质进行分析。

在充分考虑样品的溶解度、分子量、分子结构和极性差异的基础上，确定高效液相色谱分离模式，其选择指南可参见图8-7和图8-8。

由图8-8可以看出，反相键合相色谱法应用最为广泛的，它仅使用C_{18}色谱柱，以甲醇-水或乙腈-水为流动相，经梯度洗脱，往往很快就能获得较满意的分离结果。它可分离多种类型

A

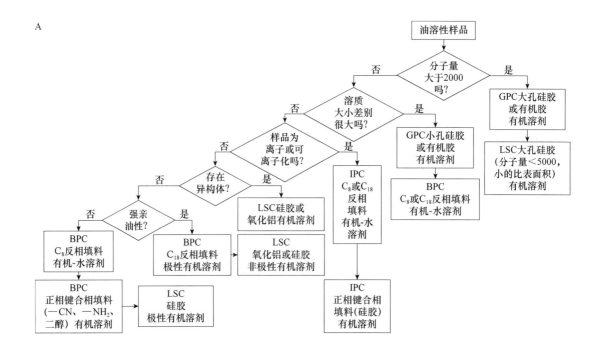

B

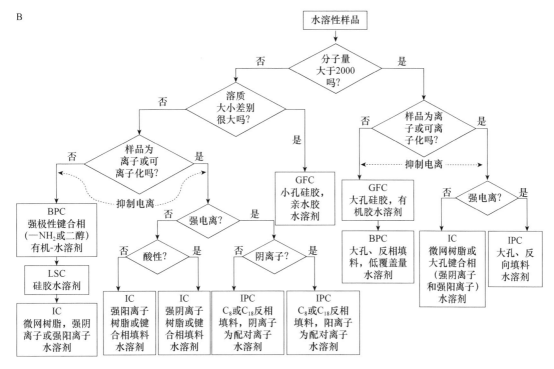

图8-7　高效液相色谱分离方法选择图

A. 油溶性样品；B. 水溶性样品。IPC. 离子对色谱；BPC. 化学键合相色谱；
GFC. 凝胶过滤色谱；IC. 离子色谱；图中其他色谱方法缩写符号的解释见图8-8

的样品。亲水作用色谱满足了极性小分子分析的需求，迅速发展成为仅次于反相液相色谱的第二种重要的分析方法。虽然许多样品分离采用反相键合相色谱法，但具有高选择性的液固色谱法也是较常用的分离方法，并可利用薄层色谱法为液固色谱法探索最佳的分离条件。

　　体积排阻色谱法在判定样品分子量大小方面有独特的作用，且样品组分皆能在较短的时间内洗脱出来，但它不适于分离组成复杂的混合物。离子色谱法仅限于在水溶液中分离各种离子，其应用范围不如其他液相色谱法广。亲和色谱法由于具有突出的选择性，在生物样品的分析和纯化制备中发挥了越来越重要的作用。

二、高效液相色谱法的实验技术

　　高效液相色谱分析时为了获得理想的分离效果，操作者除了要了解高效液相色谱法的基本理论外，还应掌握必需的实验技术，如溶剂的纯化技术，色谱柱的平衡、保护、清洗及再生技术，梯度洗脱技术等。

（一）溶剂的纯化技术

　　在高效液相色谱分析中，正相色谱以己烷作为流动相主体，用二氯甲烷、氯仿、乙醚作为改性剂；反相色谱以水作为流动相主体，以甲醇、乙腈、四氢呋喃作为改性剂。正相色谱中使用的己烷、二氯甲烷、氯仿、乙醚等经常含微量的水分，会导致液固色谱柱的分离性能发生改变，因此使用前应用球形分子筛柱脱去微量水分。反相色谱中使用的甲醇、乙腈、四

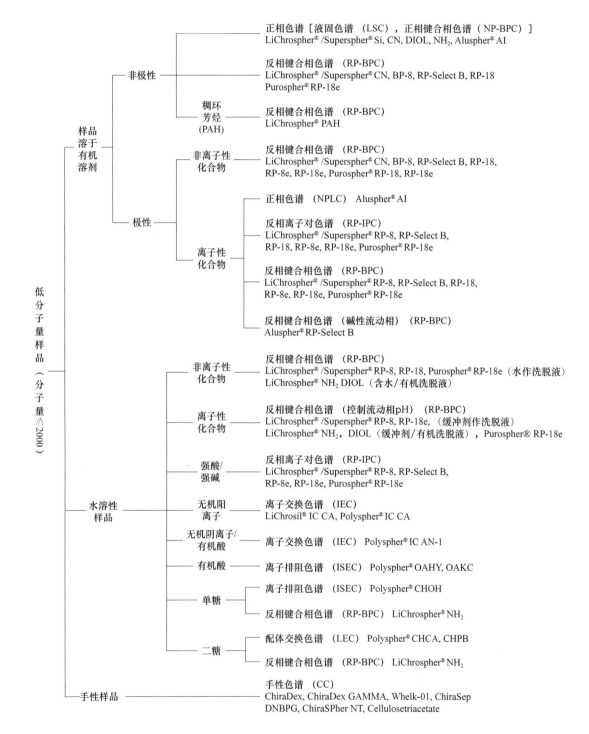

正相色谱 [液固色谱 (LSC)，正相键合相色谱 (NP-BPC)]
LiChrospher® /Superspher® Si, CN, DIOL, NH₂, Aluspher® AI

反相键合相色谱 (RP-BPC)
LiChrospher® /Superspher® CN, BP-8, RP-Select B, RP-18
Purospher® RP-18e

反相键合相色谱 (RP-BPC)
LiChrospher® PAH

反相键合相色谱 (RP-BPC)
LiChrospher® /Superspher® CN, BP-8, RP-Select B, RP-18,
RP-8e, RP-18e, Purospher® RP-18, RP-18e

正相色谱 (NPLC) Aluspher® AI

反相离子对色谱 (RP-IPC)
LiChrospher® /Superspher® RP-8, RP-Select B,
RP-18, RP-8e, RP-18e, Purospher® RP-18e

反相键合相色谱 (RP-BPC)
LiChrospher® /Superspher® RP-8, RP-Select B, RP-18,
RP-8e, RP-18e, Purospher® RP-18e

反相键合相色谱 (碱性流动相) (RP-BPC)
Aluspher® RP-Select B

反相键合相色谱 (RP-BPC)
LiChrospher® /Superspher® RP-8, RP-18, Purospher® RP-18e (水作洗脱液)
LiChrospher® NH₂ DIOL (含水/有机洗脱液)

反相键合相色谱 (控制流动相pH) (RP-BPC)
LiChrospher® /Superspher® RP-8, RP-18e，(缓冲剂作洗脱液)
LiChrospher® NH₂，DIOL (缓冲剂/有机洗脱液)，Purospher® RP-18e

反相离子对色谱 (RP-IPC)
LiChrospher® /Superspher® RP-8, RP-Select B,
RP-8e, RP-18e, Purospher® RP-18e

离子交换色谱 (IEC)
LiChrosil® IC CA, Polyspher® IC CA

离子交换色谱 (IEC) Polyspher® IC AN-1

离子排阻色谱 (ISEC) Polyspher® OAHY, OAKC

离子排阻色谱 (ISEC) Polyspher® CHOH

反相键合相色谱 (RP-BPC) LiChrospher® NH₂

配体交换色谱 (LEC) Polyspher® CHCA, CHPB

反相键合相色谱 (RP-BPC) LiChrospher® NH₂

手性色谱 (CC)
ChiraDex, ChiraDex GAMMA, Whelk-01, ChiraSep
DNBPG, ChiraSPher NT, Cellulosetriacetate

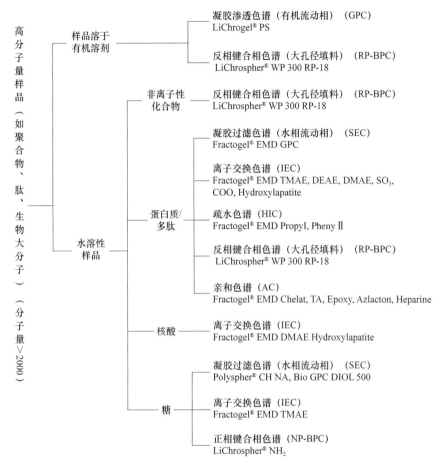

图8-8　高效液相色谱分离模式选择指导图

氢呋喃不必脱除微量水，但作为流动相主体的水，应使用高纯水或二次蒸馏水。甲醇、乙腈、四氢呋喃使用前最好用硅胶柱净化，除去具有紫外吸收的杂质，特别是乙腈纯度低时会对紫外吸收检测器（UVD）产生严重干扰。四氢呋喃中含抗氧剂，且长期放置会产生易爆的过氧化物，使用前应用10%KI溶液检验有无过氧化物（若有会生成黄色I_2），若有，四氢呋喃应重新蒸馏后使用。此外，卤代烃中的杂质，如氯仿中可能会生成光气，二氯甲烷中含有氯化氢，都会对分离产生不良影响。

　　高效液相色谱分析中使用的试剂通常为色谱纯。同时，为了防止微粒杂质堵塞流路或柱入口垫片，流动相最好使用G_4微孔玻璃漏斗过滤，或用0.45μm（或0.2μm）的微孔滤膜过滤后再使用。此外，用作流动相的各种溶剂经纯化处理后，在储液罐中还必须经过超声或真空脱气，才能使用。

（二）色谱柱的平衡、保护、清洗及再生技术

　　高效液相色谱柱采用高压匀浆法填充了高效全多孔球形微粒固定相，若使用不当，会出现柱理论塔板数下降、柱压力降增大、保留时间改变、分离效果下降等不良现象，从而大大

缩短色谱柱的使用寿命。为了延长色谱柱的使用寿命，应在分析柱前连接一个小体积的保护柱，其采用与分析柱相同的固定相。

1. 色谱柱的平衡与保护　　新的色谱柱在用来分析样品之前，首先要对色谱柱进行充分的平衡。反相色谱柱的平衡方法是以纯乙腈或甲醇为流动相，首先用低流速（0.2mL/min）将色谱柱平衡过夜（请注意断开检测器），然后将流速增加到0.8mL/min冲洗30min，以便将色谱柱的填料平衡至最佳状态。平衡过程中，应将流速缓慢地提高直到获得稳定的基线，这样可以保证色谱柱的使用寿命，并且可以提高分析结果的重现性。平衡时，确保所使用的流动相与乙腈-水互溶。如果使用的流动相中含有缓冲盐，应注意首先用20倍柱体积的5%乙腈-水流动相"过渡"，然后再使用分析样品的流动相直至得到稳定的基线。对正相色谱而言，硅胶柱或极性色谱柱需要更长的时间来平衡。如果极性色谱柱需要使用含水的流动相，应在使用该流动相之前先用乙醇或异丙醇平衡。当使用乙醇、异丙醇、乙酸等黏度大的流动相时，色谱柱的平衡时间要延长，甚至要加倍。

色谱柱在平衡和使用过程中还应注意以下几个问题：①应将预柱和分析柱一起平衡。②每天用足够的时间来平衡色谱柱，以提高样品分离效果，延长柱的使用寿命。③在色谱柱使用过程中，应避免突然变化的高压冲击。④对硅胶基体的键合固定相，流动相的pH应保持在2.5~7.0，因为具有高pH的流动相会溶解硅胶，使键合相流失。⑤使用水溶性流动相时，应加入0.01%的叠氮化钠，以抑制微生物的繁殖；对不洁净的样品要使用0.45μm滤膜过滤或经固相萃取净化后再进样。⑥硅胶、氧化铝或正相键合相柱应保存在流动相中；氰基柱不能保存在纯有机溶剂（如甲醇或乙腈）中，应保存在欲使用的流动相中；氨基柱最好保存在乙腈中，而非流动相；C_{18}反相柱应保存在纯甲醇溶剂中，对填充高交联度苯乙烯-二乙烯基苯共聚微球的非极性固定相也可用此法保存。

2. 色谱柱的清洗与再生　　被分析样品的基体会包含许多化合物，如无机盐、类脂、脂肪、腐殖酸、疏水蛋白质及其他生物化合物，这些基体物质会或多或少地取代被分析组分而被色谱柱保留。如果样品基体物质被强烈滞留，那么经过多次进样后这些被吸附的化合物会积聚在色谱柱柱头，而使色谱峰的保留时间漂移并导致峰形拖尾。如果色谱柱被严重污染，其反压迅速增大，可超过泵的最高压力限度，而使分析无法进行。此时，通常需要对色谱柱进行清洗和再生。

1）正相柱的清洗与再生　　按庚烷、氯仿、乙酸乙酯、丙酮（氨基柱不用）、甲醇、5%甲醇水溶液次序冲洗（洗脱剂的极性依次递增），每种溶剂每次用30mL清洗，最后再用纯甲醇过柱将水分带出，然后拆下色谱柱置于气相色谱仪柱箱中升温至75℃，以除去水分。注意不能使用乙醇，它会使色谱柱丧失柱效。如果用简单的有机溶剂-水的处理不能够完全洗去硅胶表面吸附的杂质，可改用0.05mol/L的硫酸溶液冲洗。对氨基柱进行再生时，由于氨基可能以铵根离子的形式存在，因此应该在水洗后用0.1mol/L的氨水冲洗，然后再用水冲洗至碱溶液完全流出。

2）反相柱的清洗与再生　　反相固定相除硅胶键合相（C_{18}、C_8、C_4、苯基、氰丙基、醚基等）外，还包括非极性聚合物、聚合物涂渍的SiO_2和Al_2O_3、无机-有机杂化材料、聚合物涂渍的ZrO_2和石墨化炭黑。当色谱柱被污染以后，它的色谱性能会显著降低，必须通过清洗和再生才能重现起始的操作条件。常用HPLC色谱柱的柱体积如表8-2所示。

表8-2　常用HPLC色谱柱的柱体积

柱尺寸/mm×mm	$\Phi4.6\times250$	$\Phi4.6\times150$	$\Phi3.0\times150$	$\Phi2.1\times150$	$\Phi4.6\times50$	$\Phi4.6\times30$	$\Phi4.6\times15$
柱空体积/mL	2.5	1.5	0.64	0.28	0.50	0.30	0.15

（1）硅胶键合相色谱柱的清洗。当用二元混合溶剂进行等强度洗脱时，为除去污染物，可用20个柱体积的强洗脱溶剂，如甲醇、乙腈或四氢呋喃来冲洗柱子。如果水相使用了缓冲溶液，为防止在高含量有机溶剂下HPLC流动相体系突然产生无机盐或缓冲物的析出，阻塞管路，应首先用5～10个柱体积无缓冲物的纯水来冲洗色谱柱，然后再用强洗脱溶剂清洗柱子。如果用强洗脱溶剂仍不能去除污染物，就应使用更强的溶剂或混合溶剂来洗脱非生物污染物。对典型的硅胶键合相柱，可用以下推荐的无缓冲盐的有机溶剂按顺序进行洗涤：100%甲醇→100%乙腈→75%乙腈+25%异丙醇→100%异丙醇→100%二氯甲烷（或100%正己烷）。当使用二氯甲烷或正己烷清洗柱后，必须再用异丙醇清洗，然后才可使用含水流动相。异丙醇的黏度大，清洗时流速不宜过高，以免使高压泵超压。使用上述清洗系统，每种溶剂最低应有10倍柱体积的量通过色谱柱，保持流速1～2mL/min。清洗后未返回到原始的流动相，可按相反的顺序冲洗，返回到原始的流动相。

四氢呋喃是另一种通用的清洗溶剂。当色谱柱被严重污染或阻塞，可将二甲基亚砜与水或二甲基甲酰胺与水，以各自50%的比例混合，并以低于0.5mL/min的流速通过色谱柱。由于污染物聚集在色谱柱头，可用逆向冲洗缩短污染物在柱中迁移的距离，但在采用逆向冲洗时，应该确认柱管两端过滤筛板的孔径是否一致，如果一致，则可采用逆向冲洗，如果不一致，则不可采用。色谱柱污染的程度会随使用时间的延长而加重，因此建议对色谱柱进行定期清洗。如果需从反相柱清洗蛋白质类物质，则可使用下述溶剂组成的清洗系统，如表8-3所示。

表8-3　从HPLC反相柱中清除蛋白质类物质使用的清洗溶剂系统（引自于世林，2018）

溶剂	组成
乙酸	1%水溶液
三氟乙酸	1%水溶液
0.1%三氟乙酸-正丙醇	体积比＝40∶60（黏稠，使用时降低流速）
三乙胺（TEA）-正丙醇	体积比＝40∶60（正丙醇与三乙胺混合前用H_3PO_4调节pH=2.5）
尿素或胍的水溶液	5～8mol/L（调节pH＝6～8）
NaCl、Na_3PO_4、Na_2SO_4水溶液	0.5～1.0mol/L（pH=7.0）
二甲基亚砜-水或二甲基酰胺-水	体积比＝50∶50

由表8-3可知，正丙醇是一种出色的中间冲洗溶剂，对上述每种溶剂系统，最低应使用20个柱体积的溶剂。此外，使用尿素或胍清洗剂后，应至少使用40～50个柱体积的HPLC级纯水冲洗色谱柱。对反相色谱柱而言，不可使用十二烷基磺酸钠或Triton来清洗，因为它们会被硅胶键合相强烈吸附而难以除去。

对反相C_{18}键合相柱，为除去柱中含有的缓冲溶液盐类或水溶性物质，不应使用纯水冲洗，而应该使用含5%有机溶剂的水溶液冲洗。为了控制色谱柱中微生物的生长，可用漂白剂以1∶10或1∶20稀释后，以至少50个柱体积的漂白剂溶液通过色谱柱，然后再用50个柱体积的HPLC级纯水清洗色谱柱。

此外，离子对试剂也会污染色谱柱，如十八烷基磺酸（用于阳离子）和四烷基溴化铵会强烈吸附到硅胶键合固定相表面，以至凡用于离子对色谱的柱子，就不可能再用于常规的反相色谱分析。为除去磺酸型离子对试剂的污染，可使用无离子对试剂的有机溶剂作流动相来清洗。此时使用甲醇要优于乙腈，对长链的离子对试剂污染可用四氢呋喃清洗。对阴离子对试剂十二烷基磺酸钠可用甲醇含量大于70%的流动相来去除。

（2）聚合物色谱柱的再生。用于生物分子分离的聚合物柱同样会被污染，许多制造商推荐用1.0mol/L的HNO₃或1.0mol/L的NaOH溶液清洗。对用于反相的聚苯乙烯-二乙烯基苯（PS-DVB）微球整体柱，其污染物的清洗应按下述程序：①在异丙醇中添加0.1%三氟乙酸，以此为清洗剂，在工作流量一半情况下，用10倍柱体积的清洗剂清洗色谱柱。②在工作流量一半的情况下，用至少5倍柱体积的100%强洗脱溶剂B冲洗色谱柱。③在工作流量下，用至少10倍柱体积的100%弱洗脱剂A来平衡色谱柱。为对通常的微生物进行消毒和去活性，一个PV-DVB整体柱可用0.5~1.0mol/L NaOH溶液清洗，并在室温至少保持1h。

对具有丁基或乙基酯的甲基丙烯酸基体的整体柱，可以相反方向，用10倍柱体积的下述溶液依次冲洗柱子：10mol/L NaOH、H₂O、20%乙醇和使用的缓冲物。对疏水性更强的蛋白质，在水洗后应增加一个30%异丙醇或70%乙醇的洗涤步骤。对用传统聚合物填料制备的色谱柱，在清洗不易溶解的膜蛋白、结构蛋白、活体涂层蛋白时，需用强烈的清洗条件，如在60℃，用含3mol/L盐酸胍的50%异丙醇才可洗脱出上述难溶的蛋白质。

（3）ZrO₂基质HPLC柱的再生。ZrO₂为基质的色谱柱包括聚丁二烯、聚苯乙烯、石墨化炭黑涂渍几种形式，使用这些柱子时，羧酸、氟化物和磷酸根离子全都被吸附在ZrO₂为基质的色谱柱上。为从柱上除去这些污染物，要先用50倍柱体积的20%乙腈和0.1mol/L NaOH或0.1mol/L四甲基氢氧化铵混合溶液洗脱，再用10倍柱体积的超纯水，50倍柱体积的20%乙腈和0.1mol/L HNO₃洗脱，最后用10倍柱体积的超纯水和20倍柱体积的100%有机溶剂洗脱。对聚丁二烯、聚苯乙烯涂布柱可用甲醇、乙腈、异丙醇或四氢呋喃洗脱。对石墨化炭黑涂渍柱需用至少含20%四氢呋喃的同样有机溶剂来洗脱。

（三）梯度洗脱技术

在HPLC分析中梯度洗脱功能类似于气相色谱分析中的程序升温，它对改善色谱分离效果、增加峰容量具有重要的作用。使用梯度洗脱技术应注意以下几点：①对流动相的纯度要求高，选用混合溶剂作流动相时，不同溶剂间应有较好的互溶性。②每次分析结束及下次分析之前，色谱柱要用起始流动相进行平衡，然后再开始新的一次梯度洗脱。③梯度洗脱比恒定溶剂组成的等强度洗脱技术复杂，建立分析方法的时间会更长。梯度洗脱可以二元、三元和四元溶剂体系进行，其中应用最多的是二元溶剂体系。梯度洗脱时间（t_G）、强洗脱溶剂B的浓度变化范围、梯度陡度（T）、流动相流量（F）等因素对梯度洗脱效果产生显著的影响，实践中应通过方法优化，建立适用于具体样品的梯度洗脱方法。

第三节　液相色谱-质谱联用操作指南

一、不同液相色谱流速下质谱工作参数的调整

ESI探头可以在流动相流速为1μL/min～1.0mL/min的情况下产生离子。APCI探头可以在流动相流速低至50μL/min的情况下产生离子，但是通常流速范围为0.2～2.0mL/min。当用户改变了进入质谱仪的流动相流速时，需要对以下质谱仪参数进行调节：①对于ESI，需要调节离子传输管温度和鞘气、辅助气流速。②对于APCI，需要调节离子传输管和雾化器温度，还要调节鞘气和辅助气流速。通常，流入质谱仪的液体流速越高，离子传输管（雾化器）的温度就越高，并且气体流速也就越高。

表8-4给出了在ESI模式下，不同LC流动相流速情况下的离子传输管温度和气体流速设定的指导原则。表8-5给出了在APCI模式下，设定离子传输管和雾化器的温度及气体流速的指导原则。

表8-4　LC/ESI/MS设置操作参数指导原则（喷雾电压3～4.5kV）

LC流动相流速/（μL/min）	建议色谱柱内径/mm	离子传输管温度/℃	鞘气/Pa	辅助气/Pa
≤10	毛细管	200～250	3.447×10^4～2.068×10^5	关闭
50～100	1.0	250～300	6.895×10^4～2.068×10^5	5.066×10^5～1.013×10^6
200～400	2.1～4.6	300～350	1.379×10^5～2.758×10^5	1.013×10^6～2.027×10^6
>400	4.6	350	2.068×10^5～4.137×10^5	1.013×10^6～4.053×10^6

表8-5　LC/APCI/MS操作参数设定指导原则（电晕放电4μA）

LC流动相流速/（mL/min）	离子传输管温度/℃	雾化器温度/℃	鞘气/Pa	辅助气/Pa
0.2～2.0	200～350	400～600	2.068×10^5～2.758×10^5	0～5.066×10^5

二、ESI/MS/MS模式下质谱仪的调谐校准

每1～3个月需要对质谱仪进行调谐校准，以使检测器在整个质量范围内都能达到最佳检测效果。使用注射泵将低浓度的聚酪氨酸调谐校准溶液直接注射到ESI源。检查调谐校准溶液喷入质谱仪的雾化效率和喷雾稳定性。可以观察到聚酪氨酸单体、三聚物和六聚物一价正离子的质荷比（*m/z*）分别为182、508和997。

（一）设置直接进样法进样

ESI调谐校准所用的进样设备是注射泵，利用注射泵可以将调谐校准溶液直接注射到ESI源。开始此步骤之前，LC-MS仪必须处于待机状态。可以按下列步骤设置注射泵，将调谐校准溶液引入ESI源：①在注射器接头组件上的LC接头和离子源上的接地接头之间安装样品传输管；②装上干净的500μL Unimetrics注射器，内盛有420μL聚酪氨酸-1、3、6调谐校准溶液；③将注射器针头插入注射器接头组件上的Teflon管中；④将注射器装入注射器夹套中；⑤按下注射泵手柄上的黑色释放按钮的同时，将泵柄下压，直到它刚好接触到注射泵活塞。

（二）调谐校准设置

在仪器每天开始正常运行之前，确保大气压电离（API）源有足够的氮气供应。因为当质谱仪处于开启状态时，如果离子源有氧气存在则非常不安全。为确保得到最佳的自动调谐校准效果，可按如下步骤设置质谱仪，进行调谐校准。

（1）打开质谱仪及其控制软件，点击调谐按钮，仪器会开始对ESI探头供应氮气，并加高压，同时质谱仪开始扫描并显示实时谱图。

（2）在使用ESI源进行样品分析之前，一定要通过仪器控制软件将质谱置于ESI源模式。

（3）更改鞘气压力，将其设置为$3.447×10^4$Pa；更改辅助气流速，将其设置为$5.066×10^5$Pa（辅助气流速可在$0\sim5.066×10^5$Pa的范围内进行调节，以达到最佳离子束密度和稳定性）；更改离子传输管温度，将其设置为270℃（需要等待几分钟，毛细管温度才能稳定在所设置的温度）；更改离子源裂解（CID）碰撞能量，将其设置为0V。

（4）在控制软件中配置注射泵参数，如选择注射器类型、注射器容量，将注射流速设置为5.00μL/min（流速可以在$1.00\sim10.00$μL/min的范围内进行调节，以达到最佳的离子束密度和稳定性），然后开启注射泵，可将聚酪氨酸-1、3、6调谐校准溶液注入离子源。

（三）ESI获得稳定的喷雾

开始调谐校准之前，需要得到稳定的喷雾束。一般而言，可按照以下步骤优化喷雾束密度，获得ESI源稳定的喷雾束。

（1）设置扫描参数，为观察喷雾束密度和稳定性做准备。在控制软件中选择Q1扫描模式，设置扫描范围的中心点为508.208u，扫描宽度为10.000u，扫描时间为0.20s，峰宽为0.70u；同时确保自动选择离子监测，源内碰撞诱导解离功能和二级质谱碰撞诱导解离气均处于关闭状态，确认微扫描（micro scan）设置为1。

（2）点击运行按钮，开始离子流跟踪，观察总离子图形状。

（3）关闭喷雾电压，将质谱仪切换至正离子极性模式，然后再次打开喷雾电压，将其设置为4000V。

（4）观察m/z 508.208相应的离子强度（峰高）。如果峰高稳定，则已产生稳定的喷雾，不需要调节鞘气压力。每次扫描峰高偏差不应超过30%；如果峰高不稳定，则需要调节鞘气压力以产生稳定的喷雾。注意：鞘气压力可以在$6.895×10^3\sim1.034×10^5$Pa的范围内进行调节，过低的鞘气压力可能导致信号稳定性的损失，但是压力过高又会导致峰值强度的损失；可通过调节鞘气压力获得稳定的离子束。

（四）ESI/MS模式下的校准操作

将聚酪氨酸调谐校准溶液引入ESI源，按下列步骤检查调谐校准溶液的质谱图。

（1）通过控制软件将Q1扫描范围的下限设置为150.000u，扫描范围的上限设置为1050.000u，峰宽为0.7u，扫描时间设置为1.20s；同时确保自动选择离子监测，源内碰撞诱导解离功能和二级质谱碰撞诱导解离气均处于关闭状态，确认微扫描（micro scan）设置为1。然后，点击开始按钮，按上述设置参数进行扫描。

（2）在Q1扫描模式下，观察调谐校准溶液单电荷离子的质谱图：聚酪氨酸单体（$m/z=$

182.082）、聚酪氨酸三聚物（ $m/z=508.208$ ）、聚酪氨酸六聚物（ $m/z=997.398$ ），并确认以下几个问题：①三个特征离子峰是否都为主峰；②每种酪氨酸聚合物的峰高差值是否都在一个数量级之内；③聚酪氨酸峰强度是否高于 10^7 ；④信号是否稳定，每次扫描的误差小于15%；⑤质谱峰形是否对称，是否能完全分辨，是否完整。如果上述任一个问题的答案为"否"，则可试着用以下方法排除故障：①调节鞘气压力或辅助气流速，或者调节调谐校准溶液流速；②确保熔融石英毛细管没有超出ESI探针端部；③确保离子传输管入口是清洁的，没有被覆盖；④确保进入探头的溶液没有气泡，管线和接头部分没有泄漏。注意：为得到良好的聚酪氨酸调谐校准信号，可以调节调谐气体参数。鞘气压力可以在 $6.895\times10^3\sim1.034\times10^5$ Pa范围内进行调节，辅助气流速可以在 $0\sim5.066\times10^5$ Pa的范围内调节，调谐校准溶液流速可以在 $1\sim15\mu$ L/min的范围内调节。

（3）在Q3模式下检验质谱仪是否正常运行。首先，设置Q3模式下质谱的扫描参数，其参数与Q1模式下的参数一致，然后点击开始按钮，进行扫描。观察归一化离子流信号值，如果符合上面第2步的要求，则质谱仪可以在Q3模式下正确运行。

（五）ESI/MS/MS正离子模式下自动调谐校准

为确保质谱仪处于最佳工作状态，应定期对其进行调谐校准（每1～3个月）。在ESI/MS/MS正离子模式下自动调谐校准质谱仪的步骤如下所示。

（1）在仪器控制软件中，选择使用聚酪氨酸三种正离子对质谱仪的第一级和第三级四极杆进行同时自动调谐校准。调谐结束后，接受本次调谐校准的结果，并将正离子调谐校准的设置拷贝至负离子模式。

（2）保存校准文件，并对其进行命名。

（3）保存调谐方法（tune method）文件。

（六）ESI/MS/MS负离子模式下自动调谐校准

ESI/MS/MS负离子模式下自动调谐校准按以下步骤进行。

（1）关闭喷雾电压，将喷雾电压设置为0V，待仪器切换至负离子模式后，将喷雾电压设置为3000V，鞘气压力更改为 1.034×10^5 Pa。

（2）在仪器控制软件中，选择使用聚酪氨酸三种负离子对质谱仪的第一级和第三级四极杆进行同时自动调谐校准。

（3）调谐结束后，接受调谐校准的结果，并保存校准文件和调谐方法（tune method）文件。

（七）调谐校准后系统的清洗

关闭来自注射泵的液流，将注射器从注射泵夹具上拆卸下来，用50%的甲醇水溶液彻底清洗注射器，并按如下步骤对样品传输管线、进样管和ESI探头进行清洗：①注射器中装入50%的甲醇水溶液（或者其他适宜的溶剂）。②握住注射器活塞适当的位置，小心地将注射器针头插入注射器接头的Teflon管端部。③缓慢按压注射器活塞，清洗样品传输管线、进样管和ESI探头。目测当ESI探头有溶液从端部流出时，使用无尘纸小心地吸走多余的溶液。④小心地将注射器针头从注射器接头上取出。

最后清洗喷雾区域，具体操作如下：①在喷雾瓶中装入溶液。②将一大块Kimwipe纸（或其他无尘纸）暂时放在清洗区域下。③用喷雾瓶将喷雾罩内表面的污物冲洗下来。④取下用来吸收溶液的Kimwipe纸，再用干的Kimwipe纸擦拭喷雾区域表面。

三、ESI/MS/MS模式下优化质谱条件

通常而言，仪器系统提供的调谐方法（tune method）的适用范围很宽，通常不需要进一步校准质谱仪即可使用。但对某些应用可能需要对质谱仪的若干参数（喷雾电压、鞘气压力、辅助气流速、加热金属毛细管温度、镜筒透镜电压）进行进一步优化，以提高分析物的检测灵敏度。

（一）ESI模式下通过定量环进样引入样品

通过定量环引入待分析的化合物，具体步骤如下：①将注射器从注射泵夹具上拆卸下来。②在注射器接头组件和六通阀之间安装一条样品传输管线。③将420μL浓度为2pg/μL的利血平样品溶液装入一只500μL的Unimetrics注射器，并小心地将注射器针头插入注射器接头的Teflon管端部，然后将注射器装入蠕动泵的注射器夹具中，在按住注射泵手柄上的黑色释放按钮的同时，压下手柄，直到它刚好接触到注射器活塞。④在六通阀和离子源接地组件之间安装一段样品传输管线。⑤在六通阀的1号和4号端口间安装一个5μL的定量环。⑥在LC系统和转向/进样阀间安装一条溶剂管线，在六通阀6号端安装一条废液管，并将其出口连接至废液容器。

（二）ESI/MS/MS模式下优化目标化合物的质谱测定条件

按如下步骤设置质谱仪参数：①打开控制软件，开启质谱仪，将其设定为正离子极性模式，喷雾电压设置为0V。②打开存储有利血平校准或其他待测物设置的调谐方法文件，并将调谐方法参数下载至质谱仪。③在控制软件中将喷雾电压改为4000V，将鞘气压力设置为2.068×10^5Pa，辅助气流速设置为1.013×10^6Pa，毛细管温度设置为350℃，离子源裂解（CID）碰撞能设为0V，将碰撞压力设置为1.5mTorr，碰撞能量设置为−38eV。④配置注射泵，在控制软件中指定注射器类型和注射器体积，并指定定量环大小为5μL。⑤启动溶剂流。

按如下步骤在ESI/MS/MS模式下自动优化质谱仪：①通常而言，在控制软件中选择反应监测模式（SRM）模式，以标准模式校准所选择的设备（在这个配置中，透镜补偿电压、碰撞能量和四极杆MS/MS偏移电压是默认的化合物依赖参数）；在优化列表中输入母离子质量数为609.281，输入子离子质量数为195.066。②点击开始按钮，以自动进样环将优化溶液引入质谱系统，启动自动校准过程。③化合物优化进程完成，并且碎片195.066的优化曲线为高斯曲线或者为平滑的、斜率为正的曲线，且整个优化过程没有出现错误，则接受化合物的优化结果，保存调谐方法（tune method）文件。④如果在化合物优化过程中出现错误，或者碎片195.066的优化曲线有振荡，包括多重峰或者极其杂乱，则需要重新开始化合物优化进程，直至优化成功，并保存调谐方法（tune method）文件。

四、采集ESI/MS/MS数据

以利血平为例介绍在ESI/SRM模式下如何采集样品数据信息，包括样品的引入和SRM扫

描模式下ESI/MS/MS数据的采集。

（一）ESI模式下通过手动定量环引入样品

按如下步骤连接手动定量环进样管线：①关闭流入ESI源的流动相，将质谱仪置于待机状态。②连接手动定量环进样管线。③将白色衬管、RheFlex压盖箍和RheFlex螺母插入六通阀5号端口，用手小心旋紧螺母，完成进样口的安装。

（二）SRM模式下采集ESI/MS/MS数据

在SRM模式下对利血平样品进行扫描，采集其质谱数据并保存，以下为主要步骤。

（1）在仪器控制软件上打开质谱仪，调用利血平校准设置的调谐方法文件，将调谐方法设置下载至质谱仪。

（2）设置流动相体积比为50∶50（异丙醇水溶液），速度为400μL/min，启动液相泵。

（3）按下列步骤设置采集利血平SRM数据所需的仪器参数：①选择SRM扫描类型，在SRM表中输入母离子质量数（609.281）和子离子质量数（195.066）。②将扫描宽度设置为1.000u，扫描时间设置为0.20s，碰撞能量设置为−38eV，Q1和Q3峰宽均设置为0.70u；指定Q2所用的碰撞诱导解离气体，将碰撞室气体压力设置为1.5mTorr，确认微扫描（micro scan）为1。③指定数据采集参数，如指定数据采集时文件的存储路径、文件名，此外还可对扫描模式、离子化模式、样品量和样品引入方式等信息进行标注和说明。④以上设置完成后，点击开始按钮采集数据，并将数据保存至指定文件夹中。

（4）上样：在洁净的注射器中装入420μL，浓度为2pg/μL利血平溶液，然后小心地将注射器针头端部插入六通阀5号进样口Teflon管一端，推动注射器，让利血平溶液过量充填定量环。按下启动按钮，将利血平溶液引入LC溶剂流动相。

（5）观察利血平子离子（$m/z=195.066$）峰，并重复几次（4）的操作（每次注射间隔大约1min），采集并保存质谱数据。

（6）数据采集结束后，查看所得到的原始文件，并可对样品进行定性和定量分析。

第四节 液相色谱-质谱联用技术新进展

一、液相色谱技术新进展

（一）全自动进样器的普及

具有多种样品预处理功能（如顶空采样、固相萃取、固相微萃取、超声萃取等）的全自动进样器迅速发展，它实现了低扩散、低交叉污染采样，使采样时间大大缩短，可明显减少样品预处理的人工转移操作。

（二）新型色谱柱不断涌现

在高效液相色谱分析中，研制具有高分离效率，并能实现快速分析的色谱柱是一个永恒的主题，整体色谱柱的出现是针对颗粒填充柱的不足之处而发展起来的。整体色谱柱能在使用40MPa的通用HPLC设备同时，增加色谱柱的渗透性，提高色谱柱效能。

整体色谱柱不同于微粒填充柱，它是由具有相互连接骨架并提供流路通道的有机聚合物或硅胶凝胶整块固体构成的柱子。一个整体柱可具有小尺寸的骨架和大尺寸的流通孔，因而具有大的流通孔尺寸/骨架尺寸比值，可缩短溶质在整体柱的扩散途径，并减小柱的阻抗因子，从而大大增加色谱柱的渗透率，这种特性是微粒填充柱所不具有的。邹汉法研究组在这方面做了较为系统的工作，他们在有机-无机杂化整体柱材料的制备（Wu et al.，2010）、分子印迹改性硅胶整体柱的制备（Ou et al.，2007）、环糊精衍生物改性整体柱（Zhang et al.，2011）的制备方面取得了很好的进展。Cao等（2010）将金纳米粒子作为替代配基用于聚合物整体柱的制备，达到了调节填料表面功能化的目的；他们还用表面键合金纳米粒子的多孔聚合物整体柱捕集和分离了含半胱氨酸的多肽（Xu et al.，2010）。

整体柱的功能化目前主要采用功能化单体共聚合和（或）聚合后再功能化两种策略。例如，硼酸盐亲和色谱多用于含顺式二醇基团的糖或糖蛋白等生物分子的分离富集，但是功能化单体共聚合和聚合后功能化两种策略所得到的含硼聚合物整体柱都必须在碱性条件下工作，这可能导致生物样品的降解。为此，刘震研究组提出了一种新的整体柱功能化方法，即首先采用邻氨基苯硼酸与1,6-六亚甲基二胺反应生成稳定的含B—N键的络合物，然后与环氧树脂实现开环共聚，形成表面含有相邻氨基和苯硼酸基团的聚合物整体柱（Ren et al.，2009）。该柱在中性（或碱性）条件下，相邻两基团不发生络合作用，而硼酸基团却可以与待分析样品中含顺式二醇基的物质发生络合作用。因此，这类整体柱可在中性pH条件下富集含顺式二醇基团的糖或糖蛋白，流动相变为酸性时便可将保留的物质洗脱下来。在糖蛋白组学和糖组学研究中，这类聚合物整体柱发挥着非常重要的作用。

（三）绿色色谱技术的推广

超临界和亚临界二氧化碳是不引起环境污染、对环境友好的液相色谱流动相，尤其超临界二氧化碳，其性质与低分子量的碳氢化合物相似，易于与常用的有机溶剂，如甲醇、乙腈等混合用作流动相，并易与一般检测器连接。现由Waters公司提出的"合相色谱"（convergence chromatography）已获得初步应用，它也被称作为"高流动性HPLC"（high fluidity HPLC）。

（四）二维液相色谱快速发展

与其他色谱分离技术相比，二维LC（2D-LC）因具有较高的分辨率及较好的选择性，在不挥发性复杂样品的分析中具有广阔的应用前景。2D-LC通常采用两种不同的分离机理，根据样品的分子尺寸、等电点、亲水性、电荷、疏水性，以及特殊分子间的相互作用等进行分离。因此，根据不同的分离目的，尺寸排除色谱（SEC）、离子交换色谱（IEC）、反相液相色谱（RPLC）、疏水作用色谱（HIC）、亲和色谱（AC）和色谱聚焦（CF）等均可以用于2D-LC系统的构建。Opiteck等（1997）构建了2D-IEC-RPLC分离系统，并通过线性盐梯度洗脱，将蛋白质组分经强阳离子交换色谱（SCX）分离后收集到两个平行的捕集环，最后通过RPLC进行进一步的分离；整个系统对蛋白质分离的峰容量高达2500。Wagner等（2000）也构建了2D-IEC-RPLC系统，并将样品预处理与2D-LC进行整合；样品通过带有离子交换功能团的限制性进入材料（RAM）柱进行预分离，然后通过SCX或SCX-RPLC进行二维分离。为了提高分析通量，第二维采用4根平行的RPLC柱，在96min内从分子质量小于20kDa的人成纤维细胞提取组分中分离鉴定了1000个峰（Wagner et al.，2002）。

多维LC技术由于易于与MS在线联用，目前已被广泛应用于蛋白质酶解产物的分离分析。在多肽分离的多维LC技术中，最为常用的还是2D-SCX-RPLC模式。Davis等（2001）利用该系统，第一维采用盐台阶梯度洗脱，第二维采用线性梯度洗脱，洗脱产物直接通过MS鉴定。结果表明，二维分析系统的分离鉴定能力远远超过一维分析系统。袁辉明等（2008）采用自动进样器和一套二元梯度泵构建了2D-SCX-RPLC分离平台。在第一维分离中，通过自动进样器将不同浓度的盐溶液以台阶梯度输送至SCX柱上，实现肽段的分级洗脱。洗脱下的肽段经C_8预柱富集、除盐后，进入RPLC柱上，通过线性梯度实现进一步的分离。结果表明，该平台不仅设计简单、分离效果好，而且可以自动完成进样、除盐、分离及检测，有望在蛋白质组学研究中发挥重要作用。Stoll和Carr（2005）还构建了以SCX和RPLC为分离模式的高温2D-LC分离系统，并应用于蛋白质酶解产物的分析，整个分析过程在20min内完成，峰容量可达1350。

（五）实现样品优化分离的多用途HPLC仪器的出现

2014年，日本岛津（Shimadzu）公司研制的Nexera X_2是一种用于"超高效液相色谱方法探测系统"（UHPLC method scouting system）的仪器，它是由多根色谱柱和多种流动相正交结合的扫描监测系统，其使用4种A流动相（极性）和4种B流动相（非极性）与6根具有不同分离特性的色谱柱组合，通过3个多通路阀进行切换，可实现96种不同的组合方式，从而选择出对每种样品的最佳分离模式，它对开展UHPLC分离方法的优化研究是一个理想的分离工具。

至今，国内外厂商已研制出多种性能先进的高效液相色谱仪，它们提供的分析数据可靠，在分离科学中占有重要的地位。表8-6列出了最近在国内外广泛使用的HPLC仪器的生产厂家、仪器型号和仪器特点。

表8-6 HPLC仪器简介（引自于世林，2018）

生产厂家	仪器型号	仪器特点
Thermo Scientific	Vanquish UHPLC	第二代UHPLC双柱塞二元泵压力上限达150MPa
	Accela UHPLC	亚2μm柱，柱压1.034×10^8Pa，65μL梯度延迟体积，可与离子阱、单四极杆、三重四极杆质谱连接
	Surveyor Plus	一种简易的HPLC，高灵敏度二极管阵列检测器，可实现超快速高效液相色谱分析，可与多种质谱仪连接
	UltiMate 3000	超快速液相色谱仪，1.26×10^8Pa耐受压力，70μL延迟体积，45nL流通池
	UltiMate 3000双三元系统	具有在线固相萃取、二维色谱功能，可实现纳升、常规、超快速液相色谱功能
Waters	ACQUITY UPLC	最新型超高效液相色谱仪，高压输液泵（140MPa），新型17μm C_{18}高效柱，高速（40点/s）采样，500nL流通池UVD，梯度洗脱比常规HPLC具有更高的柱效、分离度、灵敏度和更快的分析速度
	Alliance，Alliance GPC 2000系列	2690独立驱动串联双柱塞泵，3.5μm Symmetry或Xterra C_{18}高效柱，2996光电二极管阵列检测器（PDAD），蒸发光散射检测器（ELSD），示差折光检测器（RID），荧光检测器（FLD），质谱检测器（MSD），Drylab 2000 Plus模拟软件，梯度洗脱

生产厂家	仪器型号	仪器特点
Waters	CapLC 系统	适用于毛细管微柱HPLC，使用串联式双柱塞泵，不必分流，可稳定输出1～20μL流量，配备池体积仅为8μL的2996 PDAD或10nL 2487 UVD，并可易于实现与MS或NMR的联用或构成二维HPLC
	Alliance生物分离系统（2796）	最早商品化的全二维HPLC仪器，一维高压输液泵（四元梯度），二维高压输液泵（二元梯度），计算机控制具有自动柱切换的10通阀，一维离子交换柱，二维双柱，可用UVD或MS检测，特别适用于蛋白质组学中对蛋白质样品的分离
Agilent Technologies	1200系列*：1220，1260，1290	串联式双柱塞泵，柱恒温箱，真空脱气机，自动进样器，可变波长UVD、PDAD、RID、FLD、LC/MSD，化学数据工作站梯度洗脱
Perkin Elmer	Conventional LC FLEXAR FX-10，FX-15	具有自动进行溶剂压缩性补偿的并联式双柱塞泵（42MPa），梯度洗脱，自动进样器，柱恒温箱，可变波长UVD、PDAD、RID、FLD，Totalchem色谱工作站
PE Biosystems	BioCAD 700E	灌注色谱仪，并联双柱塞泵（PEEK，Ti）（21MPa），低压和高压梯度，填充POROS固定相（PEEK柱）的单柱、双柱或三柱可自动切换，配备紫外可见吸收检测器（Vis/UVD），电导检测器，手动或自动进样器，配有先进色谱工作站
Shimadzu	LC-2010HT*，Prominence LC-20A	串联式双柱塞泵（40MPa，28MPa），脱气单元，低压梯度单元，自动进样器，柱恒温箱，先进的色谱柱管理装置，Vis/UVD、PDAD、RID、FLD，电子捕获检测器（ECD），化学发光检测器，Class-VP Ver6.1X液相色谱工作站
HITACHI	LaChrom Elite L-2000系列，Primaide，Chromaster	串联式双柱塞泵，流量0.05～1.0mL/min，40MPa，使用Φ2.1mm×150mm（Φ4.6mm×100mm）反相硅胶整体柱，配有低死体积、高灵敏度的UVD、FLD、RID、PDAD，提供稳定的50～100μL/min的低流速，可用于半微量分析，为此公司的高新技术产品
	L-7000*	实时补偿溶剂压缩性的并联式双柱塞泵（40MPa），低压和高压梯度，Vis/UVD，T2000色谱工作站
JASCO	LC-2000 plus 系列	并联式双柱塞泵（50MPa），恒温柱箱，梯度洗脱，Vis/UVD、PDAD、RID、FLD，化学发光检测器，圆二色谱检测器，旋光度检测器
BISCHOFF	BISCHOFF HPLC*	串联式双柱塞泵（60MPa），低压梯度，恒温柱箱（5～90℃），Vis/UVD、RID、PDAD，BioQuant PAM2电化学检测器，数据处理工作站
BECKMAN COULTER	System GOLD*	具有压力反馈，提供快速压力补偿的两个单一柱塞泵（41MPa），高压梯度，自动进样器，Vis/UVD、PDAD，柱恒温箱，配有32Karat软件的色谱工作站
Amersham Pharmacia Biotech	ÄKTA FPLC，ÄKTA Purifier	快速蛋白质液相色谱仪可用于纯化蛋白质、核酸和多肽，全机流路采用PEEK材料，并联双柱塞泵，Vis/UVD、pH/电导检测器，高分辨预装柱（凝胶过滤、离子交换、反相柱、亲和柱、疏水柱等），自动进样器，组分收集器（电动/通阀），UNICORN软件控制的色谱工作站

续表

生产厂家	仪器型号	仪器特点
KNAUER	Smartline	Smartline 1000高压输液泵（4×10^7Pa），2800二极管阵列检测器（DAD），2500 UVD，2300/2400 RID，3950自动进样器
KONNIK	HPLC	550A高压输液泵（4×10^7Pa），RID，UVD（190～740nm），DAD（190～1020nm）
英麟机器	Acme 9000	高压输液泵（4.137×10^7Pa），UVD，RID
ESA	CoulArray系统*	无脉冲往复单柱塞泵两台，梯度分析，自动进样器，独特的库仑阵列电化学检测器，还可配备安培检测器，Vis/UVD，FD，ELSD，用CoulArray软件控制的色谱工作站
上海通微分析技术有限公司	TriSep PCEC系统*，TriSep 2010GV*	此仪器具有加压毛细管电色谱（PCEC）、微径液相色谱（μHPLC）和毛细管电泳（CE）三种操作模式。配有高压柱塞恒流泵（50MPa），流量1μL/min～10mL/min，高压电源0～3kV，Electro Pak毛细管柱，Vis/UVD，梯度洗脱，配有CEC Workstation软件的色谱工作站
	EasySep 1010 HPLC	无脉冲自动清洗往复式单柱塞泵两台（42MPa），Vis/UVD，TW30色谱数据工作站
北京华阳利民仪器有限公司	CL2003高效毛细管电泳（HPCE）-液相色谱（HPLC）一体机	多种类型的高压输液泵（42MPa），高压电源（0～30kV），Vis/UVD，安培检测器，色谱工作站
大连江申分离科学技术公司	LC-10系列	串联式双柱塞泵，Vis/UVD，JS-3000系列色谱工作站
大连依利特分析仪器有限公司	P-230型	小凸轮驱动短行程柱塞泵，Vis/UVD，柱恒温箱，EChrom 98色谱数据工作站
北京东西分析仪器有限公司	LC5500型	并联式双柱塞泵，柱恒温箱，可变波长UVD，A5000色谱数据工作站
北京温分分析仪器技术开发有限公司	LC98Ⅱ型，LC99Ⅰ型，LC99型	串联双柱塞泵，单柱塞二元梯度泵，单柱塞三元梯度泵，色谱柱箱，Vis/UVD，N2000色谱工作站
北京北分瑞利分析仪器（集团）有限公司	SY-400K系列（与德国KNAUER公司合作的新产品）	K-1001串联双柱塞泵，K-1500四元低压梯度泵（40MPa），低压梯度溶剂组织器，Vis/UVD，RID，自动进样器
北京普析通用仪器有限责任公司	L6-1系列	L6-P6二元高压输液泵，L6-AS6自动进样器，L6-UV6可变波长紫外检测器，LCwin1.0色谱工作站
天美集团	LC2000	LC2000进样系统，LC2130输液泵，LC2030紫外检测器，T2000P色谱工作站
上海伍丰科学仪器有限公司	LC-100PLUS	P100高压恒流输液泵，UV100紫外可变波长检测器，LC-WS100色谱工作站
浙江福立分析仪器股份有限公司	EX1600	最新产品
	FI2200	高压输液泵，紫外可见检测器，AOC2500自动进样器，FL9510色谱工作站
	FI2200Ⅱ	最新产品

* 可提供微柱HPLC所需的纳升（nL）流量

二、质谱技术新进展

（一）质谱成像技术

1. 质谱成像技术的特点　　MS技术具有高灵敏度和高分辨率的优点，在蛋白质组学、代谢组学、药物研发及食品和环境分析等领域得到了广泛应用，其中质谱成像（MSI）技术在近几年受到高度关注，已成为MS领域的一个研究前沿和热点。MSI突出的特点是能够用影像技术对生物体内参与生理和病理过程的分子进行定性或定量的可视化检测。MSI技术可用于检测蛋白质和药物等其他小分子物质在生物体内的分布及其浓度变化信息，在临床医学和分子生物学等领域有重大应用前景。MSI技术与正电子发射断层成像、磁共振成像、放射自显影和荧光成像等其他成像技术比较，具有以下显著特点：①不需要标记；②可以同时获得非目标物质的信息；③能够对多种分析物成像；④利用串联质谱（MS/MS）分析可对未知化合物进行结构解析等。

2. MSI技术的类型　　按照探针技术的差异，MSI技术可分为两种类型：飞行时间二次离子质谱（TOF-SIMS）和基质辅助激光解吸电离质谱成像（MALDI-MSI）。最近还发展了一些新技术，如解吸电喷雾电离质谱成像（DESI-MSI）和三维质谱成像技术等。

1）TOF-SIMS技术　　二次离子质谱（SIMS）技术的早期历史可以追溯到20世纪初，Thomson在1910年发现了二次离子，但直到1949年，Herzog和Viehbock才把二次离子发射与MS联系起来，而后于20世纪60年代出现了商用SIMS仪器。由于在表面和纵深两个方向上的高分辨特性，SIMS技术在化学、生物学、微电子和新材料等领域受到了广泛关注。

SIMS技术的分析对象包括生物组织中的药物与代谢物、脂类等。例如，TOF-SIMS可用于胆固醇、甘油二酯等多种神经系统代谢物质的成像分析。Mahoney等（2008）利用SIMS成像技术分析西罗莫西药物，能够同时检测药物及代谢物在体内各个器官及组织中的分布状况及代谢途径。为了提高SIMS的灵敏度，可以从初级离子源和表面修饰两方面进行改进。例如，基质增强型SIMS（ME-SIMS）方法提高了离子化效率，也降低了离子的碎裂程度，能够对较高分子质量的有机物（≤5kDa）进行成像分析。然而，对于分子质量大于5kDa的蛋白质，ME-SIMS的信噪比大大降低、识谱困难，而且基体效应常造成定量分析的困难。目前，无论SIMS还是ME-SIMS技术均不适于检测完整的蛋白质分子质量，而对于生物大分子的成像分析MALDI-MSI技术更具优势。

2）MALDI-MSI技术　　与其他MSI技术相比，MALDI-MSI技术的突出特点是能够直接从生物组织切片上获取蛋白质和多肽等生物大分子的分布与含量信息。操作方式一般分为两种，一种是直接对生物样品的蛋白质进行成像分析，如单细胞成像轮廓分析及老鼠组织切片和青蛙皮肤中蛋白质的成像分析等；另一种是对组织切片上的蛋白质进行酶解后得到的多肽进行成像分析。MALDI-MSI也用于标志物的分析，提供疾病发展和药物与疾病相互作用的信息。Jackson等（2005）曾进行脑组织中磷脂的MALDI-MSI分析。此外，MALDI-MSI技术还被用于监测小分子药物的代谢途径，如对卵巢癌治疗药物紫杉醇进行成像研究，以及对不同阶段的人类神经胶质瘤和子宫内膜恶性肿瘤等多种疾病的研究。

由于内源性小分子物质、盐类和基质物质干扰小分子目标分析物的离子化效率，使质谱图变得复杂，限制了基质辅助激光解吸电离飞行时间质谱（MALDI-TOF-MS）技术对小分子物质的成像分析。目前，可使用高分辨率质谱克服这一问题。此外，使用串联质谱（MS/MS）技术也能部分排除内源性物质和基质的干扰。近几年来，常压解吸附离子源引起了广泛关注。2000年，Laiko等（2000）发展了常压基质辅助激光解吸电离（AP-MALDI）技术，并对多肽和寡糖进行了分析。在大气压条件和不使用基质的前提下，基质辅助激光解吸电离飞行时间（MALDI-TOF）与红外光激发联用可对植物中多肽、碳水化合物和其他生物小分子进行成像分析，分辨率达到40μm，可用于一些水果（香蕉、葡萄和草莓等）组织中有机小分子的成像分析。

3）DESI-MSI技术 新型离子源的研发一直是MS快速发展的主要驱动力。Takáts等（2004）研发出解吸电喷雾电离（DESI）技术，推动了敞开式常压离子源的发展。该技术不使用任何基质，降低了离子抑制效应，使MS图谱简化，适合生物组织切片中药物和内源性物质的直接分析。Wiseman等（2008）利用DESI-MSI技术，对鼠脑、肺和肾等器官的组织切片中奥氮平药物及其 N-去甲基代谢物进行成像分析，所得目标物的定量信息与经典的LC-MS/MS的结果一致。此外，利用DESI-MSI技术也可对海藻表面抗真菌的天然产物成分进行成像分析；还可对玻璃、纸张和塑料基质上的爆炸物进行指纹成像分析。DESI-MSI的分辨率可控制在小于250μm的范围，当利用该技术进行指纹分析时，成像分辨率为150μm。Kertesz等（2008）对一些毛细管喷嘴与样品表面的距离、溶剂的流速和样品表面性质等重要参数进行优化，分辨率可达到40μm。然而，进一步提高DESI的分辨率仍存在诸多困难，包括喷雾中的泰勒锥体问题、气体流量过大问题，以及滴到样品表面的雾滴浸润与扩散问题等，这些均限制了DESI分辨率的提高。

4）三维质谱成像技术 MSI技术用于样品表面分析，提供了很多离子的二维分布信息。最近，MSI技术被发展为三维质谱成像（3D-MSI）技术，通过一系列二维质谱成像信息的有机组合，使用专业的成像软件对数据进行处理，从而获得离子的三维分布信息。三维质谱成像技术扩展了MSI技术，提供了整个样品内物质的空间分布信息，具有很好的应用和发展前景。Crecelius等（2005）使用MALDI-MSI技术对鼠脑胼胝体内髓鞘碱性蛋白进行了3D成像分析。Eberlin等（2010）使用DESI-MSI技术进行了整个脑组织中脂类物质的3D成像分析。该技术可以彻底观察到亚结构区域，提供物质分布的信息，如胼胝体、前联合和整个脑。3D-MSI技术的优点之一是能将多种生物分子的离子分布与其他活体成像技术［计算机断层成像（CT）、正电子发射断层成像（PET）和磁共振波谱成像（MRS）］观察得到的生理和结构信息关联起来。常用的这些活体成像技术（CT、PET和MRS）一般仅限于观察少数几个分子，而且还不能显示蛋白质的分布。与这些技术相比，MSI技术具有能够对多种分子进行成像分析的显著优势。

3. MSI技术的发展趋势 MSI技术在近年来获得了长足发展，为生命科学、生物医学及材料科学等领域提供了强大的技术支持。但作为一种新兴的分子成像技术，其未来需要从以下几个方面继续发展：①提高成像技术的空间分辨率，实现单细胞水平蛋白质组学成像分析。②提高现有技术的灵敏度，因为低丰度生物标志物的检测经常受到灵敏度的限制；此外，提高成像空间分辨率的同时，进样量也会急剧降低，因此需要高灵敏质谱分析技术来进行弥补。③加快数据采集及分析速度。目前即使在最优化数据采集和处理条件下，利用质谱成像技术给出结果仍需较长时间。此外，应进一步研发新的质谱成像探针技术，用于发展超大型或超小型质谱成像仪，前者用于人体或大型物体的成像分析，后者作为便携式仪器用于现场分析，这对于临床诊断、食品安全和环境监测等均有重要意义。

（二）电喷雾萃取电离技术

电喷雾萃取电离（EESI）技术是在ESI和DESI技术的基础上发展起来的新型敞开式离子化技术。在EESI中，液体样品与高压电场不直接接触，而是首先借助ESI过程稳定地获

得带电试剂离子（如甲醇或水的微液滴），接着在三维空间内与样品液滴发生融合、萃取和
碰撞，温和地将电荷放置到样品的微小液滴中，然后再通过去溶作用，获得待测物的气相离
子。EESI技术目前不再局限于液体样品分析，而是扩大到包括固体表面、膏体、胶体、液体
和气体等多种形态的样品分析；待测物的分子量也覆盖了从几十到数十万的范围。EESI能够
在MS分析时最大限度地保证样品不受试剂和操作环境的影响，从而在实时分析、化学反应体
系、生物活体质谱分析、原位在线分析、远距离分析和代谢组学等方面具有较好的应用前景。

1. EESI技术进展　　复杂基体样品直接离子化的基本工作模式大体分为二维和三维模
型两种。三维模型下EESI技术的工作原理如下：首先将电场的能量转移到带电的载体中，这
些载体在三维空间内与中性物质相互接触，发生能-荷传递作用，从而完成三维空间中待测物
分子的离子化过程。根据能量和电荷载体的不同，三维空间内可以依据需要发生选择性的萃
取或化学反应，增加了该过程的灵活性。独特的三维模型决定了EESI技术具有更高的灵活性
和宽广的应用范围。在大多数的实验中，EESI装置主要由电喷雾通道和中性样品通道两构件
以一定角度交叉组成，如图8-9所示。在合适的雾化气流速、电离试剂和电离电压等条件下，
通过调节中性样品通道与分析器入口的角度（α）、电喷雾通道与分析器入口距离（a），以及
两个通道间的角度（β）、距离（b），EESI对某些物质（如尼古丁等）甚至可以获得比ESI电
离更低的检测限。与其他技术不同，在EESI中样品的主体与电场或带电粒子等隔离，不受刺
激性试剂（如甲醇和乙酸等）的污染，而且EESI是一种比ESI更温和的软电离技术，能够在
质谱分析时最大限度地保证样品不受试剂和操作环境的影响。

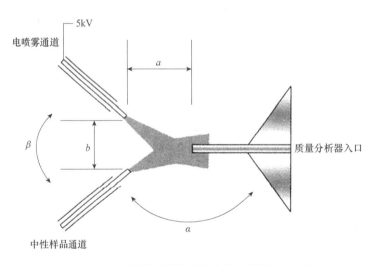

图8-9　EESI装置示意图（引自庄乾坤等，2012）

　　EESI技术的分析对象已经涵盖了各种样品形态，在活体及黏稠物分析中显示出较为优越
的性能。为了实现难以雾化样品（如粉末、固体、黏稠物和非均相样品等）的EESI-MS分析，
一般可用合适的中性气流解吸出少量样品，并通过密闭的管道输送到EESI源中进行萃取电
离。这种与中性气体解吸采样（ND）联用的ND-EESI技术结合了样品解吸方法与三维空间内
萃取电离的优点，并将采样与电离过程从时间和空间上截然分开。为了配合小型MS仪器进行
现场分析，目前已经开发出可用于现场直接分析的新型纳升电喷雾萃取电离（nanoEESI）技

术。这种技术无需辅助气体即可产生作为试剂离子的带电液滴，中性复杂基质样品则通过挤压手动喷雾器产生喷雾，并从分析器入口的反方向导入，有效地避免了"脏"的样品污染或损伤MS仪器，因此减少了样品间的交叉污染，易于集成和小型化，适用于复杂基质样品的现场分析。此外，为了克服EESI难以对弱极性物质进行电离的不足，可采用电晕放电代替传统ESI产生带电液滴的萃取电离方法，这种方法结合了APCI和EESI技术的优点，能够对极性、弱极性甚至非极性物质进行离子化，显著提高弱极性物质检测的灵敏度，从而进一步拓宽了EESI技术的应用领域。

2. EESI技术展望　　EESI技术的研发虽然仅15年时间，其技术本身还有待于完善，但它目前已在食品和药品及生活用品等的质量监测、药物检测、环境监测、过程分析、核工业检测、活体分析，以及蛋白质分析等研究领域取得了明显的应用进展。EESI技术显示出高选择性、高通量、快速及无须样品预处理等特点，适用于多种形态样品分析，易于小型化、集成化并方便与小型质谱仪联用。因此，EESI技术在实时在线分析、远程分析、过程控制、黏性物质分析和活体分析等方面发挥着一些有特色的作用。同时根据EESI的机理，EESI技术在纳米材料的制备、纳米器件的组装、特殊反应中间体的制备和探测等方面具有潜在的应用前景。

思　考　题

1. 请阐述吸附色谱、分配色谱、离子色谱、体积排阻色谱和亲和色谱的原理并举例说明它们在实际分析中的应用。

2. 电喷雾电离和大气压化学电离的原理是什么？有什么区别？它们分别适用于什么分析场合？

3. 常见的四极杆质量分析器、离子阱质量分析器、飞行时间质量分析器的原理是什么？它们各有什么优缺点？分别适用于什么分析场合？

4. 请叙述液相色谱-质谱联用中液相色谱分析方法建立的过程及要点。

5. 在液相色谱-质谱联用中，为什么要对质谱仪进行调谐和校准？如何进行调谐和校准？

6. 在液相色谱-质谱联用中，如何建立质谱分析方法？

参　考　文　献

于世林. 2018. 高效液相色谱分析方法及应用. 3版. 北京：化学工业出版社.

袁辉明，张丽华，张维冰，等. 2008. 新型全二维微柱液相色谱分离平台的构建. 分析测试学报，（3）：227-230.

庄乾坤，刘虎威，陈洪渊. 2012. 分析化学学科前沿与展望. 北京：科学出版社.

Cao Q, Xu Y, Liu F, et al. 2010. Polymer monoliths with exchangeable chemistries: use of gold nanoparticles as intermediate ligands for capillary columns with varying surface functionalities. Anal Chem, 82 (17): 7416-7421.

Crecelius A C, Cornett D S, Caprioli R M, et al. 2005. Three-dimensional visualization of protein expression in mouse brain structures using imaging mass spectrometry. J Am Soc Mass Spectrom, 16 (7): 1093-1099.

Davis M T, Beierle J, Bures E T, et al. 2001. Automated LC-LC-MS-MS platform using binary ion-exchange and gradient reversed-phase chromatography for improved proteomic analyses. Journal of Chromatography B: Biomedical Sciences and Applications, 752 (2): 281-291.

Eberlin L S, Ifa D R, Wu C, et al. 2010. Three-dimensional vizualization of mouse brain by lipid analysis using ambient ionization mass spectrometry. Angewandte Chemie, 49 (5): 873-876.

Jackson S N, Wang H-Y J, Woods A S, et al. 2005. Direct tissue analysis of phospholipids in rat brain using MALDI-TOFMS and MALDI-ion mobility-TOFMS. J Am Soc Mass Spectrom, 16 (2): 133-138.

Kertesz V, Van Berkel G J. 2008. Improved imaging resolution in desorption electrospray ionization mass spectrometry. Rapid Communications in Mass Spectrometry, 22 (17): 2639-2644.

Laiko V V, Baldwin M A, Burlingame A L. 2000. Atmospheric pressure matrix-assisted laser desorption/ionization mass spectrometry. Anal Chem, 72 (4): 652-657.

Mahoney C M, Fahey A J, Belu A M. 2008. Three-dimensional compositional analysis of drug eluting stent coatings using cluster secondary ion mass spectrometry. Anal Chem, 80 (3): 624-632.

Opiteck G J, Lewis K C, Jorgenson J W, et al. 1997. Comprehensive on-line LC/LC/MS of proteins. Anal Chem, 69 (8): 1518-1524.

Ou J, Li X, Feng S, et al. 2007. Preparation and evaluation of a molecularly imprinted polymer derivatized silica monolithic column for capillary electrochromatography and capillary liquid chromatography. Anal Chem, 79 (2): 639-646.

Ren L, Liu Z, Liu Y, et al. 2009. Ring-opening polymerization with synergistic co-monomers: access to a boronate-functionalized polymeric monolith for the specific capture of cis-diol-containing biomolecules under neutral conditions. Angewandte Chemie International Edition, 48 (36): 6704-6707.

Stoll D R, Carr P W. 2005. Fast, comprehensive two-dimensional HPLC separation of tryptic peptides based on high-temperature HPLC. J Am Chem Soc, 127 (14): 5034-5035.

Takáts Z, Wiseman J M, Gologan B, et al. 2004. Mass spectrometry sampling under ambient conditions with desorption electrospray ionization. Science, 306 (5695): 471-473.

Wagner K, Miliotis T, Marko-Varga G, et al. 2002. An automated on-line multidimensional HPLC system for protein and peptide mapping with integrated sample preparation. Anal Chem, 74 (4): 809-820.

Wagner K, Racaityte K, Unger K K, et al. 2000. Protein mapping by two-dimensional high performance liquid chromatography. J Chromatogr A, 893 (2): 293-305.

Wiseman J M, Ifa D R, Zhu Y, et al. 2008. Desorption electrospray ionization mass spectrometry: imaging drugs and metabolites in tissues. PNAS, 105 (47): 18120-18125.

Wu M, Wu R A, Li R, et al. 2010. Polyhedral oligomeric silsesquioxane as a cross-linker for preparation of inorganic-organic hybrid monolithic columns. Anal Chem, 82 (13): 5447-5454.

Xu Y, Cao Q, Svec F, et al. 2010. Porous polymer monolithic column with surface-bound gold nanoparticles for the capture and separation of cysteine-containing peptides. Anal Chem, 82 (8): 3352-3358.

Zhang Z, Wu M, Wu R A, et al. 2011. Preparation of perphenylcarbamoylated β-cyclodextrin-silica hybrid monolithic column with "one-pot" approach for enantioseparation by capillary liquid chromatography. Anal Chem, 83 (9): 3616-3622.

第九章　气相色谱－质谱联用技术

气相色谱（gas chromatography，GC）分析是重要的现代分析手段之一，具有分离效率高、灵敏度高、分析速度快等优势。质谱（mass spectrometry，MS）技术具有极强的化合物结构解析能力，是强大的定性和定量分析技术。将气相色谱和质谱结合起来的气相色谱-质谱法（GC-MS），既可充分利用色谱的分离能力，又可发挥质谱的定性专长，优势互补，用于复杂混合样品的分离和鉴定。此外，可以利用多维色谱（multidimensional chromatography）技术提高色谱系统的分离能力，扩展气相色谱的应用范围。目前气相色谱-质谱联用技术及多维色谱技术已比较成熟，广泛应用于食品检测、代谢组学、天然产物分析等领域。

本章思维导图

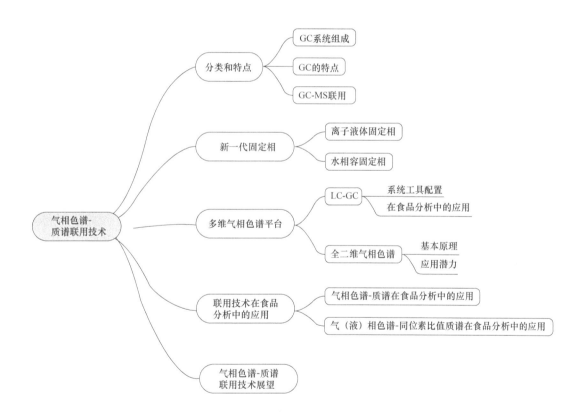

第一节　气相色谱-质谱联用技术的分类和特点

GC是以惰性气体（又称载气）作为流动相，以固定液或固体吸附剂作为固定相的色谱方法。当多组分的混合样品进入色谱柱后，在载气的流动作用下，各组分在柱子中进行反复的分配或吸附/解吸，易被溶解或吸附的组分挥发和解吸较难，随载气流动较慢，在柱内停留时间较长；不易被溶解或吸附的组分随载气流动较快，在柱内停留时间短，较早流出色谱柱。当组分流出色谱柱后，立即进入检测器被检测。

一、GC系统组成

GC系统一般由载气系统、进样器、色谱柱、柱温箱、检测器及数据处理系统组成，如图9-1所示。

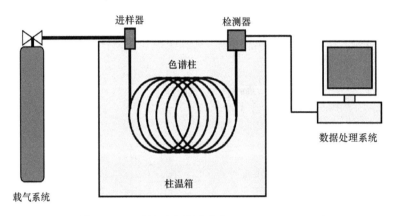

图9-1　GC系统示意图（引自Wilde et al.，2014）

载气系统主要包括供气装置、气体净化管、气体流量控制装置，为色谱柱提供连续不断的气体。超纯氦气、氢气或氮气等均可用作载气。大多数实验室采用带两级压力表的高压气瓶供气或配备有集中供气装置。进样器主要作用是将气体或液体样品引入柱子端，并在载气作用下将样品带入色谱柱。液体样品通常用微量注射器进样，而气体样品则用气密注射器或气体阀进样。色谱柱被认为是GC系统的核心，常采用以液体或固体为固定相的填充柱或毛细管柱。柱温箱可以为柱子提供一个恒定的或自定义的（程序）温度。由于空气的导热性较差，柱温箱通常配有通风机以保证空气的强循环。检测器是记录离开色谱柱溶质的装置。电信号产生后，在大多数情况下被放大，然后发送到数据系统。目前常用的GC检测器有氢火焰离子化检测器（flame ionization detector，FID）、热导检测器（thermal conductivity detector，TCD）、电子捕获检测器（electron capture detector，ECD）、氮磷检测器（nitrogen phosphorus detector，NPD）等。数据处理系统用于注册、存储和分析生成的数据。

二、GC的特点

GC通常以纯物质的保留值或是利用加入纯物质以增加峰高的方法进行定性，以色谱峰的峰高或峰面积进行定量。GC分离效率、灵敏度较高，可以在几分钟或者几十分钟内有效地分离几十甚至上百种组分。与此同时，GC也有其局限性。GC一般适用于已知样品中目标组分的类型，然后采用标准样品用于纯化合物或者简单混合物中组分的定性，难以满足样品中的未知组分及共流出组分的定性问题。此外，GC需要多种检测器以解决不同化合物响应值有差别的问题。对复杂混合物的定性、定量分析，需要不同的检测器，耗时、耗力。

三、GC-MS联用

质谱（MS）作为一种重要的结构分析和定性鉴定的工具，具有定性能力强、灵敏度高等优势。将GC与MS联用（GC-MS）既可充分利用色谱的分离能力，又可发挥质谱的定性专长，优势互补。目前GC-MS已是复杂样品组分分离、定性、定量的有力工具。

在GC-MS分析中样品组分经GC色谱分离后，按照保留时间的顺序依次通过联用仪的接口进入质谱仪，经离子化后按照一定的m/z顺序通过质量分析器进入检测器，根据产生的信号进行定性、定量分析测定。在GC-MS系统中，GC作为进样系统，将待测样品进行分离后直接导入MS系统，省去了样品制备和转移的过程，避免了样品污染，也减少了MS的污染。MS作为一种通用型检测器，既可以获得化合物的质谱图，解决GC定性的局限性，又有多种电离方式、扫描模式和质量分析技术，具有广泛适用性及强的选择性。

GC-MS中离子化方式有电子轰击（electron impact，EI）、化学电离（chemical ionization，CI）和场致电离（field ionization，FI）等。其中EI是最经典、应用最广泛的离子化方式。由于GC-MS中的EI离子源能量一般为70eV，此能量足以打碎所有分子，且不同的仪器所产生的分子碎片具有重复性。研究者们将大量已知纯化合物的标准质谱图做成了标准质谱库，辅助组分的定性分析。目前常用的质谱库有NIST库、NIST/EPA/NIH库、Wiley库等。

四极杆质量分析器（quadrupole mass analyzer，Q）、离子阱质量分析器（ion trap mass analyzer，IT）、飞行时间质量分析器（time of flight mass analyzer，TOF）、傅里叶变换离子回旋共振质量分析器（Fourier transform ion cyclotron resonance mass analyzer，FT-ICR），以及静电场轨道阱（orbitrap）等均可用作GC-MS的质量分析器，其中四极杆质量分析器最为常见。

随着现代分析技术的发展，GC-MS仪器更新换代迅速，仪器类型多样，性能各异。GC-MS仪器的分类有多种方法，按照仪器的机械尺寸，可以粗略分为大型、中型、小型三类。按照仪器的性能（主要是质量范围和分辨率）可以分为高档、中档、低档三类或者研究级和常规检测级两类。按照质谱技术，可以分为气相色谱-四极杆质谱或磁质谱（GC-MS）、气相色谱-离子阱质谱（GC-IT-MS）、气相色谱-飞行时间质谱（GC-TOF-MS）等。按照质谱仪的分辨率，又可以分为高分辨（通常分辨率高于5000）、中分辨率（通常分辨率在1000～5000）、低分辨率（通常分辨率低于1000）三类。四极杆质谱由于其本身固有的限制，一般GC-MS的分辨率在2000以下。气相色谱-飞行时间质谱的分辨率可达5000左右（汪正范等，2001）。

第二节 新一代固定相

气相色谱分析中样品各组分的分离程度主要取决于固定相，固定相的选择是色谱实现分离分析的关键。在一定的色谱条件下，当各组分与固定相间的分子作用力类型及其作用强度存在差异时，使得各组分在固定相中的保留时间不同而实现分离。不同结构的固定相具有不同的分子作用，根据组分的化学结构及分子作用等的差异，通过选择合适的固定相有助于实现难分离组分的基线分离。

气相色谱的固定相可分为固体固定相和液体固定相，分别对应气固色谱法和气液色谱法，其中前者主要适用于气体和低沸点化合物的分离，后者因阻力小、柱子长度可以做得很长

（20～100m），柱分离能力强，可适用范围广，在各领域应用更为广泛。

虽然目前已有上千种固定相，增加了选择的范围及灵活性，但发展新型高选择性色谱固定相对于促进色谱分析的不断发展、满足实际分析测定的需求仍具有重要意义。近年来，随着材料科学的快速发展，新型GC固定相的研究和应用也取得了明显进展，对丰富色谱分离材料的种类、发现新的色谱分离机理、对难分离组分的分析测定发挥了重要作用。例如，离子液体作为高极性固定相在2008年首次商业化，满足了人们对新的极性固定相的需求。

一、离子液体固定相

离子液体（ionic liquid，IL）是一类由有机阳离子和有机或无机阴离子组成的有机盐，由于阴阳离子数目相等，整体上显电中性。室温离子液体（room temperature ionic liquid，RTIL）是指在环境温度或低于环境温度下仍保持液态的IL。组成IL的阳离子通常有咪唑类、吡啶类、季铵盐类和季鏻盐类等；阴离子主要有三氟乙酸根离子（CF_3COO^-）、双三氟甲烷磺酰亚胺根离子（NTf_2^-）、四氟硼酸根离子（BF_4^-）、六氟磷酸根离子（PF_6^-）、三氟甲磺酸根离子（$CF_3SO_3^-$）等。IL的整体理化性质由阳离子和阴离子两者共同决定，不同阳离子和阴离子组合可产生大量具有不同性质的IL，因此IL通常被称为"定制的或可调的材料"（齐美玲，2018）。

早在1959年Barber等就探索了IL作为GC固定相的潜力，他们使用二价金属硬脂酸盐分离碳氢化合物、醇、酮、胺等物质。2008年咪唑类的IL作为固定相的色谱柱开始商业化，目前已有多种类型的IL色谱柱可供消费者选择。图9-2列举了7根Supelco商品化的IL色谱柱。这些商品化的IL固定相包含双阳离子和一个三阳离子，可以分为季烷基鏻酸盐（图9-2A）和咪唑盐（图9-2B）。

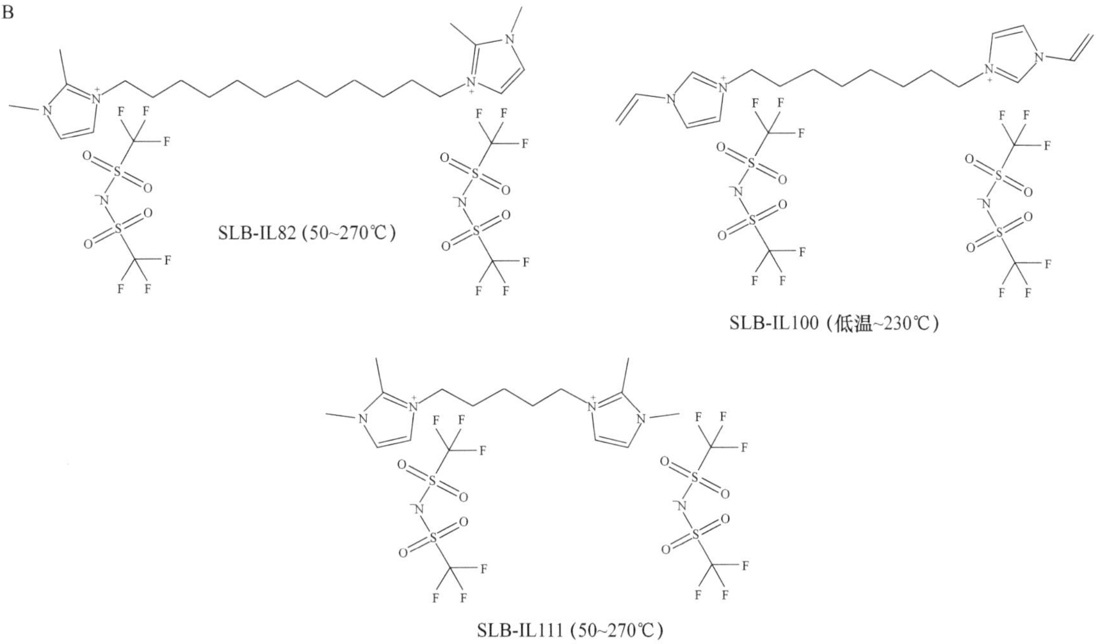

B

图9-2　商用离子液体固定相的结构和温度范围（引自 Wilde et al., 2014）

IL 作为固定相有双重性质，当分离非极性或弱极性物质时，IL 表现为非极性或弱极性固定相，样品在色谱柱上的保留与在其他非极性色谱柱上的保留一致；当分离含有酸性或碱性官能团的分子时，IL 表现为强极性固定相，样品在色谱柱上有较强的保留。当 IL 的阴离子是 Cl^- 时，它与强极性的物质作用很强；当阴离子为极性较小的 PF_6^- 时，它与非极性物质的作用更强。基于 IL 的双重性质，IL 作固定相可以用于复杂样品极性和非极性组分的分离。IL 色谱柱的另一个特点是它们在高温有水和氧存在时依然稳定。水相容 IL 色谱柱便于直接进水溶液样品，不需要费时的样品前处理。此外，由于 IL 对复杂的大环分子（如环糊精及其衍生物、大环内酯类抗生素等）具有良好的溶解性，IL 还可用于手性分离。

脂肪酸在生物体中具有重要的生理功能，是最重要的脂类之一。在脂肪酸组成分析中，一般通过酯交换反应将脂肪酸转化为脂肪酸甲酯从而减少羧基官能团的极性及脂肪酸分子的强分子间相互作用，以降低它们的沸点。相同碳链长度和不饱和程度的顺式和反式脂肪酸甲酯异构体之间差异较小，需要非常高效的高选择性固定相组成的毛细管气相色谱柱来实现充分的分离。研究发现使用强极性 SLB-IL111 色谱柱可以快速分离各脂肪酸甲酯组分，并可用于食品体系脂肪酸组成的分析（图9-3）（Delmonte et al., 2012）。

精油是香精和香料的主要成分，广泛应用于制药、化妆品和食品行业。精油组成的分析对于产品质量控制（纯度测定、掺假等）必不可少，但精油组成成分复杂，包括很多种类的化合物，其中不乏一些异构体及具有相似结构和物理特性的组分，如烃类（单萜、倍半萜和芳香族）、含氧化合物等，这些组分很难用传统的 GC 固定相分离。IL 色谱柱由于其特有的选择性和高惰性，可用于天然产物复杂成分的分离。Ragonese 等（2011）评估了中极性 IL 固定相色谱柱 SLB-IL59 在精油组分分析上的效果、极性和选择性，结果表明 SLB-IL59 色谱柱具有与100% 聚乙二醇固定相相当的极性并具有更高的热稳定性（300℃），且该色谱柱线性保留指

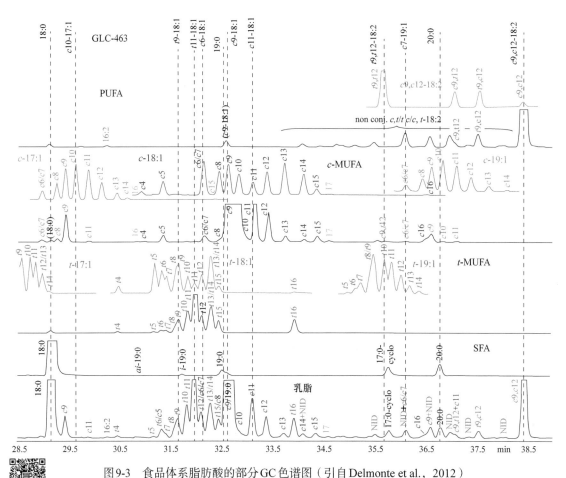

图9-3　食品体系脂肪酸的部分GC色谱图（引自Delmonte et al.，2012）

PUFA. 长链多不饱和脂肪酸；c-MUFA. 顺式单不饱和脂肪酸；

彩图　　　t-MUFA. 反式单不饱和脂肪酸；SFA. 饱和脂肪酸；non conj. 非共轭；NID. 亚甲基间隔型二烯

数的稳定性与非极性柱相似，说明这种新型的中极性IL固定相可以替代传统的极性色谱柱进行风味和香味成分的分析。Cagliero等（2018）系统分析了市售IL色谱柱（SLB-IL59、SLB-IL60、SLB-IL61、SLB-IL76、SLB-IL82）在风味组分、香精和精油领域的应用性能，结果表明IL色谱柱具有选择性，特别适用于基于官能团的分离，可以应用于风味组分、香精、精油等领域的组分分析。

二、水相容固定相

食品分析经常涉及含水量的测定及水介质中成分的分析。当采用GC分析含水量及含水样品时存在以下一些问题：硅藻土及其他载体（如分子筛等）对水的吸附等温线不理想，导致峰形不对称、重现性不好，甚至与其他常见的分析物相互干扰；此外，涂有常规固定相的毛细管柱与水的兼容性不好，在高温下反复暴露于水中会导致膜降解。水相容色谱柱可以方便地进行含水量及水溶液样品的分析，避免上述所有问题。

IL的主要优势之一是其化学结构可以定制设计，增加与特定化合物的兼容性，以提高其

选择性；且IL固定相在水和氧存在条件下较为稳定。2012年，Armstrong课题组研发了由季
鏻盐类阳离子、咪唑类阳离子与三氟甲磺酸根离子组成的全新的水相容IL色谱柱。这些物质
既保留了IL独特的选择性和色谱特性，又可将水作为进样溶剂从而避免了常规色谱柱所需的
样品制备程序。2016年，Supelco基于上述IL生产了一系列具有多种保留性能的水相容色谱柱
并以Watercol的商标出售。图9-4列举了三种商业化的水相容IL色谱柱及它们的温度范围。

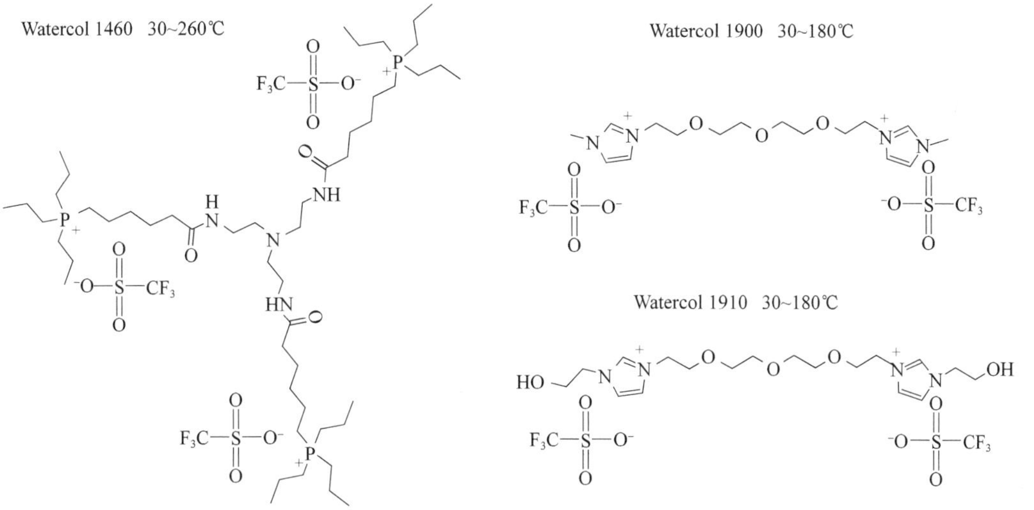

图9-4　商业化IL色谱柱（引自Shiflett，2020）

目前水分含量的测定通常采用折射率（RI）、干燥后水分损失的重量（LOD）和卡尔·费
歇尔滴定法（KFT）。这些方法都存在一些不足之处，其中RI需要对样品进行热预处理，该过
程会导致水分含量的损失从而使得测定结果不准确；LOD的测量结果通常低于样品的真实含
水量；KFT成本高、耗时长。GC作为食品中含水量测定方法之一，随着水相容固定相的发展，
可以用于不同基质食品中水分含量的测定，且方法简便、准确、快速、经济。

Watercol色谱柱选择性高，可以从极性和非极性组分中分离出水分且峰形对称，便于色
谱峰的积分和定量。在三种色谱柱中，Watercol 1460极性最小，水在该柱子上的保留最小，
该色谱柱可用于分离测定具有高沸点组分基质中水分的含量。Watercol 1900和Watercol 1910
色谱柱上水的保留指数接近。Frink等（2016）研究了蜂蜜中水分含量的GC检测方法，以
SLB-IL107（目前商业化的Watercol 1910色谱柱）作色谱柱，TCD和介质阻挡放电氦等离子
体检测器（BID）作检测器，采用顶空进样。该方法不需要任何加热前处理，也不需要溶剂，
方法快速、准确。

精油和香料产品通常采用乙醇或水配制或稀释，通常需要对其成分或一种或多种特定成
分进行定性或定量分析以作为质量标记或监督管理部门安全监管的标记。Cagliero等（2020）
研究表明水相容IL固定相色谱柱（Watercol 1460和Watercol 1910）可以用于香料和精油水溶
液中组分的定性和定量分析。此外，当采用GC-MS进行定量分析时，为了减少GC分离后到
达MS检测器的水量，采用不同长度的窄孔径色谱柱（固定液的液膜厚度d_c：0.10mm；开管
柱的内径d_f：0.08μm；长度：10m和15m），结果表明Watercol 1460和Watercol 1910窄孔径色
谱柱可以应用于以水为主要溶剂的样品的GC-MS分析，且方法灵敏度高、重现性好。

第三节 多维气相色谱平台

气相色谱作为高效、灵敏的分离工具，在挥发性化合物的分离分析方面发挥着重要作用。目前大多数色谱仪器为一维色谱，适用于含几十至几百种组分样品的分析。随着样品复杂程度的日益增加和对分析灵敏度要求的不断提高，常规一维色谱的分离能力已无法满足分析工作需要，通过使用多种分离技术或机制组合以增强色谱分离能力的多维色谱技术应运而生。

传统的多维色谱是在多柱和多检测器的基础上，通过使用多通阀或改变串联双柱前后压力的方法改变载气在色谱柱内的流向，使部分组分流过第二根色谱柱进行再次分离从而提高色谱的分离能力。将前级色谱分离后的所有组分捕集之后进行聚焦，而后转移到第二级色谱上进行分离和分析，两级色谱是相互独立的，分离机理可以完全不同，这时的色谱-色谱联用称为全二维色谱（comprehensive two-dimensional chromatography）。

色谱-色谱联用技术中，按照两级色谱流动相是否为同一类（气体或液体）可以有不同的联用方式。由同类流动相、不同分离模式或不同选择性色谱柱串联组成的色谱联用技术有气相色谱-气相色谱联用（GC-GC）、液相色谱-液相色谱联用（LC-LC）、超临界流体色谱-超临界流体色谱联用（SFC-SFC）等；由不同类流动相、不同分离模式或不同选择性色谱柱串联组成的色谱联用技术有液相色谱-气相色谱联用（LC-GC）、液相色谱-超临界流体色谱联用（LC-SFC）、超临界流体色谱-气相色谱联用（SFC-GC）、液相色谱-毛细管电泳联用（LC-CE），以及气相色谱-薄层色谱联用（GC-TLC）等。下面将分别介绍LC-GC及全二维气相色谱两种常用的气相色谱联用技术。

一、LC-GC

（一）LC-GC系统配置

GC技术分离能力高、分离速度快，是分离复杂样品的重要手段。但是GC的进样量小，族分离能力较差，很难用于复杂样品的分析。与之相反，LC具有较高的族分离能力、自动化程度高，可以实现痕量组分的富集和制备，但是其总柱效较低，难以分离检测复杂的异构体。因此，将LC和GC联用可以扬长避短，用LC分离提纯复杂样品的目标组分，而后将目标组分在线转入气相色谱中进行分离和分析。

自20世纪80年代发展以来，LC-GC理论和实践都得到了快速的发展。在线LC-GC联用技术避免了离线分析所导致的样品损失和污染，缩短了分析时间。由于系统选择性高，可以更好地消除干扰物质的影响，其检测限低。此外，LC-GC重复性较高，且相对于传统的固相萃取技术而言，溶剂消耗量较低。在线LC-GC还具有双重定性的功能，有时可替代GC-MS定性，同时也为液相色谱-气相色谱-质谱（LC-GC-MS）多重联用提供了技术保证。

LC-GC联用装置主要由LC系统（LC进样器、LC柱、溶剂泵、LC检测器）、接口装置、GC系统［GC柱、GC检测器（FID、MS等）］三部分组成，如图9-5所示。

1. LC系统 目前LC-GC系统中的LC一般采用正相模式（NPLC），通常用戊烷或己烷和改性剂作为洗脱剂。这主要是因为样品（尤其是食品）含有一定量的脂质，而脂质在流动相中溶解度不足，不能大量进入反相LC（RPLC）中。此外，NPLC中应用的有机流动相与

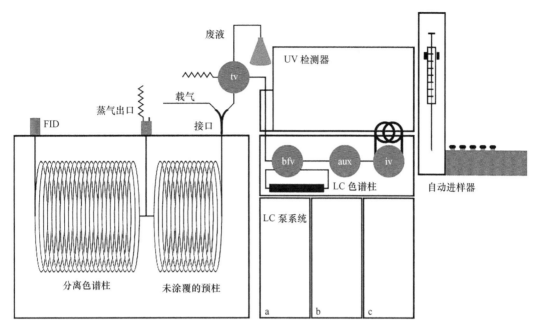

图9-5 典型的LC-GC仪器配置（引自Tranchida et al., 2020）

iv. 进样阀；bfv. 反冲阀；aux. 辅助阀；tv. 输送阀；a～c. LC的溶剂泵

GC有很好的相容性，加之许多GC分析的样品在分析之前需要用有机溶剂萃取，使得LC-GC联用变得简单。当分析过程需要使用RPLC时，也可以通过使用专门的接口技术与GC联用。

LC-GC系统需要进样体积达几百微升的自动进样器。为了和GC系统联用，进样速率应调节到与转移速率相似的水平。液相色谱柱安装在反冲阀中以便用更强的溶剂逆向清洗色谱柱。辅助阀可用于更复杂的预分离，如LC-LC柱切换。液相系统中一般推荐采用三个溶剂泵，其中两个用于溶剂的梯度洗脱，第三个为反冲溶剂。泵必须能够在低流速（50～500μL/min）条件下准确输送洗脱液。LC系统中通常安装一个UV检测器以监测从LC色谱柱出来的洗脱液。为了避免峰展宽和延迟，连接环节及检测器单元中死体积应尽可能的小。

2. 接口装置 LC-GC联用的主要问题是LC馏分的体积与适合GC分析的体积之间的差异。LC馏分的体积一般是几百微升，远远超过了传统GC的进样量，所以无论是正相液相色谱-气相色谱（NPLC-GC）联用或反相液相色谱-气相色谱（RPLC-GC）联用，样品在经过LC分离后进入GC前都需要对含有大量溶剂的样品进行处理。如何除去溶剂，将待测组分引入GC，实现由液相分离到气相分析是LC-GC技术的要点也是难点。在液相色谱柱后的多通阀和在气相色谱柱前加一个接口的目的便是解决这一问题（图9-6）。

LC-GC接口的作用是在溶质进入GC之前快速而有选择性地消除流动相。接口的选择取决于LC流出物的类型，其中从NPLC或尺寸排除色谱（SEC）流出的有机溶剂比RPLC流出的水溶剂更容易蒸发。目前在LC-GC系统中使用最多的接口技术是保留间隙技术。保留间隙是安装在GC进样口和毛细管柱之间的一段长几米至几十米的弹性石英毛细管柱，该柱是惰性的（非吸附的）而且还可被样品液体（主要是溶剂）润湿。来自LC的馏分进入GC后，在保留间隙中LC流动相逐渐蒸发，目标组分富集在毛细管柱入口处的固定液上，然后再进行GC分析。

LC溶剂的排出主要靠蒸发和分流。按照蒸发方式的不同，分为全部溶剂同时蒸发、部

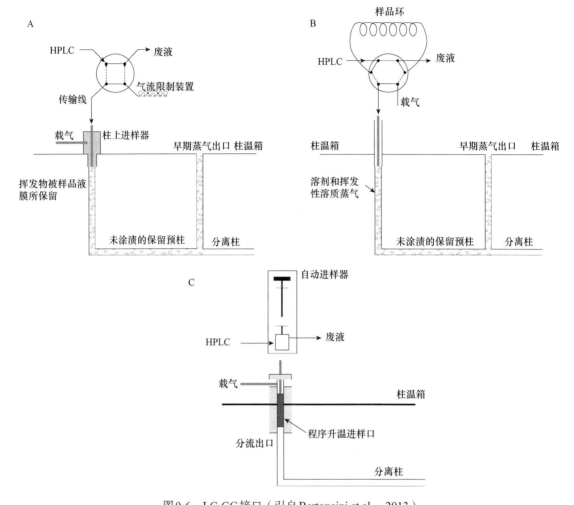

图9-6 LC-GC接口（引自Bertoncini et al.，2013）

A. 柱上接口和部分溶剂同时蒸发；B. 样品环接口和全部溶剂同时蒸发；C. 气化器接口

分溶剂同时蒸发、溢流蒸发三种。全部溶剂同时蒸发和部分溶剂同时蒸发的选择主要取决于样品是否含有挥发性溶质，如果含有挥发性溶质需选择部分溶剂同时蒸发，反之则采用全部溶剂同时蒸发。溢流蒸发是使溶剂蒸气自发扩散以除去溶剂，一般用于程序升温气化（programmed-temperature vaporizer，PTV）进样口。

对于LC-GC联用，通过浓缩溶质和蒸发溶剂使得目标化合物从溶剂中分离出来。LC-GC的接口有柱上接口、样品环接口、气化器接口、Y形接口、通过烘箱转移吸附解吸接口、气化器室/柱前溶剂分流接口等。

3. GC系统 在LC-GC系统中，GC色谱柱的选择与单维GC中色谱柱的选用标准没有区别，主要是基于待分析化合物的挥发性及所需的选择性和分辨率。在采用保持间隙技术时必须特别注意预柱的选择。预柱必须能被LC溶剂润湿，以便在柱壁上形成液体膜。此外，它必须是惰性的，保留力必须低于分离柱。通常用无涂层的毛细管作预柱，只有在用于再浓缩时才称为保留间隙。预柱的长度和内径取决于所采用的转移方法（主要是全部或部分溶剂同时蒸发）、转移液体的体积、溶剂的类型、预柱的温度和载气的流速。

此外，在LC-GC联用系统中，GC需要有用于排出蒸气的排气管道及预柱与柱温箱外接口相连接的管道。对于从同一LC流出的两个馏分的平行分析（如矿物油中的饱和烃类和芳香烃类），一些GC系统配备两根预柱/色谱柱和两个检测器。

（二）LC-GC在食品分析中的应用

LC-GC作为一种操作简单、快速高效的分离技术，适用于复杂样品中痕量组分的分析。目前LC-GC广泛应用于矿物油、多环芳烃和农药残留等污染物、天然食品组分检测等方面。

1. 矿物油检测　　矿物油包含一系列从石油蒸馏中得到的高度亲脂性组分，主要由饱和烃类（mineral oil saturated hydrocarbon，MOSH）和芳香烃类（mineral oil aromatic hydrocarbon，MOAH）构成，而MOSH和MOAH组分又包含大量的异构体，很难用普通的色谱方法进行完全分离。在20世纪90年代，研究者们采用液相色谱-液相色谱-气相色谱（LC-LC-GC）分析MOAH，并根据组分中环的数量进行定性。在2009年，Biedermann等提出利用LC-GC系统定量MOSH和MOAH，该方法样品处理简单，防止样品污染，并可以将感兴趣的组分完全转移到GC色谱柱。LC分离后，MOAH馏分进一步通过全二维气相色谱进行分析（Biedermann et al.，2009）。

大多数LC-GC系统中使用的是单一的LC色谱柱，虽然该技术具有很高的选择性，然而用于分析植物油或某些特定的脂肪提取物时，可能无法除去食物中存在的烯烃从而影响定量的准确性。两个LC柱串联使用可以有效防止烯烃到达GC。Zoccali等（2006）将二氧化硅柱（用于保留基质的大部分组分）和银离子柱（用于更好地保留烯烃）两根不同的LC色谱柱串联以获得不受干扰的矿物油MOAH组分，然后利用GC和双检测器（FID和MS）定量矿物油污染并分析污染物来源。图9-7A为橄榄油样品液相色谱-气相色谱-三重四极杆串联质谱（LC-GC-QQQ-MS）全扫描和多反应监测（multi-reaction monitoring，MRM）色谱图，图9-7B为藿烷类化合物的扩展图。

2. 多环芳烃和农药残留等污染物检测　　多环芳烃（polycyclic aromatic hydrocarbon，PAH）是煤、石油、木材、烟草、有机高分子化合物等有机物不完全燃烧时产生的挥发性碳氢化合物。由于PAH在环境中广泛存在且是一种脂溶性物质，食用油很容易被污染。食用油中PAH的检测方法很多，有GC-MS、气相色谱-氢火焰离子检测（GC-FID）、液相色谱-荧光检测（LC-FL）、LC-GC等。Nestola等（2015）开发了液相色谱-液相色谱-气相色谱-质谱联用（LC-LC-GC-MS）方法用于分析不同食品中的PAH。该系统将一根硅胶柱和一根π电子受体改性硅胶柱进行偶联，如图9-8所示。当包含PAH馏分的洗脱液从第一根色谱柱流出后，在第二根柱子中进一步分离。正向洗脱多不饱和干扰物，将多环芳烃反冲洗转移到GC系统中进行分析。

现代农业生产过程中一般喷施农药用于植物管理，但农药使用不当容易导致农药残留，带来安全隐患，因此需对农药残留进行检测。由于大多数农药具有挥发性和疏水性，GC已成为脂肪类食品农药残留分析中应用最广泛的方法，但由于农药含量较低，一般需要复杂的前处理操作。LC是用于测定脂肪基质中农药残留的另一种关键分析技术，特别适用于极性、难挥发性和热不稳定性农药的分析。LC-GC系统将LC样品制备的有效性与GC的高效和灵敏度相结合，为复杂混合物的分析提供了许多优势，并且检出限要低于GC和LC单独使用时的检出限。Sanchez等（2003）利用NPLC-GC测定橄榄油中的农药残留，样品只需要经过过滤便

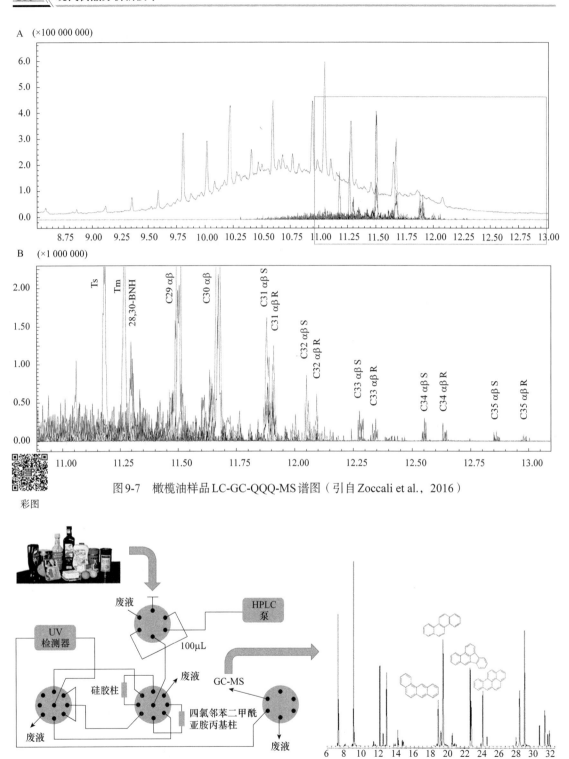

图 9-7　橄榄油样品 LC-GC-QQQ-MS 谱图（引自 Zoccali et al.，2016）

彩图

图 9-8　食品中 PAH 的 LC-LC-GC-MS 检测示意图（引自 Nestola et al.，2015）

可以直接进样，操作简单；以甲醇和水作为 LC 制备的洗脱液，然后含有农药的 LC 馏分自动转移到 GC 中，以 FID 作为检测器，农药的检出限为 $0.18 \sim 0.44 mg/L$。

此外，LC-GC 还可用于食品中多氯联苯、偏苯三酸、共聚物和复杂聚合物添加剂的检测，以监控食品质量安全。

3. 天然食品组分检测　　除了矿物油、多环芳烃和农药残留等污染物外，LC-GC 还可用于食品中挥发性组分、植物甾醇、蜡酯、维生素 D、神经酸异构体等组分的测定。

采用 LC-GC 系统结合离子阱质谱（IT-MS）可以对不同精油进行表征。研究表明通过 NPLC 预分离萜类物质可以避免一些共流组分，进而改善整体表征结果。此外，也表现出与数据库质谱更好的相似性匹配值。采用反相液相色谱-气相色谱-质谱（RPLC-GC-MS）可以分析精油中的异构体组成，也有一些研究表明采用反相液相色谱-程序升温进样-气相色谱（RPLC-PTV-GC）可以分析水果饮料、精油和香气物质中的手性萜烯。

在食用植物油中存在一些微量组分，主要是脂肪醇、蜡酯、生育酚、甾醇和甾醇酯等，这些微量成分与油脂品质密切相关。Esche 等（2013）利用 LC-GC 分析谷物中的游离甾醇/甾烷醇、甾醇脂肪酸酯/甾烷醇脂肪酸酯、阿魏酸甾醇酯，衍生后的脂质提取物经 NPLC 分离，含有甾醇类的馏分被在线转移到 GC 系统分析其组成。

二、全二维气相色谱

在第一届全二维气相色谱国际研讨会上给出了全二维的定义和命名：样品的每一部分都进行二次分离；所有化合物每一部分都通过两根色谱柱，也可以发送到检测器；第一个维度的分辨率在整个分析过程中保持不变，色谱各维度之间用"×"符号表示。全二维气相色谱（comprehensive two-dimensional gas chromatography，GC×GC）是 20 世纪 90 年代初才出现的一种新型的二维气相色谱分离技术，是多维色谱的一种。

GC×GC 与传统的二维气相色谱（GC-GC）有很多区别。GC-GC 一般采用中心切割法，从第一根色谱柱预分离后的部分馏分被再次进样到第二根色谱柱作进一步的分离；而样品中的其他组分或被放空或也被中心切割，通常可通过增加中心切割的次数来实现对目标组分的分离。但由于流出第一根色谱柱的组分没有经过聚焦而直接进样，使得第二维色谱峰展宽较严重，因此第二维的分辨率会受到损失。这种方法第二维的分析速度一般比较慢，不能完全利用全二维气相色谱的峰容量，它只是把第一根色谱柱流出的部分馏分转移到第二根色谱柱上，进行进一步的分离。GC×GC 提供了一个真正的正交（无关联）分离系统，它把分离机理不同而又相互独立的两根色谱柱以串联的方式结合成二维气相色谱，第一根色谱柱流出的全部组分都经过第二根色谱柱分离，进入同一个检测器进行检测。换言之，相对于 GC-GC 中心切割的 $n_1 + n_2$ 的效果（n_1 和 n_2 分别代表第一根和第二根色谱柱的峰容量），GC×GC 提供了更为有效的 $n_1 \times n_2$ 的效果（许国旺，2016）。

（一）GC×GC 基本原理

1. 一维色谱的局限性　　一维色谱方法［GC、LC 和超临界流体色谱（SFC）］无法开发出分离复杂样品中所有组分所需的峰容量。对于一根 50m 长，250 000 塔板（升温程序从 10min 到 180min）的 GC 分析（高分辨率的一维方法），理论峰容量为 250。根据每个分子的碳原子数来比较结构异构体的可能性时（表 9-1），就会体现 GC 分析的局限性。

表9-1 各种碳氢化合物的结构异构体数目（引自 Bertoncini et al., 2013）

碳原子数	烷烃	烯烃	烷基苯
10	75	377	22
15	4374	36 564	2217
20	366 319	42 249 93	263 381
25	36 797 588	536 113 477	33 592 349

然而峰容量的概念是理论性的，即使在复杂性相对较低的样本中仍然可以观察到峰重叠的现象。假设这些峰是随机分布的，对于所有要溶解的溶质来说，理论峰容量必须远远大于要分离的化合物的数量。如表9-2所示，当希望在100种成分的混合物中分离出90%的化合物时，需要一根500m长的色谱柱（内径250μm），产生1000万个塔板数，峰容量约为2000，而这在实际分析中几乎是不可能实现的。因此，为改进分离效果，增加峰容量的较好办法不是增加柱长，而是选用多维色谱，从而实现复杂的多组分分离。

表9-2 分离100个化合物所需的峰容量和理论塔板数（引自 Mondello et al., 2002）

分离峰的百分数 /%	需要的峰容量	理论塔板数	分离峰的百分数 /%	需要的峰容量	理论塔板数
50	290	250 000	80	900	2 430 000
60	390	460 000	90	1910	10 950 000
70	560	950 000			

2. GC×GC的原理 基于一维色谱在分离复杂样品时的局限性，科学家开始探索多维色谱方法的可行性。Giddings是第一个精确定义多维色谱系统概念的人，定义多维色谱有两个先决条件：在每个维度的分离必须基于不同的物理化学机制；在整个分析过程中，必须保证每个维度的分辨率（Barcelo，2009）。

在GC×GC系统中，用于样品分离分析的两根色谱柱其分离机理不同，以创造正交分离条件。整个样品受到每个分离维度的影响，即样品在两个或多个维度上进行顺序分离。和其他分离方法一样，样品首先经第一根高分辨毛细管气相色谱柱进行分离，分离后的馏分经由调制器聚焦，再以脉冲方式送到第二根色谱柱进行进一步的分离。第一维色谱分离时间一般为45～120min，第二维色谱分离时间很短，只需要1～10s。在GC×GC系统中，第二根色谱柱一般封装在一个独立的柱温箱中，使得升温程序更加独立、灵活（图9-9）。第二根色谱柱的快速分离使得峰宽量级是100～600ms，因此检测器必须具有足够快的工作周期以测量出尖窄峰足够多的数据点，利于数据分析。

第一根色谱柱的所有馏分以脉冲方式进入第二根色谱柱，之后被检测器检测。信号经数据处理系统处理后，得到以第一根色谱柱上的保留时间为第一横坐标，第二根色谱柱上的保留时间为第二横坐标，信号强度为纵坐标的三维色谱图或二维轮廓图（图9-10）。

（二）GC×GC应用潜力

相较于传统气相色谱技术而言，GC×GC的全二维系统提供了关于整个样本更多的全局信息，且分辨率高、灵敏度高、分析速度快。该技术已广泛应用于食品领域中复杂样品的分离分析，如挥发性组分、农药、脂肪酸、植物甾醇等。

1. 挥发性组分的测定 风味是人们衡量一些食品如植物油、酒类、水果、调味料等的

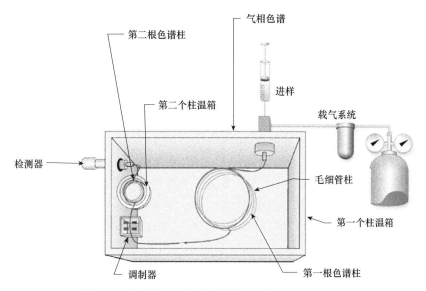

图9-9　全二维气相色谱系统图（引自Colin，2021）

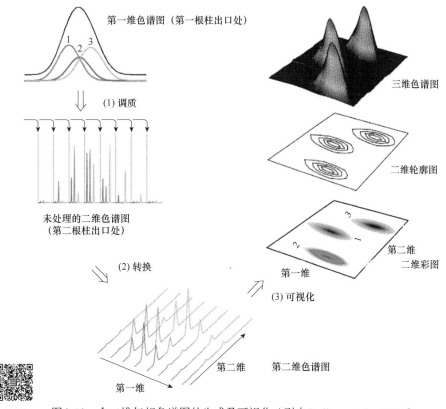

彩图　　图9-10　全二维气相色谱图的生成及可视化（引自Dallüge et al.，2003）

重要指标，直接影响消费者的购买欲，而食品中的挥发性组分则是构成和影响风味的重要因素。对食品挥发性组分的测定有助于人们了解不同食品或同类食品不同等级之间挥发性成分的区别，用于食品质量评估，指导产业升级。

中国农业科学院赵方方基于改进的无溶剂微波提取-全二维气相色谱-飞行时间质谱（ISFME-GC×GC-TOF-MS）技术研究了20种常见冷榨植物油中的挥发性风味成分，建立了一套较为完善的冷榨植物油挥发物成分的指纹谱图库，为植物油的风味识别、品质鉴定与保真提供技术支撑。研究表明植物油中的挥发性组分主要包括醛、醇、酮、杂环、碳氢化合物和酸酯6类化合物，通过化学计量学随机森林与聚类分析，探明了不同种类植物油中醇、醛、酮、烷烃、吡嗪、呋喃、噻吩、吲哚、吡咯、异硫氰酸酯等风味挥发物组分及比例，绘制出食用植物油风味物质聚类图（赵方方，2012）。

2. 农药的测定　　食品基质中农药种类众多，结构复杂，无法通过单一的色谱进行分离。多维色谱联用可以有效地分离不同种类农药，为食品质量安全监管提供保障。

Banerjee等（2008）利用全二维气相色谱-飞行时间质谱（GC×GC-TOF-MS）方法对葡萄中多种农药残留进行分离分析并对检测条件进行优化。在该系统中一根非极性柱和极性毛细管柱通过热调制器进行连接，可以有效解决GC-MS分析中共流出峰的问题。陕西科技大学储晓刚等利用QuEChERS方法结合GC×GC-TOF-MS分离和检测绿茶功能食品中的423种农药、异构体及农药代谢物（图9-11），并将该方法应用于124种不同绿茶提取物功能食品的农药残留筛选，发现少数样品存在甲胺磷、苄呋菊酯、残杀威、克林菌、杀虫单、麦草氟异丙酯、呋霜灵、联苯菊酯和甲氰菊酯等农药残留（Jia et al.，2015）。

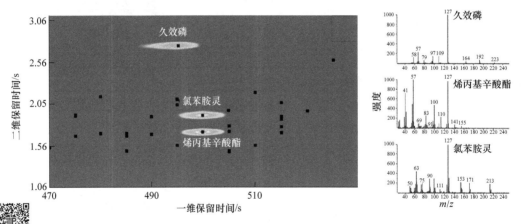

图9-11　全二维气相色谱-质谱联用检测食品中农药残留（引自Jia et al.，2015）

彩图

3. 脂肪酸的测定　　脂肪酸一般甲酯化后采用一维GC进行测定。由于许多样品比较复杂，有时在GC分析前使用LC进行分离。但是当微量脂肪酸和其他一些目标组分同时洗脱且一维GC和LC-GC无法满足分离需要时，则需要使用选择性更强的多维气相色谱进行分析。GC×GC分辨率高，能很好地分离不饱和脂肪酸甲酯的几何异构体，即使浓度非常低的奇数碳脂肪酸甲酯也可以很容易地被识别出来。

中国地质大学朱钢添等以氨水和甲醇为溶剂制备了磁性萃取剂，用于分散萃取食用油脂中的游离脂肪酸。利用磁分散萃取法结合GC-MS对游离脂肪酸进行靶向分析，然后将磁分散萃取法与全二维气相色谱-质谱（GC×GC-MS）相结合，对食用油中的游离脂肪酸进行非靶向分析，结果表明第二维色谱对于第一维色谱共流出化合物的分离起关键作用（图9-12）。该方法初步鉴定出食用油中的64个潜在游离脂肪酸，可以提供游离脂肪酸指纹图谱或游离脂肪

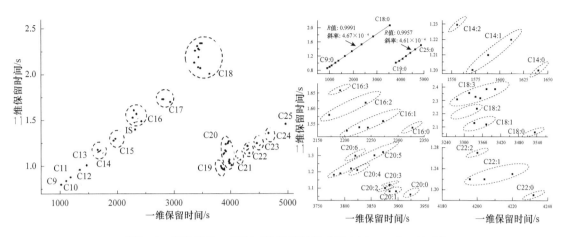

图9-12　脂肪酸的一维和二维保留时间（引自Zhu et al.，2019）

酸标记以指导食用油的加工、贮藏和鉴定（Zhu et al.，2019）。

4．植物甾醇的测定　　植物甾醇是一种重要的代谢物，可防治冠状动脉粥样硬化等心血管疾病，广泛存在于植物源性食品中。植物油中植物甾醇含量丰富，且其含量及组成与植物油的品种、产地等具有密切联系。中国农业科学院徐宝成等创建了基于GC×GC-TOF-MS的植物甾醇高灵敏检测技术，实现了植物油中31种植物甾醇的精确定量分析，并构建了13种植物油的游离甾醇特征文库（图9-13）（Xu et al.，2018）。

总离子流图

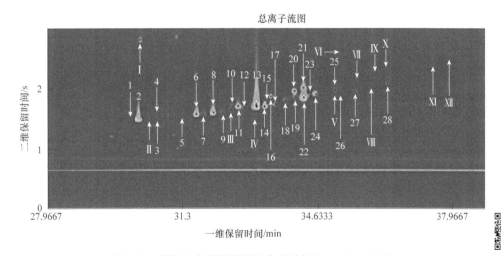

图9-13　植物油中植物甾醇组成（引自Xu et al.，2018）

彩图

第四节　联用技术在食品分析中的应用

联用技术是指将两种分析技术联用，取长补短、互相补充，以解决复杂样品的成分分析问题，可以是两种色谱技术联用（如LC-GC）、两种质谱技术联用（如MS-MS）或者是分离技术与质谱技术联用（如GC-MS）等。

色谱技术是解决复杂体系分离定量的重要手段，然而传统的色谱检测器无法解决组分定性和重叠峰干扰的问题。虽然对于复杂的样品体系,采用多维色谱可以提高色谱系统的分辨能力,但是有时也无法完全解决该问题。质谱技术具有极强的化合物结构解析能力,可以测定物质准确的相对分子质量,确定分子式,提供物质的结构信息。色谱技术与质谱技术联用,可以结合色谱对复杂样品化合物的高分离能力与质谱的结构鉴定能力,使分离和鉴定同时进行,从而实现对复杂化合物高效的定性定量分析,已成为复杂体系分析最有效的手段。

目前市售的四极杆质谱、离子阱质谱、飞行时间质谱、磁质谱等有机质谱仪均可以与气相色谱联用,还有一些其他的气相色谱与质谱的连接方式,如气相色谱-燃烧炉-同位素比值质谱。此外,质谱中不同质量分析器性能不同(表9-3),也可以将多个质量分析器联用以扬长避短。例如,四极杆质谱与飞行时间质谱联用(Q-TOF)可以显著提高质量精度,四极杆质谱与其他四极杆联用(QQQ)可用于高灵敏性与高选择性的分析等。使用多个质谱可以检测复杂样本中的微量组分(ng/L~μg/L范围)。

表9-3 常见质量分析器的相关参数(引自许国旺,2016)

质量分析器	m/z 范围	分辨率	质量精度偏差(m/z=1000)	动态范围	是否串联质谱
四极杆	10^3	10^3	0.1%	10^5~10^6	否
四极杆离子阱	10^3	10^3~10^4	0.1%	10^3~10^4	是,MS^n
三重四极杆	10^3	10^3	0.1%	10^5~10^6	是,MS/MS
飞行时间(线性)	10^6	10^3~10^4	0.01%~0.1%	10^4	否
飞行时间(反射器)	10^4	10^4	$(5$~$10)\times10^{-6}$	10^4	是,仅源后降解(PSD)
双扇形	10^4	10^5	$<5\times10^{-6}$	10^7	是,MS/MS
傅里叶变换离子回旋共振	10^4~10^5	10^6	$<5\times10^{-6}$	10^4	是

一、气相色谱-质谱在食品分析中的应用

GC-MS技术目前已比较成熟,是仪器分析化学中应用最广泛的联用技术,可以用于易挥发或半挥发性有机小分子化合物的分析,在食品检测、天然产物分析、代谢组学等领域发挥着重要作用。下面以几种常见的质量检测器和串联质谱为例,介绍GC-MS在食品分析中的应用。

(一)四极杆质量分析器的应用

四极杆质量分析器自20世纪50年代问世以来已成为最主要的质量分析器之一。四极杆质量分析器由四根相互平行且均匀安置的金属杆构成。在GC-MS和LC-MS中,四极杆质量分析器因其体积小、结构简单、造价低、性能相对优秀而广泛应用。单四极杆质量分析器有全扫描(full-scan)和选择离子监测(selected ion monitor,SIM)两种数据采集模式。

在全扫描模式下,四极杆质量分析器可以提供样品中所有分析物的完整质谱。Kakimoto等(2005)采用GC-MS全扫描模式测量了新鲜果实和蔬菜中农药的含量,并利用每一种农药的一个靶向离子碎片进行定量。Norli等(2010)利用GC-MS全扫描模式结合解卷积软件AMDIS纯化真实样品的质谱,再与参考谱库进行比对来筛选和鉴定目标化合物,结果表明较高的农药浓度下样品匹配系数较高。

由于全扫描模式的灵敏度较低,在应用单四极杆质量分析器时一般采用SIM采集模式,该模式对离子进行选择性检测,不相关的干扰离子可以被排除,且选定离子的检测灵敏度大大提高。

（二）三重四极杆质量分析器的应用

使用单四极杆质量分析器的气相色谱-质谱/选择离子监测（GC-MS/SIM）缺点是选择性差、样品基质会影响离子峰的丰度，干扰分析物的鉴定。由于复杂基质中的化学组分往往会影响目标分析物的离子峰丰度，这可能会影响用于鉴定化合物的离子比例，从而造成假阳性或假阴性。为进一步提高检测的选择性，在四极杆的基础上发展了三重四极杆质量分析器（QQQ）。QQQ支持选择离子扫描、中性丢失扫描、多反应监测等多种扫描模式，选择性更强、灵敏度更高，已成为复杂体系中痕量化合物定性、定量最强有力的工具之一。

2014年，欧盟提出可以使用气相色谱-三重四极杆串联质谱（GC-QQQ-MS/MS）技术替代高分辨质谱以确认食品和饲料中二噁英含量是否符合规定。García-Bermejo等（2015）建立了GC-QQQ-MS/MS方法用于测定食品和环境中的二噁英含量并对方法进行优化和验证，发现该方法重现好、仪器检测限低。将该方法与高分辨质谱进行比较，发现两种方法的线性、精密度及准确性接近，证明GC-QQQ-MS/MS方法足以用于食品和环境样品中二噁英含量的检测。

（三）飞行时间质量分析器的应用

以四极杆质量分析器为基础的GC-MS/SIM和气相色谱-串联质谱（GC-MS/MS）技术可以通过识别目标化合物的特征离子将组分从复杂基质中鉴别出来。尽管靶向方法的灵敏度高、定量能力强，但是在采样过程中每次只允许特定的离子通过，如果样品中存在一些不在该方法识别范围内的其他组分，则无法检测。

飞行时间质量分析器（TOF）最早由Stephens在1946年提出，通过测定不同质量的离子从离子源迁移到探测器所需的时间来确定离子的质量。TOF的主要部分是一个既无电场也无磁场的离子漂移管，离子经加速电压加速而进入分析器时，由于不同质量的离子飞行速度不同，它们飞过一定距离所需的时间也不同，因而可获得质量分离。TOF可以在全扫描模式下工作，且有两种类型，一种类型是单位质量分辨采集速率高达500谱图/s和四个数量级的线性范围，适用于快速气相色谱和多维色谱（GC×GC）；另一种类型是高分辨TOF（HRTOF），准确度在5～10ppm，质量范围可达1500u，并提供三个数量级的线性范围，可为食品中相关物质的检测和鉴定提供可靠的依据。

Hayward等（2009）比较了气相色谱-四极杆质谱（GC-Q-MS）和气相色谱-高分辨飞行时间质谱（GC-HRTOF-MS）方法在测定有机卤素和有机磷农药、异构体和代谢物的差异，结果表明两种方法的定量限、回收率等差异较小，对于目标化合物两者测定结果无显著性差异，但是GC-HRTOF-MS数据可以提供SIM方法中没有的农药残留准确的质量信息以帮助鉴定样品中的未知组分。

（四）串联质谱的应用

气相色谱-串联质谱（GC-MS/MS）是在GC-MS的基础上将多个质量分析器联用以增加离子的质谱信息，增强技术的定性和定量能力，提高选择性和灵敏度。GC-MS/MS目前已广泛应用于食品分析领域，是复杂样品基质中痕量组分定性定量分析的有力工具。目前GC-QQQ-MS/MS技术应用最为普遍，此外四极杆或离子阱还可与扇形磁场质量分析器单独串联或者与静电分析器或飞行时间质谱联用，形成不同的串联系统。多个质量分析器结合可增加分析信息的数量和质量、可靠性和特异程度，但同时也增加了仪器的成本和操作的复杂性。

食品接触用塑料材料通常是高分子聚合物和其他起始物质（如单体和添加剂）的混合物。由于单体和添加剂等的分子质量低，容易从包装向食品迁移，影响食品品质，威胁人类健康，被认为是食品的污染物。Cherta等（2015）将气相色谱-电子轰击电离-飞行时间质谱［GC-（EI）-TOF-MS］和气相色谱-大气压化学电离-四极杆飞行时间质谱［GC-（APCI）-Q-TOF-MS］结合起来用于分析塑料包装食品污染物的迁移情况。以4种聚丙烯/乙烯乙基醇/聚丙烯（PP/EVOH/PP）多层托盘和1种聚丙烯/铝箔/聚丙烯薄膜为研究对象，样品用乙醚萃取后进样。首先利用GC-（EI）-TOF-MS方法进行非靶向分析，将所得数据进行谱库检索（数据库匹配＞700）筛选候选组分，对5个响应最强的离子的质量进行精确评估以鉴定该化合物。为进一步判断GC-（EI）-TOF-MS的鉴定结果，将样品进行GC-（APCI）-Q-TOF-MS分析。结果表明GC-（APCI）-Q-TOF-MS分析大大减少了GC-（EI）-TOF-MS筛选的候选化合物的数量，从而获得了一种可靠的化合物鉴定方法。

二、气（液）相色谱-同位素比值质谱在食品分析中的应用

同位素比值是用来衡量样品中同位素组成的一个参数，它一般定义为某一元素的重同位素含量与轻同位素含量之比（R），如D/H、$^{13}C/^{12}C$、$^{15}N/^{14}N$、$^{18}O/^{16}O$、$^{34}S/^{32}S$。在实际工作中通常采用样品的同位素比值R_{sq}与标准物质的同位素比值R_{st}比较的δ值表示样品的同位素成分［$\delta（‰）=（R_{sq}/R_{st}-1）\times 1000$］，即样品同位素比值相对于标准物质同位素比值的千分差。植物和动物的同位素特征主要来自于其生长的环境，如与海洋的距离、气候、温度、海拔和基础地质，以及土壤成分等。通过测定样品同位素比值能反映所分析样品的地理和生物来源信息，是鉴别和食品溯源的有力工具。

同位素比值质谱（isotope ratio MS，IRMS）可以定义为一种测量同位素丰度比偏差的技术。根据分析对象不同，同位素分析的模式有全样品同位素分析（bulk sample isotope analysis，BSIA）、特定化合物同位素分析（compound specific isotope analysis，CSIA）和分子内特定位点同位素分析（position specific isotope analysis，PSIA）。目前特定化合物同位素分析（CSIA）越来越多地用作识别环境污染物来源和食品真实性或评价技术和生物转化过程的重要工具。

气相色谱-同位素比值质谱（GC-IRMS）是一种复杂但非常有用的检测工具，GC与IRMS结合可以将单个化合物完全分解成CO_2、N_2和H_2O，从而分析稳定同位素比值（如$^{13}C/^{12}C$、$^2H/^1H$、$^{15}N/^{14}N$、$^{37}Cl/^{35}Cl$）（图9-14A）。GC-IRMS具有样品自动制备和定量、样品通量高、需要样本量少（CO_2：0.1～5nmol，H_2：10～50nmol）、精确度高（$\delta^{13}C$：0.1‰～0.3‰，δD：2‰～5‰）等优势，广泛应用于食品的掺伪、溯源等分析。此外，IRMS还可以与LC相结合（图9-14B），旨在确定极性化合物的同位素比例，拓宽IRMS的应用领域。液相色谱-同位素比值质谱（LC-IRMS）可以直接获得糖类、氨基酸、短碳链有机酸和醇类等所有水溶性分子特异性$\delta^{13}C$信息，主要适用于水溶性分子的高精度同位素分析，如氨基酸、挥发性脂肪酸、醇、酚酸、一些简单的碳水化合物、核苷酸、多肽和蛋白质等。

目前GC-IRMS和LC-IRMS技术已广泛应用于食品的溯源和掺伪、区别天然分子和合成分子、鉴别农业或耕作方法等领域，下面以茶叶、香兰素、有机番茄等举例说明。

茶是我国最受欢迎的非酒精饮料之一，茶叶品质与种植环境密切相关，不同地理条件之

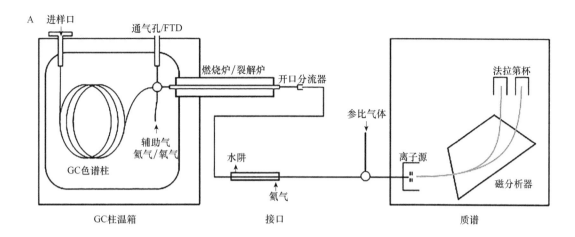

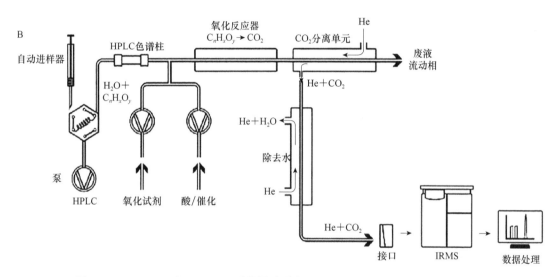

图9-14 GC-IRMS 和 LC-IRMS 系统图（引自 Sherwood et al.，2013；Sun，2018）

间差异较大。茶叶的价格因茶叶配方、生产年份和产地的不同而不同，准确分析茶叶产品的真实性有助于保护消费者和生产者利益。西南大学刘洪林对不同配方、不同年份、不同产地茶叶样本的矿质元素、多种稳定同位素比值、咖啡因及6种主要游离氨基酸的 $\delta^{13}C$ 和 $\delta^{15}N$ 进行分析，发现这些茶叶具有不同的多稳定同位素比值指纹特征，证明采用GC-IRMS技术可以用于茶叶产品的证实（刘洪林，2021）。

香草被誉为"香料女王"，是世界上最受欢迎的香料之一，广泛应用于食品和香水行业。目前香兰素主要来自香草兰的豆荚，此外还可以人工合成和生物合成。Wilde 等（2019）采用 GC-IRMS对葡萄糖来源香兰素样品的 $\delta^{13}C$ 和分子内部特定基团的 δ^2H 进行分析，发现生物合成香兰素的 $\delta^{13}C$ 值较香草兰豆荚提取的香兰素 $\delta^{13}C$ 值高，表明可以采用GC-IRMS鉴别分析的香兰素的来源。

有机食品被认为是健康、安全、环保而且市场价格较高的食品。有机食品在生产时不应使用合成化肥和农药、激素，不经基因工程技术改造，不受污水或辐射污染等。番茄是全球消费量最大的园艺产品之一。在番茄种植过程中，化肥的选择和其他农业管理措施对番茄的有机证至关重要。研究发现合成化肥的$\delta^{15}N$（即$^{15}N/^{14}N$）一般在$-6‰\sim6‰$，而有机化肥的$\delta^{15}N$一般在$0.6‰\sim36.7‰$（粪肥$10‰\sim25‰$），使用合成化肥作物的$\delta^{15}N$一般比有机作物低。为鉴别番茄是否为有机食品，Bontempo等（2020）以意大利两个地区的有机番茄和常规番茄为材料，在两年多的时间里，对番茄生产过程中土壤、番茄、番茄汁样品中的δ^2H、$\delta^{13}C$、$\delta^{15}N$、$\delta^{18}O$和$\delta^{34}S$进行分析，利用GC-IRMS方法测定番茄中氨基酸的$\delta^{13}C$、$\delta^{15}N$同位素比值。结果发现$\delta^{15}N$是区别有机和常规番茄的重要参数，且通过分析番茄氨基酸的同位素比值（CSIA），尤其是甘氨酸的$\delta^{13}C$、$\delta^{15}N$，可以有效提高鉴别能力。

第五节 气相色谱-质谱联用技术展望

随着科学技术的发展和人们对食品要求的提高，食品质量标准日益严格，这就要求GC与其他分析方法一样朝更高灵敏度、更高选择性、更方便快捷的方向发展，不断推出新的方法解决食品领域遇到的新的问题。

将GC与不同仪器相结合，实现联用分析，可以扩大GC的分析领域，提高方法的灵敏度和选择性，是GC发展的一个重要趋势。此外，开发具有更小体积、重量和功耗，可以作为便携设备甚至手持设备使用的便携式GC-MS装置，以满足现场在线分析的要求，实现非专业人员可以操作的现场原位分析，也是GC-MS发展的重要趋势。同时，GC-MS另一个重要的发展方向是前处理方法和装置的研究，如顶空固相微萃取、减压吹扫捕集、超声萃取等，以广泛地与GC-MS技术耦合，进一步简化实验步骤，提高方法的灵敏度和选择性。

思 考 题

1. 采用GC分析检测样品时，如何选用合适的色谱柱？
2. LC-GC如何实现联用？
3. 简述同位素比值质谱的原理和应用。

参 考 文 献

刘洪林. 2021. 基于多元素稳定同位素及其比值特征的茶叶产品证实技术研究. 重庆：西南大学博士学位论文.

齐美玲. 2018. 气相色谱分析及应用. 2版. 北京：科学出版社.

汪正范, 杨树民, 吴侔天, 等. 2001. 色谱联用技术. 北京：化学工业出版社.

许国旺. 2016. 分析化学手册. 3版. 气相色谱分析. 北京：化学工业出版社.

赵方方. 2012. 油料油脂挥发物成分检测技术研究. 北京：中国农业科学院硕士学位论文.

Banerjee K, Patil S H, Dasgupta S, et al. 2008. Optimization of separation and detection conditions for the multiresidue analysis of pesticides in grapes by comprehensive two-dimensional gas chromatography-time-of-flight mass spectrometry. Journal of Chromatography A, 1190: 350-357.

Barcelo D. 2009. Comprehensive Analytical Chemistry. Amsterdam: Elsevier.

Bertoncini F, Courtiade-Tholance M, Thiébaut D. 2013. Gas Chromatography and 2D-Gas Chromatography for Petroleum Industry: the Race for Selectivity. Paris: Editions Technip.

Biedermann M, Fiselier K, Grob K. 2009. Aromatic hydrocarbons of mineral oil origin in foods: method for determining the total concentration and first results. Journal of Agricultural and Food Chemistry, 57 (19): 8711-8721.

Bontempo L, Van Leeuwen K A, Paolini M, et al. 2020. Bulk and compound-specific stable isotope ratio analysis for authenticity testing of organically grown tomatoes. Food Chemistry, 318: 126426.

Cagliero C, Bicchi C, Cordero C, et al. 2018. Ionic liquids as water-compatible GC stationary phases for the analysis of fragrances and essential oils. Analytical and Bioanalytical Chemistry, 410 (19): 4657-4668.

Cagliero C, Bicchi C. 2020. Ionic liquids as gas chromatographic stationary phases: how can they change food and natural product analyses? Analytical and Bioanalytical Chemistry, 412 (1): 17-25.

Cherta L, Portolés T, Pitarch E, et al. 2015. Analytical strategy based on the combination of gas chromatography coupled to time-of-flight and hybrid quadrupole time-of-flight mass analyzers for non-target analysis in food packaging. Food chemistry, 188: 301-308.

Colin P. 2021. Gas Chromatography. 2nd ed. Amsterdam: Elsevier.

Dallüge J, Beens J, Udo A. 2003. Comprehensive two-dimensional gas chromatography: a powerful and versatile analytical tool. Journal of Chromatography A, 1000: 69-108.

Delmonte P, Fardin-Kia A R, Kramer J K G, et al. 2012. Evaluation of highly polar ionic liquid gas chromatographic column for the determination of the fatty acids in milk fat. Journal of Chromatography A, 1233: 137-146.

Esche R, Scholz B, Engel K H. 2013. Online LC-GC analysis of free sterols/stanols and intact steryl/stanyl esters in cereals. Journal of Agricultural and Food Chemistry, 61 (46): 10932-10939.

Frink L A, Armstrong D W. 2016. The utilisation of two detectors for the determination of water in honey using headspace gas chromatography. Food Chemistry, 205: 23-27.

García-Bermejo A, Abalos M, Sauló J, et al. 2015. Triple quadrupole tandem mass spectrometry: a real alternative to high resolution magnetic sector instrument for the analysis of polychlorinated dibenzo-p-dioxins, furans and dioxin-like polychlorinated biphenyls. Analytica Chimica Acta, 889: 156-165.

Hayward D G, Wong J W. 2009. Organohalogen and organophosphorous pesticide method for ginseng root a comparison of gas chromatography-single quadrupole mass spectrometry with high resolution time-of-flight mass spectrometry. Analytical Chemistry, 81 (14): 5716-5723.

Jia W, Chu X, Zhang F. 2015. Multiresidue pesticide analysis in nutraceuticals from green tea extracts by comprehensive two-dimensional gas chromatography with time-of-flight mass spectrometry. Journal of Chromatography A, 1395: 160-166.

Kakimoto Y, Naetoko Y, Iwasaki Y, et al. 2005. Multiresidue method for determination of pesticides in fruits and vegetables by GC/MS (SCAN)and LC/MS (SIM). Journal of the Food Hygienic Society of Japan, 46 (4): 153-160.

Mondello L, Lewis A C, Bartle K D. 2002. Multidimensional Chromatography. Chichester: John Wiley & Sons.

Nestola M, Friedrich R, Bluhme P, et al. 2015. Universal route to polycyclic aromatic hydrocarbon analysis in foodstuff: two-dimensional heart-cut liquid chromatography-gas chromatography-mass spectrometry. Analytical Chemistry, 87 (12): 6195-6203.

Norli H R, Christiansen A, Holen B. 2010. Independent evaluation of a commercial deconvolution reporting software for gas chromatography mass spectrometry analysis of pesticide residues in fruits and vegetables. Journal of Chromatography A, 1217 (13): 2056-2064.

Ragonese C, Sciarrone D, Tranchida P Q, et al. 2011. Evaluation of a medium-polarity ionic liquid stationary phase in the analysis of flavor and fragrance compounds. Analytical Chemistry, 83 (20): 7947-7954.

Sanchez R, Vázquez A, Riquelme D, et al. 2003. Direct analysis of pesticide residues in olive oil by on-line reversed phase liquid chromatography-gas chromatography using an automated through oven transfer adsorption desorption (TOTAD) interface. Journal of Agricultural and Food Chemistry, 51(21): 6098.

Sherwood O A, Travers P D, Dolan M P. 2013. Compound-specific stable isotope analysis of natural and produced hydrocarbon gases surrounding oil and gas operations. Comprehensive Analytical Chemistry, 61: 347-372.

Shiflett M B. 2020. Commercial Applications of Ionic Liquids. Cham: Springer.

Sun D W. 2018. Modern Techniques for Food Authentication. Dublin: Academic Press.

Tranchida P Q. 2020. Advanced Gas Chromatography in Food Analysis. London: The Royal Society of Chemistry.

Wilde A S, Frandsen H L, Fromberg A, et al. 2019. Isotopic characterization of vanillin ex glucose by GC-IRMS-New challenge for natural vanilla flavour authentication? Food Control, 106: 106735.

Wilde K D, Engewald W. 2014. Practical Gas Chromatography. A Comprehensive Reference. London: Springer.

Xu B C, Zhang L X, Ma F, et al. 2018. Determination of free steroidal compounds in vegetable oils by comprehensive two-dimensional gas chromatography coupled to time-of-flight mass spectrometry. Food Chemistry, 245: 415-425.

Zhu G T, Liu F, Li P Y, et al. 2019. Profiling free fatty acids in edible oils via magnetic dispersive extraction and comprehensive two-dimensional gas chromatography-mass spectrometry. Food Chemistry, 297: 124998.

Zoccali M, Barp L, Beccaria M, et al. 2016. Improvement of mineral oil saturated and aromatic hydrocarbons determination in edible oil by liquid-liquid-gas chromatography with dual detection. Journal of Separation Science, 39 (3): 623-631.

第十章　毛细管电泳技术

　　毛细管电泳（capillary electrophoresis，CE）是一种以高压直流电场作为驱动力，毛细管作为分离通道，根据待测样品分子量差异及组分中带电分子在电泳场中的迁移差异而实现分离的技术，具有分离效率高、分离模式多、样品用量体积小、环境友好等优势。毛细管电泳技术可检测多种体液或组织样品，也可用于生物活性分子的快速分析及产物纯度测定等，被广泛应用于食品检测、代谢组学、天然产物分析等领域。同时，毛细管电泳分析在临床医学等领域也有较多应用。

本章思维导图

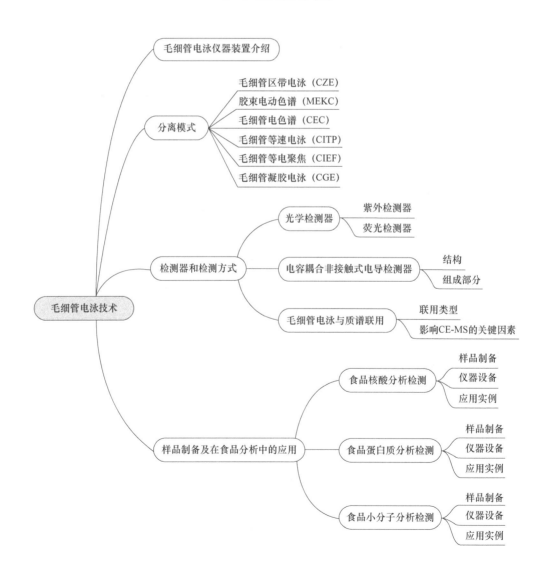

第一节　毛细管电泳仪器装置介绍

典型的毛细管电泳仪器装置主要分为高压电源模块、进样系统、毛细管柱及检测器（图10-1）四个部分。充满缓冲液的毛细管两端分别置于和高压电源连接的两个电泳缓冲液中，待测样品从毛细管一端进入后在毛细管内进行迁移分离，在毛细管的另一端由检测器进行信号的采集，从而实现样品的整个分离检测过程。毛细管电泳进样方式是将毛细管的一端从缓冲液中取出置入待测样品中，使用电动法、压力法或浓度扩散法将样品流入毛细管中，经过毛细管实现样品的分离。后续通过多模式、高灵敏的检测器如紫外、荧光、激光诱导荧光、质谱等实现样品的检测。

除此之外，还有凝胶平板取代毛细管作为分离通道的电泳技术，即水平板凝胶电泳。水平板凝胶电泳的原理和毛细管电泳类似，主要基于溶液中带电分子在电泳场中的迁移差异实现蛋白质的分离。典型的水平板凝胶电泳装置如图10-2所示，主要包含电源、电泳槽、凝胶及电泳仪四个部分。实验室自制或者预制的聚丙烯酰胺凝胶置于电泳仪的两个电极中间，电泳仪提供电流产生电场，电泳缓冲液维持一定的pH保证蛋白质带有合适的电荷，通过凝胶固体基质实现蛋白质的分离。

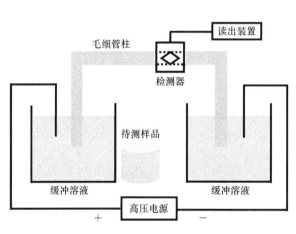

图10-1　毛细管电泳仪器装置图

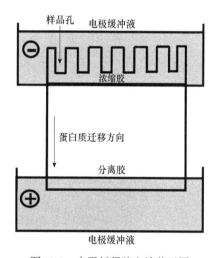

图10-2　水平板凝胶电泳装置图

第二节　分离模式

一、毛细管区带电泳

毛细管区带电泳（capillary zone electrophoresis，CZE）是毛细管电泳中分离最广泛、最基本的一种分离模式。在CZE模式下，各分析物在分离过程中的迁移受电泳速度特性和电渗透速度的共同作用，其电泳迁移率取决于它们的电荷/质量比（Knox，1994）。正电粒子的电泳流方向和电渗流方向一致，中性粒子的电泳速度为零，负电粒子的电泳流方向与电渗流方向相反，因此溶质流出的次序为正电粒子、中性粒子、负电粒子，原理见图10-3A。

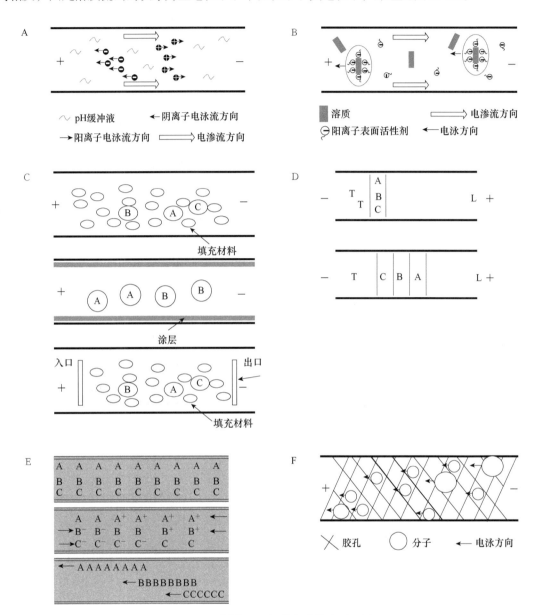

图10-3　不同类型毛细管电泳技术原理图

A. 毛细管区带电泳；B. 胶束电动色谱；C. 毛细管电色谱；
D. 毛细管等速电泳（L表示前导电解质；T表示尾随电解质）；E. 毛细管等电聚焦；F. 毛细管凝胶电泳

CZE的介质是一种运行缓冲液（running buffer），主要由电解质、缓冲液、添加剂和溶剂组成。

（一）电解质

电解质的作用是增强溶液的导电性，不同的电解质具有不同的导电能力，需依据样品选用。电解质浓度对样品区带具有电场压缩效应和热加宽效应。在不考虑热效应的前提下，提高电解质的浓度会明显提高压缩区带效果，还可以提高蛋白质的分离效果；当产热过大时就会导致热加宽效应，此时需要降低电压，但会延长样品的分离时间。如果为了提高分离效率的极值，一方面可以选用低电导率的电解质，另一方面可以考虑选用两性电解质，但过高浓度的两性电解质会干扰紫外和质谱的检测。此外，电解质的淌度会影响样品区带中粒子的分离，只有与样品粒子淌度相同的电解质才会使样品获得有效分离。弱电解质具有较强的pH缓冲能力，故一般选用弱电解质作为支持背景。

（二）缓冲液

缓冲液的选用主要由pH决定，缓冲溶液的pH对弱电解质的有效淌度、电渗流大小和方向具有决定作用，pH可以通过理论计算或试验优化来获得。由于实际样品中的解离常数大多是未知的，导致计算法并不可行，故一般通过实验优化来选择最佳的pH。一般在毛细管电泳中较常使用的是硼酸盐和三羟基甲烷缓冲液体系，这两种体系由于离子较大，具有缓冲力强和产生较低电流的特点。此外，缓冲液的浓度一般与迁移时间有关，缓冲液浓度的增加会降低电渗流，从而降低毛细管中溶质的迁移速度，导致迁移时间延长。

（三）添加剂

在缓冲体系中加入添加剂可进一步提高毛细管的分离选择性和分离度。常见的第一类添加剂为中性盐，如NaCl、KCl等，由于阳离子会竞争性地与管壁上的负离子结合，从而降低管壁对蛋白质的吸附，提高蛋白质的分离效率。第二类是表面活性剂，如十二烷基硫酸钠、十二烷基季铵盐等，表面活性剂具有吸附、增溶、形成胶束的功能。需要注意的是加入表面活性剂的浓度要低于其临界胶束浓度，否则就会使毛细管的分离模式从CZE变为胶束电动色谱（MEKC）。

（四）溶剂

毛细管电泳的缓冲液一般用水配置，也可加入少量有机溶剂，以改善分离的选择性。常用的有机溶剂添加剂有甲醇、乙醇、乙腈、丙酮、甲酰胺等。许多水溶的样品难以用于毛细管电泳分析，因此在个别情况下可以完全使用有机溶剂来调节分离，一般选用甲醇、甲酰胺和乙腈等。

二、胶束电动色谱

胶束电动色谱（micellar electrokinetic chromatography，MEKC）根据胶束伪固定相的亲脂性内部和（或）离子外部的相对亲和性分离带电或中性化合物（Palmer，1997）。在MEKC的缓冲溶液体系中加入表面活性剂，当溶液中表面活性剂的浓度大于临界胶束浓度（CMC）时，表面活性剂会聚在一起形成内部疏水、外部带有电荷的胶束来作为分离体系的准固定相，原理如图10-3B所示。溶质在水相和胶束相间进行分配，根据分配系数的不同来实现分离。一般来说亲水性强的物质在缓冲液水相中分配较多，保留时间短，迁移速度快；疏水性强的在胶束中分配较多，保留时间长，迁移速度慢。与CZE相比，MEKC应用范围更广，不仅可以区分不带电的中性化合物，还可以通过改变胶束相和流动相的组成配比来提高分离选择性，实现对手性物质的分离。

与其他色谱相比，准固定相是MEKC的一个突出特性，最常使用的准固定相为阴离子或阳离子表面活性剂，以及环糊精等络合物。在整个缓冲体系中，由于电泳对胶束相方向的抑制作用，导致胶束相的迁移速度小于电渗流速度。以最常用的十二烷基磺酸钠（SDS）为例，SDS胶束外表面带有负电荷，在电场作用下应该向阳极迁移，但在绝大多数情况下电渗流的速度要远大于胶束的迁移速度，这就导致胶束整体会向阴极运动，由此可见MEKC与其他色谱的明显区别是它的准固定相是流动的。

三、毛细管电色谱

毛细管电色谱（capillary electrochromatography，CEC）技术是以高效液相色谱与毛细管电泳两种分离技术为基础的一种高效分离方式。其原理是根据样品在两相之间分配系数与溶质电泳速度不同而达到分离，按照流动相驱动力的种类可分为电渗流型和电渗流加压型。在非加压中流动相驱动力是电迁移，而加压毛细管电色谱中驱动力是电迁移和液体压力两种力。该技术核心部件是引入了填充色谱固定相的毛细管柱，制柱技术尤为重要，根据固定相的形式不同毛细管柱可分为填充柱、开管柱和整体柱，各柱的特性及分离原理见表10-1及图10-3C。

表10-1　毛细管电色谱的毛细管柱种类

名称	填充柱	开管柱	整体柱
基本结构	填充柱入口与出口、填充材料、检测窗口、开管部分	柱内壁制备薄层固定相（通过涂布、键合、溶胶-凝胶制备）、检测窗口、开管部分	填充柱入口与出口、填充材料、检测窗口、开管部分
优点	选择性高、解决了开管柱相比低、柱容量小的问题	简单、气泡少、无涡流扩散、分离度高	流动相阻力小、高效高速分离
缺点	气泡问题可导致电渗流中断	柱内容量低、保留溶质量有限制	柱塞制备复杂、存在气泡问题
制作	加压；柱塞选择透性较好的材料；超声波	制备较大的色谱柱	柱内直接聚合、无须制作柱塞

四、毛细管等速电泳

毛细管等速电泳（capillary isotachophoresis，CITP）中，两种性质差异较大的缓冲液构成不连续的缓冲体系，一种缓冲溶液系统充满整个毛细管柱称前导电解质，另一种处于电泳槽一端称尾随电解质（Papetti et al.，2019），前导电解质具有较高的淌度，尾随电解质淌度较低，分离物以相同的速度根据淌度的差异分散于前导电解质与尾随电解质之间达到分离。例如，分离阴离子时，由于离子之间具有不同的迁移率，施加电场后正极的离子浓度会逐渐增加，电导率增加，电位梯度减小，阴离子会根据前导电解质的速度实现最终的分离，如图10-3D所示（苏睿等，1989）。

五、毛细管等电聚焦

毛细管等电聚焦（capillary isoelectric focusing，CIEF）分离技术利用分析物等电点

（isoelectric point，pI）的差异对样品进行分离，由于整个毛细管可以充满样品，因此它的检出限会低于其他分离技术。为了防止分离样品的吸附并保护聚焦条带的稳定性，通常采用毛细管涂层的方法减小电渗流。电渗流现象主要由缓冲溶液pH引起（Belder et al.，2000），当pH＞3时发生电离现象，不仅影响电渗还会改变样品在管壁上的吸附能力，因此调节缓冲溶液的pH非常重要，需要通过多次实验进行测量。

样品分离之前通常先向缓冲槽中灌入电解质，一端灌入酸性电解质溶液，另一端灌入碱性电解质溶液，将被分析的目标物质与两性电解质混合进样。通入电流，毛细管中的样品会在两性电解质相互作用下形成pH梯度，所带电荷不同的样品会移动至电极的阴极或阳极。样品所带电荷与溶液pH有关，溶液pH＜pI时，样品带正电荷，在电场作用下向负极移动，反之向正极移动；当样品在毛细管中移动至pH＝pI时，溶质静电荷为零，该样品聚焦在此处不再移动，不同组分样品的pI值不同，根据不同的聚焦位置最终得以分离。

毛细管等电聚焦有三个基本步骤，即进样、聚焦和迁移等，如图10-3E所示（柳青，2019）。首先利用电渗流作用或气压推动力将样品和两性电解质混合推动至出口端，继而移动经过检测窗口。为了缩短分离时间，可施加高电场环境达到快速分离的目的。该方法所涉及的应用领域有医学、药学、农学及蛋白质组学等，可用于蛋白质纯化的检测、蛋白质等电点和电荷差异性测定及多肽等大分子物质的分离。

六、毛细管凝胶电泳

毛细管凝胶电泳（capillary gel electrophoresis，CGE）是将毛细管中填充的多孔凝胶作为支持介质进行电泳，毛细管凝胶电泳实际上是增加了凝胶支持介质的区带电泳。毛细管凝胶电泳的分离原理主要基于组分分子的尺寸，即当被分离分子的大小与凝胶孔径大小相匹配时，淌度只与分子尺寸大小有关，小分子受到的阻碍小、流出快，大分子阻碍大、流出慢，原理如图10-3F所示。CGE常用于蛋白质和核酸的分离测定，对于DNA来说，其质荷比与分子大小无关，用CZE难以实现分离，但CGE可根据DNA分子大小的不同进行有效分离。

CGE所用的凝胶主要是聚丙烯酰胺和琼脂糖凝胶，包括各种修饰和改性胶。聚丙烯酰胺凝胶是一种具有三维网状多孔结构、不溶于水、不带电荷的中性凝胶，通过改变凝胶的浓度和交联度可以控制凝胶孔径的大小，实现对不同分子的筛选。例如，对DNA扩增产物进行分离时，可通过增加交联度或降低丙烯酰胺的量来使孔径增大，反之，对蛋白质和寡核苷酸进行分离时，通过降低交联度或增加丙烯酰胺的量来使孔径减小。琼脂糖凝胶是一种天然的线性高分子化合物，孔径大且透光性好，常用于大片段DNA、双链DNA和大分子蛋白质的分离。琼脂糖特别容易成胶，胶管的制备也比较容易，但凝胶存在易水解、易堵塞、易放电和易滑移等问题，这对凝胶毛细管的使用造成了不可避免的限制。

目前大都使用非胶筛分介质制备凝胶毛细管，主要是一些亲水的线性或枝状的高分子，如线性聚丙烯酰胺、甲基纤维素和聚乙烯醇等。这些物质在水中溶解后的浓度达到一定值时会自动形成动态网格，如将不同聚合度的聚乙烯醇或聚环乙烷进行组合就可构建出适合于DNA检测的非胶介质。关于非胶体系的选择目前没有明确的准则，只有通过对不同类进行研究比较才能确定。

第三节　毛细管电泳的检测器和检测方式

迄今为止，毛细管电泳仪检测器有紫外检测器、荧光检测器、电化学检测器、质谱检测器和拉曼光谱检测器等，其中前两种使用最广（Voeten et al., 2018）。紫外检测器是商品化仪器的主要检测方式，而荧光检测器的灵敏度高。在多种荧光激发光源中，激光检测的灵敏度最好，可实现单分子水平的检测，但波长的选择范围受到限制。电化学检测中的电导检测主要用于带电离子的检测，其中无破坏的非接触的电导检测具有很大的应用潜力。本节主要介绍光学检测器、电容耦合非接触式电导检测器和毛细管电泳与质谱联用。

一、光学检测器

（一）紫外检测器

紫外检测器是最常用的检测器，与毛细管电泳仪结合具有很好的通用性（Gibbons et al., 2011; Li et al., 2012），而且对温度、流动相组分的变化不敏感。紫外检测器主要包括光源、光路系统、信号接收系统和数据处理系统四大部分，与毛细管联用的结构示意图见图10-4A。光源通常采用汞灯、钨灯或氙灯，对应的波长分别为150～380nm、380～800nm及190～600nm。由光源发出的光经过滤光片或单色器进行波长选择。该检测器一般位于距样品盘为毛细管总长的2/3～4/5处，对毛细管壁内部分进行光聚焦；为了确保光路通过，可除去毛细管末端的不透明保护涂层，让透明窗口部分对准光路，可实现柱上检测。

紫外检测器要求被检测的物质具有一定的紫外或者可见光的吸收，不能检测一些没有紫外吸收特征的物质。对于没有紫外吸收特征的物质，可向电解质中添加发色团离子进行检测。另外由于毛细管过于微小，直径为50～75μm，芯片通道深度通常也只有10～40μm，过短的光程是限制紫外检测器灵敏度的主要原因。

（二）荧光检测器

荧光检测也是毛细管电泳中比较常用的一种检测方法，和紫外检测相比其检测限更低，为10^{-7}～10^{-6}mol/L。根据激发光源的不同，荧光检测器可分三类：①普通荧光检测器，激发光源一般采用氙灯、钨灯、氙弧灯。②激光诱导荧光（laser-induced fluorescence，LIF）检测器，激光因其特性被用作激发光源，常见的激光器有氦-镉和氩离子激光器。③其他类型检测器，如使用半导体激光器作为激发光源。由于激光的聚焦性能好，容易聚焦至微小样品上，通常将其作为毛细管电泳中荧光检测器的光源。此外，由于它的单色性，比较容易校准和减小光的散射。

激光诱导荧光检测器是目前毛细管电泳检测中灵敏度最高的检测器之一，检出限通常可达到amol或zmol的级别（Voeten et al., 2018），甚至是单个荧光分子。激光照射毛细管，同样需要去除毛细管的不透明涂层。LIF检测器以激光作为光源照射样品分子，样品分子吸收光子后从基态跃迁到激发态；处于激发态的分子通过辐射跃迁返回基态的过程中伴随着光子的发射，即产生荧光，进而对发射出的荧光进行检测。

LIF检测器主要由激光光源、光路系统和检测系统三个部分组成，与毛细管联用的结构

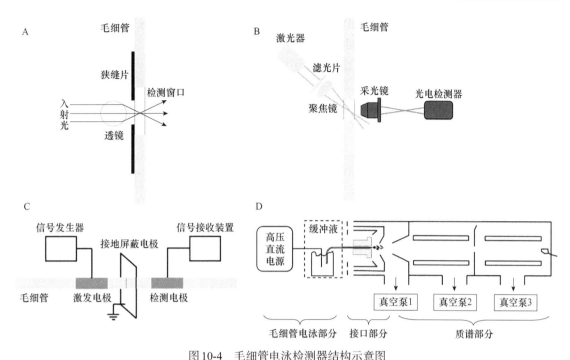

图10-4　毛细管电泳检测器结构示意图

A. 紫外检测器；B. 激光诱导荧光检测器；C. C⁴D检测器；D. CE-MS系统

示意图见图10-4B。检测时，激光光源发射的激光经过光路系统，汇聚在毛细管的检测窗口上。被检测样品被激光照射后发出荧光，荧光经过光学透镜及滤光片后，被光电检测器所采集。该检测系统由光电转换系统和数据采集系统两部分组成，光电转换系统的作用是将采集的荧光信号转换为电信号，数据采集系统的作用是采集处理电信号并使其以谱图的形式呈现出来。

激光作为激发光源，使LIF检测器具有高灵敏度和高选择性的优点，但也存在自身局限。荧光检测器需要对样品用荧光络合剂进行前处理，对样品有很大的局限性，操作烦琐，检测成本高。随着激光技术的发展，LIF检测器中激光光源的选择范围将得到扩展。

LIF检测器的检测方式可以分为三种，分别是激光诱导自身荧光检测、激光诱导间接荧光检测和衍生化激光诱导荧光检测。激光诱导自身荧光检测，适用于分析样品本身具有荧光且有匹配的激光光源，操作简单，灵敏度高。激光诱导间接荧光检测，相较于前种检测法，其灵敏度下降，即在背景缓冲溶液或色谱流动相中加入荧光试剂，获得背景荧光信号，由于样品与荧光分子的置换作用，当样品流经检测器时，样品区带中背景信号会降低（谱图上出现负峰），从而达到检测的目的。衍生化激光诱导荧光检测使用荧光衍生试剂对分析物进行衍生化，通过衍生产物的荧光进行检测。

二、电容耦合非接触式电导检测器

电导检测是毛细管电泳的重要检测手段，它克服了光学检测光程短、灵敏度低的缺点，尤其对没有吸光或发光性质的金属离子，在检测方面有着明显优势。电导检测法通过将一对电极置于毛细管中，测量与电势呈函数关系的电流而达到电导检测的目的。电导检测仪器成本低，适用范围广，操作简单，检测限低于紫外检测器，是理想的电泳检测器，但会受到毛细管管径小的限制，因此灵敏度相对较低。

电导检测器可分为接触式和非接触式。接触式电导检测器的电极和溶液直接接触，在检测过程中，溶液或样品中的物质会发生电解从而污染电极，或者是电极析出气体损耗电极。多次使用会降低电极的性能，需要更换。非接触式电导检测器克服了这些缺点，电极可以长时间多次使用，性能不会发生变化。在常规毛细管电泳中，非接触式电导检测器最常用于无机离子或小有机离子的检测。

（一）结构

毛细管电泳的电容耦合非接触式电导检测（capacitively coupled contactless conductivity detection，C^{4}D）开发于1998年，现已成为毛细管电泳中多种分析物的一种公认的检测方法（Zemann，2003）。C^{4}D检测器是由在两个电极上形成的电容器和电解质形成的电阻构成的，其结构示意图见图10-4C。两个空心管状的电极相隔一定距离（一般为1～5mm），嵌套在毛细管的检测端。其中一个电极与激发电压源相连称为激发电极，另一个电极连接信号处理电路称为检测电极。信号通过管壁和管内溶液耦合，在检测电极上产生与管内溶液电导有关的信号。另外，两个电极也会通过空气电容直接相互耦合，形成一个电流旁路，产生背景信号，导致检测的灵敏度降低。为了消除这一影响，在两个电极间加一个接地屏蔽电极来减小杂散电容。

（二）组成部分

非接触式电导检测主要有三个组成部分：高频信号源、检测池、信号处理电路。信号源一般是交流电压的正弦波、方形波、三角波。不同频率、不同电压的信号作用于激发电极时，检测电极所收到的信号也有所不同，检测器的灵敏度受到激发频率的影响（Gregus et al.，2015）。此外，激发电压的改变，也会影响检测的信噪比。

检测池是指毛细管与电极接触的部分。其中电极的形状、长度、两电极间的距离等对检测灵敏度有影响，长电极较短，电极能得到更高的检测灵敏度，短电极与长电极相比在相同条件下有更好的分离效率。检测电极接收信号之后传输给处理电路，放大信号并进行整合过滤。信号处理器对检测灵敏度影响很大，信号电路中使用的电子元件和电路设计都可能对灵敏度产生影响。

非接触式电导检测也存在一些缺点：①对温度变化较敏感，温度变化会导致基线漂移；②对离子污染较敏感，如背景电解质在电解过程中变化会引起电泳微小的变化；③吸收空气中的二氧化碳会导致pH变化，影响基线的稳定性。

三、毛细管电泳与质谱联用

CE具有分离效率高、仪器简单、方法开发快、分析时间相对短、溶剂/样品消耗量低等优点。MS是通过质荷比进行结构分析和通过强度测定进行定量分析的方法，具有分析灵敏度高、速度快等优点。毛细管电泳与质谱分析联用（CE-MS）综合了二者的优势，使其迅速成为分析生物大分子物质的有力工具，在分析化学和生物学领域显示出广阔的应用前景。MS不但提高了CE的灵敏度和选择性，还可以提供分析物的结构信息，具有识别和确认复杂混合物中未知成分的能力。

CE-MS能快速分离微量样品中的化合物，具有高效分离和定量检测化合物的能力，逐渐成为分析检测复杂生物样品的主流方法之一。CE-MS广泛应用于复杂化合物的分析，包括氨基酸、蛋白质、单个细胞、寡核苷酸等。

（一）联用类型

由于生物大分子的丰度低及生物样本组成成分较为复杂，因此在对其进行检测时，对仪器的分离能力和灵敏度提出了更高的要求。根据CE-MS之间样品如何流通，分为在线联用和离线联用两类。在线联用的重点是要对仪器的部分硬件的位置进行重新划分，在一些操作上也有新的注意事项。离线联用的要点是要重新收集分离区带的样品并将其引入质谱分析。

毛细管电泳具有的所有模式都能和不同的质谱方法进行联用，CE-MS系统结构示意图见图10-4D，其中最常用的是毛细管区带电泳（CZE）与三重四极杆质谱联用，这两种方法都比较易于操作。

（二）影响CE-MS的关键因素

接口是CE-MS联用的关键，目前最常用的接口技术是电喷雾电离（electrospray ionization，ESI）接口。CE-ESI-MS在二维分离技术上有很大优越性，灵敏度高并且可用于测定生物大分子、结构鉴定。ESI是一种较温和的电离技术，能够在nL/min～mL/min的范围内提供稳定的离子形态，也是色谱-质谱联用技术中最常见的接口技术（Ramautar et al.，2017）。ESI-MS的离子化过程能够使溶液里的大分子转化成气态的自由离子并多重电离，溶液中已经电离的组分将保持其原有电荷进入质谱，产生低强度、大峰宽的信号。多层套管组成的电喷雾喷嘴，其软电离方式使样品不易发生分解，极性较强的化合物易形成多电荷离子，使可分析的相对分子质量范围变大（Ramautar et al.，2015）。毛细管电泳与质谱的联用必须时刻注意毛细管的出口与质谱进口间的距离及喷雾电压，另外电泳缓冲液也会对喷雾产生影响。

两种技术的联用（CE-MS）综合了二者的优势，可以作为生物大分子的有效分析方法（Kleparnik，2015）。CE-MS的灵敏度可以达到amol级别，但长期以来和质谱联用的接口技术并没有很好地解决，使CE在科研和临床上的应用被限制。

第四节　样品制备及在食品分析中的应用

一、食品核酸分析检测

毛细管凝胶电泳广泛用于分离核酸片段、DNA测序及基因突变检测，同时也具备定量检测能力，在核酸分析领域发挥着重要作用。核酸分子主要采用CGE分离模式，依据分子在筛分介质中迁移速度的不同进行分离检测，分子的构象和尺寸大小都会影响迁移速度，其中尺寸小的分子迁移快、出峰时间早，尺寸大的分子迁移速度慢、出峰时间晚。因CGE分离模式具有分离1个核苷酸差异的高分辨优势，可用于寡核苷酸和单碱基突变检测。核酸分子主要采用光学检测器，UV检测波长一般选择256nm或260nm，LIF可检测多种荧光标记物。毛细管凝胶电泳检测靶标DNA主要过程为样品DNA提取、PCR扩增、采用毛细管电泳技术分离

PCR扩增产物。该过程涉及两个关键步骤，即PCR扩增和毛细管电泳分离。随着研究的深入，逐渐开发了从单重到多重PCR及微滴数字PCR扩增技术，从单管到微阵列、微芯片的毛细管电泳技术。毛细管电泳在食品核酸检测中的应用主要包括通过测定DNA分子大小来分析肉制品、鱼类、葡萄酒等食品中的动植物源性成分，检测转基因生物、食品过敏原，鉴定致病菌种类等，是一种有力的食品核酸分析工具。

（一）样品制备

毛细管电泳可用于核苷酸、单链DNA和双链DNA、RNA等样品的分析检测。对于双链DNA样品的检测，通常采用商用试剂盒提取食品样品中的总DNA，经PCR扩增后采用CGE进行分离。样品中的离子强度对毛细管电泳的分离影响比较大，当增大离子强度时，双链DNA的迁移速度变慢，检测结果准确度下降，可以对样品进行脱盐处理或者加入内标来改善。

（二）仪器设备

常见的核酸分析毛细管电泳设备如表10-2所示。

表10-2　常见的核酸分析毛细管电泳设备

设备名称	公司	检测目标物	检测范围/bp	分辨率/bp	检测通量/个
Coulter GeXP	Beckman	DNA	—	1	96/192
QIAxcel	Qiagen	DNA/RNA	（5～15）×10³	3～5	96
MultiNA	Shimadzu	DNA/RNA	（12～25）×10³	5	108
Qsep	BIOptic	DNA/RNA	（5～20）×10³	1～4	96
FEMTO Pulse	Agilent	DNA/RNA	<200	—	—
3730XL	Applied Biosystems	DNA	400～900	—	96/384
Fragment analyzer	AATI	DNA/RNA	（35～45）×10³	2	96

注："—"表示未见报道

（三）应用实例

1. 乳制品中动物源性成分的区别检测　　乳制品营养物质丰富，是非常容易被掺假的一类食品。目前，对于乳源成分的分析主要分为蛋白质和核酸两个方向。由于蛋白质受热易变性，经高温高压加工的乳制品不再适用。相比于蛋白质，DNA的稳定性高，因此应用范围更广。

乳汁中的体细胞含有DNA，这为乳制品的核酸分析提供了依据。通过对比核苷酸序列，针对山羊、牛、绵羊、水牛三个物种设计4对特异性引物，以提取自乳制品中的DNA为模板，经单重PCR扩增后分别产生了长度为65bp、100bp、157bp、175bp的扩增产物，再由毛细管电泳进行分离，结果见图10-5。由电泳结果可知，可以依据PCR扩增子大小的不同，来实现乳制品中山羊、牛、绵羊、水牛四种动物源性成分的检测。

2. 食源性致病菌的区别检测　　食源性致病菌会对食品安全和人体健康产生一定的危害性，目前已经开发了多种检测食源性致病菌的新技术，其中培养法为检测食源性致病菌的金标准，但培养法检测周期较长且过程烦琐费力。分子生物学研究中PCR技术检测简单、灵敏度高，与毛细管电泳结合可以快速鉴别不同的食源性致病菌种类。

通过提取阪崎肠杆菌（*Cronobacter sakazakii*，*C. sak*）、单核细胞增生李斯特菌（*Listeria monocytogenes*，*L. mon*）、金黄色葡萄球菌（*Staphylococcus aureus*，*S. aur*）3种食源性致病菌中的DNA，采用3对特异性引物分别进行单重（*C. sak*、*L. mon*、*S. aur*）、双重（*C. sak*+*L. mon*、*C. sak*+*S. aur*、*L. mon*+*S. aur*）及三重（*C. sak*+*L. mon*+*S. aur*）PCR扩增后用毛细管电泳进行分离。经电泳分离，对于单重PCR得到了*C. sak*（198bp）、*L. mon*（216bp）及*S. aur*（231bp）的单一电泳峰图，对于双重PCR扩增产物分别产生了对应的两个特征峰图，三重PCR产物则产生了三个特征峰图（图10-6）。由此可知，毛细管电泳不仅可以分析单组分样

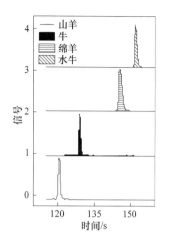

图10-5　乳制品中山羊、牛、绵羊、水牛四种动物源性成分的检测

品，还可以对双组分、三组分样品进行分离检测，高分辨率为DNA序列具有差异的样品鉴别提供了更多可能性。

总之，毛细管电泳按照DNA的片段大小不同，出峰时间不同，对食品中的动植物源性成分、食源性致病菌种类进行鉴别检测，是一种分离高效、分析快速、样品微量的核酸分析手段。

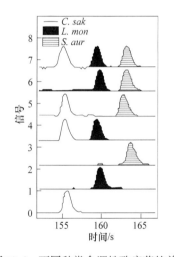

图10-6　不同种类食源性致病菌的单重、双重及三重PCR和毛细管电泳

二、食品蛋白质分析检测

毛细管电泳技术避免了高效液相色谱成本高、需要消耗大量有机试剂、需要色谱柱等易损耗材、对环境造成污染的局限，具有样品进样体积小、检测范围广等优点（Trimboli et al.，2017），在蛋白质分析方面具有一定的潜力，可在过敏原蛋白质检测、乳品品质鉴定、营养蛋白质分析等食品领域中发挥巨大的作用。目前，毛细管电泳用于食品中蛋白质分析检测的分离模式有以下几种：毛细管区带电泳、毛细管凝胶电泳、亲和毛细管电泳、毛细管等电聚焦电泳。根据毛细管中是否含有筛分介质，可将毛细管电泳分为毛细管区带电泳及毛细管凝胶电泳两大类。

蛋白质由于静电、疏水及氢键等作用，会和石英、玻璃毛细管内壁产生非特异性吸附作用，这类吸附会导致毛细管电泳的峰图出现拖尾、变宽等现象，从而降低毛细管电泳的分离度，甚至可能导致无法检测蛋白质（赵新颖等，2020）。因此，毛细管电泳检测蛋白质必须要解决非特异性吸附的问题。

为了达到抑制吸附的效果，通常需要对毛细管内壁进行涂层，因此，食品中蛋白质的分析使用较为广泛的是涂层毛细管电泳。涂层毛细管电泳按照涂层方式可分为静态涂层及动态涂层两类。静态涂层主要是通过阳离子聚合物、共聚物等将其固定涂层于毛细管内壁，

比较稳定，但是成本比较高。动态涂层是在电泳缓冲溶液中加入季铵盐、阳离子表面活性剂等添加剂，和蛋白质竞争吸附位点，将添加剂动态吸附于毛细管内壁上，抑制电渗流作用，减少蛋白质吸附。动态吸附虽然操作简单，经济成本较低，但是加入的盐溶液的离子强度会增加焦耳热，使得分离的效率降低，延长实验时间。同时，增加的柠檬酸盐等溶液会增加紫外检测的背景信号，使得检测的灵敏度降低。除此之外，添加的添加剂可能会改变蛋白质的性质，不利于后续的进一步分析。目前，毛细管区带电泳在食品中蛋白质的分析主要用于乳及乳制品中过敏原蛋白质（α-乳白蛋白、β-乳球蛋白）及功能性蛋白质（乳铁蛋白）的定量检测。

除了上述通过毛细管内壁涂层及通过在电泳缓冲液中加入添加剂减少蛋白质的吸附外，还有另一种方式可以用于抑制毛细管内壁吸附。通常使用蛋白质变性剂如十二烷基硫酸钠（sodium dodecylsulfate，SDS）使得蛋白质变性，蛋白质原有的电荷被遮蔽，毛细管内壁对其吸附作用受到抑制，变性后蛋白质在凝胶中按照分子量大小进行分离。因此，此类抑制蛋白质吸附作用的模式需要在毛细管中加入具有分子筛效应的凝胶，如聚丙烯酰胺凝胶，在某种程度上可取代聚丙烯酰胺凝胶电泳，此类毛细管电泳模式称为毛细管凝胶电泳。其在食品领域中的蛋白质分析主要包括乳品真伪鉴定及乳品蛋白质分析，但由于样品需要加入SDS等变性剂，因此不适用于活性蛋白质的检测。

（一）样品制备

毛细管区带电泳用于乳蛋白分析的样品处理大致流程如下：乳品样品溶于50mmol/L冰醋酸后在4000～9000r/min条件下离心10～15min，去除酪蛋白及脂肪，防止其吸附于毛细管上影响柱效，经过0.45μm微孔滤膜后可用于毛细管电泳检测。

毛细管凝胶电泳用于乳蛋白分析的样品处理步骤如下：样品稀释后加入1%～2%的SDS溶液，涡旋振荡至充分溶解，在含有1%～2% SDS溶液的样品溶液中按照84∶1的比例加入10kDa内标蛋白，并且在通风柜中加入5μL β-巯基乙醇，充分混合后，在95℃中加热3～10min，冷却至室温后用于电泳分析。

（二）仪器设备

常见的蛋白质分析毛细管电泳设备如表10-3所示。

表10-3 常见的蛋白质分析毛细管电泳设备

毛细管电泳类型	仪器型号	公司	检测器
毛细管区带电泳	Minicap	Sebia	光电二极管阵列检测器
	G1600AX CE	Agilent	紫外检测器
	HP3D CE	Agilent	二极管阵列检测器
	P/ACE MDQ	Beckman	紫外/二极管阵列检测器
毛细管凝胶电泳	PA800 plus	Beckman	紫外/二极管阵列检测器
	QSEP100/400 Advance	BIOptic	荧光检测器

（三）应用实例

1. 婴幼儿配方奶粉中乳铁蛋白的检测 乳铁蛋白（lactoferrin，LF）是一种具有抗菌、抗病毒、调节肠道菌群、调节免疫等多种生物活性的铁结合糖蛋白，乳铁蛋白含量的测定对婴幼儿配方奶粉的质量监管、液态乳生产过程中热加工的风险评估和营养价值评定都具有重要的参考意义。毛细管电泳作为一种操作简单、分离效率高、成本低、环境友好型的技术，已广泛用于乳及乳制品中乳铁蛋白的定量分析。通过50mmol/L的乙酸对实际样品中LF进行提取、去除脂肪和酪蛋白后，毛细管电泳结合紫外检测器可实现婴幼儿配方奶粉中牛乳铁蛋白含量的测定（图10-7），表明毛细管电泳技术可以成功地应用于商业婴儿配方奶粉中LF的定量分析（Li et al.，2012）。

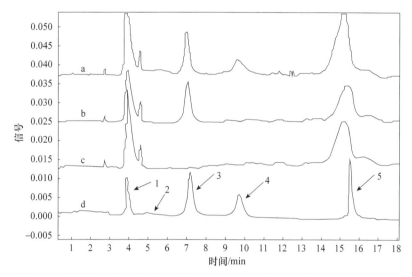

图10-7　婴幼儿配方奶粉中牛乳铁蛋白含量的测定（引自Li et al.，2012）

a表示空白婴幼儿配方奶粉中加入100mg/L的β-乳球蛋白A（β-LGA）、β-乳球蛋白B（β-LGB）、免疫球蛋白（IgG）、LF及α-乳白蛋白（α-Lac）标准品；b表示空白婴幼儿配方奶粉加入Lf；c表示空白婴幼儿配方奶粉；d表示乳清蛋白混合物；1表示β-LGA和β-LGB；2表示IgG；3表示LF；4表示牛血清白蛋白（BSA）；5表示α-Lac

2. 乳清蛋白分析 毛细管凝胶电泳用于蛋白质分离主要通过不同蛋白质的分子量差异实现分离检测。实验室采用预制型毛细管凝胶电泳，通过P503蛋白质染料标记蛋白质，将SDS变性后的样品直接用于毛细管凝胶电泳分析，可实现各乳清蛋白的定性检测且对于乳清蛋白中的各蛋白质也能明显区分（图10-8）。相比非预制型（灌注凝胶类）毛细管凝胶电泳，预制型毛细管凝胶电泳操作更加简便。再者，由于不同的乳品中蛋白质的种类和含量的差异，通过毛细管凝胶电泳技术可将蛋白质按照分子量进行分析，根据不同乳中蛋白质峰的差异实现不同来源乳的鉴定。综上，毛细管凝胶电泳有望为食品中蛋白质分析检测、真伪鉴别、乳源分析鉴定等领域提供新方案。

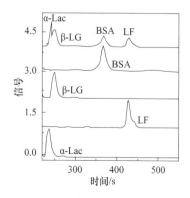

图10-8　牛乳中各乳清蛋白的毛细管凝胶电泳图谱

三、食品小分子分析检测

小分子化合物在食品、保健、医药、化妆品等领域的应用空间巨大。基于其分离模式多、效率高、速度快、试剂和样品用量少、易于调控、对环境污染小、样品前处理简单，不需要有机溶剂等优点，毛细管电泳可应用于小分子，如离子、非法添加物、真菌毒素、农兽药残留的检测。同时毛细管电泳可以与其他技术联用，对待检物质进行快速检测（Kanyanee et al.，2022）。由于大部分金属离子在紫外区没有吸收或吸收很弱，使用紫外检测器需加入紫外生色剂获得紫外吸收信号（Soini et al.，1991；Kanyane et al.，2022）。可使用咪唑作为紫外生色剂，仅需7min则可对10种金属阳离子进行分离，该方法能用于水体和饮料等样品中金属离子的同时检测。与咪唑相同功能的还有吡啶及其衍生物，也是一种很好的背景试剂。下面介绍使用双表面活性剂辅助电膜萃取（DS-EME）环丙氨嗪和三聚氰胺对地表水、土壤和黄瓜样品进行检测（Guo et al.，2020）。

（一）样品制备

每个水样提取前用超纯水稀释50倍。将2g土壤样品置于含40mL超纯水的样管中，超声离心各5min，取上清液进行DS-EME程序。使用切割器将黄瓜样品均质，后续处理与土壤样品相同。该工艺中黄瓜与纯水的比例为1∶1000。所有样品的提取实验平行进行3次。

（二）仪器设备

CE-C⁴D系统：硅胶毛细管（23.5μm径×360μm径×80.0cm），有效长度为73.0cm；激励频率和幅值调整为800kHz；电压峰-峰值（Vpp）为90；分离电压为18kV；电动注入时间为6s（18kV）。

（三）应用实例

乳制品中蛋白质含量是通过测定食品中氮元素含量推算而来的，国际上通常使用凯氏定氮法进行检测，由于三聚氰胺含氮量比蛋白质平均含氮量高很多，因此一些不法商家通过向食品中添加三聚氰胺从而造成高蛋白质含量的假象。三聚氰胺是一种重要的氮杂环有机化工原料，具有毒性，属于强极性化合物，长期摄入可能会造成生殖泌尿系统的损害，膀胱、肾部结石，严重者会诱发膀胱癌。目前，常用的三聚氰胺检测方法有液相色谱法和气相色谱法，为解决其使用仪器设备昂贵、操作成本高的问题，人们利用毛细管电泳技术分离效率高、分析速度快、样品用量少及抗污染强等特点，将其用于复杂的生物及食品样品分析，充分发挥其优点。文献报道多种将紫外（UV）、质谱（MS）及二极管阵列（DAD）、电容耦合非接触式电导检测（C⁴D）与毛细管联用检测食品中三聚氰胺含量的方法（Rovina et al.，2015）。

环丙氨嗪是一种昆虫生长抑制剂，常添加于饲料中抑制蝇蛆生长，喷洒于蔬菜作物中控制脱落。但环丙氨嗪可通过脱烷基反应代谢为三聚氰胺，它们都对人类健康和环境存在潜在危害。国家标准GB 2763—2021规定蔬菜中环丙氨嗪的最高残留限为0.06mg/kg。对环丙氨嗪和三聚氰胺在复杂样本中的残留进行检测，蔬菜样品中环丙氨嗪和三聚氰胺毛细管电泳检测图谱如图10-9所示（Guo et al.，2020）。

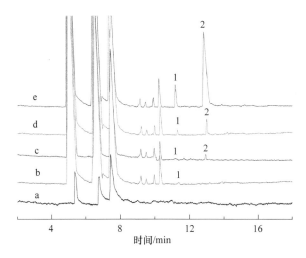

图10-9 蔬菜样品中环丙氨嗪（CYR）和三聚氰胺（MEL）毛细管电泳检测图谱
（引自 Guo et al.，2020）

a表示未提取的空白样品；b表示提取的空白样品；c～e表示黄瓜提取物中的加标样品浓度
分别为5.0ng/mL（c）、20ng/mL（d）及200ng/mL（e）；1表示MEL；2表示CYR

思 考 题

1. 某同学在进行毛细管电泳分析时，发现组分的迁移时间不能重现，请帮他分析问题出现的可能原因有哪些？

2. 在用毛细管电泳分析蛋白质时，可以采用哪些措施克服毛细管对蛋白质的吸附作用？

参 考 文 献

柳青. 2019. 基于UPLC和加压毛细管电色谱平台的两种超高效分离技术的研究及在生物分子分析中的应用. 上海：上海交通大学博士学位论文.

苏睿，陈新生. 1989. 利用毛细管等速电泳法分离测定轻稀土元素. 环境科学研究，2：42-47.

赵新颖，丁晓静，陈亮. 2020. 毛细管电泳技术在乳清蛋白分析中的应用. 食品安全质量检测学报，11（17）：5814-5819.

Belder D, Elke K, Husmann H. 2000. Influence of pH*-value of methanolic electrolytes on electroosmotic flow in hydrophilic coated capillaries. J Chromatogr A, 868 (1): 63-71.

Gibbons S E, Wang C, Ma Y. 2011. Determination of pharmaceutical and personal care products in wastewater by capillary electrophoresis with UV detection. Talanta, 84 (4): 1163-1168.

Gregus M, Foret F, Kindlova D, et al. 2015. Monitoring the ionic content of exhaled breath condensate in various respiratory diseases by capillary electrophoresis with contactless conductivity detection. J Breath Res, 9 (2): 027107.

Guo M N, Liu S Y, Wang M M, et al. 2020. Double surfactants-assisted electromembrane extraction of cyromazine and melamine in surface water, soil and cucumber samples followed by capillary electrophoresis with contactless conductivity detection. J Sci Food Agr, 100 (1): 301-307.

Kanyanee T, Tianrungarun K, Somboot W, et al. 2022. Open tubular capillary ion chromatography with online dilution for small ions determination in drinks. Food Chemistry, 382: 132055.

Kleparnik K. 2015. Recent advances in combination of capillary electrophoresis with mass spectrometry: methodology and theory. Electrophoresis, 36 (1): 159-178.

Knox J H. 1994. Terminology and nomenclature in capillary electroseparation systems. J Chromatogr A, 680 (1): 3-13.

Li J, Ding X, Chen Y, et al. 2012. Determination of bovine lactoferrin in infant formula by capillary electrophoresis with ultraviolet detection. J Chromatogr A, 1244: 178-183.

Palmer C P. 1997. Micelle polymers, polymer surfactants and dendrimers as pseudo-stationary phases in micellar electrokinetic chromatography. J Chromatogr A, 780 (1-2): 75-92.

Papetti A, Colombo R. 2019. High-performance capillary electrophoresis for food quality evaluation//Zhong J, Wang X. Evaluation Technologies for Food Quality. Cambridge: Woodhead Publishing.

Ramautar R, Somsen G W, de Jong G J. 2015. CE-MS for metabolomics: developments and applications in the period 2012-2014. Electrophoresis, 36 (1): 212-224.

Ramautar R, Somsen G W, de Jong G J. 2017. CE-MS for metabolomics: developments and applications in the period 2014-2016. Electrophoresis, 38 (1): 190-202.

Rovina K, Siddiquee S. 2015. A review of recent advances in melamine detection techniques. Journal of Food Composition and Analysis, 43: 25-38.

Soini H, Tsuda T, Novotny M V. 1991. Electrochromatographic solid-phase extraction for determination of cimetidine in serum by micellar electrokinetic capillary chromatography. Journal of Chromatography A, 559 (1-2): 547-558.

Trimboli F, Morittu V M, Cicino C, et al. 2017. Rapid capillary electrophoresis approach for the quantification of ewe milk adulteration with cow milk. J Chromatogr A, 1519: 131-136.

Voeten R L C, Ventouri I K, Haselberg R, et al. 2018. Capillary electrophoresis: trends and recent advances. Anal Chem, 90 (3): 1464-1481.

Zemann A J. 2003. Capacitively coupled contactless conductivity detection in capillary electrophoresis. Electrophoresis, 24 (12-13): 2125-2137.

第十一章　成像检测技术

随着食品工业科技的迅速发展、食品加工范围和深度的不断扩展，以及消费者对食品安全的要求越来越高，人们对先进的食品科学技术的需求和依赖与日俱增。食品成像检测技术是由计算机科学、物理学、数学、化学与食品科学等多学科交叉及互相渗透形成的一种食品品质无损、快速检测新型技术，由于该类技术具有无损性、快速性、准确性、非接触性等重要特性，因而逐渐被食品加工生产企业和科研院所开发与研究，并在现代食品安全及食品工业化进程中起到重要作用。本章重点阐述机器视觉技术、高光谱成像技术、荧光成像技术、X射线成像技术及质谱成像技术等几种技术的基本原理、成像系统、成像类别，以及它们在食品物理特性检测、化学特性分析、微生物污染及食品快速分级等方面的应用。

本章思维导图

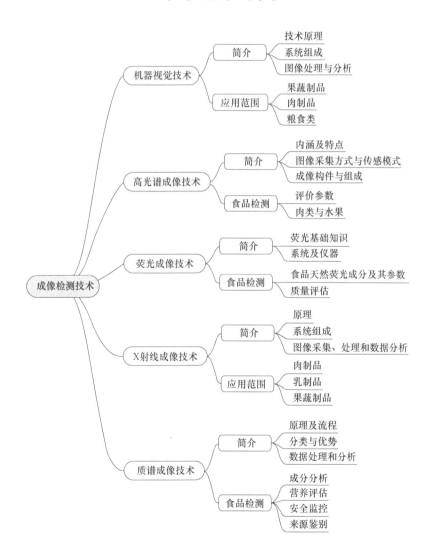

第一节　机器视觉技术

一、机器视觉技术简介

（一）机器视觉概述

机器视觉，也称为计算机视觉，是一门与计算机图形学、图像处理、模式识别、人工智能和机器学习等多种技术密切相关的新兴学科，具有快速、无损、实时、经济、一致等检测特点。机器视觉技术起源于20世纪50年代，早期的目的是改善人的视觉效果和成像质量。20世纪70年代，David Marr教授及其研究团队提出具有里程碑意义的计算视觉理论（Mogol et al., 2014），此后，机器视觉技术进入了高速发展期，并且随着数字图像处理硬件和软件的不断发展，机器视觉逐渐开始应用于各个领域。与传统检测方法相比，机器视觉技术能够连续和快速地定位、提取及评价目标的信息，是一种更高效、更经济的新型技术。图像处理技术、模式识别技术、深度学习技术、人工智能技术的飞速发展，以及计算机硬件的改良使得机器视觉技术的检测范围更为广泛，灵敏度更高。目前，机器视觉已经广泛应用于食品工业领域，主要集中在肉制品、果蔬、粮食等农产品的品质检测，具体包括样品大小、形状、颜色、纹理、缺陷、新鲜度等。

（二）机器视觉原理

机器视觉利用计算机模拟人眼对目标对象进行视觉感知，通过对获取的图像进行分析来实现对产品的识别，其中图像的获取则是通过连接在计算机上的工业摄像机实现的，它能使机器模拟人类视觉对环境进行感知和识别（Zapotoczny et al., 2016）。在实际运用过程中，通过对工业设备安装相机、摄像头等，使其具备视觉感知能力，进而实现对产品的检测和识别。简而言之，机器视觉利用影像手段捕捉物体的图像，将物体的图像信息数字化，而要将这些数字化的物体信息提取和量化，则必须利用数字图像处理技术对采集的图像进行处理，提取出能描述物体的参量（也称特征量），一般来说，机器视觉常用参量包括了颜色、尺寸、形状和纹理等。

1. 颜色特征　　颜色是食物最重要的属性之一，会影响消费者的购买欲。在食品的颜色检测中，目标对象的颜色往往可以用几个颜色空间（颜色坐标系）来表示，RGB颜色空间、HSI（色调、饱和度和强度）颜色空间、Hunter Lab颜色空间、CIE L*a*b*颜色空间及CIE XYZ颜色空间是目前最常用的颜色空间，图11-1展示了RGB颜色空间、HSI颜色空间及CIE L*a*b*颜色空间模型。

2. 尺寸特征　　食品的尺寸大小是评价外观品质的重要指标。农产品的价格通常与它们的大小有关，因此在农产品采后处理或加工阶段，往往会对其进行尺寸分级。对于球形或类球形物体的尺寸检测是相对容易的，但大多数农产品本身外形是不规则的，这使得基于机器视觉的检测变得更加复杂、困难。目前，投影面积、周长、长度和宽度是尺寸检测最常用的特征参数。

3. 形状特征　　形状是农产品重要的外观物理品质特征，特定种类的农产品一般具有特定的形状，而不规则形状的农产品往往难以销售。因此，农产品的形状应该作为质量检测和

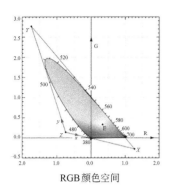

RGB 颜色空间

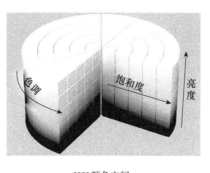

HSI 颜色空间

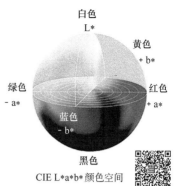

CIE L*a*b* 颜色空间

彩图

图 11-1　颜色空间模型

分级过程中重点考虑的外观物理品质特征。几何参数法、边界特征法、傅里叶描述子法、不变矩法是图像处理中几种常见的形状特征描述方法，其中几何参数法是最简单、最常用的区域特征形状描述方法，该方法通过提取图像中有关形状的定量测度进行形状的检测。

4. 纹理特征　　同颜色、形状特征一样，纹理特征也是食品重要的外观物理品质特征。纹理特征不仅是外观品质的衡量特征，同时也是食品内部品质、成熟度的重要指示特征。此外，纹理特征还可以用于食品表面缺陷的检测。纹理检测是指通过图像处理技术提取图像的纹理特征参数，通过特定的计算方法获得纹理的定量测算或定性描述的处理过程。统计型纹理特征、模型型纹理特征、结构型纹理特征和信号处理型纹理特征是最常见的 4 种纹理特征（王卫，2016）。在这些纹理特征中，统计型纹理特征是食品纹理检测中最常用的，而模型型纹理特征和信号处理型纹理特征相对较少使用。此外，由于食品或者农产品具有非结构性特征，结构型纹理特征很少用于食品或者农产品的检测。

（三）机器视觉系统

基于计算机的视觉系统通常由 6 个部分组成：照明、相机、镜头、图像采集卡、计算机平台及视觉处理软件。食品检测的第一步就是获得高质量的图像，这主要取决于 2 个因素：相机和照明。其中相机主要依靠技术的进步，而照明系统必须根据检测食品的具体应用和几何形状来构建。

1. 照明　　光源是图像采集时的重要保障，选取和安放合适的光源才能获得高质量的图像。特别是要对物体色彩进行检验的场合，应选择不影响被测物本身的色彩，与日常光源相近的光源，并且光谱频率要宽、光谱要连续，这样测出来的物体颜色才能比较真实、客观。如果选用不合适的照明光源，则可能会改变物体的取像效果，甚至产生错误的判断。

2. 相机　　在机器视觉系统中，工业相机镜头通常与光源一起构成一个完整的图像采集系统，因此工业相机镜头的选择受到整个系统要求的制约。按照相机芯片类型分类，相机通常分为电荷耦合器件（CCD）相机和互补金属氧化物半导体器件（CMOS）相机，这两种相机的主要区别在于使用的图像传感器类型不同。具体来说，CCD 图像传感器与 CMOS 图像传感器的光电转换的方式不同，CCD 是集成在半导体单晶材料上，而 CMOS 是集成在金属氧化物半导体材料上（李天琦，2013）。此外，CCD 传感器比 CMOS 传感器拥有更高的光敏感性，CCD 传感器可以获得更高的信噪比，而 CMOS 传感器传输速度更高、功耗更低，可以自由选择感兴趣区域来提高传输速率。综合来说,在相机的选择中,不能简单地说CCD相机更好还是CMOS相机更好,要根据应用的具体需求进行选择(招润浩,2021)。

通常衡量相机性能的基本参数为分辨率和成像器件尺寸。前者决定了相机拍摄图像的有效像素,后者决定了有效像素区域的大小。通常在进行相机选择之前,需要了解系统的精度要求、相机分辨率、系统运行速度、采集卡的匹配和相机接口方式。只有知道了这些参数,才可以在现有的工业相机中选择最适合的相机。

3. 镜头 相机的镜头相当于人眼中的晶状体,人的眼睛通过晶状体将看到的景物投影到视网膜上,从而使人能够直观地看到世界,如果人眼的晶状体出现问题,就会导致看东西出现模糊,如近视和远视等(李祥瑞,2021)。相机的成像和人眼一样,要想获得清晰的图像就应该选择合适的镜头。镜头一般由光学系统和机械部分组成,光学系统由很多个透镜组合而成,通过这些透镜的组合来构建正确的物象关系,从而获得清晰正确的图像。在进行视觉系统的镜头选择时,通常需要关注的镜头参数有视野、焦距、景深、光圈、接口、分辨率、工作距离、相面尺寸等。

4. 图像采集卡 图像采集卡是相机将采集图像传输到电脑的桥梁,主要作用是将相机输出的模拟信号转换为数字信号并输入计算机的内存中。图像采集卡的总线一般分为外围器件互联(PCI)总线、PCI-X总线。由于PCI总线的传输速度可以达到几百兆每秒,因此模拟信号转换为数字信息后只需要经过简单的寄存器即可直接传输到计算机的内存中。图像采集卡的基本工作过程如下:一是通过同步分离器将同步脉冲从输入图像中分离,其中同步脉冲分为水平同步脉冲和垂直同步脉冲,分别表示新行的开始和新帧的开始;二是根据相机的时钟频率来对图像进行采样,并输出数字信号到输出端接口。图像采集卡的主要参数有图像传输格式、像素格式、传输通道数、分辨率、采样频率和传输速率。

5. 计算机平台及视觉处理软件 计算机是机器视觉系统的核心,图像的处理和硬件的控制都依靠计算机平台来完成。为了减少工业现场环境(灰尘、电磁、振动)的干扰,需要选用较为稳定的工业计算机平台。根据平台的不同,可以通过嵌入式系统甚至是手持式设备来完成计算机的功能。视觉处理软件则用来完成特定的检测任务、实现与用户的交互。

(四)图像处理和分析

图像处理和分析是计算机视觉应用的核心环节,随着计算机科学与统计学的发展,目前已经开发了各种用于对所采集图像进行分类和测量的图像处理方法和算法。如图11-2所示,图像处理和分析一般可分为3个层面:低级层面、中级层面和高级层面。低级层面是图像处理和分析的基础环节,包括了图像获得与图像预处理。中级层面为图像处理和分析的核心环节,包括了图像分割、特征提取、图像表示和图像描述。而高级层面则是对中级层面所提取、处理的信息进行识别、解释和分类(Ma et al.,2016)。以下部分将对食品加工过程中外部质量检测常用的图像处理和分析进行简单介绍。

1. 图像处理 图像处理技术是用计算机对图像信息进行处理的技术,一般指数字图像处理,主要包括图像预处理、图像分割和特征提取。

图像预处理主要通过增加对比度、消除模糊和噪声及校正失真等方式来提高采集图像的质量。在食品的外观质量检测过程中,由于照明不均匀、目标物外观不规则及探测器灵敏度较低问题,通常会采集到一个较低对比度图像,因此需要通过图像预处理使得图像的对比度

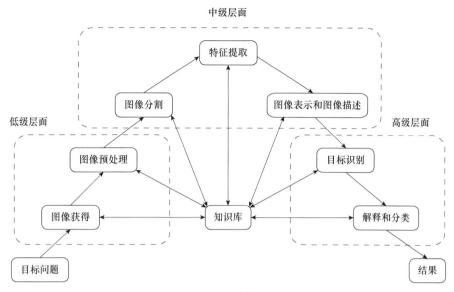

图 11-2　机器视觉中图像处理的 3 个层面

增加以获得一个较为真实的图像。常用增强图像对比度的方法有像素点运算（强度映射）和直方图均衡化。其中，像素点运算（如亮度反转和将灰度值相乘进行亮度缩放）是对图像中的每个像素依次进行同样的灰度变换运算的算法，常用于改变图像的灰度范围及分布来提高对比度，因其作用的性质有时也被称为对比度增强、对比度拉伸或灰度变换。灰度直方图描述了一幅图像的灰度级统计信息，主要用于图像分割和图像灰度变换等处理过程，通过直方图均衡化可以突出图像的亮度。此外，在检测目标的中心或边缘时，还会采用亮度校正或变换的方法来校正食品表面不均匀的区域。

在完成图像预处理后，为了划分图像区域或者提取感兴趣区域，需要对图像进行分割。与此同时，图像分割也是图像处理过程中最复杂且最具有挑战性的步骤。目前，通常使用基于阈值、边缘、区域和分类等 4 种分割方法来对图像进行分割。其中基于阈值分割是目前最简单、快速且常用的技术，它主要是通过图像阈值大小的不同来将图像分割为多个部分。而基于边缘分割是利用边缘算子对样品的边缘或像素梯度进行检测，从而将图像分割成不同的区域，由于大多数食品的边缘还没有被定义，因此基于边缘的图像分割技术在食品外观品质检测中并不常用。基于区域分割是根据像素在亮度、颜色或纹理上的相似性将图像划分为多个部分，这些部分可以表示边界或区域，用于评估食品的尺寸、形状、颜色、纹理或者缺陷等（Zhang et al.，2014）。基于分类分割是根据统计学的方法对图像进行分割，但在食品的质量检测过程中，基于分类的图像分割技术对食品尺度和旋转的变化十分敏感，因此限制了其应用。

特征提取是机器视觉和图像处理中非常重要的步骤，主要是利用计算机提取图像信息，并确定每个图像的像素点是否属于一个图像特征。特征提取的结果是把图像上的点分为不同的子集，这些子集往往是孤立的点、连续的曲线或者连续的区域。当执行完图像分割后，分割出来的区域所提取的相关特征可用于测量或描述食品的外观质量。因此，特征提取对食品外观质量检测的准确性和精度至关重要。在外观质量检测中，通常会针对特定的检测任务提取目标或分割区域的颜色特征、形状特征、纹理特征和尺寸特征用于描述食品外观质量。随着深度学习的快速发展，机器视觉领域发生了巨大变化，其中经典深度学习图像分割模型包括卷积神经网络（CNN）、全卷积神经网络（FCN）、PSPNet、DeepLab、Mask、R-CNN等。卷积神经网络作为一种特征提取方法被引入图像分割领域，与传统特征提取方法相比具有适应外部条件变化的能力（如识别对象形状、颜色、光照环境等），能提取到更加抽象的特征。深度学习在食品工业中的应用展现出巨大的优势，目前已经在葡萄、蓝莓、草莓、杨梅、苹果、猕猴桃等水果识别中成功应用（付安安，2020）。

2. 图像分析 图像分析是一种基于图像像素值及其在图像中相对空间位置，计算测量值和统计数据的非破坏性方法，简单来说，图像分析就是对图像中所提取的特征进行解释，可对图像进行直观的解释及数学运算，以帮助机器识别图像的信息，而无须人的参与。图像分析的结果可以让我们观察到图像中可能包含的物体，并允许我们对这些物体进行测量，或者验证它们的存在。测量与模式识别是图像分析中最重要的部分。

模式识别是图像分析中的一种定性分析方法，也是一门利用统计学、概率论、多元分析、计算几何和算法，并基于图像测量值进行推理的科学技术。一般来说，模式识别可以分为有监督分类和无监督分类。其中，有监督分类是图像分析中应用最为广泛的分类方法，其目标是根据图像标签构建图像分类模型。而无监督分类方法不需要知道任何类别的先验知识，主要是通过寻找特征之间的相似性，并使用聚类算法对图像进行分类。虽然无监督分类方法也可用于外观质量检测的图像分析，但是由于其分类结果不确定，因此分类效果不如有监督分类。目前，常用于食品检测中图像处理和分析的模式识别方法有支持向量机（SVM）、自适应增强（AdaBoost）、K近邻（KNN）、人工神经网络（ANN）和决策树。

二、机器视觉技术在食品检测领域中的应用

机器视觉技术在食品品质与安全领域得到了快速发展与应用。表11-1阐述了机器视觉技术在肉类品质检测与评价中的应用，表11-2阐述了机器视觉技术在果蔬品质检测与评价中的应用，表11-3阐述了机器视觉技术在粮食品质检测与评价中的应用。

表11-1 机器视觉技术在肉类品质检测与评价中的应用

品类	检测目标	特征参数	分析方法	最佳结果
滩羊肉	新鲜度检测	颜色特征	ANN	ACC＞90%
猪肉	新鲜度检测	颜色特征	颜色区域比值	分类阈值=0.829
猪肉	新鲜度检测	颜色特征	ANN、SVM	ACC=95.56%
牛肉	品质分级	颜色特征	ANN	ACC=97.4%
火腿	品质分级	形状、纹理特征	SVM、NN	ACC=89%
火腿片	脂肪含量	深层特征	CNN	ACC=99% 召回率=0.82
鸡肉汉堡	脂肪含量	颜色特征	PLS、PLS-DA	$R^2=0.95$
鲑鱼	品质分级	颜色特征	KNN、MLR、SVM	ACC=94%
虾	含水率	颜色特征	MLR	$R^2=0.95$
鲤鱼	新鲜度检测	颜色特征	SVM、KNN、ANN	ACC=93.01%

续表

品类	检测目标	特征参数	分析方法	最佳结果
鲤鱼	新鲜度检测	深层特征	VGG-16	ACC＝98.21%
小龙虾	品质分级	尺寸、形状特征	统计方法	ACC＝97%
雪蟹	品质分级	颜色特征	LR	R^2＝0.7984

注：ACC：accuracy，正确率；LR：linear regression，线性回归；NN：neural network，神经网络；MLR：multiple linear regression，多元线性回归；PLS-DA：partial least squares-discriminant analysis，偏最小二乘判别分析；R^2：相关系数

表11-2　机器视觉技术在果蔬品质检测与评价中的应用

品类	检测目标	特征参数	分析方法	最佳结果
胡萝卜	品质分级	形状、颜色特征	ANN、SVM、ELM	ACC＝96.67%
芒果	品质分级	形状、尺寸特征	DA、SVM	ACC＝100%
石榴	品质分级	颜色、尺寸特征	ANN	ACC＝98%、MSE＝0.008、R^2＝0.943
花椰菜	新鲜度检测	颜色特征	MLP	MSE＝0.0095，R^2＝0.990
哈密瓜	成熟度预测	颜色、纹理、形状特征	BP-ANN	ACC＝86.59%
猕猴桃	成熟度预测	颜色特征	ANN、DT、SVM、KNN	ACC＝93.02%
香蕉	成熟度预测	深层特征	GoogLeNet	ACC＝98.92
番木瓜	成熟度预测	颜色特征	RF	ACC＝94.7
杏仁	成熟度预测	颜色特征	LDA、QDA	ACC＝92.3%
桑果	成熟度检测	形状、纹理、尺寸特征	ANN、SVM	ACC＝100%、MSE＝3.0×10^{-6}
柠檬	缺陷检测	深层特征	CNN	ACC＝100%
樱桃	缺陷检测	颜色特征	ANN	ACC＝92.3%
秋葵	缺陷检测	深层特征	AlexNet、GoogLeNet	ACC＝99%
葡萄	农残检测	颜色特征	SVM	ACC＝100%

注：ELM：extreme learning machine，极限学习机；QDA：quadratic discriminant analysis algorithm，二次判别分析算法；DT：decision tree，决策树；RF：random forest，随机森林；MSE：最小平方误差

表11-3　机器视觉技术在粮食品质检测与评价中的应用

品类	检测目标	特征参数	分析方法	最佳结果
小麦	品种分类	纹理、颜色特征	DA、ANN	ACC＝82%～89%
水稻	品种分类	形状特征	二项式模型	R^2＝0.9976
扁豆	品种分类	尺寸、形状特征	形状比值	ACC＝90%
干豆	品种分类	尺寸、颜色特征	MLP、SVM、KNN、DT	ACC＝93.13%
大米	品种分类	深层特征	CNN	ACC＝99%
发芽小麦	缺陷检测	颜色、纹理、形状特征	ANN	RMSE＝6913U/L，R^2＝0.72
加拿大小麦	缺陷检测	纹理、颜色、形状、尺寸特征	NN	ACC＝95%
玉米	缺陷检测	颜色特征	PCA、PLS、iPLS	RMSE＝2.6%

注：iPLS：interval partial least squares，区间偏最小二乘；RMSE：均方根误差

第二节　高光谱成像技术

一、高光谱成像技术简介

（一）高光谱成像的内涵

高光谱成像技术通过在电磁波（包括可见光、近红外、中红外和远红外）范围内，扫描样品并获取其在每一波长处的大量光学图像，是具有高的光谱和空间分辨率的现代光学成像技术（Gowen et al.，2017），也是集精密光学机械、传感器、计算机、微弱信号检测和信息处理技术为一体的综合性技术。高光谱成像技术能够在测得许多连续光谱的同时获得被测样品空间位置的图像。光谱和成像的结合使得该系统同时获得图像信息和光谱信息，其中图像信息能够提供样品的物理与几何形状信息，而光谱信息则能对样品的化学组成进行分析（Goetz et al.，1985）。由于光谱信息与样品内部的化学成分及物理特征有着直接联系，并且不同的特性有着不同的吸收率、反射率等，反映为在特定波长处有对应的吸收值，因此根据每个特定波长处的吸收峰值能推算出样品中的物质属性，这一特征叫作光谱指纹。每一个光谱指纹都可以代表一个物体独一无二的特性，这为物质的区别、分类和检测工作提供了很大便利。

（二）高光谱图像的特点

高光谱成像技术所获得的高光谱图像数据是三维的，也称为超立方体、光谱方、数据方等（Chen et al.，2007）。它是一个三维的数据，包括一个二维空间维度和一个一维光谱维度。如图11-3所示，从每一个波长单元看上去，高光谱图像是一幅幅二维的图像，而从每一个二维单元看过去，便是一条条光谱的图像。其中有两维是图像像元的空间信息（坐标上以x和y表示），一维是波长信息（坐标上以λ表示）。即一个空间分辨率为$x \times y$像素的图像检测器阵列在每个波长λ_i（$i=1$，2，3，$\cdots$，n；其中n为正整数）排布得到一个由样品二维图像组成的图像立方体，其是$x \times y \times n$的三维阵列（Kalacska et al.，2007）。

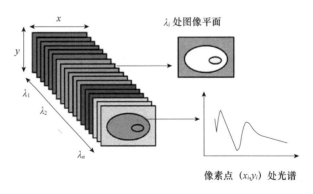

图11-3　高光谱图像立方体示意图

高光谱图像立方体中，相邻波长的图像非常相似，而距离较远波长处的图像则差异较大，携带着不同的信息。高光谱成像实现了"图谱合一"，图像信息可以用来检测样品的外部品质，而光谱信息则可以用来检测样品的内部品质和安全性。此外，没有一条单独波长的图像可以充分描述被测样品的特征，这体现出高光谱成像技术在分析物体方面的独特优势，并且由于图谱中相似光谱特性的像元具有相似的化学成分，通过图像处理可以实现样品组成成分或理化性质像素水平的可视化（Robichaud et al.，2007）。

（三）高光谱图像采集方式

根据高光谱图像的形成和获取方式，其采集方式主要分为4种，包括点扫描、线扫描、面扫描和单景扫描（Elmasry et al.，2012），详见图11-4。

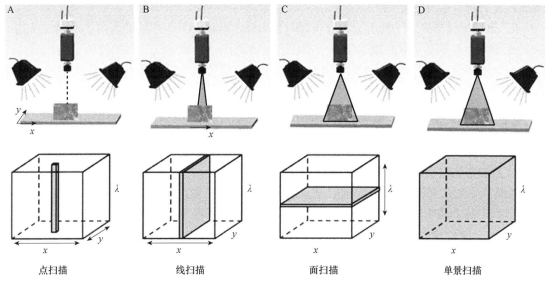

点扫描　　　　　　线扫描　　　　　　面扫描　　　　　　单景扫描

图11-4　4种不同的高光谱图像采集方式

1. 点扫描方式　　从图11-4A可见，点扫描方式，也称为掸扫式，每次只能采集一个像元的光谱，再沿着空间维方向（x或y）移动检测器或者样品来扫描下一个像元，在这种情况下，高光谱图像按像元交叉（BIP）格式储存。具体来说，BIP是一种将一个像元的所有波段按先后顺序储存，再接着储存下一个像元的所有波段直到最后一个像元的格式，在这过程中各波段按像元相互交错。由于点扫描每次只能采集一个像元的光谱，为采集完整的高光谱图像需要频繁地移动检测器或者样品，非常耗时，不利于快速检测，因此该方式常限于微观对象的检测。

2. 线扫描方式　　如图11-4B所示，第二种扫描方式是线扫描，也称为推扫式，它每次扫描记录的是样品图像上一条完整的线，同时也记录了这条线上对应每个点的光谱信息，再沿着空间维x方向扫描下一行直到获得完整的高光谱图像。在线扫描过程中，高光谱图像以波段按行交叉（band-interleaved-by-line，BIL）格式储存，BIL以扫描行为单位依次记录各波段同一扫描行数据，按顺序记录各像元所有波段直到像元总数为止。由于该方式是在同一方向上的连续扫描，特别适用于输送带上方样品的动态监测，因此该方式是食品品质检测时最为常用的图像采集方式。然而该方式存在某些缺点，即需要将所有波长的曝光时间都设为一个值，同时为了避免任何波长的光谱发生饱和，曝光时间就要设成足够短，这就造成某些光谱波段曝光不足导致光谱测量结果不准确。

3. 面扫描方式 不同于点扫描和线扫描这种在空间域进行扫描的方式，面扫描方式是在光谱域进行的扫描（图11-4C）。面扫描方式每次可以在同一时间采集单一波长下完整的二维空间图像，再沿着光谱维扫描下一波段的图像直到获得完整波段的高光谱图像。在面扫描过程中，高光谱图像以波段顺序（BSQ）格式储存，BSQ以波段为单位，对每个波段所有扫描行依次记录，每行数据后面紧接着同一波段的下一行数据。由于该方式不需要移动样品或者检测器，很适合于应该维持固定状态一定时间的对象，但通过它获取高光谱图像时需要转换滤光片或调节可调滤波器，因此它并不适合于移动样品的实时检测，一般适用于波段及图像数目较少的多光谱成像系统。

4. 单景扫描方式 最后一种方式是单景扫描（图11-4D），它借助大面积检测器通过一次曝光采集到包括空间和光谱信息在内的完整高光谱图像。目前它的发展处于起始阶段，存在空间分辨率有限和光谱范围较窄的问题，但是它仍然是未来快速高光谱成像发展所需要的扫描方式。

（四）高光谱成像传感模式

光与肉品肌肉生物组织的相互作用是涉及光反射、吸收、散射和透射的复杂现象。对于散射强烈的生物材料来说，绝大多数的光要经过多重散射后才能被吸收。研究发现，当光照射在物体表面时，只有4%的光在物体表面直接发生镜面反射，其余的绝大部分入射光会进入生物组织内部，其中一部分光子被组织细胞吸收，一部分发生后向散射返回到物体表面产生漫反射光，还有一部分继续向前移动发生透射（Huang et al., 2014）。光的吸收主要与肌肉生物组织内部的生化组成有关，其原理是生物组织含H基团（如C—H、N—H、O—H等）伸缩振动的各级倍频及伸缩振动与弯曲振动的合频吸收，而光的散射则受到肌肉本身结构和物理性质（细胞结构、密度、微粒尺寸）的影响。此外，光在生物组织内部的传输、分布情况与组织内部生化代谢过程中的物质变化有着密切关系。当光进入肌肉组织内部时，一方面，由于肌红蛋白及其降解物质等生物色素的吸收而发生衰减；另一方面，与肌肉微观结构（如结缔组织和肌纤维）撞击而改变传播方向，引起光向不同的方向散射。

根据光源和成像光谱仪之间的位置关系，高光谱图像的传感模式可以分为3种：反射、透射和漫透射，详见图11-5。在图11-5A显示的反射模式中，光源位置和成像光谱仪都处于样品的同一侧，检测器则捕获被照样品反射的光波。光的反射分为镜面反射和漫反射，其中镜面反射光没有进入样品，未与样品内部发生交互作用，因此它没有承载样品的结构和组分信息，不能用于样品的定性和定量分析；而漫反射光进入样品内部后，经过多次反射、衍射、折射和吸收后返回样品表面，因此承载了样品的结构和组分信息，漫反射光谱经过库贝尔卡-芒克（K-M）方程校正后可对样品进行定性和定量分析（付安安，2020）。样品的外部品质通常采用该模式进行检测，如颜色、形状、大小、表面纹理和表皮缺陷等。由图11-5B可见，透射模式中光源位置和成像光谱仪分别处于样品的两侧，检测器则采集从样品透射过的光波。当光波通过物质时，光子会和物质的原子发生交互作用，一部分光子被吸收，能量发生转化，一部分光子被物质散射后方向发生了改变。总的来看，由于被物质原子吸收了一部分，光波在原来方向上的强度减弱了。根据物质对光波的宏观吸收规律，即光波的强度衰减服从指数吸收规律（Sun，2010），推测透射光谱携带样品内部珍贵的结构和组分信息，可以对样品进行定性和定量分析，缺点是透射光通常比较微弱且受样品厚度影响较大。目前，该传感模式常用于检测样品内部组分浓度和相对透明物质的内部缺陷，如果蔬、鱼肉等。第三种传感模式是漫透射模式（图11-5C），其中光源和成像光谱仪都在样品的同一侧，两者之间用黑色隔板隔开，因此，被照样品的反射光被阻挡不能进入成像光谱仪，只有进入样品的光波经漫透射回到样品表面后，才能被成像光谱仪捕获到。漫透射是指光波透过物质时分散在各个方向，即不呈现折射规律，并与入射光方向无关，表征漫透射的指标有漫透射率和吸光度。该模式不仅可以获取样品深层信息，还可以避免其形状、外表面及厚度的影响，较反射和透射模式具有特殊优势（Wu et al.，2013）。

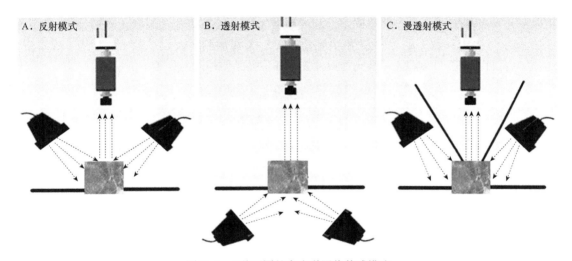

图11-5　3种不同的高光谱图像传感模式

（五）高光谱成像构件与组成

高光谱成像系统是获取可靠、高质量的高光谱图像的基础。由于高光谱图像传感模式的不同，一般高光谱成像系统可分为3种：反射成像系统、透射成像系统和漫透射成像系统。尽管它们之间有所不同，但一般都是由光源、波长色散装置、镜头、CCD相机、步进电机、移动平台、计算机和数据采集软件等组成。为了避免外界环境光的干扰，整套系统往往会置于暗室或暗箱中。

1. 光源　　光源产生光波并以此作为激发或照明样品的信息载体，是高光谱成像系统的重要组成器件。常用于高光谱成像系统的光源包括：卤素灯、发光二极管、激光及可调谐光源。

2. 波长色散装置　　对采用宽波段照明光源的高光谱成像系统来说，波长色散装置是非常重要的，它可以把宽波段光波分散成不同的波长。常见的装置包括：滤波轮、成像光谱仪、可调谐滤波器、傅里叶变换成像光谱仪和单景相机。

3. 主要平面检测器　　平面检测器作为一种图像传感器，可以把入射光转换为电子并量化其强度。CCD和CMOS相机是目前常见的两种固态平面检测器。由光敏材料制作的光电二极管是CCD和CMOS的基本单元（即像元），能够把光信号转换为电信号，将图像转换为数据，即光波被转化为电信号后，会通过一个模拟数据转换器进行数字化并生成数据立方体。硅、砷化镓铟和碲镉汞是三种常用于高光谱成像仪器的材料，其中硅常用于紫外、可见和短波近红外区域内采集光谱信息，而砷化镓铟常用于检测波长范围在900～1700nm的光谱，此外，碲镉汞常用于采集长波近红外（1700～2500nm）区域的光谱。

二、高光谱成像技术在食品检测领域中的应用

近年来，国内外已经有许多关于利用高光谱成像技术对食品品质进行无损检测的研究，包括食品的外部品质和内部品质。高光谱成像技术与计算机视觉技术类似，均需要借助化学计量学方法及算法构建预测模型来实现食品品质的检测。对于高光谱模型的准确度，一般采用以下几个参数来评价，包括正确率、相关系数（R）、校正集相关系数（R_C）、预测集相关系数（R_P）、决定系数（R^2）、校正集决定系数（R_C^2）和预测集决定系数（R_P^2）等（成军虎，2016）。表11-4～表11-8阐述了高光谱成像技术在食品品质检测与评价中的应用。

表11-4　高光谱成像技术在水果品质检测与评价中的应用

对象	品质属性	波长范围/nm	正确率或R/%
苹果	表面损伤	400～1000	93.95
	表面污染物	430～930	100.00
	硬度和可溶性固形物	450～1000	88.00～89.00
	淀粉指数	1000～1700	80.80
柑橘	溃疡病害	450～930	96.20
	腐烂	400～1100	98.00
	果锈	408～1117	92.00
草莓	水分含量和酸度	400～1000	80.00～87.00
桃	糖含量	650～1000	97.00

表11-5　高光谱成像技术在牛肉品质检测与评价中的应用

检测指标	分析方法	波长范围/nm	R^2或R
持水率	PLSR	910～1700	0.890
嫩度	PLSR	910～1700	0.830
L*	PLSR	910～1700	0.880
b*	PLSR	910～1700	0.810
pH	PLSR	910～1700	0.730
蛋白质含量	PLSR	910～1700	0.750
脂肪含量	PLSR	910～1700	0.860
水分含量	PLSR	910～1700	0.890
TVC	PLSR	400～1100	0.920

续表

检测指标	分析方法	波长范围/nm	R^2 或 R
水分含量	PLSR	380~1700	0.937
水分含量	LSSVM	380~1700	0.982

注：TVC：total viable count，菌落总数；PLSR：partial least squares regression，偏最小二乘回归；LSSVM：least squares support vector machine，最小二乘支持向量机；列表中不考虑RMSE的单位变化

表11-6　高光谱成像技术在猪肉品质检测与评价中的应用

检测指标	分析方法	波长范围/nm	R^2 或 R
L*	PLSR	900~1700	0.920
pH	PLSR	900~1700	0.880
汁液损失	PLSR	900~1700	0.870
蛋白质含量	PLSR	900~1700	0.860
脂肪含量	PLSR	900~1700	0.950
水分含量	PLSR	900~1700	0.910
TVC	PLSR	900~1700	0.930
PPC	PLSR	900~1700	0.930
盐分含量	PLSR	400~1000	0.928
水分活度	PLSR	400~1000	0.909
pH	PLSR	400~1000	0.797
水分含量	PLSR	1000~2500	0.941

注：PPC：psychrotrophic plate count，嗜冷菌菌落总数；列表中不考虑RMSE的单位变化

表11-7　高光谱成像技术在羊肉和鸡肉品质检测与评价中的应用

检测指标	分析方法	波长范围/nm	R^2 或 R
脂肪含量	PLSR	900~1700	0.880
剪切力	PLSR	900~1700	0.840
嫩度	PLSR	900~1700	0.690
掺假	PLSR	910~1700	0.990
EPC	PLSR	930~1450	0.850
PPC	PLSR	900~1700	0.810
TVC	PLSR	900~1700	0.930
水分含量	PLSR	900~1700	0.860
pH	PLSR	900~1700	0.770
a*	PLSR	900~1700	0.720
蛋白质含量	PLSR	900~1700	0.875

注：EPC：*Escherichia coli* plate count，大肠杆菌菌落总数；PPC：*Pseudomonas* plate count，假单胞杆菌菌落总数；列表中不考虑RMSE的单位变化

表 11-8　高光谱成像技术在鱼肉品质检测与评价中的应用

检测指标	分析方法	波长范围/nm	R^2 或 R
嫩度	PLSR	400～1000	0.890
嫩度	PLSR	900～1700	0.860
嫩度	LSSVM	400～1000	0.902
嫩度	LSSVM	900～1700	0.884
汁液损失	PLSR	400～1000	0.808
汁液损失	PLSR	900～1700	0.692
pH	PLSR	400～1000	0.892
pH	PLSR	900～1700	0.875
LAB	LSSVM	900～1700	0.929
水分含量	PLSR	400～1000	0.893
水分含量	PLSR	900～1700	0.902
水分含量	PLSR	400～1700	0.849
L*	PLSR	964～1631	0.864
a*	PLSR	964～1631	0.736
b*	PLSR	964～1631	0.798
硬度	PLSR	400～1758	0.665
黏着性	PLSR	400～1758	0.555
咀嚼性	PLSR	400～1758	0.606
弹性	PLSR	400～1758	0.369
胶黏性	PLSR	400～1758	0.665
咀嚼性	PLSR	400～1758	0.605
PLL	PLSR	400～1000	0.845
PLL	PLSR	897～1753	0.471
PWL	PLSR	400～1000	0.832
PWL	PLSR	897～1753	0.532
PFL	PLSR	400～1000	0.576
PFL	PLSR	897～1753	0.322
PWR	PLSR	400～1000	0.920
PWR	PLSR	897～1753	0.699
PLL	LSSVM	400～1000	0.925
PLL	LSSVM	897～1753	0.843
PWL	LSSVM	400～1000	0.916
PWL	LSSVM	897～1753	0.819
PFL	LSSVM	400～1000	0.809
PFL	LSSVM	897～1753	0.724

续表

检测指标	分析方法	波长范围/nm	R^2或R
PWR	LSSVM	400～1000	0.966
PWR	LSSVM	897～1753	0.908
TVC	PLSR	400～1000	0.887
TVC	PLSR	900～1700	0.860
TVC	LSSVM	400～1000	0.961

注：LAB：lactic acid bacteria，乳酸菌数目；PLL：percentage liquid loss，液体损失百分比；PWL：percentage water loss，水分损失百分比；PFL：percentage fat loss，脂肪损失百分比；PWR：percentage water remained，水分保持百分比；列表中不考虑RMSE的单位变化

第三节　荧光成像技术

一、荧光成像技术简介

（一）荧光基础知识

1. 荧光和磷光　物质在吸收入射光的过程中，光子的能量传递给物质分子，由此分子被激发。分子被激发后，其内部发生了电子跃迁，即电子从较低的能级跃迁到较高的能级。跃迁时间在10^{-15}s左右，并且所涉及的两个能级间的能量差与分子所吸收的光子的能量相等。在电磁波中，X射线、紫外和可见光区的光子能量较高，能够提供分子中的电子发生电子能级跃迁所需的能量。处于激发状态的分子（也称为电子激发态分子）是不稳定的，它可以通过许多不同的方式失去能量，包括化学反应、与环境交换能量，以及发光，也就是通过辐射跃迁或非辐射跃迁的衰变过程而返回基态，辐射跃迁的衰变过程伴随着光子的发射，即产生荧光或磷光（Christensen et al.，2006）。

荧光和磷光都属于光致冷发光现象，当某种常温物质经某种波长的入射光（通常是紫外线或X射线）照射，吸收光能后进入激发态，并且立即退激发并发出出射光（通常波长比入射光的波长长，在可见光波段），并且一旦停止入射光照射，出射光也随之立即消失，具有这种性质的出射光就被称为荧光；进入激发态后缓慢地退激发并发出比入射光的波长长的出射光（通常波长在可见光波段），当入射光停止后，持续存在的出射光就被称为磷光。

2. 荧光猝灭　广义上说，荧光猝灭是指任何可以使荧光强度降低的作用，但狭义上说，荧光猝灭仅指由于荧光物质分子与溶剂分子或其他溶质分子的相互作用引起的荧光强度降低的现象。许多过程可引起荧光猝灭，如激发态反应、能量转移、配合物形成和碰撞猝灭等，其中能够引起荧光猝灭的物质被称为猝灭剂，常见的是卤素离子、重金属离子、具有氧化性的有机化合物（硝基化合物、重氮化合物、羰基化合物和羟基化合物）和氧分子等（Wolfbeis，1985）。

荧光猝灭分为静态猝灭和动态猝灭两种类型。当猝灭剂分子与荧光团形成复合物时，就会发生静态猝灭。例如，许多荧光标记物具有一个大的、带有芳香环的扁平结构，这些扁平的分子可以在脂质双分子层的疏水区中排列，或插进DNA、蛋白质中，引起静态猝灭。猝灭的相互作用通常是具有特异性的，荧光的变化可以提供关于荧光标签是否被结合（无荧光、

猝灭或未猝灭）的信息。激发态荧光分子与猝灭剂发生能量转移物理碰撞导致其荧光猝灭则称为动态猝灭（Drössler et al.，2002）。碰撞猝灭剂往往是高流动性的小分子或离子，常见的例子包括氧气和重金属（汞等）。静态猝灭是一个平衡的过程，而动态猝灭是一个动力学过程，两者的效率都与猝灭剂的浓度有近似的线性关系。

荧光成像的质量很大程度上依赖于荧光信号强度，提高激发光强度可以提高信号强度，但激发光的强度不是可以无限提高的，当激发光的强度超过一定限度时，光吸收就趋于饱和，并不可逆地破坏激发态分子，这就是光漂白现象。光漂白是染料或荧光团分子发生的光化学变化，由于共价键断裂或荧光团与周围分子之间的非特异性反应使其永久不能发出荧光。

3. 多光子荧光　　前文中关于光吸收和荧光激发的讨论可以称为单光子激发，即吸收一个光子，导致一个光子被发射出来。现在，较新的荧光显微镜技术通常包括双光子或多光子荧光，具有独特的优势，并且越来越普遍。

多光子显微镜使用脉冲激光束和光学器件，将一束强烈的激光聚焦到一个精确的点上，使一个以上的光子同时激发一个荧光体。使用光的粒子性描述可以简单理解双光子激发。首先一个光子（粒子），其能量正好是一个特定电子发生转变所需能量的一半，如果两个光子在电子转变所需的时间范围内同时撞击分子（10^{-18}s），那么分子可以同时吸收这两个光子，将两倍的能量传入分子。两个光子同时冲击分子的可能性与光子数量的平方成正比，因此，双光子吸收发生的次数与激光功率的平方成比例，但两个光子的总能量必须与分子的一个真实能级对应。

多光子荧光成像的优点包括：①长波长辐射对密集介质（如微生物的生物膜、动物组织、植物组织等）的穿透力更强，可以分析组织中更深的结构。②分子激发只发生在激发光的焦点处，因此，荧光只出现在这个焦点上，而不是在样品的整个深度上，能够提供相当于共聚焦技术的深度分辨率。③光漂移大大减少。由于只有焦点处的分子被激发，因此在焦点之外的分子不会被漂白。④可以使用紫外染料，并且不需要将样品暴露在紫外光下。

4. 自身荧光　　自身荧光又称为自发荧光或内在荧光，发生在被检测样品中存在天然荧光团时。如果荧光物是研究目标，这是有利的，因为显然不需要进一步的荧光染色。然而，自发荧光往往是有害的，在某些情况下会造成广泛的无特征背景，从而降低了研究目标的对比度。

5. 荧光标签　　现在的荧光标签种类繁多，下面将荧光的原理与标签的选择联系起来进行介绍。从光谱学的角度来看，需要考虑的关键问题是显微镜中可用的激发波长，以及可用来观察荧光的滤光片组，同时对散射的激发光进行鉴别。如果需要使用多个标签，那么限制就会变得更加严格，这时有2种选择：①拥有不同吸收波长的标签，以便每个标签可以依次检测；②拥有不同发射光谱的标签，可以使用不同的滤光片组进行鉴别。

6. 光漂白和荧光恢复　　光漂白通常是荧光显微镜使用过程中的一个不利因素，然而在某些情况下，光漂白可被用于动态的实验研究中。光漂白后的荧光恢复（FRAP）可以产生重要的动力学信息，简而言之，使用强烈的激光刻意漂白标本中局部区域的荧光团，在随后的时间里观察被漂白的区域，可以分析荧光标记的分子是否能够移动到被漂白的区域，并记录这种移动的距离及标记分子的扩散系数。

7. 荧光共振能量转移　　荧光共振能量转移是一种高效猝灭技术，是指在两种不同的荧光团中，如果一个荧光团［供体（donor）］的发射光谱与另一个荧光团［受体（acceptor）］的吸收光谱有一定的重叠，当这两种荧光团间的距离合适时（一般小于100Å），就可观察到荧光能量由供体向受体转移的现象，即前一种荧光团被激发时，可观察到后一种荧光团发射的荧光（Tsin et al.，1988）。荧光共振能量转移过程本质上就是激发状态下的供体荧光团能量由一对偶极子介导转移至受体的过程。供体分子被激发后，当受体分子与供体分子相距一定距离，且供体和受体的基态及第一电子激发态两者的振动能级间的能量差相互适应时，处于激发态的供体将把一部分或全部能量转移给受体，使受体被激发产生荧光，在整个能量转移过程中，不涉及光子的发射和重新吸收。如果受体荧光量子产率为零，则发生能量转移荧光熄灭；如果受体也是一种荧光发射体，则呈现出受体的荧光，并伴随次级荧光光谱的红移。

能量供体-受体（D-A）对之间发生有效能量转移的条件是苛刻的，主要包括：①能量供体的发射光谱与能量受体的吸收光谱必须重叠；②能量供体与能量受体的荧光团必须以适当的方式排列；③能量供体、能量受体之间必须足够接近，这样发生能量转移的概率才会高。此外，对于合适的供体、受体分子在荧光量子产率、消光系数、水溶性、抗干扰能力等方面还有众多的要求。可见，要找到一个合适的D-A对是很不容易的。

（二）荧光成像系统及仪器

1. 激光共聚焦显微镜　在20世纪80年代末，随着激光被引入商业显微镜，共聚焦显微镜的产生彻底改变了光学显微镜，这意味着样品的三维（3D）结构可以通过使用纯光学技术在不同深度测量不同的二维切片来构建。在此之前，三维图像必须从不同的物理切片中重建，如进行连续的显微切片。共聚焦显微镜通过巧妙的成像方式实现了在特定深度测量图像。激光可以被聚焦到一个点上，从根本上说，这是由光的波长限制的。在深度方向（z方向），焦距由镜头的焦距决定，较短的焦距能提供更好的z分辨率。在实践中，典型的x、y分辨率约为0.5μm，而z分辨率约为1μm。通常，短焦距镜头被用来将荧光成像到检测器上，来自焦点的光线被完美地成像（尽管有光学畸变），而来自焦点前后被照亮区域的光线则被模糊化，随后通过聚焦图像并通过一个针孔，模糊的光线被很好地分辨出来并去掉，来自焦点区域的强烈光线信号被保留（钱辉，2015）。

2. 多光子显微镜　多光子显微镜结合了共焦显微镜的所有优点，并且不需要针孔成像，此外还具有穿透力更强、光漂移更少等优点。可用于普通荧光显微镜观测的荧光团一般适用于双光子激发。在单光子与双光子激发下，电子状态均不会改变，然而固有的双光子吸收强度是由不同于单光子的物理和化学特性决定的，要测量双光子吸收光谱是非常困难的。

3. 荧光寿命成像　荧光寿命成像利用了不同荧光团可以有很大范围的不同荧光寿命的特性。一般来说，不同的激发或发射波长可以用来区分不同的荧光团，而荧光寿命同样也可以用来区分不同的荧光团。在荧光寿命成像中，检测器可以被触发以测量激发激光脉冲后的固定时间窗口内的荧光。如果触发发生在激发之前，短寿命的荧光团将被增强，而晚触发则有利于长寿命的荧光团，这为区分不同的荧光团提供了新的方式，如可以用来区分不需要的自发荧光。此外，荧光团所在的环境也会影响其寿命，因此荧光寿命成像也可以用来探测荧光团不同的物理或化学环境的信息。

4. 高光谱荧光成像　高光谱荧光图像包含每个像素位置的空间和荧光光谱信息，使样品的荧光成分可视化，它们被排列成一个三维图像立方体或超立方体。在一个选定的激发波长下，一个超立方体包含了在不同发射波长下拍摄的一组二维图像，可以描述为 $I(x, y, \lambda)$，它可以被看作是每个单独的像素 (x, y) 的光谱 $I(\lambda)$，或者是每个单独的发射波长 λ 的图像 $I(x, y)$。此外，每个图像的像素存储着空间分布的光谱信息，即每个像素都包含该特定位置的光谱。

二、荧光成像技术在食品检测领域中的应用

（一）食品中的天然荧光成分

食品中的天然荧光成分包括芳香族氨基酸，如苯丙氨酸、酪氨酸和色氨酸（游离或存在于蛋白质中），维生素A、维生素E、维生素B_2、维生素B_6和辅助因子，一些多酚类物质，叶绿素和卟啉（Chen，1965）。此外，食品样品中的非天然荧光成分可能来自加工过程中产生的化合物，如美拉德反应产物、食品添加剂（如调味剂、合成着色剂或抗氧化剂）和污染物（如抗生素、农药残留、霉菌和黄曲霉毒素及粪便污染）。所有这些物质共同造成了食品样品荧光的复杂性。表11-9列出了一些在食品中发现的荧光化合物及它们的荧光参数。

表11-9　部分食品成分的荧光特性

成分	溶剂	激发波长/nm	发射波长/nm	荧光量子产率
芳香族氨基酸				
酪氨酸	水	275	304	0.14
苯丙氨酸	水	260	282	0.02
色氨酸	水	295	353	0.13
维生素				
维生素A	异辛烷	346	480	0.0298
维生素E	异辛烷	298	326	
维生素B_2	水	382、448	518	0.267
维生素B_6	水	328	393	0.048
辅酶				
NADH	水	344	465	0.02
酚类化合物				
果酸	磷酸盐缓冲液，pH 7.5	252	340	0.006
阿魏	磷酸盐缓冲液，pH 7.5	286	414	0.002
（+）-儿茶素	乙醇	279	317	0.105
（-）-表儿茶素	乙醇	280	316	0.090
其他				
叶绿素a	异辛烷	428	663	0.25
叶绿素b	异辛烷			0.11

（二）荧光成像技术在食品质量评估中的应用

任何在可见光谱范围内的荧光都可以用肉眼观察到其颜色，因此在20世纪上半叶就已经成功利用紫外线诱导食品荧光的视觉观察来评估食品质量。在过去的几十年里，荧光成为食品工业中食品质量评估和过程控制的一个重要分析工具。早期使用的仪器测量方法是基于荧光强度或传统的荧光光谱，结合单变量数据分析来描述食品的质量。荧光方法在食品质量评价方面的重大进展始于20世纪80年代，当时首次报道了多变量数据分析的应用。目前，大多数荧光方法的成功应用都依赖于直接获取样品的荧光光谱并使用化学计量学方法对其进行分析。到目前为止，食品的荧光成像还不太流行，但随着仪器和数据分析方法的发展，这种情况会有所改变。

通过对食品荧光的测量可以监测各种过程，如成熟、加工处理、变质等。目前，荧光指纹被成功用于各种食品的真实性评估，它们能够实现对样品的品种、质量等级、加工类型和地理来源进行区分。此外，荧光还能够识别掺假食品并对掺假物的含量进行量化，而高光谱荧光成像则被用来评估荧光化合物的空间分布，检测食品污染和食品表面的清洁度。

第四节　X射线成像技术

一、X射线成像技术简介

（一）X射线成像的基本原理

X射线是一种具有相对较短波长和高能量的电磁辐射，其穿透材料的能力远胜于可见光。此外，高能量的光子能够与电子相互作用，并对其路径上的原子产生电离作用。Wilhelm Rontgen在1895年发现这些相互作用而产生的光子通量的差异可以被利用来生成射线图像。在传统的X射线成像中，X射线的透射平面图像被一个探测器采集，这个探测器可以是胶片或电子传感器（Frisullo et al.，2010）。然而，传感器捕捉到的图像完全取决于被扫描材料的辐射衰减特性或射线阻射性。辐射衰减遵循朗伯-比尔定律：

$$I = I_0 e^{-\int \mu(s)ds}$$

其中，X射线光子的强度I取决于入射光子I_0和通过路径距离s的线性衰减系数μ。很明显，影响材料的射线阻射性和探测器采集图像的主要因素是样品材料的尺寸、密度和原子组成。因此，当被检测的物体足够大且具有衰减性时，记录光子能量的不同衰减程度便可以生成一张辐射图。然而，图像本身是三维物体的二维表示，大量的信息使得图像复杂，并伴随着信息丢失。但无论如何，X射线摄影设备具有成像速度快（几分之一秒）的优势，可用于食品工业以检测生产线上产品中的异物。然而，传统设备的检测极限约为1mm，因此污染物检测的前提是异物的数量足够大且不被X射线透射。此外，由于捕获的图像没有足够的空间信息来展示三维结构，二维数据不能表示微观结构信息。综上所述，传统设备虽然适用于某些生产环境，但对于详细的科学研究而言，仍然缺乏分辨力。然而，人们发现可以通过在一个受控的旋转过程中的不同位置连续拍摄X射线照片，并借助数学模型计算来重建样品的三维结构，用这种方法捕获的数据集的详细程度远远大于平面X射线成像的详细程度。

计算机断层成像（computed tomography，CT）技术应运而生，它能够提供被测材料内部（微）结构的三维图像。这项技术最初在1971年被引入临床环境中使用，而后随着技术改进极大地增加了它在科学和技术领域的应用。20世纪80年代，随着X射线管的改进，其焦点（电子束击中产生X射线的金属合金）尺寸达到了微米级，这使图像分辨率提高了几个数量级。此外，在过去几年中，随着具有亚微米光斑尺寸的X射线管的引入，其能够获得三位数纳米范围内的分辨率。尽管性能如此优越，CT的操作原理与传统的放射摄影基本相同，即通过已知的角度来采集多张射线照片。不同的是，这类系统唯一增加的操作单元是一个旋转的样品台，以及相对强大的计算机。通过算法重建X射线衰减的分布，可以生成并堆叠扫描材料的虚拟截面以产生三维图像。

（二）显微计算机断层成像系统组成

带有微聚焦管和高分辨率探测器的CT系统，通常被称为显微CT系统，如图11-6所示，显微CT系统由4个关键要素组成：X射线源、样品台、检测器和重建算法。其中X射线源，顾名思义就是系统内X射线光子的来源。X射线可以来自同步辐射，因此需要与粒子加速器相关的元件，由于实际限制，商业台式系统中这类元件主要是X射线管。X射线管是一个带有阴极和阳极的高电位真空管，其中阴极产生电子，这些电子通过对X射线管施加的高电压而被加速到阳极，撞击阳极的一个非常小的圆形部分（焦点），产生热和发散的X射线，效率高达1%，并产生一个锥形的X射线束。显然，阳极必须由具有高熔点的材料制成，通常是钨或钼（熔点分别约为3420℃和2620℃）。产生的X射线辐射包括破坏性辐射和特征辐射，共同形成了多色的光谱图。破坏性辐射是由电子的减速产生的，其能量在整个光谱中是变化的。而特征辐射则是由目标电子射出后激发产生的，由于辐射强度的峰值取决于目标原子的电子结合能，因此它发出特定的能量曲线（Schoeman et al.，2016）。此外，由于光子的能量谱相对较宽，导致软X射线和硬X射线分别由低能和高能光子产生。

同步辐射的X射线束，如位于法国格勒诺布尔的欧洲同步辐射设施、美国伊利诺伊州芝加哥的阿贡国家实验室的高级光子源和日本兵库县的SPring-8，是高通量、单色和相干的。通过同步辐射系统获得的图像具有极高的图像质量和分辨率。例如，其相位对比图像的分辨能力明显优于传统的基于吸收的CT图像，这是由于传统的吸光度CT完全抛弃了相位信息，导致样品中的弱吸收特征变得难以检测。此外，同步辐射系统利用了光束穿过样品时折射率的差异性，所发射的平行光束对于低衰减材料的边缘检测非常有用。由于基于同步辐射的CT系统数量有限，因此通过平行光束成像难以实现。

显微CT系统的第二和第三要素是旋转的样品台和检测器。样品台使样品保持稳定旋转，检测器以已知的角度差异捕捉投影图像。如果被检测的样品在采集过程中对旋转过于敏感，则可以将样品固定，而使光源与检测器一起旋转。实验室中的设备可以调节各种参数，通过改变检测器、样品和光源之间的距离，以实现所需的空间分辨率。将样品移向检测器可以增大视野，但会牺牲像素分辨率，反之，将样品向光源方向移动则会增加像素分辨率，但会减小视野。

显微CT系统的最后一个要素是重建算法，需要在计算机上使用专用软件完成。为了获得扫描体积内每个位置的X射线衰减，重建算法被用来计算每个像素位置的局部衰减系数。通过获得相关信息，才能制作断层图像或虚拟切片，随后以灰度显示并进行图像处理。典型的

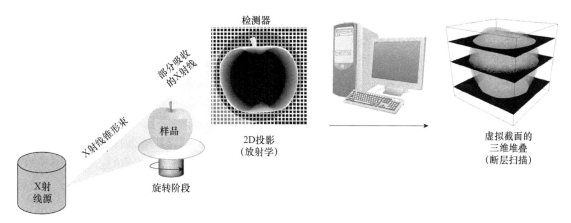

图11-6 显微CT系统图示（引自Schoeman et al., 2016）

台式扫描仪使用滤波背投影算法，对计算要求较低，但需要捕获的X射线成像数量相对较多（Frisullo et al., 2010）。在扫描时间或X射线剂量有限的情况下，可以使用代数或迭代重建算法，而在X射线成像相对较少的情况下，可以以计算时间为代价重建图像。随着计算硬件的不断进步，特别是图形处理器等并行计算芯片的发展，图像重建时间已经大大减少。

（三）图像采集、处理和数据分析

三维成像过程会产生大量的数据，必须进一步处理来进行定量分析。对于显微CT扫描，可以得出体积属性（如体积分数、尺寸分布）、形状和结构属性。处理后的图像随后可以被渲染成几何模型，可用于物理过程的计算研究，如气体传输和机械变形（Syamaladevi et al., 2012）。鉴于使用显微CT通常不需要对样品前处理，可以使用合适的图像采集和处理技术，从样品的原始状态中提取内部三维数据。下文描述了图像采集、处理和数据分析的一般流程。

1. 图像采集 在扫描之前，必须考虑空间分辨率和对比度问题。很明显，如果扫描配置的像素分辨率小于感兴趣的特征尺寸，那么根本没有足够的像素来表示结构，在这种情况下，获得的特征会很模糊。同样，对比度也是一个问题，特别是在成分相似的材料中，由于特征密度没有很大差异，X射线的高能量性质使得它不可能区分其中的特征，从而导致信息的完全丧失。

2. 图像处理 由于不同的研究具有各自的独特性，因此在整个图像处理领域没有普遍适用的方法。然而，定义感兴趣的体积（VOI）是一种很好方法，它减少了需要处理和保存的数据量，从而减少了计算时间和存储要求。这种方法同样也适用于X射线图像处理，由于大多数X射线图像不仅包含样品，还包含一些背景，因此可能需要对图像进行裁剪，以将兴趣区缩小到只有样品。

为了将CT图像用于定量检测，必须将感兴趣的特征从灰度断层图中分离出来。通过图像分割，或明显的灰度或形态学特征提取感兴趣的特征，可以有效地将感兴趣的特征与标记像素分配在一起。图像分割可以分为人工分割和自动分割，其中人工分割虽然准确，但却非常费力和主观。目前，自动分割技术已经被开发出来，能够提高效率，同时减少对人工分割的依赖。然而，自动分割并非易事，因为感兴趣的特征常常会被遗漏，且灰度图像常常有分辨率、噪声、伪影和低对比度问题。分辨率不足会导致边缘模糊，从而无法正确定义感兴趣的特征的外部边界。噪声和伪影常常导致不需要的像素与感兴趣的特征结合在一起。由于灰度差异不足，低对比度不可避免地导致无法区分密度和原子组成相似的不同材料。很多时候，这些问题在显微CT数据集中同时出现，进一步增加了自动分割的难度。

标准的图像分割是以特定的灰度值标记像素，代表感兴趣的结构。由于这一过程具有高度的任意性，而且在不同的样本之间会有差异，因此自动技术通常依靠图像直方图和特定的统计标准来定义感兴趣的特征和背景。最常用的技术是Otsu阈值处理，阈值是通过比较浅色和深色像素时，从 t 检验中得出最大值来确定的。尽管存在更复杂、更先进的分割技术，但技术的选择是根据具体情况而定的，在使用前必须仔细考虑。

3. 数据分析　　三维形态学的检测对于改善食品的制造和贮藏过程是必要的。显微CT数据集的复杂性要求使用专门的图像分析软件，如ImageJ（美国国立卫生研究院）、Octopus（XRE）、Mimics（Materialise）和Avizo（FEI），以及极其强大的计算硬件。三维分析的定量结果可以包括以下数据，如食品样品的整体结构、成分的体积分数、任何感兴趣的物体的表面积、结构厚度、孔隙和物体尺寸参数、食品材料中存在的物体的密度及它们的数量和形态特征（Miklos et al.，2015）。例如，在苹果果实组织中发现的细胞群可以从重建的图像中分割出来，并通过使用分水岭变换进行单独分离。一方面，它们的几何参数可以被提取出来，并绘制出分布图、三维体积或经过表面渲染用于可视化和建模。另一方面，可以对数据集进行主成分分析，提取定量数据中包含的额外信息（Descamps et al.，2020）。

二、X射线成像技术在食品检测领域的应用

显微CT在食品科学中的价值是显而易见的，它在食品工业中的应用正在稳步增加，已广泛应用于肉类、鱼类、谷物、水果、蔬菜、糖果和烘焙产品的检测。除了标准的微观结构分析，显微CT还可以帮助检测内部缺陷及评估新产品配方，更重要的是，随着4D扫描技术的发展和成熟，可以实时研究冰淇淋和面包生产等动态过程中的微观结构变化。

肉制品质量的关键参数包括水含量、肌纤维直径和长度、脂肪和结缔组织及其各自的密度和分布。尽管化学测试可以确定整体的成分比例，但从化学分析中不能得出任何类型的空间分布数据。对于CT而言，虽然大块的脂肪可以在显微CT图像上检测到，但肌肉样本却很难成像，因为其对分辨率和对比度的要求往往超过了扫描仪的能力。因此，通过间接参数、相位对比成像或通过使用放射性对比剂进行对比增强才能获得有意义的数据。例如，冷冻样品的显微CT研究可以通过检测到的冰晶作为间接参数来推断孔隙度，可用于评估冷冻和再冷冻对肉的损害，并通过重新优化贮藏温度使得其影响最小化。

乳制品一般可分为稳定和不稳定的样品类型。稳定的样品，如奶酪和奶粉，可以相对容易地进行CT扫描。例如，在陈年奶酪的样品中，可以利用显微CT提供关于贮藏期间内部球形形成的定量数据，从而实现持续跟踪贮藏过程而不损害商品。同样，对奶粉的高分辨率扫描可以产生有用的定量数据，如颗粒的几何形状和密度。此外，产品运输过程中产品密度和体积等参数可用于质量控制及对包装和物流情况的评估。

由于水果和蔬菜样品在本质上仍然是"活"的，自从引入采后领域以来，显微CT的使用主要集中在检测和预防产品损失方面。内部缺陷，如苹果的褐变和梨的粉化，完全可以通过

显微CT检测到，准确率高达89%。此外，所需的空间分辨率仅在两位数微米的范围内，因此CT技术可以实现在质量控制过程中的一体化检测。目前的发展趋势是将其与在线分拣应用相结合，以检测腐败。

第五节　质谱成像技术

一、质谱成像技术简介

（一）质谱成像技术基本原理

质谱成像（MSI）技术是一种新型的分子影像技术，可以获得样品表面多种分子化学组成及各组分的空间立体结构信息（杨芃原等，2020）。Caprioli等（1997）首次将质谱成像技术应用于组织样品中多种蛋白质和多肽的分子成像研究，它的出现有助于解决上述传统成像技术的瓶颈。其主要原理是将质谱分析与分子成像结合，通过激光或离子束照射样本切片使其表面分子离子化，随后带电荷的离子进入质谱仪，离子化分子被适当的电场或磁场在空间或时间上按照质荷比大小分离，经检测器获得质谱信号，再由成像软件将测得的质谱数据转化成响应像素点并重构出目标化合物在组织表面的空间分布图像。

（二）质谱成像技术基本流程

目前，MSI技术发展迅速，针对食品科学研究的不同需求，可采用的MSI技术不尽相同，因此深入了解现有MSI技术的特点和优势是充分高效地将其用于食品研究的前提（唐雪妹等，2019）。图11-7为MSI的流程图。首先，将采集的样品用包埋剂包埋后进行切片（图11-7A），对于不同的目标分子或者仪器类型，这一步可能还包含其他的样品处理过程，如基质覆盖、原位酶解或衍生等。其次，采用质谱仪器对样品切片进行分析，采集样品中化合物的质荷比、丰度及坐标（x，y），获得的数据经图像软件处理后以图片的形式呈现，从而实现目标化合物的可视化研究（图11-7B）。最后，样品采集产生的海量数据可以通过成像数据软件实现自动化提取、分析和归类，从而获得特征分子信息或者特征空间分布信息（图11-7C）。

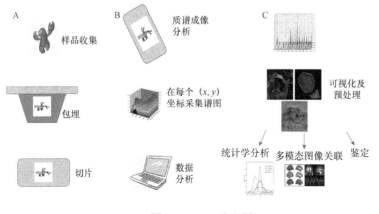

图11-7　MSI流程图

彩图

（三）质谱成像技术分类

根据分析物解吸/电离方法的不同，质谱成像技术在食品科学领域主要分为以下几种类型：基质辅助激光解吸电离质谱成像（MALDI-MSI）、解吸电喷雾电离质谱成像（DESI-MSI）、实时直接分析质谱成像（DART-MSI）、二次离子质谱成像（SI-MSI）、激光烧蚀电喷雾电离质谱成像（LAESI-MSI）、激光解吸电离质谱成像（LDI-MSI）等。下文将主要介绍MALDI-MSI、DESI-MSI和DART-MSI技术的成像原理。

1. MALDI-MSI技术 MALDI-MSI技术是目前发展较为成熟的成像技术，原理是以软电离技术MALDI为基础，将待测物均匀分散在基质分子中并形成共结晶（图11-8A）；利用紫外或红外激光束照射共结晶时，基质分子吸收能量并迅速产热，使得基质晶体升华，进而使样品从表面解吸进入气相；基质和分析物发生膨胀，发生气相质子交换反应形成离子，离子化分子在电场或负压作用下进入质谱的质量分析器；最后使用特定的质谱成像软件分析样品组织，将质谱仪获得的样品上每个点的 m/z 信息转化为照片上的像素点。在每个样品点上，所有质谱数据经平均化处理最终获得一幅代表该区域内化合物分布情况的完整质谱图。总之，实验仪器通过逐步采集质谱数据，最后得到具有空间信息的整套样品的质谱数据，完成对组织样品的分子成像。

基质辅助激光解吸电离（MALDI）不产生或产生较少的碎片离子，且其检测分子量范围大，可从几百到十几万道尔顿，离子化的特点使其适用于生物组织样品MSI中。在样品处理方面，基质分子覆盖的质量与效率是影响MSI结果的重要因素之一，寻找合适的基质覆盖方法是MALDI-MSI的研究重点及难点之一。此外，MALDI-MSI的分辨率取决于激光光斑大小及基质分子与样品分子的共结晶晶体大小。由于仪器条件的限制，MALDI-MSI分辨率通常在10～100μm。通过对MALDI-MSI技术（包括光学器件）的改进，可提高检测灵敏度及成像分辨率。Niehaus等（2019）通过结合透射模式几何的基质辅助激光解吸电离质谱成像（t-MALDI-MSI）技术与激光诱导后电离（MALDI-2）方法，开发了新型t-MALDI-2-MSI离子源，提高了像素分辨率。

2. DESI-MSI技术 解吸电喷雾电离（DESI）是一种常压敞开式离子化技术，近几年被用于质谱成像。DESI-MSI技术的原理为利用微型喷雾器耦合电高压并在雾化气体的辅助下将溶剂以一定流速喷射形成带电微液滴，进而喷射至样品组织表面，在组织切片表面形成液体膜，溶解样品表面的分析物。在一次液滴的影响下，含有分析物离子的二次液滴以类似电喷雾的机制喷射和电离，实现离子化过程。在水平连续运动中改变相对于DESI喷雾器组件位置的样品位置，同时获取所得图像的每个像素的质谱，最后经过成像软件重构出样本组织的质谱成像图（图11-8B）。DESI-MSI技术具有独特的优势：①不依赖于真空环境，在常压下进行。②不需要基质辅助，避免了基质离子化产生的干扰，同时避免了基质喷涂过程中目标物的移位。但是它与MALDI-MSI及其他技术相比，空间分辨率较低，一般为100～200μm，提高空间分辨率是目前DESI-MSI技术面临的主要挑战。

尽管DESI也是基于电喷雾的软电离技术，但是在常压下多电荷离子不稳定，因此只适合测定分子质量不超过2000Da的化合物。样品处理过程中，DESI-MSI技术能直接分析组织样品表面，避免了样品处理过程中可能导致的样品分子迁移与污染。DESI-MSI的分辨率受其喷雾空间分辨率的限制，一般约为200μm，相比于MALDI-MSI是较低的（杨芃原等，2020）。

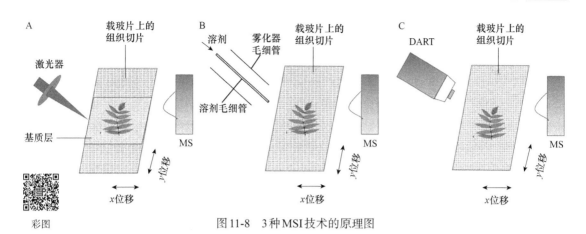

图 11-8　3 种 MSI 技术的原理图

3. DART-MSI 技术　　实时直接分析（DART）是一种多用途的环境电离技术，它可以在常压下快速分析固体、液体和气体，且不需要样品前处理。DART 离子源的原理是氦通过一个轴向管传导，并发生产生离子、电子和激发原子的电晕放电。随后，氦通过另外两个腔室，在那里电子、阳离子和阴离子被去除，只有电子激发的中性物质进入大气反应区，而这些在大气中释放的原子将导致环境气体（如大气、水或溶剂）发生气相反应、电离级联。此外，这些离子作为化学电离试剂靠近分析样品的表面，导致分析物离子化并被转移到质量分析器中。DART-MSI 技术的原理如图 11-8C 所示，它以 DART 为基础，不需要基质、真空和溶剂的存在，可以直接分析组织样本，获得样品成像图（Fowble et al.，2017）。

DART-MSI 技术具有很多优点，如可以在环境条件下对原始样品进行分析、分析物需求少、空间分辨率高、适合小分子成像等。

（四）质谱成像技术的优势

相比于其他成像技术，MSI 具有以下多种优势。

（1）样品前处理过程简单，无须提取组织中的目标物，不需要复杂的染色、标记等，可直接对样本切片进行分析。

（2）可以面向所有目标分子及非目标分子同时进行成像分析，实现多种分子的可视化。

（3）不仅提供样本切片表面的分子结构及质谱信息，还可以体现各分子的空间分布情况。

（4）空间分辨率高、质量分辨率高、质量范围宽、检测灵敏度高、高通量等，可以实现从元素、小分子到多肽、蛋白质的检测。

（五）质谱成像数据处理和分析

质谱成像所得到的数据是样品表面所有点的质谱数据的总和，数据量庞大且数据处理非常复杂。多元统计分析方法可以通过对质谱成像数据进行降维和特征提取，从而建立适合质谱成像数据分析的应用模型。目前，常用的应用于质谱成像数据处理的多元统计方法包括主成分分析（PCA）、层次聚类分析（HCA）、正交偏最小二乘判别分析（OPLS-DA）等。此外还有因子分析法（FA）、软独立建模分类法（SIMCA）、人工神经网络（ANN）等。这些方法成功地对大量质谱数据进行了降维和特征提取，推动了质谱成像技术在各领域的应用（张琦玥等，2018）。

二、质谱成像技术在食品检测领域中的应用

目前，MSI技术已经广泛用于医学、药学等研究领域，具体来说，用于各种生物组分的分析研究，同时也与其他分子成像技术相结合，用于各种不同的研究场景。近年来，MSI在食品领域也得到了广泛的关注。它使从亚细胞到组织，甚至完整食品尺度范围详细地了解食品中的生物过程成为可能，为食品科学的基础研究开启了新的大门（Li et al.，2016）。目前MSI技术主要在食品成分分析、营养评估、安全监控及来源鉴别4个方面有着重要应用（王建锋等，2020）。

食品的组成成分如碳水化合物、脂质、氨基酸、矿物质等可以直接体现食品的品质和营养价值，全面了解食品组分和分布对食品科学领域的研究至关重要，MSI已经被广泛应用于食品成分的分析，如表11-10所示。此外，MSI不仅可以检测食品中是否存在有害物质，还可以定位和可视化食品中有害物质的分布，能够极大地帮助人们检测风险因子，保障食品安全，具体应用如表11-11所示。

表11-10 MSI技术在食品成分分析中的应用

样品类型	被分析物类型	分析方法
生姜	6-姜黄素、单萜、双萜	LDI
蛋黄	脂质	MALDI
洋葱上皮	葡萄糖	LDI
小麦	Se、S	nanoSIMS
大米	LPC、PC、γ-谷维素、植酸、α-生育酚	MALDI
青梭子蟹	磷脂、三酰基甘油酯	MALDI
大豆叶子	蛋白质	MALDI
印度肉豆蔻种子	天然产物Malabaricone C	DESI
大麦豆粒	LPC、PC	MALDI
花生粒	Mo、Mg、P、K、Mn、Fe、Cu、Zn、Rb、Sr、Ba	LA-ICP-MS
小龙虾	脂质	MALDI
对虾	神经肽	MALDI
小麦籽粒	Fe、K、Cu、Zn、Ca	LA-ICP
鳄梨果皮	甘油酯	MALDI
牛肉	合成代谢类固醇酯	DESI
牛肉	脂质和胆固醇	MALDI
豆蔻籽	1,8-桉树脑	LTP
大米	LPC	MALDI
番茄、油桃、苹果	原位降解角质素及软木脂	MALDI
萝卜	胆碱、胆碱磷酸	MALDI

续表

样品类型	被分析物类型	分析方法
大麦谷粒	己糖、蔗糖、果聚糖	MALDI
小麦	多糖	MALDI
葡萄	花青素、氨基酸、糖类和磷脂	AP-MALDI
油菜、小麦种子、水稻	代谢物	MALDI
红辣椒	脂类、生物碱	LTP-MS
小麦、大麦	多糖	MALDI
咖啡豆胚乳	绿原酸、蔗糖	DESI
蒺藜苜蓿	内源性多肽	MALDI
人参	人参皂苷	MALDI
玉米种子	代谢物	MALDI
黑麦	麦角克碱	MALDI
番茄果实	代谢物	MALDI
葵花籽	Cd、Cu、Fe、Mn	LA-ICP
腌制黄瓜	三萜类（豆甾醇、β-谷甾醇、羽扇豆醇）	IR-MALDESI
大黄茎	小分子化合物	LDI
绿茶	代谢物	MALDI
大豆和豆叶	低聚糖	MALDI
豌豆	黄酮类和酚类物质	SIMS
黑稻	花青素	MALDI
茄子	γ-氨基丁酸	MALDI
人参	人参皂苷Rb1、Rb2、Rc、Rf、Rg1	MALDI
越橘、蓝莓	花青素	MALDI
苹果	糖基化黄酮醇和二氢查耳酮	MALDI
石斛小菇	β-咔啉生物碱	MALDI
蛋巢菌和猴头菇	猴头菇酮和猴头素	AP-MALDI
发芽大麦种子	大麦芽碱、大麦芽碱衍生物及相应前体	MALDI
葡萄叶	白藜芦醇、紫檀芪、葡萄素	MALDI
人参根	人参皂苷	MALDI
草莓	黄酮代谢物	MALDI
草莓	蔗糖	MALDI
牛肉	脂质	MALDI
辣椒	辣椒素	MALDI

注：PC：phosphatidylcholine，磷脂酰胆碱；LPC：lysophosphatidylcholine，溶血磷脂酰胆碱；LDI：激光解吸电离；nanoSIMS：纳米离子探针；IR-MALDESI：红外基质辅助激光解吸电离；LA-ICP-MS：激光剥蚀-电感耦合等离子体质谱；LTP-MS：低温等离子体探针质谱

表 11-11 MSI 技术在食品安全中的应用

样品类型	被分析物类型	分析方法
桃子	Pru p 3 过敏原	MALDI
熟鸡蛋	三聚氰胺	DAPPI
葵花植物	烟嘧磺隆及磺酰脲类除草剂	MALDI
粮谷类	As、Se	nanoSIMS
马铃薯块茎	生物碱苷类如 α-卡茄碱、α-茄碱	MALDI
马铃薯芽	糖苷生物碱	DESI
木薯块茎	生氰糖苷	DESI
水稻	As	nanoSIMS
苏打水及啤酒铝罐及铝箔纸	^{9}Be	SIMS
玫瑰叶、柑橘和柠檬、苹果、番茄、玉米粒	农药 抑霉唑杀菌剂	LAESI
糙米	As	LA-ICP
亚麻籽	木脂素和生氰糖苷	MALDI
黄瓜	腐霉利杀真菌剂	MALDI
葡萄、玉米	霉菌毒素（赭曲霉素、伏马菌素）	MALDI
小麦叶	三种商业杀菌剂	MALDI
花生	黄曲霉毒素 B_1、B_2、G_1、G_2	LDI
番茄	非特异脂质转移蛋白	MALDI

思 考 题

1. 目前的成像技术有哪些？分别简述其原理。
2. 机器视觉在食品工业的主要应用领域包括哪些？应用时的具体特征参数有哪些？
3. 解释高光谱成像技术中 BIP、BIL 和 BSQ 的含义。
4. 简述 CT 扫描过程中肌肉样品难以成像的原因及其解决措施。
5. 常见的质谱成像技术有哪些？其各自的优缺点是什么？

参 考 文 献

成军虎. 2016. 基于高光谱成像鱼肉新鲜度无损快速检测方法研究. 广州：华南理工大学博士学位论文.

付安安. 2020. 基于深度学习的食用水果图像识别应用研究. 南昌：南昌大学硕士学位论文.

李天琦. 2013. CMOS 图像传感器像素光敏器件研究. 哈尔滨：哈尔滨工程大学硕士学位论文.

李祥瑞. 2021. 机器视觉研究进展及工业应用综述. 数字通信世界, 203（11）：79-80, 146.

钱辉. 2015. 共聚焦显微镜在鲜红斑痣激光治疗的疗效和预后的评价. 上海：复旦大学博士学位论文.

唐雪妹, 谢书越, 黄玉芬, 等. 2019. 质谱成像技术在食品科学领域的应用进展. 食品科学, 40（13）：288-295.

王建锋, 张京. 2020. 成像技术在食品质量安全控制中的应用. 现代食品, （11）：110-112.

王卫. 2011. 基于图像纹理和大理石花纹特征的牛肉嫩度智能预测方法研究. 南京：南京农业大学硕士学位论文.

杨芃原, 刘颖超, 赵和玉, 等. 2020. 质谱分子成像的研究进展. 中国科学: 生命科学, 50 (11): 1237-1255.

殷小钰, 陈倩, 韩齐, 等. 2018. 基质辅助激光解吸电离质谱成像技术及其在食品分析中的应用. 食品科学, 39 (7): 298-304.

张琦玥, 聂洪港. 2018. 质谱成像技术的研究进展. 分析仪器, (5): 1-10.

招润浩. 2021. CCD及摄像机技术在工业中的应用分析. 集成电路应用, 38 (4): 154-155.

Caprioli R M, Farmer T B, Gile J. 1997. Molecular imaging of biological samples: localization of peptides and proteins using MALDI-TOF MS. Analytical Chemistry, 69 (23): 4751-4760.

Chen R F. 1965. Fluorescence quantum yield measurements: vitamin B6 compounds. Science, 150 (3703): 1593-1595.

Chen X, Warner T A, Campagna D J. 2007. Integrating visible, near-infrared and short-wave infrared hyperspectral and multispectral thermal imagery for geological mapping at Cuprite, Nevada. Remote Sensing of Environment, 110 (3): 344-356.

Christensen J, Nørgaard L, Bro R, et al. 2006. Multivariate autofluorescence of intact food systems. Chemical Reviews, 106 (6): 1979-1994.

Descamps E, Sochacka A, De Kegel B, et al. 2020. Soft tissue discrimination with contrast agents using micro-CT scanning. Belgian Journal of Zoology, 144 (1): 20-40.

Drössler P, Holzer W, Penzkofer A, et al. 2002. pH dependence of the absorption and emission behaviour of riboflavin in aqueous solution. Chemical Physics, 282 (3): 429-439.

Elmasry G, Kamruzzaman M, Sun D W, et al. 2012. Principles and applications of hyperspectral imaging in quality evaluation of agro-food products: a review. Critical Reviews in Food Science and Nutrition, 52 (11): 999-1023.

Fowble K L, Teramoto K, Cody R B, et al. 2017. Development of "laser ablation direct analysis in real time imaging" mass spectrometry: application to spatial distribution mapping of metabolites along the biosynthetic cascade leading to synthesis of atropine and scopolamine in plant tissue. Analytical Chemistry, 89 (6): 3421-3429.

Frisullo P, Laverse J, Marino R, et al. 2009. X-ray computed tomography to study processed meat microstructure. Journal of Food Engineering, 94 (3-4): 283-289.

Frisullo P, Marino R, Laverse J, et al. 2010. Assessment of intramuscular fat level and distribution in beef muscles using X-ray microcomputed tomography. Meat Science, 85 (2): 250-255.

Goetz A F, Vane G, Solomon J E, et al. 1985. Imaging spectrometry for earth remote sensing. Science, 228 (4704): 1147-1153.

Gowen A A, O'Donnell C P, Cullen P J, et al. 2017. Hyperspectral imaging: an emerging process analytical tool for food quality and safety control. Trends in Food Science & Technology, 18 (12): 590-598.

Huang H, Liu L, Ngadi M O. 2014. Recent developments in hyperspectral imaging for assessment of food quality and safety. Sensors (Basel), 14 (4): 7248-7276.

Kalacska M, Bohlman S, Sanchez-Azofeifa G A, et al. 2007. Hyperspectral discrimination of tropical dry forest lianas and trees: comparative data reduction approaches at the leaf and canopy levels. Remote Sensing of Environment, 109 (4): 406-415.

Li B, Dunham S J B, Dong Y H, et al. 2016. Analytical capabilities of mass spectrometry imaging and its potential applications in food science. Trends in Food Science & Technology, 47: 50-63.

Ma J, Sun D W, Qu J H, et al. 2016. Applications of computer vision for assessing quality of agri-food products: a review of recent research advances. Critical Reviews in Food Science and Nutrition, 56 (1): 113-127.

Miklos R, Nielsen M S, Einarsdottir H, et al. 2015. Novel X-ray phase-contrast tomography method for quantitative studies of heat induced structural changes in meat. Meat Science, 100: 217-221.

Mogol B, Gokmen V. 2014. Computer vision-based analysis of foods: a non-destructive colour measurement tool to monitor quality and safety. Journal of the Science of Food and Agriculture, 94 (7): 1259-1263.

Niehaus M, Soltwisch J, Belov M E, et al. 2019. Transmission-mode MALDI-2 mass spectrometry imaging of cells and tissues at subcellular resolution. Nature Methods, 16 (9), 925-931.

Robichaud P R, Lewis S A, Laes D Y M, et al. 2007. Postfire soil burn severity mapping with hyperspectral image unmixing. Remote Sensing of Environment, 108 (4): 467-480.

Schoeman L, Williams P, du Plessis A, et al. 2016. X-ray micro-computed tomography (μCT) for non-destructive characterisation of food microstructure. Trends in Food Science and Technology, 47: 10-24.

Sun D W. 2010. Hyperspectral Imaging for Food Quality Analysis and Control. Amsterdam: Elsevier.

Syamaladevi R M, Manahiloh K N, Muhunthan B, et al. 2012. Understanding the influence of state/phase transitions on ice recrystallization in Atlantic salmon (*Salmo salar*) during frozen storage. Food Biophysics, 7 (1): 57-71.

Tsin A, Pedrozo H, Gallas J, et al. 1988. The fluorescence quantum yield of vitamin A_2. Life Science, 43 (17): 1379-1384.

Wolfbeis O S. 1985. The fluorescence of organic natural products//Schulman S. Molecular Luminescence Spectroscopy: Methods and Applications. Hoboken: John Wiley & Sons.

Wu D, Sun D W. 2013. Advanced applications of hyperspectral imaging technology for food quality and safety analysis and assessment: a review-part I : fundamentals. Innovative Food Science & Emerging Technologies, 19: 1-14.

Zapotoczny P, Szczypinski P, Daszkiewicz T. 2016. Evaluation of the quality of cold meats by computer-assisted image analysis. LWT-Food Science and Technology, 67: 37-49.

Zhang B, Huang W, Li J, et al. 2014. Principles, developments and applications of computer vision for external quality inspection of fruits and vegetables: a review. Food Research International, 62: 326-343.

第十二章 化学计量学：从单变量到多变量分析

    1971年，瑞典于默奥（Umeå）大学S. Wold教授首次提出化学计量学的概念。化学计量学是数学、统计学、计算机科学、化学等相结合而形成的交叉学科，它的兴起有力地推动了分析化学与现代食品分析的发展，为优化试验设计和测量方法、科学处理和解析数据并从中提取有用信息开拓了新的思路，提供了新的手段。近年来，化学计量学中的化学模式识别、多元校正及多元分辨等方法在食品营养成分分析、添加剂分析、有毒有害物质分析、食品真实性检验及某些过程分析领域得到了广泛应用。本章从单变量到多变量分析逐一推进，主要介绍单变量处理方法、分析信号处理方法、模式识别方法及多元校正与多元分辨方法。

本章思维导图

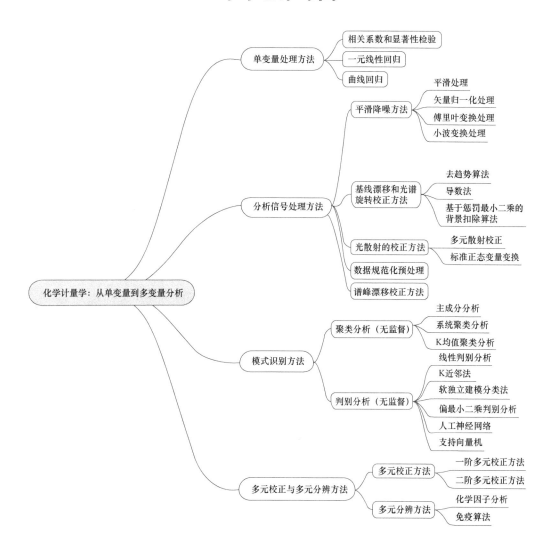

第一节　单变量处理方法

一、相关系数和显著性检验

（一）相关系数

1. 定义　相关系数最早由统计学家Karl Pearson提出，是研究变量之间线性相关程度的量，一般用字母r表示。由于研究对象的不同，相关系数有多种定义方式，较为常用的是皮尔逊（Pearson）相关系数。两个变量之间的Pearson相关系数定义为两个变量之间的协方差和标准差的商。

2. 数值范围　r的值介于$-1\sim1$。通常来说，r值越接近1，表示两个变量之间的正相关程度就越强；r值越接近-1，表示两个变量之间的负相关程度就越强；r的绝对值越接近于0，两个变量之间的相关程度就越弱。一般认为r的绝对值：$0.9\sim1.0$极强相关、$0.7\sim0.8$强相关、$0.4\sim0.7$中等程度相关、$0.2\sim0.4$弱相关、$0.0\sim0.2$极弱相关或无相关。

3. 适用范围　只有当两个变量的标准差都不为零时，相关系数才有意义，Pearson相关系数只是用来衡量两个变量的线性相关程度，因此其适用于：①两个变量之间是线性关系，都是连续数据。②两个变量的总体是正态分布或接近正态的单峰分布。③两个变量的观测值是成对的，每对观测值之间相互独立。

4. 局限性　Pearson相关系数只是用来衡量两个变量线性相关程度的指标。也就是说，必须先确认这两个变量是线性相关的，非线性关系的相关程度无法用Pearson相关系数衡量。

（二）显著性检验

1. 定义　显著性检验是用于检测实验组与对照组之间是否有差异及差异是否显著的办法。一般来说，显著性检验会先对数据做一个无效假设（数据结果之间本身不存在显著性差异），然后用检验来检查作出的假设是否正确。如果P值小于某个事先确定的水平，理论上则拒绝原假设，反之，如果P值大于某个事先确定的水平，理论上则不拒绝原假设。常用的显著性水平是0.05、0.01和0.001。水平越小，判定显著性的证据就越充分。

2. 两组样品平均数的比较（t检验法）　当比较两种或多种处理结果的平均数时，通常先假定它们是从同一总体内抽取的多个样本，它们之间没什么差异（即平均数之差等于0）。如果检验后所得的差数是由于抽样误差所引起的，概率小于或等于所设定的显著性水平（0.05、0.01或0.001）时，则称差数与假设不符合，即它们之间存在的差异是显著的。

1）成组比较检验　当两个样本平均数$\overline{X}_1$和$\overline{X}_2$作比较时，看$\overline{X}_1-\overline{X}_2$差数是否有显著的差异。随机变量$\overline{X}_1$和$\overline{X}_2$都是正态分布，则$\overline{X}_1-\overline{X}_2$也必然是正态分布。采用$t$检验法对两组样本的差异显著性进行检验。在计算出$t$值后，根据自由度查$t$表而决定差异是否显著。若计算所得$t$值在$t$表中所得概率小于所设定的显著性水平（0.05、0.01或0.001），就表示差异显著，反之则认为不显著。

$$t = \frac{\left|\overline{X}_1 - \overline{X}_2\right|}{S_{\overline{X}_1 - \overline{X}_2}} \qquad (12\text{-}1)$$

式中，$\overline{X}_1$、$\overline{X}_2$ 为两样本算术平均数；$S_{\overline{X}_1 - \overline{X}_2}$ 为两样本平均数差数的标准差，计算方法如下所示。

（1）如果两个样本的个数相同，计算公式为

$$S_{\overline{X}_1 - \overline{X}_2} = \sqrt{\frac{S_{\overline{X}_1}^2 + S_{\overline{X}_2}^2}{n}} \qquad (12\text{-}2)$$

（2）如果第一个样本个数为 n_1，第二个样本个数为 n_2，则计算公式为

$$S_{\overline{X}_1 - \overline{X}_2} = \sqrt{\frac{S_{\overline{X}_1}^2}{n_1} + \frac{S_{\overline{X}_2}^2}{n_2}} \qquad (12\text{-}3)$$

式中，$S_{\overline{X}_1}^2$、$S_{\overline{X}_2}^2$ 为两个样本的标准差。

例如，甲、乙两位同学分别测定面粉的淀粉含量。将该面粉均匀分为两部分，分别给甲、乙两位同学进行测定。甲同学测定 20 次，所测定淀粉平均含量为 66.0%，标准差为 2.1%，乙同学测定 20 次，所测定淀粉平均含量为 65.2%，标准差为 1.9%。请问甲、乙两位同学测定结果的差异是否显著？

由于甲、乙两位同学测定结果是两组独立变量，所以可以采用成组比较检验。

两样本平均数差数：

$$\left|\overline{X}_1 - \overline{X}_2\right| = \left|66.0 - 65.2\right| = 0.8(\%)$$

两样本平均数的差数标准差：

$$S_{\overline{X}_1 - \overline{X}_2} = \sqrt{\frac{S_{\overline{X}_1}^2 + S_{\overline{X}_2}^2}{n}} = \sqrt{\frac{2.1^2 + 1.9^2}{20}} = 0.633(\%)$$

$$t = \frac{\left(\overline{X}_1 - \overline{X}_2\right)}{S_{\overline{X}_1 - \overline{X}_2}} = \frac{0.8}{0.633} = 1.26$$

自由度 $V = (n_1 - 1) + (n_2 - 1) = 38$，从 t 分布表查，$t_{0.05,20} = 2.086$，$t_{0.1,20} = 1.725$，现 $t = 1.26$ 计算，即表示两个样本的平均数差异不显著，说明甲、乙位同学测定结果的差异不显著。

2）成对比较检验　　成对法是指两个样本的各个变量有合理的联系，彼此之间各有关联。成对比较进行差异显著性检验时，只要计算出各对的差数 d，求平均差数 $\overline{d}$ 和差数的标准差 $S_{\overline{d}}$，用 t 检验法检验，见公式（12-4）：

$$t = \overline{d} / S_{\overline{d}} \qquad (12\text{-}4)$$

式中，$\overline{d}$ 为平均差数；$S_{\overline{d}}$ 为差数的标准差，$S_{\overline{d}} = S / \sqrt{n}$，$S$ 为标准差。

例如，在实验室人员比对试验中，甲、乙两位同学分别对 5 组食品淀粉含量进行检测，数据见表 12-1。请问两组测试结果差异是否显著？

表12-1   甲、乙两位同学对5组食品淀粉含量进行检测的结果

比对人员	测试值/%				
	1	2	3	4	5
甲同学	51.8	44.1	49.4	52.7	47.1
乙同学	51.7	43.8	49.3	52.4	47.2
差值	0.1	0.3	0.1	0.3	−0.1

由于甲、乙两位同学检测的样品具有正相关性（成对），因此采用成对比较检验的方式。计算平均差数为0.14，标准差为0.167，差数的标准差为0.075，计算出$t=1.87$，查t分布表，得$t_{0.05,4}=2.776$，故认为两组人员检测数据差异性不显著。

3）双尾检验与单尾检验区别   双尾检验：检验抽样的样本统计量与假设参数的差是否过大（无论正方向还是负方向），把风险分摊到左右两侧。例如，显著性水平为5%，则概率曲线的左右两侧各占2.5%，也就是95%的置信区间。单尾检验：只注重验证是否偏高或者偏低，也就是说只注重验证单一方向。例如，显著性水平为5%，概率曲线只需要某一侧占5%即可，即90%的置信区间。

例如，甲、乙两位同学测定某面粉淀粉含量是否存在差异，因为实际的差异可能是甲同学测定结果比乙同学测定结果高，也可能甲同学测定结果比乙同学测定结果低，这两种情况都属于存在差异，因此需要用双尾检验。

如果问题为两个厂家面粉淀粉含量测定，判断A厂面粉淀粉含量是否高于B厂面粉含量，这个时候需要采用单尾检验。

3. 两组样品方差的比较（F检验法）   方差分析（ANOVA）是用来比较两组样品分布（稳定性）是否有差异的方法。方差分析应用F检验法，较大方差与较小方差的比值就是F值。

$$F=\frac{S_1^2}{S_2^2} \tag{12-5}$$

S_1^2与S_2^2各有它的自由度V_1与V_2，根据两个自由度查F检验表，从表中得到$F_{0.05,V_1,V_2}$与$F_{0.01,V_1,V_2}$值，如计算得$F>F_{0.05,V_1,V_2}$则为差异显著，如计算得$F>F_{0.01,V_1,V_2}$则为差异极显著，在计算F值时一般比较大的方差为分子，较小的方差为分母。

例如，甲、乙两位同学分别测定某奶粉中蛋白质含量。将该奶粉均匀分为两部分，分别给甲、乙两位同学进行测定。甲同学测定20次，所测定蛋白质平均含量为20.5%，标准差为2.1%，乙同学测定15次，所测定蛋白质平均含量为20.0%，标准差为2.7%。试问甲、乙两位同学测定结果稳定性是否有显著的差异？

从以上资料可以看出，甲、乙两位同学测定的结果各不相同，总变异有以下两个来源：组内变异，即由于随机误差的原因使得各组内部的蛋白质含量各不相等；组间变异，即由于甲、乙两位同学操作不同，使得甲、乙两组的蛋白质含量各不相等。只有当组间变异大于组内变异时，才能说明甲、乙两位同学测定结果稳定性有显著的差异。

$$F=\frac{S_1^2}{S_2^2}=\frac{2.7^2}{2.1^2}=\frac{7.29}{4.41}=1.65$$

查F检验表，自由度$V_1=14$，$V_2=19$，$F_{0.05,14,19}=2.26$，$F_{0.01,14,19}=3.19$。现计算出$F=1.65$，故认为甲、乙两位同学测定结果稳定性无显著的差异。

二、一元线性回归

（一）概述

相关系数是研究变量之间线性相关程度的量，但是两个变量之间具有密切关系却又不能用一个确定的数学公式描述，这种非确定性的关系称为相关关系。通过大量的试验和观察，用统计的方法找到试验结果的统计规律，这种方法称为回归分析。一元回归分析是研究两个变量之间相关关系的方法。如果两个变量之间的关系是线性的，就是一元线性回归问题。一元线性回归问题主要分以下三个方面。

（1）建模：通过对大量数据的分析、处理，得到两个变量之间的经验公式即一元线性回归方程。

（2）检验：对经验公式的可信程度进行检验，判断经验公式是否可信。

（3）预测和控制：利用已建立的经验公式，进行预测和控制。

（二）建模

在一元线性回归分析里，主要是考察随机变量 y 与普通变量 x 之间的关系。通过试验，可得到 x、y 的若干对实测数据，将这些数据在坐标系中描绘出来，所得到的图叫作散点图。

例如，表 12-2 为不同温度 x（℃）下，饱和溶液中硝酸钠的质量百分数。

表12-2　不同温度下饱和溶液中硝酸钠的质量百分数

x_i/%	0	4	10	15	21	29	36	61	68
y_i/%	66.7	71.0	76.3	80.6	85.7	92.9	99.4	113.6	125.1

将每对观察值（x_i, y_i）在直角坐标系中描出，得散点图如图 12-1 所示。这些点虽不在一条直线上，但都在一条直线附近。于是，可以用一条直线来近似地表示 x 与 y 之间的关系，这条直线的方程就叫作 y 对 x 的一元线性回归方程。设这条直线的方程为

$$y = a + bx \qquad (12\text{-}6)$$

式中，a、b 分别是截距和斜率（表示直线上 y 的值与实际值 y_i 不同）。

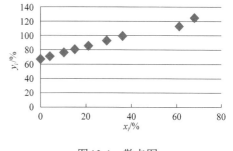

图12-1　散点图

一次试验中获得 n 对数据（x_i, y_i），其中 y_i 是随机变量 y 对应于 x_i 的观察值，我们所要求的直线应该是使所有 $|y_i - \hat{y}|$ 之和最小的一条直线，其中 $\hat{y}_i = a + bx_i$。由于绝对值在处理上比较麻烦，所以用平方和来代替，即要求 a、b 的值使 $Q = \sum_{i=1}^{n} (y_i - \hat{y}_i)^2$ 最小。

可以利用多元函数求极值的方法求回归系数 $\hat{a}$、$\hat{b}$：

$$\begin{cases} \hat{a} = \bar{y} - \hat{b}\bar{x} \\ \hat{b} = \dfrac{L_{xy}}{L_{xx}} \end{cases} \qquad (12\text{-}7)$$

式中，$\bar{x}=\dfrac{1}{n}\sum\limits_{i=1}^{n}x_i$；$\bar{y}=\dfrac{1}{n}\sum\limits_{i=1}^{n}y_i$。

$$L_{xx}=\sum_{i=1}^{n}(x_i-\bar{x})^2=\sum_{i=1}^{n}x_i^2-n\bar{x}^2 \qquad (12\text{-}8)$$

$$L_{yy}=\sum_{i=1}^{n}(y_i-\bar{y})^2=\sum_{i=1}^{n}y_i^2-n\bar{y}^2 \qquad (12\text{-}9)$$

$$L_{xy}=\sum_{i=1}^{n}(x_i-\bar{x})(y_i-\bar{y})=\sum_{i=1}^{n}x_iy_i-n\overline{xy} \qquad (12\text{-}10)$$

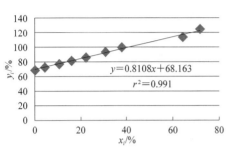

图12-2　一元线性回归结果

从而得到一元线性回归方程$\hat{y}=\hat{a}+\hat{b}x$。其中，$\hat{a}$、$\hat{b}$称为参数a、b的最小二乘估计，上述方法叫作最小二乘估计法。图12-2为得到的一元线性回归结果，$y=0.8108x+68.163$是得到的一元线性回归方程。r是相关系数，它的主要作用是衡量数据中的因变量可以被某一模型所计算解释的准确程度。r^2的取值范围$\leqslant 1$，r^2越大，模型对数据的拟合程度越好。

（三）检验

由于最小二乘估计法并没有事先判定两个变量之间是否具有线性的相关关系。因此，即使在平面上一些并不呈现线性关系的点之间也照样可以求出一条回归直线，这显然毫无意义。因此，采用假设检验的方法进行相关关系的检验，其方法如下：

第一步：假设H_0：y与x存在密切的线性相关关系。

第二步：计算相关系数$r=\dfrac{L_{xy}}{\sqrt{L_{xx}L_{yy}}}$。

第三步：给定α，根据自由度$n-2$，查相关系数表，求出临界值λ。

第四步：作出判断：如果$|r|\geqslant\lambda$，接受假设H_0，即认为在显著性水平α下，y与x的线性相关关系较为显著；如果$|r|<\lambda$，则可认为在显著性水平α下，y与x的线性相关关系不显著，即拒绝假设H_0。

例如，不同温度下饱和溶液中硝酸钠的质量百分数数据中，y与x的线性关系是否显著？其中水平$\alpha=0.05$。

解：假设H_0：y与x存在密切的线性相关关系。

$$r=\frac{L_{xy}}{\sqrt{L_{xx}L_{yy}}}=\frac{3534.8}{\sqrt{4060\times3083.9822}}=0.9990$$

$\alpha=0.05$，$n-2=7$，查表得$\lambda=0.6666$，$|r|=0.9990>\lambda=0.6666$。

所以接受假设H_0，即在水平$\alpha=0.05$下认为y与x间的线性相关关系较显著。

（四）预测

在求出随机变量y与变量x的一元线性回归方程，并通过相关性检验后，便能用回归方程进行预测。

1. 点预测　对给定的 $x = x_0$，根据回归方程求得 $\hat{y}_0 = \hat{a} + b x_0$，作为 y_0 的预测值，这种方法叫作点预测。

2. 区间预测　区间预测就是对给定的 $x = x_0$，利用区间估计的方法求出 y_0 的置信区间。

三、曲线回归

如果相关的两个变量对应值的散点在直角坐标图上呈现某种曲线形状，那么此时称这种关系为曲线相关，或者非线性相关。根据曲线相关的变量拟合的回归方程，称为曲线回归方程，或者非线性回归方程。曲线回归分析，就是通过对相关的两个变量 x 和 y 的实际观测数据进行分析，进而建立曲线回归方程，以揭示变量 x 和 y 的曲线相关关系的过程。

变量之间的曲线相关关系是极为常见的。这种非线性关系可以划分为本质线性关系和非本质线性关系。本质线性关系是指变量关系形式上虽然呈非线性关系，但可以通过变量变换，将其转化为线性关系，这样就可以将问题简化为线性回归分析问题，建立线性模型。非本质线性关系是指变量关系不仅形式上呈非线性关系，而且也无法通过变量变换将其转化为线性关系，最终无法进行线性回归分析和建立线性模型。表12-3为10种常见的曲线回归模型对应的回归方程。曲线回归分析时，常选择多种模型计算回归方程假设检验的 F 值和概率 P 值、判定系数等统计量，从而选择其中的最优曲线回归模型。

表12-3　10种常见的曲线回归模型对应的回归方程

序号	模型名	回归方程	序号	模型名	回归方程
1	二次曲线	$y = \beta_0 + \beta_1 x + \beta_2 x^2$	6	S曲线	$y = e^{\beta_0 + \beta_1/x}$
2	复合曲线	$y = \beta_0 \beta_1^x$	7	指数曲线	$y = \beta_0 e^{\beta_1 x}$
3	增长曲线	$y = e^{\beta_0 + \beta_1 x}$	8	逆曲线	$y = \beta_0 + \beta_1/x$
4	对数曲线	$y = \beta_0 + \beta_1 \ln x$	9	幂函数	$y = \beta_0 x^{\beta_1}$
5	三次曲线	$y = \beta_0 + \beta_1 x + \beta_2 x^2 + \beta_3 x^3$	10	逻辑函数	$y = \dfrac{1}{1/\mu + \beta_0 \beta_1^x}$

第二节　分析信号处理方法

分析信号中除了包含被测组分的特征信息以外，由于样品本身状态、颗粒大小及仪器自身等因素，导致信息重叠、随机噪声、基线漂移、谱峰漂移等干扰，因此在分析前需要对数据进行处理。目前已有的分析信号处理方法包括很多种，根据处理的效果可以分为平滑降噪方法、基线漂移和光谱旋转的校正方法、光散射的校正方法、数据规范化预处理及谱峰漂移校正方法，每一类又包括多种预处理方法。

一、平滑降噪方法

（一）平滑处理

平滑方法是分析信号预处理中一种常见的去噪以提高信噪比的方法。分析信号中的噪声信息以高频成分为主。平滑处理就是对信号进行低通滤波，去掉高频噪声成分，保留低频信息，以达到降噪的目的。平滑处理的前提条件是在某一"窗口"内，随机噪声的均值为0。其基本思路是在平滑点的前后各取若干点来进行"平均"或"拟合"。常见的平滑方法有厢车平均法、移动窗口平均法、移动窗口多项式最小二乘平滑法、中位数稳健平滑法等。

1. 厢车平均法　厢车平均法的基本原理是将数据分成几个等分（厢车），然后用每等分段的平均值来代表原等分段的值。厢车平均法会导致数据量的减少，如原信号的数据点为n，厢车数量为m，则厢车内的数据点个数为n/m，而平滑后的数据量为m。厢车平均法中，采集频率和厢车内的数据点个数是两个重要参数。该方法的不足：当厢车数量较多，则每个厢车内的数据点个数较少，平滑效果较好，但是计算量较大；当厢车数量较少，则每个厢车内的数据点个数较多，会导致光谱分辨率下降，信号失真。

2. 移动窗口平均法　移动窗口平均法是厢车平均法的改进。如图12-3所示，其基本原理是对第i个点及其前后各m个数据点进行平均，使得参加平均的数据点（窗口宽度）一共为$N=2m+1$。该方法的不足：一方面，在移动窗口平均法中，窗口宽度是一个非常重要的指标，如果宽度太大，会导致有用信息的去除，造成信号的失真；而宽度太小，平滑去噪的效果不理想。另一方面，该方法对前m个点及后m个点不能进行平滑计算，导致信号边界信息的损失。

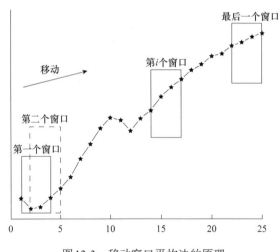

图12-3　移动窗口平均法的原理

3. 移动窗口多项式最小二乘平滑法　移动窗口多项式最小二乘平滑法是由Savitzaky与Golay共同提出的，因此也称SG卷积平滑法。其原理和移动窗口平均法原理类似，但并不是简单地对第i个点及其前后各m个数据点进行平均，而是采用加权平均法通过多项式对移动窗口内的数据进行多项式最小二乘拟合。该方法已成为应用非常广泛的光谱去噪方法。具体计算方法如下：

$$x_i' = \frac{1}{A} \sum_{j=-m}^{m} w_j x_{i+j} \tag{12-11}$$

式中，x_i'为光谱数据x_i平滑后的数据；A为归一化常数，平滑窗口$N=2m+1$；w_j为权重系数，可基于最小二乘原理，用多项式拟合求得。当$w_j=1$时的SG卷积平滑就是移动窗口多项式最小二乘平滑法。该方法中的窗口宽度同样是一个非常重要的指标，如果宽度太大，平滑效果更显著，但可能会导致有用信息的去除，造成信号的失真；而宽度太小，平滑去噪的效果不理想。在实际应用中，窗口宽度参数的选择有一定的经验性。

4. 中位数稳健平滑法　　由于平均数和最小二乘估计是非稳健的，对于某些有奇异值的信号，采用稳健的中位数代替平均数更合适。中位数稳健平滑法与移动窗口平均法计算过程基本一致，只是将窗口内的平均数改成中位数即可。

（二）矢量归一化处理

矢量归一化可以消除仪器或样品带来的随机噪声，特别适合于不同厚度样品的分析，校正由于光程的差异导致的光谱变化。其计算公式为

$$x_i' = \frac{x_i - \overline{x}}{\sqrt{\sum x_i^2}} \tag{12-12}$$

式中，x_i' 为数据 x_i 矢量归一化后的数据；x_i 为原始信号；$\overline{x}$ 为信号的均值。

（三）傅里叶变换处理

傅里叶变换处理是将原始信号分解成为不同频率的正弦波的叠加，从而实现频域函数与时域函数之间的转换。一般采用离散傅里叶变换进行处理。傅里叶变换好似玻璃棱镜把光分解成不同颜色的光，每个颜色是由光的波长决定的。傅里叶变换可以根据频率对信号进行分解，噪声大多频率很高，而分析信号一般在时域内为低频率信号。所以在对信号进行时频域的傅里叶变换后，只需要去除噪声部分的频率（高频信号），留下的就是去噪后的信号（低频信号），即可实现平滑滤噪。图12-4是雏菊近红外光谱进行傅里叶变换处理前后的光谱。

（四）小波变换处理

傅里叶变换处理是将原始信号分解成为不同频率正弦波的叠加，由于正弦波在时间上没

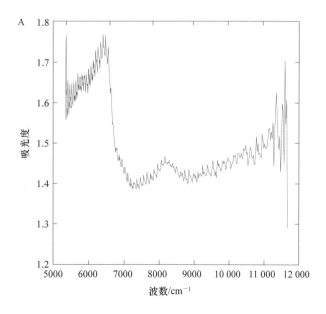

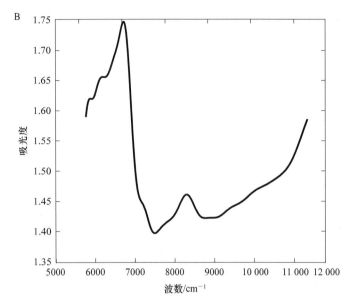

图12-4　傅里叶变换处理前后的光谱

A. 原始光谱；B. 傅里叶变换降噪后的光谱

有限制，虽然能较好描述信号的频域特性，但是无法在时空域上进行分辨，不能作为局部分析。而小波变换将信号分解成为一系列小波函数的叠加，在时域和频域同时具有良好的局部化性质。在小波变换平滑降噪处理中，常采用离散小波变换（DWT）。DWT实质是离散信号在小波函数上的投影。与傅里叶变换所用基本函数（只有三角函数）相比，小波变换所用的小波函数具有多样性。此外，与傅里叶变换方法相似，小波变换将原始信号分解得到高频和低频的小波系数，只需要去除小波系数中被认为是表示噪声的部分即可实现平滑滤噪。对雏菊样品近红外光谱进行9次分解，可得到频率较高的细节系数（D1～D3）、频率较低的细节系数（D7～D8）及近似系数（A8）。通过重构，可以得到各个频率的子信号，如图12-5所示。图12-6是雏菊样品近红外光谱进行小波变换降噪处理后的光谱图。

二、基线漂移和光谱旋转的校正方法

由于外界因素的影响，无论是光谱信号还是色谱信号中往往存在背景及基线漂移的干扰，主要表现为谱图基线的无规则变化，此现象的存在极易使得峰形和峰高改变、信号淹没，从而导致分析的准确性降低、结果重现性变差等一系列问题，造成谱图解析的极大困难。对于背景频率基线呈常数的情况，可以应用空白对照谱图进行简单校正，但通常背景由于程序升温或者流动相梯度等因素的改变，大多呈现非线性变化，因此应用该方法会产生较大偏差。

（一）去趋势算法

去趋势算法主要用于消除信号中的基线漂移。该方法将信号的吸光度和波长按照多项式拟合出一条趋势线，然后从光谱中减去趋势线以实现背景扣除和消除基线漂移的目的。以100个陈皮内囊近红外光谱数据为例，应用去趋势算法进行数据预处理的结果如图12-7所示。

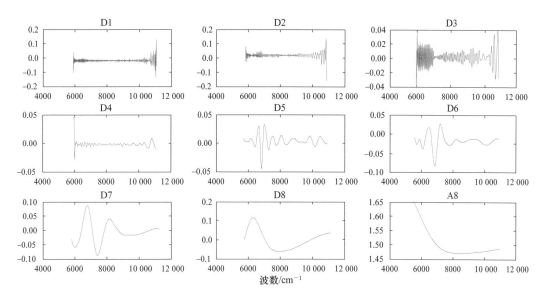

图12-5 经小波分解后不同频率区域重构图

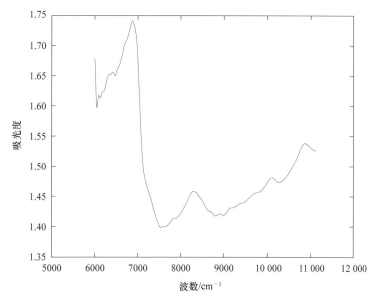

图12-6 经小波变换降噪处理后的光谱

（二）导数法

导数法可以消除基线漂移和背景干扰，提高分辨率和灵敏度。常采用的导数方法是SG求导法及小波变换求导法。此外，在导数法中，一般要求原始信号信噪比较高，如果光谱中有较强的噪声干扰，导数法将进一步放大噪声信号。

1. SG求导法 移动窗口多项式最小二乘法不仅可以用于平滑，还可以用于求导。因其为多项式拟合，对此多项式求导，就可以得到求导所需的窗口中心点的加权平均表达

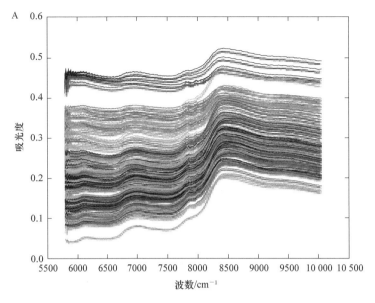

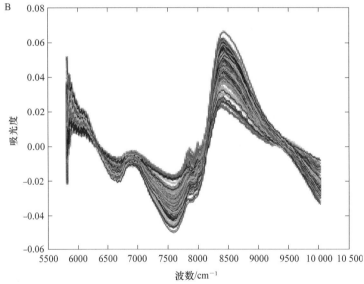

图 12-7　去趋势算法处理前后的光谱

A. 原始光谱；B. 去趋势算法处理后的光谱

式。常用的 SG 导数法有一阶导（1st Der）、二阶导（2nd Der）及其他高阶导数。以 100 个陈皮内囊近红外光谱数据为例，应用 SG 求导法（一阶导和二阶导）进行数据预处理的结果如图 12-8 所示。可以看到一阶导处理后的信号中背景干扰得到有效消除，基线漂移现象也得到明显改善，可以提供比原始信号清晰度更高的光谱轮廓变化。二阶导预处理虽然消除了背景干扰，强化了其谱带特征，但是信号中出现了明显的噪声干扰。

2. 小波变换求导法　　利用连续小波变换（CWT）和特定小波函数，能够逼近分析信号的导数。Haar 函数是最适合求导的小波函数之一，在噪声很大的情况下，求出的信号导数

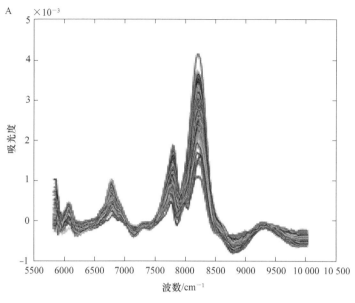

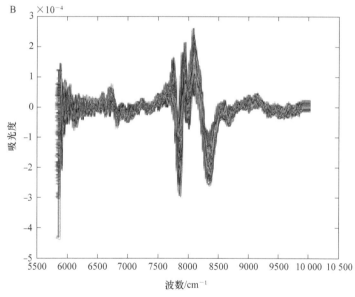

图 12-8　SG 求导处理后的光谱

A. 一阶导校正后的光谱；B. 二阶导校正后的光谱

依旧适用于谱峰的检测和峰宽的估计。应用 CWT 求导法进行数据预处理的结果如图 12-9 所示。可以看到 CWT 求导处理后的信号与一阶导处理的信号较为相似，背景干扰得到有效消除，基线漂移现象也得到明显改善。

（三）基于惩罚最小二乘的背景扣除算法

自适应迭代重加权惩罚最小二乘（airPLS）是现阶段最常用的基于惩罚最小二乘的背景扣除算方法。在惩罚最小二乘的基础上，airPLS 通过在迭代过程中自适应地调节拟合基线与

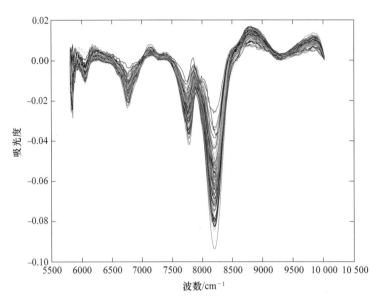

图12-9　CWT求导处理后的光谱

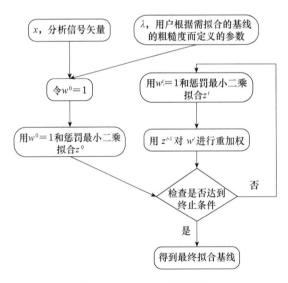

图12-10　airPLS计算框架

（引自梁逸曾等，2012）

原始信号之间残差平方和的权重，快速灵活地找到不规则变化的基线并予以扣除。airPLS仅通过调节参数λ来控制拟合背景平滑程度，通过迭代逐步削弱峰对背景拟合的影响，具有参数简单、操作灵活、适用性强等优势。airPLS的计算框架如图12-10所示，有关此算法的Matlab和R语言的源代码已开源公布。

图12-11是airPLS处理前后的葡萄样品的气相色谱-质谱总离子色谱图。由图可以看出，葡萄样品检测信号中的基线漂移现象十分严重。但是，不论是弯曲的背景，还是较为平坦的背景，airPLS都能实现有效校正。此外，airPLS算法在背景扣除的过程中，既保留了待测组分的色谱峰，又完整保留了响应值较小的色谱峰。

三、光散射的校正方法

在漫反射光谱测量过程中常出现光散射的干扰，在长波近红外测量中尤为严重。目前常用的光散射校正方法有多元散射校正（MSC）及标准正态变量变换（SNV），用来消除由于颗粒分布不均匀及颗粒大小不同产生的散射对光谱的影响。

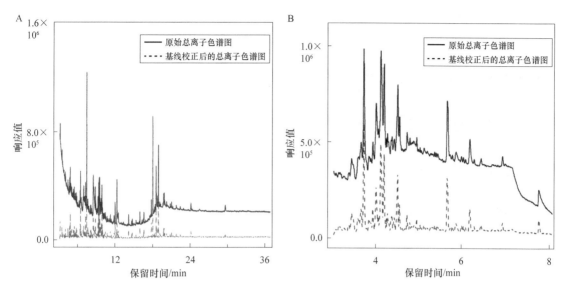

图12-11　airPLS处理前后的葡萄样品气相色谱-质谱总离子色谱图

A. 标准洗脱条件；B. 快速洗脱条件

（一）多元散射校正

MSC由Geladi等在1983年提出。方法假定与波长有关的散射对光谱的贡献和对成分的贡献是不同的，并认为每条光谱都应与"理想"光谱呈线性关系。显然能代表所有样本的理想光谱并不存在，MSC的"理想"光谱一般由校正集的平均光谱来近似获得。MSC首先计算校正集的平均光谱，然后将每条光谱与平均光谱作一元线性回归。以100个陈皮内囊近红外光谱数据为例，应用MSC进行数据预处理的结果如图12-12A所示。光谱中的基线漂移干扰得到消除，谱峰信息更加突出。

实际情况下很多颗粒样本的光散射作用对其光谱的影响并不呈线性，分段多元散射校正（PMSC）方法可以消除这种非线性的散射作用。另外，扩展多元散射校正（EMSC）、扩展反转多元散射校正（EIMSC）、循环多元散射校正（loopy MSC）也提出并应用于散射校正，但是这些方法都不如MSC应用广泛。

（二）标准正态变量变换

SNV方法认为每一条光谱各个波长点的吸光度值应满足一定的分布（如正态分布）。与MSC方法不同，SNV方法无须"理想"光谱。SNV计算步骤为从原始光谱中减去该条光谱的平均值后，再除以校正集光谱的标准偏差。以100个陈皮内囊近红外光谱数据为例，应用SNV进行数据预处理的结果如图12-12B所示。SNV处理后的光谱与MSC处理后的光谱较为相似，基线漂移干扰得到消除，谱峰信息更加突出。

四、数据规范化预处理

均值中心化是最常见的数据规范化预处理方法。该方法是将信号减去校正集的平均光谱，均值中心化后的光谱列的平均值为0，且光谱间的差异更加突出。以100个陈皮内囊近红外光

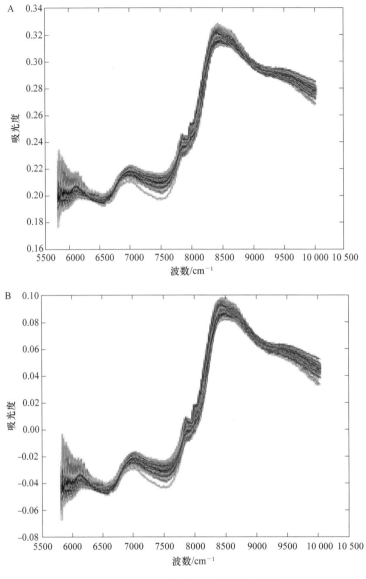

图12-12　MSC和SNV处理后的光谱

A. MSC；B. SNV

谱数据为例，应用均值中心化进行数据预处理的结果如图12-13所示。

五、谱峰漂移校正方法

　　在实验操作中，仪器漂移、固定相分解，甚至分析物互相反应等不可控因素，导致了不同检测物中同一物质的色谱峰呈现洗脱时间不同，给定性定量分析造成了一定的困难，这就需要借助保留时间校正。内标校正法即在样本预处理过程中，向样本中加入标准浓度的内标参考物，通过参考物的出峰时间和丰度对样本数据进行校正。内标校正法适合样本量较少的分析。针对大样本量数据分析，运用保留时间校正算法来校正，能够有效降低数据处理的复

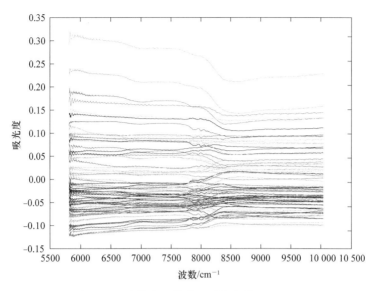

图12-13 均值中心化处理后的光谱

杂性，缩短分析时间。

谱峰漂移校正是将有差别的色谱中同一物质的谱峰校正至相等的矩阵列中。在谱峰漂移校正方面已经有许多算法先后被提出，主要有动态规整、峰检测和进化算法等。相关优化翘曲算法（COW）是现阶段最常用的色谱谱峰漂移校正方法。该算法先将色谱信号分成系列节段，再对每个节段进行线性翘曲校正，最后将校正后的节段重新组合，从而实现保留时间校正。图12-14是COW处理前后的色谱图。由上图（未校正）结果可以看出，检测信号中的谱

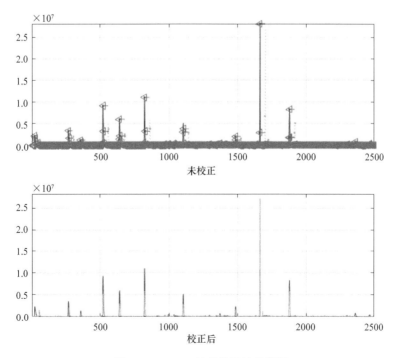

图12-14 COW处理前后的色谱图

峰漂移现象十分严重。由下图（校正后）结果可以看出，COW处理后谱峰重叠度较高，峰漂移得到了有效消除。

第三节 模式识别方法

模式识别是化学计量学研究中一个十分重要的内容。计算过程主要如下：获得原始数据，构成校正集，参考化学、生物物理等模型或者经验规律提取一批特征量，在此基础上，进一步进行特征抽取和必要的数据预处理，以求得合适的特征量；利用机器学习方法进行训练和分类，并利用相应办法对所得模型进行校验，以确定模型的可用性和应用范围，得到模型判据，即可实现对未知样品的预测和判断。此过程如图12-15所示。目前模式识别一般可分为无监督的模式识别方法及有监督的模式识别方法。前者用于大批样品并且样品的类别未知，要求通过找出适当的方法获取样品的类别属性实现分类。后者是用一组已知类别的样品作为校正集建立分类模型，然后再利用模型对未知样品的类别进行预测。在实际的应用中，常常根据解决问题的需要选择适合的模式识别方法。

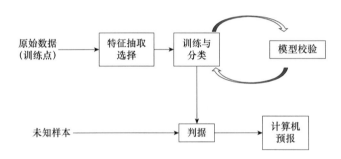

图12-15 模式识别计算过程示意图

一、无监督的模式识别方法——聚类分析法

聚类分析是多元统计中应用非常广泛的一类方法。主要思想是"物以类聚"，利用同类样本彼此相似，在多维空间的距离相似以实现分类的目的。

（一）主成分分析

主成分分析（PCA）方法由Pearson于1901年首次提出，随后Hotelling对其进行了发展，是现阶段最常见的一种聚类分析方法。许多多元校正和模式识别方法都是在PCA的基础上形成和发展起来的。PCA的主要目标是将数据降维，以排除众多信息中相互重叠的部分，进而简化分析。该方法将原变量转化为几个新变量（主成分），这些新变量是原始变量的线性组合，它们彼此正交并且最大限度地保留了原始变量的信息。其中，第一个主成分解释原变量的信息最大，其后主成分按解释信息的降序排列。PCA一般采用奇异值分解实现。假设 X（$m \times n$）是一个数据矩阵，其中 m 表示样品数目，n 表示测量变量数目。运用PCA，数据矩阵 X 可以表示为

$$X = USV^T$$

式中，U 为 $m×m$ 的列正交矩阵；V 为 $n×n$ 的行正交矩阵；S 为 $m×n$ 的对角矩阵；T 为 $m×n$ 的得分矩阵。S 中对角线上元素的平方表示 X 协方差阵的特征值，用 λ_1，λ_2，$\cdots$，λ_n 表示。则前 P 个主成分解释信息量的比率（累积方差贡献率）可用下式计算：

$$\delta = \sum_{i=1}^{P} \lambda_i / \sum_{i=1}^{n} \lambda_i \tag{12-13}$$

设 $T=US$，$P=V$，则

$$X=TP^T \tag{12-14}$$

式中，T 代表在新坐标中目标的位置，反映了样品与样品之间的关系；P 为 $n×n$ 的载荷矩阵，表示新的主成分是如何从原变量转换的，反映了主成分模型中各个变量的重要性。

一方面，PCA 方法可以通过对复杂样品的分析信号降维来简化分析，另一方面，利用二维或三维主成分空间可以直观地观察到样品之间及变量之间的相互关系。图 12-16 为 8 个品种的茶叶近红外光谱 PCA 聚类结果。第一主成分与第二主成分之间的方差贡献率之和在 90% 以上，因此选取第一主成分和第二主成分进行 PCA 分析。通过绘制每一类的置信椭圆便可实现不同类别样品的聚类分析。

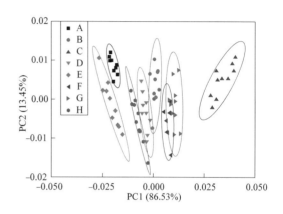

图 12-16　8 个品种的茶叶近红外光谱 PCA 聚类结果（引自李跑等，2019）

PCA 方法并不是严格意义上的模式识别方法。在没有经验知识前提下，PCA 只是对校正集样本的最佳描述，所得的主成分并不一定是有利于分类的特征，并且主成分的大小也不能表达特征对分类的重要性。PCA 也无法确切给出每个样品的类别归属，在实际应用中，需要依据相似度或距离的大小对样品实现种别的划分。此外，由于 PCA 在处理数据时是基于变量间的线性关系，所以当变量间呈现非线性关系时，效果不理想。采用核主成分分析（kernel PCA，KPCA）方法可以实现非线性数据的聚类分析。该方法先将非线性数据映射到高维空间中，使映射数据满足线性关系，然后再采用 PCA 对映射数据进行特征提取，从而间接达到提取原始数据中非线性信息的目的。

（二）系统聚类分析

系统聚类分析是一种常见的无监督聚类分析方法，也称为层次聚类分析（HCA）。该方法首先将参加聚类的样品各自看成一类，然后定义样品之间及类与类之间的相似度（距离），最后在自成类的样品中选择距离最近的样品合并为一个新类，重新计算新类和其他类之间的距离，并按最小距离并类，如此重复，每次减少一类，直至所有的样品并为一类为止。常见的类间距离方法有最短距离法、最长距离法、重心法、类平均法、方差平方和法等。根据实际分析的需要可以选择不同的方法实现样品的聚类分析，并且将整个聚类过程以系统聚类图（图 12-17）的形式表示出来。图中横坐标代表样品间的距离，纵坐标代表样品编号。HCA 可以直观地反映不同程度相似度（距离）下样品的类别划分，但无法确切地给出每个样品的类别归属。

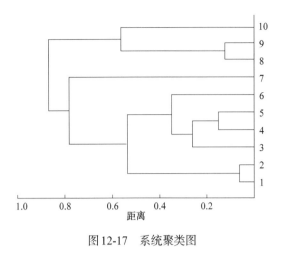

图 12-17 系统聚类图

（三）K均值聚类分析

K均值聚类分析方法是一种动态的聚类方法。该方法聚类分析前首先假定一个聚类数目K，并任意选择K个样品作为初始的类中心，然后逐个计算其他样品与这K个类中心的距离，选取距离最小的样品并入该类，再重新计算各类的中心，并以该中心为新的凝聚点，不断重复过程，直到聚类比较合理为止。由于假定了初始类别数目，K均值聚类分析可以对每个样品给出一个明确的类别归属，但由于方法受所选聚类数目K和初始类中心的影响，为了获得满意的结果，需要多次试探不同的K值和选择不同的初始类中心。

K均值聚类分析方法对初始值比较敏感，不同初始值可能导致不同的结果。此外，该方法对噪声和异常值数据也非常敏感。因此，很多研究对该算法进行了改进，如采用遗传算法、粒子群优化算法等通过局部寻优的方式初始化类中心，以提高聚类结果的稳定性和准确性。

二、有监督的模式识别方法——判别分析法

判别分析属于有监督的模式识别方法，它用一组已知类别的样品作为校正集建立分类模型，然后再利用模型对未知样品的类别进行预测。其代表方法包括线性判别分析（LDA）、K近邻（KNN）法、软独立建模分类法（SIMCA）、偏最小二乘判别分析（PLS-DA）、人工神经网络（ANN）及支持向量机（SVM）等。

（一）线性判别分析

LDA是一种经典的模式识别方法，由Fisher在20世纪30年代提出，因此也叫Fisher线性判别（FLD）。LDA方法与PCA方法类似，两者都是将高维空间中的变量转化到低维空间。但两者的目的不同，PCA方法主要选取样本之间差别最大的特征作为映射坐标，而并不考虑各类别间间距；而LDA方法主要考虑的是降维后各类间距离最大化，类内距离最小化，因此它的映射图中类别之间存在明显的聚集现象。其核心是设法寻找一个方向，如图12-18A中的虚线方向，沿着这个方向朝和这个虚线垂直的一条直线进行投影会使得这两类分得最清楚，其中与虚线垂直的直线为最佳投影方向。此外，与PCA方法类似，LDA在处理数据时是基于变量间的线性关系，所以对于线性不可分问题常常得不到满意的结果。

LDA方法要求样本数大于变量数，一般要求样本数达到变量数的3～5倍，因此需要采用别的方法如PCA对数据进行降维处理。此外，与PCA方法相似，利用二维或三维主成分空间可以直观地观察到样品之间及变量之间的相互关系。图12-18B为霉变及正常柑橘近红外光谱LDA结果。选取第一成分和第二成分画图，通过绘制每一类的置信椭圆便可实现不同类别样品的判别分析。

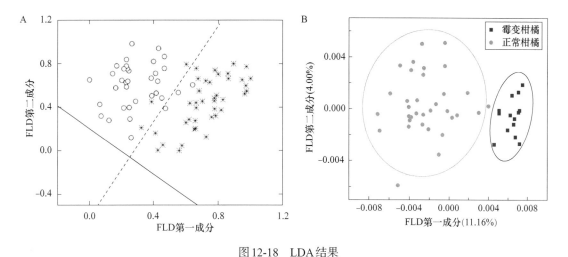

图 12-18　LDA 结果

A. LDA 寻找两类样品在二维空间中的最佳投影方向；B. LDA 方法的累计方差贡献率

（二）K 近邻法

KNN 是一种非参数的机器学习方法。该算法的基本思想是在特征空间中，一定的距离尺度下，已知一组校正集及每一个样本的类别标签，若要确定未知样本的类别标签，则以该未知样本为中心，不断扩大邻域直到包含进入该邻域的 K 个样品，然后根据 K 个样品中大多数的类别属性判定未知样品的类别归属。该方法的优点是不需要单独的训练过程，可以很方便地在校正集中加入新的已知类别的样品，而且非常适合解决多类问题。KNN 算法需要存储校正集的所有已知样本，因此往往需要海量的存储空间。此外，由于 KNN 方法进行分类时所有的类选取相同的 K 值，所以在处理样品数或分散程度差异较大的分类问题时，结果不是很理想。

（三）软独立建模分类法

SIMCA 是一种在 PCA 的基础上建立的一种有监督的模式识别方法。该算法的基本思想是由于同类的样品具有相似的特征，那么在给定的特征空间中，通过选取适当的相关参数，则同类样品会以某种特定的方式聚集在一起，而不同类样品则可能聚集在不同的空间中。SIMCA 利用先验分类知识，对每一种类别建立一个 PCA 模型，然后利用这些建立的模型判断未知样本的归属。SIMCA 的计算过程流程图如图 12-19 所示。通过图示过程，可以看出 SIMCA 多次使用 PCA 方法，首先利用

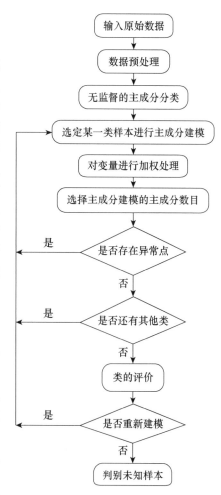

图 12-19　SIMCA 计算过程流程图（引自梁逸曾等，2012）

PCA得到整个样本的分类，然后为每一个类建立PCA模型，最后用它们来判别未知样本的类别。然而，SIMCA与PCA方法一样，模型的稳健性易受奇异样本的影响。

（四）偏最小二乘判别分析

偏最小二乘（PLS）是一种基于特征变量的回归方法，在多元校正中得到了广泛的应用。如果将模式识别中已知类别的响应变量设为0或1（对两类模型而言），或其他整数，如1、2、3、…（对多类模型而言），则PLS也可用于模式识别，这种方法叫作PLS-DA。PLS-DA可同时用于特征投影以得到投影图，从而将高维空间的样本点投影到低维空间进行人眼判别。由于PLS可同时对样本数据矩阵X和响应变量进行分解，并力图建立它们之间的回归关系，所得投影图可得到更好的分类效果。图12-20为基于PLS-DA的霉变柑橘鉴别模型，结果表明PLS-DA模型可实现霉变及正常柑橘100%鉴别分析。

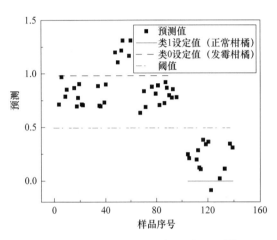

图12-20　基于PLS-DA的霉变柑橘鉴别模型

（五）人工神经网络

ANN方法具有很强的非线性映射能力，在非线性数据的模式识别中表现出了一定的优势。该方法通过模拟大脑神经网络处理、记忆信息的方式进行信息处理，利用大量处理单元互联组成的非线性、自适应信息处理系统，通过模拟人脑或生物体神经系统的某些行为特性，对信息进行分布式并行处理。ANN是并行分布式系统，采用了与传统人工智能和信息处理技术完全不同的机理，克服了传统的基于逻辑符号的人工智能在处理直觉、非结构化信息方面的缺陷，具有自适应、自组织和实时学习的特点。目前，主要利用的ANN有反向传播人工神经网络（back propagation ANN）、Hopfield网络、径向基人工神经网络（radial basis function ANN）和自组织人工神经网络（Kohonen ANN）等。但ANN也有其固有的局限性，在训练中容易产生过拟合现象，导致模型失真，预测能力降低。

（六）支持向量机

SVM也是一种常用的有监督模式识别方法。该算法的基本思想是基于统计学习理论中结果风险最小化的原则，通过核函数变换，将线性不可分的样品投影到非线性的高维空间，并在高维空间中构造最优分类超平面，实现样品的分类。所谓的最优分类超平面，不仅要将两类完全分开，而且还要使两类之间的距离最大。由于SVM具有向非线性高维空间投影的特性，使得该技术不仅可以用来解决线性可分的问题，同时还可有效地处理非线性模式识别问题。它具有泛化能力强、预测准确度高等优点，在解决小样本、非线性及高维模式识别问题中具有显著的优势。

第四节　多元校正与多元分辨方法

经典分析方法的基础是体系中某一待测组分与某一物理或者化学信号存在数量关系（一般为线性关系）从而实现该待测组分的定性定量分析。这种方式是以单点数量（标量）为基础的。但是随着仪器的发展，大量新型仪器（如色谱仪、光谱仪、波谱仪、极谱仪、芯片等）得到广泛应用，这些仪器不再只提供标量数据，而是提供了一个多变量数据（矢量），这个矢量数据中包含了组分的定性定量信息。此外，很多仪器如气相色谱-质谱联用（GC-MS）仪、高效液相色谱-二极管阵列检测器（HPLC-DAD）、荧光分析的激发发射光谱仪、多维核磁共振谱仪等还可产生矩阵（或张量）类型的数据。矢量和矩阵比标量所含信息丰富得多，经典分析方法只以单点数据（标量）为基点，如光谱以最大吸收峰的吸收、色谱以峰面积等来解析仪器数据，这样势必要丢失很多有用信息；对于产生矩阵类型数据的仪器，经典分析化学方法则更是无能为力了。因此需要采用多元校正及多元分辨方法，借助数学、统计学和计算机科学手段，为分析工作者开辟了一个崭新的研究领域。

一、多元校正方法

（一）一阶多元校正方法

一阶多元校正方法主要有多元线性回归（MLR）、主成分回归（PCR）、偏最小二乘（PLS）、支持向量回归（SVR）和人工神经网络（ANN）等，它们在矢量类型的信号（如近红外光谱、电化学）建模中得到了广泛应用。

1. 多元线性回归　　MLR 的基本原理和基本计算过程与一元线性回归相同，但由多个自变量的最优组合共同来预测或估计因变量，比只用一个自变量进行预测或估计更有效，更实际。

以光谱分析为例，对于一个样品的某一组分而言，若自变量为 m 个，表示为 x_j（$j=1$，2，3，$\cdots$，m），因变量为 y，则两者之间的线性模型可表示为

$$y = b_0 + b_1 x_1 + b_2 x_2 + \cdots + b_m x_m + e_y \tag{12-15}$$

式中，b_j 为回归系数；e_y 为回归残差。

若样品个数为 n，设有 n 个含有 m 种组分的未知样本在 k 个分析通道下进行量测得到的量测信号矩阵 $\boldsymbol{X}$，并已知 m 种纯组分灵敏度系数构成的矩阵 $\boldsymbol{B}$，设量测误差矩阵为 $\boldsymbol{E}$，浓度矩阵为 $\boldsymbol{Y}$。则多组分分析体系的数学模型为

$$\boldsymbol{X}_{n \times k} = \boldsymbol{Y}_{n \times m} \boldsymbol{B}_{m \times k} + \boldsymbol{E}_{n \times k} \tag{12-16}$$

MLR 方法计算步骤简单，当变量（矢量）之间线性独立，并且噪声等干扰较小时，MLR 是一种很好的回归方法。但 MLR 方法要求参加回归的变量数（即矢量数）不能超过校正集的样本数目；而且 MLR 方法直接使用光谱矩阵建立模型，并未排除矩阵中与待测组分属性值不相关的信息，如噪声和背景等。当体系中存在严重的干扰时，MLR 方法容易导致模型失真，产生过拟合现象。

2. 主成分回归　　PCR 是 PCA 与最小二乘回归相结合的一种方法，可以实现混合体系中多组分的同时测定。PCR 没有直接利用化学量测矩阵建立模型，而是通过 PCA 分析，将化

学测量矩阵X分解为一系列的主成分，选择重要的主成分进行回归计算，去掉那些噪声信息的主成分，因此PCR比MLR准确性更好，可有效消除噪声干扰。其缺点是PCR方法不能保证参与回归的主成分一定和待测组分的属性值相关。选择的主成分在去除噪声的同时也可能导致有用信息的缺失，这时会导致模型失真。

3. 偏最小二乘　　PLS是在PCR基础上发展起来的多元校正算法，也是现阶段应用最为广泛的一种多元校正算法。在PCR中，只对测量矩阵X进行PCA分析以提取重要的主成分用于回归，而忽略了对待测物浓度矩阵Y中信息的考虑。事实上，Y中也可能包含非有用的信息。PLS方法在对X矩阵进行PCA分析的同时，也对Y矩阵进行了相应的处理。这样用主成分进行回归时，就同时去除了两个矩阵中的无用信息，进一步提高了方法的可靠性。

在使用PLS进行建模时利用的是X和Y矩阵进行主成分分解，那么主成分的数目势必会影响建模的结果。因此，在PLS建模中确定主成分数至关重要。利用PCA方法得到的特征值个数，称为因子数。对PLS模型来说，如果使用的因子数过小，不能真实地反映未知样品中被测各组分产生的量测数据（如光谱）变化，其模型预测能力就会降低，这种情况称为欠拟合。反之，如果因子数过大，就会将一些无关信息如噪声等引入模型中，模型预测准确度也会降低，此情况称为过拟合。因此，合理确定参加建模的主因子数目，对于模型预测能力的提高有很大影响。交叉验证（CV）常用于PLS算法因子数的确定。

此外，当待分析体系中存在较严重的非线性信息时，为了提高分析的准确性和可靠性，则需要借助非线性回归模型进行分析。

4. 支持向量回归　　SVR算法是SVM算法的一种，其基本思想是利用适当的核函数，将原始数据非线性映射到高维特征空间中，并在该空间建立回归模型。SVR对预测样本具有较强的泛化能力，在处理光谱中的非线性回归问题有着独特的优势。它通过合适的核函数变换实现原始数据的非线性映射，能控制过拟合，无局部极小问题，预测可靠性高。在近红外光谱定量分析中，SVR算法已取得了很好的效果。

5. 人工神经网络　　ANN方法具有很强的非线性映射能力，不仅可以用于非线性数据的模式识别，还可用于非线性数据的建模回归。该方法利用大量处理单元互联组成的非线性、自适应信息处理系统，通过模拟人脑或生物体神经系统的某些行为特性，对信息进行分布式并行处理。与传统人工智能的信息处理技术不同，ANN具有自适应、自组织和实时学习的特点，在近红外光谱定量分析中也得到了广泛的应用。

（二）二阶多元校正方法

为了满足三维数据的分析要求，很多二阶多元校正方法先后建立起来，如展开偏最小二乘（U-PLS）、多维偏最小二乘（N-PLS）、平行因子分析（PARAFAC）、交替三线性分解（ATLD）等。相比于一阶多元校正方法，二阶多元校正方法所建模型的稳定性好，不容易受干扰成分的影响，而且当体系中存在未知干扰时，这些方法也能对复杂体系中特定组分进行直接定量测定，即具有所谓的二阶优势。

1. 展开偏最小二乘　　U-PLS延续了PLS的优点，同样基于潜变量进行回归分析，广泛用于三维数据分析的研究。然而，U-PLS算法并不具有所谓的二阶优势。针对这一点，在利用U-PLS进行校正分析时，常常需要和残差双线性分解法（RBL）结合使用。

2. 多维偏最小二乘　　Bro于1996年提出的N-PLS算法也是一种基于PLS的多维数据分

析方法，该方法通过同时迭代计算浓度矩阵与光谱矩阵，实现了对三维信号数据的分解。该算法将数据阵 X（$I \times J \times K$）分解成一系列的三元组，每一个三元组都包含一个得分向量 t 和两个载荷向量 w^J、w^K。N-PLS 在分解的过程中，从三线性的意义上产生与组分的浓度 y 之间具有最大协方差的得分向量，即分解过程要满足：

$$\max_{w_a^J w_a^K} \left[\mathrm{cov}(t_a, y) \middle| \min \left(\sum_{i=1}^{I} \sum_{j=1}^{J} \sum_{k=1}^{K} \left(x_{ijk} - t_{a,i} w_{a,j}^J w_{a,k}^K \right)^2 \right) \right] \qquad (12\text{-}17)$$

式中，a 为因子数。

　　与 U-PLS 相比，N-PLS 对模型的解释性更强，在处理小样本的数据时，比前者更适用。N-PLS 应用很广泛，但同样不具有二阶优势，但是结合 RBL 的 N-PLS 算法同样可以实现对含有未知干扰的实际样品的分析。N-PLS 算法已被广泛应用于生物、食品和环境等多个领域中高维信号的解析，均取得了满意的结果。

　　3. 平行因子分析　　Harshman 于 1970 年提出的 PARAFAC 方法是从心理学发展而来的一种适用于多维数据解析的方法。Appellof 和 Davidson 将该方法引入化学领域，并用于复杂体系信号的解析。Mitchell 和 Kiers 等分别对该算法进行了改进，使之在实际分析中得到了广泛的应用。PARAFAC 可以将三维数据矩阵分解为 A、B 和 C 三个载荷矩阵，然后采用交替最小二乘原理，对模型进行最优拟合，当模型误差期望达到最小且稳定时，即获得最终的解析结果。其模型如下：

$$x_{ijk} = \sum_{n=1}^{N} a_{in} b_{jn} c_{kn} + e_{ijk} \ (i=1,\ 2,\ \cdots,\ I;\ j=1,\ 2,\ \cdots,\ J;\ k=1,\ 2,\ \cdots,\ K) \qquad (12\text{-}18)$$

其中，x_{ijk} 为组分数为 N 的三维数据矩阵 X（$I \times J \times K$）中的元素；a_{in}、b_{jn}、c_{kn} 分别为大小是 $I \times N$、$J \times N$ 和 $K \times N$ 的载荷矩阵 A、B 和 C 的元素；e_{ijk} 为残差数据矩阵 E（$I \times J \times K$）的元素。

　　在二阶校正中，PARAFAC 先随机初始化矩阵 A、B、C，然后利用交替最小二乘迭代计算，直到收敛，得到最终解。进行未知样品浓度预测时，则用分解得到的浓度矩阵 C 与真实的校正集样品浓度进行回归，根据回归的斜率和截距进行预测。该模型在进行定量分析时，具有二阶优势，并且能够得到唯一解。但是 PARAFAC 方法要求数据本身具有严格的三线性关系，且所用的因子数必须等于实际组分数。另外，分解计算中涉及矩阵逆运算，在矩阵不满秩时会对结果有影响，且计算过程收敛慢、耗时长。因此，各种改进的 PARAFAC 方法被提出来，如满秩平行因子分析（FRA-PARAFAC）、新型约束平行因子分析（CPARAFAC）、耦合向量分辨（COVER）、惩罚对角误差（PDE）算法、最大似然平行因子分析（MLPARAFAC）和加权平行因子分析（W-PARAFAC）等。这些方法具有收敛速度快，不容易受组分数和初始值影响的优势，因此在实际应用中得到了广泛的应用。

　　4. 交替三线性分解　　ATLD 算法是由湖南大学吴海龙教授建立的一种三维数据解析方法。该方法在 PARAFAC 基础上，利用奇异值分解的穆尔-彭罗斯（Moore-Penrose）广义逆进行迭代计算，克服了 PARAFAC 由于因子数不准确所带来的偏差，且该方法收敛速度优于 PARAFAC。为了解决低含量组分的定量问题，吴海龙教授等又提出了 ATLD 的改进算法，如自加权交替三线性分解（SWATLD）、交替惩罚三线性分解（APTLD）及交替不对称三线性分解（AATLD）。这些算法能有效解决复杂样品中低含量组分的定量问题，在实际样品信号解析中得到了广泛的应用。

二、多元分辨方法

（一）化学因子分析

化学因子分析（CFA）是一类利用化学信号的特点进行信号解析的方法。随着计算机技术的飞速发展，CFA方法受到了化学计量学工作者的重视及广泛的研究，CFA相应的应用也逐渐增多。依据不同化学信号的不同特点，建立了一系列的CFA方法，如渐进因子分析（EFA）、窗口因子分析（WFA）、启发渐进式特征投影（HELP）、目标因子转换分析（TFA）和迭代目标因子转换分析（ITTFA）。这些方法针对分析信号的内在特点，如色谱随保留时间发生渐进的变化等，对其进行了非常巧妙的运用，并成功应用于实际复杂样品信号的解析。

1. 渐进因子分析　　在色谱分析中，色谱随保留时间是渐进变化的，EFA正是利用了色谱渐进变化的特点。EFA可分为基于目标检验的Gemperline法和基于特征分析的GMMZ法两类，其中GMMZ法是最常用的方法。GMMZ法可分为利用渐变过程中组分数变化规律来判断组分存在区间的初级EFA，以及根据初级EFA得到的区间计算得到对应组分的浓度矩阵和光谱矩阵的终极EFA两部分，最终实现对组分的定性定量分析。EFA在色谱及联用信号的解析中得到了广泛的应用，是一种非常有效的信号解析方法。然而，如果信号非常复杂，EFA方法计算量会非常大。

2. 窗口因子分析　　WFA方法是由Malinowski于20世纪90年代提出的一种CFA方法。该方法通过一些经验性的判据，从一个渐进变化数据矩阵中直接提取组分的浓度分布。WFA方法的关键是找到目标组分浓度分布的区域，这个连续的区域被称为目标组分的"窗口"，即使其他组分的浓度分布也可能存在在这个"窗口"中。利用这个"窗口"计算得到组分的浓度矩阵，最后通过最小二乘原理计算得到组分的光谱信息。然而，对于复杂样品的信号，由于背景和峰重叠的干扰，"窗口"的确定是困难甚至是不可能的，限制了WFA方法在实际样品分析中的应用。因此化学计量学工作者又提出了子窗口因子分析（SFA）、平滑窗口因子分析（SWFA）、组合移动窗口因子分析（SMWFA）及交替移动窗口因子分析（AMWFA）等改进算法，这些方法弥补了传统WFA方法的不足，在实际复杂信号解析领域得到了广泛的应用。此外，李跑等发展了一种广义的"窗口"，提出一种广义WFA方法，用于复杂GC-MS信号的解析。该方法基于质谱方向建立"窗口"，可以实现复杂样品中特定组分的定量分析。该方法具有以下优势："窗口"确定简单准确，因而避免了传统WFA中"窗口"确定不准确易带来误差的弊端；由于该方法基于质谱方向计算，因而消除了色谱谱峰偏移所带来的影响；且该方法不易受到信号中较大噪声的干扰。

3. 启发渐进式特征投影　　HELP由梁逸曾教授等提出，也是针对渐进过程信号的解析问题而提出的一种CFA方法。如图12-21所示，它采用的是"剥皮"技术：寻找最外层组分色谱信号存在的"选择性窗口"（SW）及"零组分窗口"（ZCW），利用这两部分信息，采用"剥皮"技术不断计算得到最外层组分的色谱和光谱信息，以实现对复杂信号的解析。

4. 目标因子转换分析和迭代目标因子转换分析　　Malinowski于20世纪60年代提出了TFA方法，用于判断体系中是否存在某个特定组分及重叠信号的解析。首先利用化学理论和先验知识来构造检测向量，然后根据特征分解得到主因子数信息，再利用构造的检测向量，检测并确定目标因子中的真实因子，最后利用真实因子得到相应组分的色谱和光谱信息。

TFA方法在信号解析方面得到了非常广泛的应用，如对实际样品近红外和拉曼信号的解析，实现了特定组分的定量分析。TFA方法需要提供正确的因子数，但是在实际应用中，因子数的确定容易受到信号中噪声的干扰。ITTFA方法可以解决这个问题，该方法在TFA方法基础上加入了迭代步骤，从而获得更加准确的解析结果。

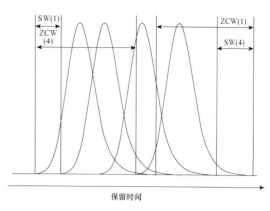

图12-21　HELP解析四组分色谱数据时的"选择性窗口"及"零组分窗口"

（引自Liang et al.，1992）

（二）免疫算法

1. 免疫算法计算原理　免疫算法（IA）是一种模拟免疫系统作用机制而提出来的算法。南开大学邵学广教授于1999年将其引入多元分辨中，并成功用于实际复杂样品中组分的定性定量分析。IA的基本原理：多组分复杂样品的信号可以表示为不同组分信号的线性加和，由于实际样品的复杂性，各组分信号之间往往会出现重叠现象，因而无法利用该信号准确进行定性定量分析。IA正是为了解决信号重叠问题而被提出的。首先输入可能存在的所有组分的标准信号；然后通过不断投影和迭代计算；当残差趋向零时，即可得到重叠信号中组分的浓度信息。

2. 免疫算法的改进　IA能有效解决多组分重叠信号的解析问题，已被成功应用于色谱及GC-MS信号的解析。在IA算法中需要提供组分的标样信息作为输入值，因此如何准确获取标样信息是算法需要解决的首要问题。在之前的IA中，通常是利用实验数据或质谱库中的质谱以得到组分的标样信息。但是实验信号与标样信号往往存在一定的差异，而这一部分差异会造成IA计算结果的偏差。因此，李跑等基于ITTFA提出了质谱校正的方法，并结合IA实现了重叠GC-MS信号的高通量解析。采用ITTFA对重叠色谱数据沿保留时间逐一计算，不仅可以检验目标组分是否存在，还能够直接得到目标组分校正后的质谱。以校正的质谱作为IA的输入值，即可解析得到目标组分的色谱信息。

邵学广教授将独立成分分析（ICA）用于IA中标样信息的提取。ICA是一种从多组分信号中直接提取单一信号的统计学方法，已被应用于图像、语音、光声光谱、色谱及荧光光谱等信号的处理。ICA可以从重叠GC-MS信号中直接提取单一组分的质谱信息，并以此作为IA的输入值即可解析得到对应的色谱信息。为了进一步拓展IA在实际分析中的应用，邵学广教授还提出了一系列的ICA改进算法，如非负约束的平均场-独立成分分析（MF-ICA）、基于化学知识的后旋转-独立成分分析（PMBK-ICA）、窗口独立成分分析（WICA）及负独立成分分析（NNICA），这些算法使得IA在实际分析中具有更广泛的应用。

传统的IA需要提供所有可能存在组分的标样信息。为了解决复杂样品中特定组分的分析问题，邵学广教授在IA的基础上加入一步非负校正，提出了非负免疫算法（NNIA）。NNIA能在较短分析时间的前提下，实现特定组分的准确定性定量分析。在背景和噪声严重干扰的情况下，IA往往不能得到令人满意的定量结果。因此，邵学广教授等提出了二维免疫算法（2D-IA）。2D-IA在一定程度上解决了背景和噪声的干扰问题，可以得到准确的解析结果。

思 考 题

1. t检验和F检验有什么不同？
2. 一元线性回归的基本步骤是什么？
3. 常见分析信号处理方法有哪些？它们的适用范围是什么？
4. 简述有监督和无监督模式识别方法的异同。
5. 简述主成分回归与偏最小二乘的异同。

参 考 文 献

戈培林. 2012. 化学计量学实用指南：第2版. 吴海龙等, 译. 北京：科学出版社.

李跑，申汝佳，李尚科，等. 2019. 一种基于近红外光谱与化学计量学的绿茶快速无损鉴别方法. 光谱学与光谱分析，39（8）：2584-2589.

梁逸曾，许青松. 2012. 复杂体系仪器分析：白、灰、黑分析体系及其多变量解析方法. 北京：化学工业出版社.

邵学广，武曦，李跑，等. 2013. 复杂体系色谱分析中的化学计量学方法. 色谱，10：925-926.

Li P, Cai W S, Shao X G. 2015. Generalized window factor analysis for selective analysis of the target component in real samples with complex matrices. Journal of Chromatography A, 1407: 203-207.

Liang Y L, Kvalheim O M. 1992. Heuristic evolving latent projections: resolving two-way multicomponent data. Analytical Chemistry, 64: 936-946.